电池管理系统
电池建模

Battery Management Systems
Volume Ⅰ：Battery Modeling

[美] 格雷戈里·L. 普勒特 著
李锐 余佳玲 雷雨 张颖超 等译

国防工業出版社
·北京·

著作权合同登记　图字：军 - 2020 - 053 号

图书在版编目（CIP）数据

电池管理系统：电池建模/(美) 格雷戈里·L. 普勒特著；李锐等译. —北京：国防工业出版社，2022. 8

书名原文：Battery Management Systems Volume Ⅰ：Battery Modeling

ISBN 978-7-118-12530-6

Ⅰ. ①电…　Ⅱ. ①格… ②李…　Ⅲ. ①锂离子电池 - 研究　Ⅳ. ①TM912

中国版本图书馆 CIP 数据核字（2022）第 121785 号

Battery Management Systems Volume Ⅰ：Battery Modeling by Gregory L. Plett

ISBN：978-1-63081-023-8

※

国防工業出版社 出版发行

（北京市海淀区紫竹院南路 23 号　邮政编码 100048）

北京龙世杰印刷有限公司印刷

新华书店经售

*

开本 710 × 1000　1/16　插页 4　印张 21　字数 370 千字

2022 年 8 月第 1 版第 1 次印刷　印数 1—1500 册　定价 128. 00 元

（本书如有印装错误，我社负责调换）

国防书店：（010）88540777　　书店传真：（010）88540776

发行业务：（010）88540717　　发行传真：（010）88540762

翻译组名单

主　　　任：李　锐

副 主 任：余佳玲　雷　雨　张疑超

翻译组成员：刘　凡　金丽萍　强生泽

刘小丽　杨　翱　王盛春

王培文　王梓灿　白太勋

赵　英　邓　浩

译者前言

锂离子电池由于能量密度高、自放电小、寿命长等优点，一经问世，就推动了众多便携式消费类电子产品的蓬勃发展，在如今国家“3060”双碳目标大背景和电动汽车动力电池需求的强势拉动下，我国锂离子电池的生产与应用成爆发之势。

电池管理是锂离子电池系统高效应用的关键，本书是格雷戈里·L. 普勒特教授经典著作“电池管理系统”丛书的第一卷《电池管理系统——电池建模》，全书聚焦锂离子电池数学建模，从建立微尺度电池模型、连续介质尺度电池模型到降阶电池模型以及电池热模型，不论是从科学表达电池内部电化学动力特性，还是提高运算效率便于电池模型高效工程化应用，甚至是延伸应用锂离子电池模型机理建立超级电容模型等都进行了详尽描述。难能可贵的是作者考虑到读者并非都有跨专业的学科背景，从深入理解锂离子电池相间动力学特征到工程应用模型简化参数辨识，书中几乎对所有的理论知识都进行了引证，同时用 COMSOL 软件进行了示例仿真分析，代码可以通过相关网址获取。所以，不管读者是锂离子电池行业的研究人员、生产制造的设计人员，还是电池管理系统的工程师都能从本书中找到感兴趣的内容，本书是锂离子电池及电池管理领域不可多得的一本好书。

在本书的翻译过程中，除翻译组人员外王晓红、陈龙、彭镜轩等研究生同学做了大量的图稿翻译整理工作，在此深表感谢。本书公式较多，虽然译者团队对其中主要公式都进行了二次推证，但仍难免有错误和不妥之处，敬请广大读者批评指正。

李　锐

2021 年 7 月於重庆林园

前　言

本书是电池管理系统三部曲的第一卷，本丛书并不是一套百科全书，而是描述当前电池建模的“最佳方法”①，并辅以丰富的背景原理知识来充分解释它们。

第一卷着重于推导描述电池内部工作和外部特性的数学模型；第二卷应用等效电路模型来解决电池管理和控制中的问题；第三卷展示如何应用基于机理的模型来解决电池管理和控制中的问题，从而获得更好的结果。

本卷的内容如下：

第1章介绍电池系统相关基本定义，并概述电池工作原理。

第2章基于线性电路推导模拟单体电池输入－输出特性的经验模型。

第3章介绍与电池内部物理行为相关的物理学知识，并推导微尺度模型。

第4章利用体积平均定理将微尺度模型转化为连续介质尺度模型，从而得到伪二维多孔电极模型。

第5章介绍状态空间模型和离散时间实现算法（Discrete-time Realization Algorithm，DRA）。

第6章推导与第2章电路模型计算复杂度相似的基于机理的电池尺度离散时间状态空间模型，该模型不但能预测电池输入－输出外特性，还能够预测其内部行为。

第7章通过引入生热和传热的相关概念来推导耦合的电化学－热模型，从而得出基于机理的降阶热模型。

附录A应用第3章～第7章的技术创建超级电容器的基于物理的离散时间状态空间模型。

本书的目标受众主要是具有一定电气或机械专业基础的读者。由于知识背景差异较大，有些读者可能认为本书部分内容太基础，而另一些读者认为部分内容描述不充分，难以理解，这需要读者扩展相关学科的背景知识来解决。

即使对有一定基础的读者来说，本书的数学推导也可能是非常困难的，特别是第3章～第7章中讨论的内容。对于愿意花时间一步步推导书中方程的读者，你们将能够验证书中的每一个推导步骤，从而消化吸收本书。对于对宏观

① “最佳方法”的含义有些主观，可能忽略掉一些更好的方法。准确地说，本书所描述的方法是我尝试过的方法中的“最佳方法”。

应用感兴趣的读者，本书在多数数学推导章节（第3章、第4章和第7章）的开头就列出要证明的结论。推导过程本身对于理解这些方程的由来是必须的，但对于仅使用最终结果进行仿真或其他应用来说并不是必要的，因此可以在初步阅读时略过。

本书的内容已经在科罗拉多大学科罗拉多斯普林斯分校的ECE5710课程“电池建模、仿真和辨识”中，多次讲授给具有不同专业背景的学生。本课程视频可在 http：//mocha-java. uccs. edu/ece5710/index. html 上观看，本课程视频中解释本书相关概念的方式有时会有些区别，这些不同角度的观点会对读者有新的启发。

非常感谢多年来帮助我理解完善书中所提理论及方法的学生和同事。Kan-Hao Xue 博士起草了第3章推导过程的初稿。Amit Gupta 和 Xiangchun Zhang 博士向我解释了第4章体积平均方法的相关概念。Mark Verbrugge 博士向我介绍了 Kandler Smith 博士的开创性研究成果，这是第5章~第7章内容的基础，Smith 博士本人也十分友好地解答了我对他研究内容的疑惑。Jim Lee 博士提出了第5章中所介绍的离散时间实现算法 DRA，并首次将其应用于电池尺度优化降阶模型，具体方法见第6章。Matt Aldrich 先生提出了第7章所述的降阶热模型。最后，Al Mundy 博士首先运用 DRA 技术实现超级电容器降阶模型，具体方法见附录A。我的同事兼挚友 M. Scott Trimboli 博士也是本书的重要推动者，能与其一起工作本人感到很愉快。

本书难免会有疏漏和不足之处，欢迎读者批评指正。

作　者

目 录

第1章　电池基础

本书从数学角度解释了化学电源尤其是锂离子电池的工作原理，这些知识对于电池设计、选型和正确使用都很有帮助。对于一些应用，宏观的定性理解就足够了；但是对于另一些应用来说，对电池内部工作过程进行详细定量分析至关重要。本书着眼于这两种级别的理解分析，最终目标是能够预测电池内部的状态变量和外部的运行参数，从而在一定程度上实现电池组的最优控制。

本书主要针对任务关键型单体电池或大型电池组的应用，这些应用既证明了待开发模型的复杂性，又证明了对基于该模型的高级控制方法研究的必要性，因为这些方法可以延长电池组的寿命从而提高整个系统的性能。电池系统的典型应用场景包括混合动力汽车、纯电动汽车，或者公用电网中的储能、后备和调频。除此之外，本书的大部分内容也适用于如个人电子产品中的小型电池组，同时也可拓展应用于与锂离子电池不同的其他种类化学电源。

本书的三个主要关注点如下。

(1) 建模：推导建立用于描述电池内外工作过程的数学表达式。经过微尺度、连续介质尺度、电池尺度等阶段的发展，最终模型将由一组耦合的离散时间常差分方程（Ordinary Difference Equation，ODE）组成，这些方程的参数可通过测量或者辨识获得。模型的输入为电池电流，输出则是电池电压以及电池内部电化学状态。

(2) 仿真：通过计算机软件预测电池对输入激励的响应。利用电池模型方程预测电池电压和内部状态。不同尺度模型的仿真结果具有不同的逼真程度。本书仿真基于有限元软件平台 COMSOL Multiphysics，同时也给出在 MATLAB 中实现的代码。

(3) 辨识：使用实验数据确定模型参数，使预测值与测量值误差最小。

本章简要介绍与电池术语、功能和常见应用相关的背景知识[①]。为满足不同应用需求，后续章节将系统地建立不同长度尺度的单体电池动力学模型，并分析如何进行电池性能模拟以及模型参数辨识。

---

① 本章大部分内容摘自网站：http：//www. mpoweruk. com/。

1.1 预备知识

单体电池是最小的电化学单元，其电压取决于制造电池的材料①。一次电池称为原电池，可充电电池称为蓄电池。电池组由一组单体电池组成②。单体电池和电池组的电气符号如图 1-1 所示。

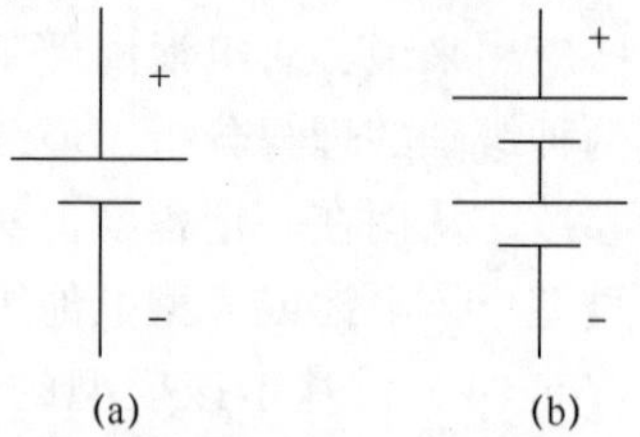

图 1-1　单体电池和电池组的电气符号
（a）单体电池；（b）电池组。

严格来讲，单体电池、电池组和电池的含义不同，通常用电池来表示所有的化学电源。本书用“单体电池”来表示独立的电化学单元，并用“电池组”来表示电气连接的一组单体电池。值得注意的是，由于电池有时被封装在一个单独的物理单元中，因此正确的术语是“单体电池”还是“电池组”并不容易区分。例如，汽车的 12V 铅酸（PbA）蓄电池内部包括 6 个串联的 2V 单体电池③；此外，许多大容量锂离子电池由封装在一起的多个单体电池并联而成。

电池电压取决于许多因素。制造商规定的额定电压是“为方便选型而分配给单体电池或电池组的给定电压等级。单体电池或电池组的工作电压可能高于或低于该值。”④ 铅酸（PbA）单体电池的额定电压为 2.1V，镍镉（NiCd）单体电池的额定电压为 1.35V，镍氢（NiMH）单体电池的额定电压为 1.2V（表 1-1）。大多数锂（Li）基单体电池的额定电压都超过 3V。

电池能够储存电能，还可以通过电荷传递来为负载供电。电池的额定电荷

---

① 美国国家电气规程 NFPA-70 文件将一个单体电池定义为：“用阳极（负极）和阴极（阳极）来表征的基本电化学单元，可用于接收、存储、传递电能。”

② IEEE 446 标准将一个电池组定义为：“通过电气连接的两个或多个单体电池，用于产生电能。”

③ 单体电池的电压范围取决于温度等条件以及单体电池当前所含荷电量。表 1-1 将铅酸单体电池的电压列为 2.1V，这在许多情况下比常用的 2V 更准确，但除非规定了更具体的工作条件，否则这两个值都只是近似正确。本书建立模型的其中一个目标就是能够在一般工作状态下预测单体电池电压。

④ 摘自美国国家电气规程 NFPA-70 文件。

容量是其额定容纳的电荷数量，以安时（Ah）或毫安时（mAh）为单位①。而电池额定能量容量的含义不同。两种关于容量的定义各有优点，可以相互换算。然而，由于本书的重点是创建一个能将电池的电流（电荷变化率）与其内部电化学状态和电压关联起来的模型，因此电荷容量更相关。除非另有说明，否则本书中的容量一词指的是电荷容量，而不是能量容量。

倍率 C 是与电池电流有关的度量，是电池可以维持1h的恒流充电率或放电率，其值大小为额定安时数乘以 $1h^{-1}$。例如，一个满容量的20Ah电池应能够连续释放20A（1C）的电流1h或维持2A（0.1C）的电流约10h。如果电池以10C 的倍率放电，其工作时间约6min。需要注意的是，由于电池内阻以及当电池以高倍率工作时活性材料利用不充分，倍率 C 与放电时间并非呈严格的线性关系。实际上，以10C 放电的电池将在6min之内达到截止电压，但以0.1C 放电则可工作10h以上。

电池以电化学的形式储存能量，这些能量可对外做功。电池的额定能量容量是指电池额定容纳的电能，单位为瓦时（Wh）或千瓦时（kWh），其值为电池的额定电压乘以额定电荷容量②。例如，一个2V/10Ah的铅酸电池所储存的能量约为20Wh。功率和能量不同，功率是能量释放的瞬时速率，单位为瓦（W）或千瓦（kW）。电池的最大功率受内阻限制，不易量化。一般通过对电池端电压施加最小和最大限制来约束功率。

当多个单体电池串联时，根据基尔霍夫电压定律，电池组电压是多个单体电池电压之和；根据基尔霍夫电流定律，总电流等于单体电池电流，电池组电荷容量与单体电池的电荷容量相同。例如，图1-2中的电池组由3个2V/20Ah的单体电池串联而成，此时电池组电压为6V，电荷容量为20Ah，能量容量为120Wh。

当多个单体电池并联时，根据基尔霍夫电压定律，电池组电压等于单体电池电压；根据基尔霍夫电流定律，总电流是所有单体电池电流之和，电池组电荷容量是多个单体电池电荷容量之和。例如，图1-3中的电池组由5个2V/20Ah单体电池并联而成，此时电池组电压为2V，电荷容量为100Ah，能量容量为200Wh。

比能量和能量密度分别是单位质量或单位体积内电池储存的最大能量。质

---

①　注意到电荷的国际单位是库仑（C），1Ah = 3600C。对于大多数单体电池的电荷容量而言，库仑所表示的电荷数量太小，所以通常不使用国际单位制。

②　能量的国际单位是焦耳（J），其中1J = 1W · s。与一般电池包含的能量相比，焦耳是一个非常小的能量单位，因此通常不使用国际单位制。

量一定时，比能量更高的电池存储的能量更多；容量一定时，比能量更高的电池更轻。体积一定时，能量密度更高的电池存储的能量更多；容量一定时，能量密度更高的电池更小。

图 1-2　3 个单体电池串联

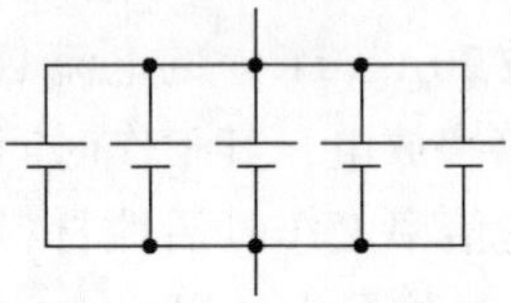

图 1-3　5 个单体电池并联

一般来说，使用活性更强的化学物质可以获得更高的比能量和能量密度。但是，更活泼的化学物质往往不太稳定，可能需要特别的安全预防措施。此外，电池活性物质的品质也很重要，杂质将限制其性能表现，而结构缺陷将降低其安全性。对于不同制造商生产的电池，即使其化学组成、结构相似，其性能也可能不同。电池的结构也很重要，封装部分会降低其能量密度。

1.2　电池工作原理

电池由多个组件构成，主要包括负极、正极、电解液和隔膜，某些类型的电池还包含集流体。图 1-4 所示为锂离子（Li^+）电池的示意图。

化学电源中的负极通常是纯金属或合金，甚至是氢（H2）。例如，铅酸电池的负极是纯铅（Pb），通常由涂敷在铅合金板栅上的铅膏制成。表 1-1 列举了常见化学电源的负极材料。

在放电过程中，负极失去电子被氧化，元素氧化性增加，化合价升高。在充电过程中，负极得到电子被还原，元素氧化性减弱，化合价降低。因此，发生在电池中的化学过程也称为氧化还原反应。

负极通常也称为阳极。严格来讲，阳极是氧化反应发生的电极。所以只有当电池放电时，负极才是真正的阳极；而当电池充电时，负极实际上是阴极。但是这很容易让人迷惑，因此大多数人统称为阳极，而不管电池是处于充电还是放电。为了减少这种混淆，本书将避免使用术语“阳极”，而使用术语“负极”代替。

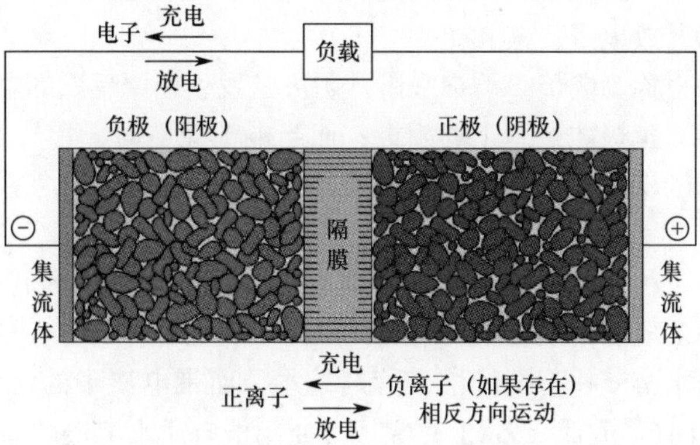

图 1-4 锂离子电池原理图①

化学电源中的正极通常是金属氧化物、硫化物或氧气（O_2）。例如，铅酸电池的正极是二氧化铅（PbO_2），通常由涂敷在铅合金板栅上的氧化铅膏制成。表1-1列举了常见化学电源的正极材料。

表1-1 一些常见化学电源的组成②

化学电源	负极	正极	电解质	额定电压/V③
铅酸电池	Pb	PbO_2	H_2SO_4	2.10
干电池	Zn	MnO_2	$ZnCl_2$	1.60
碱性电池	Zn	MnO_2	KOH	1.50
镍镉电池	Cd	NiOOH	KOH	1.35
镍氢电池	H_2	NiOOH	KOH	1.50
镍锌电池	Zn	NiOOH	KOH	1.73
银锌电池	Zn	Ag_2O	KOH	1.60
锌空气电池	Zn	O_2	KOH	1.65

① 参考文献：Stetzel K., Aldrich L., Trimboli M. S., and Plett G. "Electrochemical state and internal variables estimation using a reduced-order physics-based model of a lithium-ion cell and an extended Kalman filter," Journal of Power Sources, 278, 2015, pp. 490-505.

② 参考文献：Linden, D., Handbook of Batteries, Linden, D. and Reddy, T. B. eds., 3d, McGraw-Hill, 2002.

③ 额定电压仅具有参考性。例如，铅酸单体电池的开路电压与其电解液的比重有关。大多数带排气孔的铅酸单体电池的比重为1.215，开路电压为2.05V。大多数阀控密封铅酸单体电池的比重为1.3，开路电压为2.15V。

放电过程中，正极接收来自外电路的电子，电极被还原。在充电过程中，正极向外电路释放电子，被氧化。

正极通常也称为阴极。严格来讲，阴极是发生还原反应的电极。所以只有当电池放电时，正极才是真正的阴极；而当电池充电时，正极实际上是阳极。同样地，为了减少混淆，本书将避免使用术语“阴极”，而使用术语“正极”来代替。

电解液是一种离子导体，为内部带电离子在电极之间的转移提供媒介①。电解液通常由溶质和溶剂构成，溶质提供离子导电性。表 1-1 中列出的化学电源使用电解质水溶液作为电解液，溶剂是水，而带电离子的转移通过酸（H_2SO_4）、碱（KOH）或盐（$ZnCl_2$）完成。使用电解质水溶液的单体电池端电压限制在 2V 以下，因为水中的氧和氢会在更高的电压下发生电解。由于锂离子 – 单体电池的端电压远远高于 2V，因此它必须使用非水电解液。

在放电过程中，带正电的离子通过电解液向正极移动，带负电的离子（如果存在）通过电解液向负极移动。充电过程中会发生相反的情况，此时阳离子向负极移动，阴离子向正极移动。

隔膜物理地将正极和负极分隔开，它是离子导体，但却是电子绝缘体，其作用是防止两个电极之间发生内部短路。

集流体是与电极材料黏合或混合的电子导体。集流体不参与电池的化学反应，但可以使电极材料与电池端点的电气连接变得简单，同时还能降低电极电阻。例如，锂离子电池的负极集流体通常由铜（Cu）箔制成，正极集流体通常由铝箔制成；干电池的正极集流体是碳（C）②。

细心的读者会注意到表 1-1 中缺少两类非常重要的化学电源——镍氢（NiH）电池和锂离子电池。由于这两种电池的工作原理与本节描述的化学电源有所不同，因此在 1.4 节和 1.5 节之前暂不详细讨论，只需要知道这些电池也有负极、正极、电解液和隔膜即可。

1.2.1 放电过程

负极上的电化学势能有利于向外电路释放电子、向电解液释放带正电的离子；另外，正极上的电化学势能有利于从外电路吸收电子、从电解液吸收带正

---

① 电解液必须是电子绝缘体，不能传导电子。如果它是电子导体，就会在电池内部形成回路，从而导致电池发生自放电或短路。

② 干电池有时称为锌碳电池，通常认为其正极为碳。但事实并非如此，碳并不参与化学反应，它只起汇集电流和降低二氧化锰混合物电阻的作用。

电的离子，由此在电池两端产生的电压差或电位差称为电池电压或电动势(Electromotive Force，EMF)。

只有当电子和带正电离子从负极到正极的通路畅通时，这种储存的势能才能被释放并转换为有用功。电解液为离子的运动提供了一条始终可用的通路，而隔膜阻止了电子在电池内部的运动，从而防止内部短路。为了让电子运动，必须以电气方式连接负极和正极来建立外部电路。当外电路完成时，电池通过电路来释放其能量，并将储存的化学势能转换为电能。

1.2.2　充电过程

在原电池中，电化学反应是不可逆的。在放电过程中，原电池的化合物会发生永久性变化，直到原有化合物完全耗尽前都可持续释放电能。原电池只能使用一次。

在蓄电池或可充电电池中，电化学反应是可逆的。原有的化合物可以通过在电极两端施加高于电池自身电势的电位来恢复。此过程将能量注入电池，从而使电子和正离子从正极返回负极，因此能量被存储。

蓄电池可以进行反复充放电。在充电过程中，正离子通过电解液从正极移动到负极，电子通过外电路从正极移动到负极。注入电池的能量将其活性物质恢复为最初状态。

1.3　材料选择

电池的端电压与正负极材料类型直接相关。在设计和分析电池时，通常分别考虑正、负极，单独讨论一个电极的绝对电压是没有意义的。电压是电位差，当讨论单个电极时，是指的哪两个电位的差值呢?

电路分析领域也存在类似的问题。在这种情况下，解决方案是在电路中任选一个参考点，其电位被定义为“零伏”或“地”，以此来测量电路中其他点的电位。在分析化学电源电极时，也使用相同的方法，考虑待研究的电极和假设的参比电极之间的电位差，参比电极可以是也可以不是正在设计或分析的实际电池中的一部分。通常情况下，选择标准氢电极作为参照，$2H^+ + 2e^-$ 自发生成 $H_2(g)$ 的电位定义为零①。

电极电位序列，也称为电化序，如表1-2所列。电极电位较负的化合物被用丁负极，电极电位较正的化合物被用丁工极。负极和工极电极电位之间的差

---

① 对于锂离子电池来说，通常选择 Li^+/Li 参考。

值越大，电池的电压越高。

表 1-2　25℃下电极反应的标准电位①

阴极（还原）半反应	标准电位 E^0/V	阴极（还原）半反应	标准电位 E^0/V
$Li^+ + e^- \Rightarrow Li(s)$	-3.01	$2H^+ + 2e^- \Rightarrow H_2(g)$	0.00
$K^+ + e^- \Rightarrow K(s)$	-2.92	$Cu^{2+} + 2e^- \Rightarrow Cu(s)$	0.34
$Ca^{2+} + 2e^- \Rightarrow Ca(s)$	-2.84	$O_3(g) + 2H^+ + 2e^- \Rightarrow O_2(g) + H_2O(l)$	2.07
$Na^+ + e^- \Rightarrow Na(s)$	-2.71	$F_2(g) + 2e^- \Rightarrow 2F^-$	2.87
$Zn^{2+} + 2e^- \Rightarrow Zn(s)$	-0.76		

表 1-2 中的值是还原电位，其中氟（$F_2(g)$）对应最大的正值，说明它最容易被还原，因此是所列物质中最强的氧化剂；锂（Li(s)）对应最小的负值，说明它最容易被氧化，因此是所列物质中最强的还原剂。如果利用表中第一行和最后一行对应的电极反应来制作单体电池，其电压将会是 2.87V -（-3.04V）=5.91V，但到目前为止尚未成功，因为还没有任何已知的电解液能够承受如此高的电压而不分解。

电化序有利于定量分析，但是包含所有氧化-还原反应的详尽表格是庞大且难以处理的，同时也不一定直观。对于定性分析，我们可以考虑使用如图 1-5所示的元素周期表，其中元素的相对还原和氧化能力强弱由表底部的箭头所示。

周期表中的每个位置对应一个特定元素。每格左上角的数字是元素的原子序数（原子核中的质子数）；每格左下角的数字是原子量，即元素原子平均质量与^{12}C 原子平均质量 1/12 之比；每格右边的数字序列是电子在玻尔或经典原子模型的轨道或壳层中的排列②，一些电子轨道排列方式如图 1-6 所示。

表 1-2 中强还原性元素被分组到左边，而强氧化性元素则分组到右边。一般情况下，每一族中的元素具有相同数量的价电子或者最外层电子（但是过渡金属元素有点不同）。由于价电子的数量决定了该原子与其他原子的化学反应，因此特定族中的元素往往具有类似的化学性质。任何一个周期中的所有元素都有相同数量的电子层或轨道，对应原子中电子可能的能级，因此周期数对应于电子层数。

---

① 参考文献：Broadhead, J. and Kuo, H. C., Handbook of Batteries, D. Linden and T. B. Reddy, eds., 3d, McGraw-Hill, 2002.

② 尽管人们对电子的量子力学性质有了进一步的了解，但壳层的讨论仍然很常见。就本书而言，能理解玻尔原子模型就足够了。

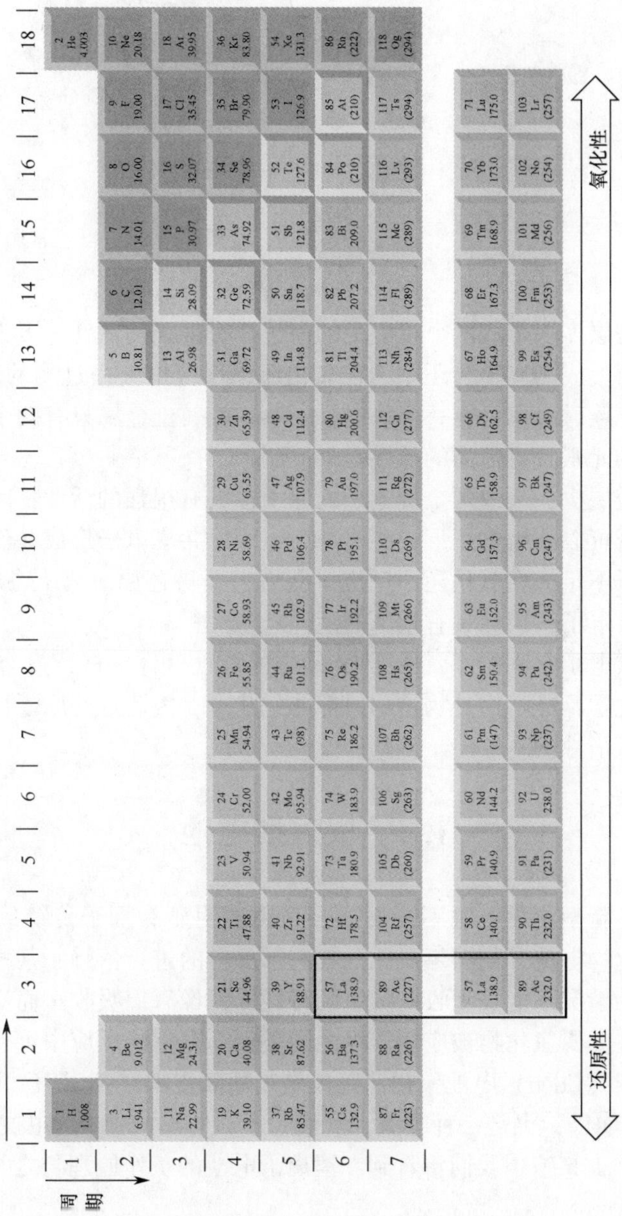

图1-5 元素周期表

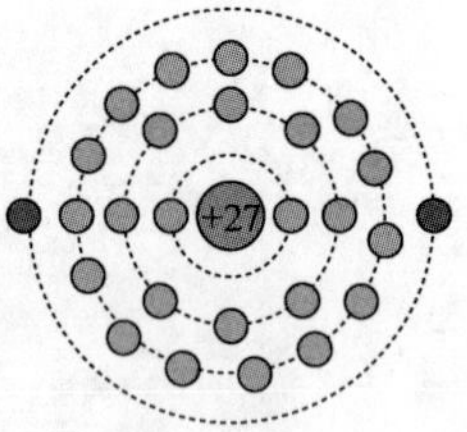

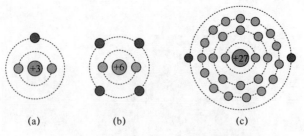

图 1-6　一些元素的电子轨道示意图①

（a）锂：1 价电子；（b）碳：4 价电子；（c）钴：2 价电子。

比封闭壳层多一个或两个价电子的原子具有很强的活性，因为多余的电子很容易失去而形成阳离子。还原剂在氧化还原反应中失去过剩的价壳层电子，被氧化。第 1 族碱金属只有一个价电子，第 2 族碱土金属只有两个价电子，因此这两族中的元素具有很高的活性。

比封闭壳层少一个或两个价电子的原子也具有很强的活性，因为它们存在两种趋势，既可以获得电子形成阴离子，也可以共享电子形成共价键。氧化剂的最外层电子不足，在氧化还原反应中获得电子被还原。第 17 族卤素比封闭壳层少 1 个价电子，因此具有很高的活性。

当最外层电子是满的，就像第 18 族中的惰性气体一样，没有“自由”电子可以参与化学反应。这是物质的最低能量状态，因此这些原子往往是不发生化学反应的或惰性的。

1.4　嵌入型电池

近年来，新型化学电源不断发展，其原理明显有别于传统氧化－还原反应。金属氢化物电池，如镍氢电池，其内部反应的进行依赖于某些金属在不改变自身组成的情况下能够吸收大量氢的特性，就像海绵吸收水而不发生化学变化一样。这些金属氢化物被应用于电池的负极，在电池反应中可逆地吸收或释放氢。与镉镍（CdNi）电池一样，正极是羟基氧化镍（NiOOH）。电解液，如氢氧化钾（KOH），也是一种吸氢水溶液，不参与反应但在电极之间传输氢离子（H^+）。在 1.5 节中我们将看到，锂离子电池的工作原理与之类似。

① 显示不同壳层中的电子布局，并突出显示价电子的数量。

1.5 锂离子电池

本书的研究对象是锂离子电池，但涉及的部分内容也可以扩展应用于其他化学电源。锂离子电池相对于其他化学电源具有以下优势。

（1）具有更高的电压，通常锂离子单体电池的典型电压值为3.7V，而镍氢或镉镍单体电池为1.2V，因此锂离子单体电池的能量密度也更高。

（2）更简单的电池管理，与镍氢或镉镍单体电池相比，锂离子电池更高的单体电压意味着在特定应用场景中需要的单体数量更少，电池管理更简洁。

（3）更低的自放电率，锂离子电池的自放电率低于其他类型的可充电电池。镍氢或镉镍电池即使在没有装机运行的情况下，每天也将损失1%～5%的电量，而锂离子电池即使经过几个月的储存，也能保持大部分的电量。

相对于其他化学电源，锂离子电池也有其劣势。

（1）价格更高，锂离子电池比同容量的镍氢或镍镉电池更贵，部分原因是它们目前的制造数量比镍氢或镍镉电池要小得多。随着产量的增加，价格有望进一步下降。

（2）过充能力差，锂离子电池对过充非常敏感，通常需要特定的保护电路，当电池过充时，该电路断开电池与外电路的连接来防止电池损坏。保护电路增加了制造成本和复杂程度。保护电路的成本可能不会像制造过程本身的成本那样与体量成反比。如果保护电路发生故障，整个电池供电系统的可靠性将会明显降低。

（3）规格体系不统一，锂离子电池没有像镍氢和镉镍电池那样的标准电池尺寸，如AA、C或D型[①]，而且在常见的18650或26650型号中，不同的锂离子电池内部可能包含不同类型的、彼此不相容的电化学体系。因此不同类型的锂离子电池往往需要一个专门设计的、与之匹配的充电器来适应它，这意味着锂离子电池的充电器比镍氢和镉镍电池的充电器成本更高。

锂离子电池的工作原理与本章前面介绍的化学电源不同，传统的化学电源依靠氧化-还原反应来改变电极表面的活性物质。例如，铅酸电池在放电时，来自负极的铅（Pb）与电解液中的HSO_4^-反应，产生氢离子，向外部电路释放两个电子，并在负极表面形成固体硫酸铅（$PbSO_4$）晶体，其反应方程式可以写为

---

① 值得注意的是，Energizer®的“e^2锂”不是锂离子电池。它是一种标准的不可充电的1.5V原电池，其化学组成为锂/二硫化铁（Li/FeS_2）。

$$Pb(s) + HSO_4^-(aq) \Rightarrow PbSO_4(s) + H^+(aq) + 2e^-$$

在正极上，电解液中的氧化铅（PbO_2）和 HSO_4^- 与氢离子反应，消耗电子并在正极表面形成固体硫酸铅晶体，其反应方程式可以写为

$$PbO_2(s) + HSO_4^-(aq) + 3H^+(aq) + 2e^- \Rightarrow PbSO_4(s) + 2H_2O(l)$$

锂离子电池的工作方式不同，像镍氢电池一样，它们都是嵌入型电池。锂本身不会与电极材料发生反应，锂既可以从电解液中被吸收并插入到电极材料的结构中（此过程称为嵌入），也可以从电极材料中脱离进入到电解液中（脱嵌），具体是嵌入还是脱嵌取决于电流的方向。

为此，电极必须具有两个关键特性。第一，它们必须有开放的晶体结构，遍布着空旷且足够大的通道或“走廊”，使锂能够自由移动。此时，锂可以从电解液中插入到结构的空位中，可以从结构中的空位中移除，也可以在晶体结构内的空位中自由移动。第二，电极还必须能够向外电路传输或从外电路接收电子。

晶体结构本身不会因锂的嵌入或脱嵌而发生化学变化，然而晶体晶格会发生结构性变化。例如在锂嵌入或脱嵌时，可以观察到晶体结构发生体积变化，这种变化一般低于 10%。锂的存在也会导致晶体结构形状发生不均匀扭曲，这些变化有时会对材料造成永久性损伤。为充分发挥电池效能，要求在这些畸变最小的条件下工作。

可以使用如图 1-7 所示的简化示意图来描述锂离子电池的工作过程，其中负极和正极被绘制为包含层状电极材料的晶体结构，锂被绘制为小球体，可以嵌入层间间隔或从中脱嵌。

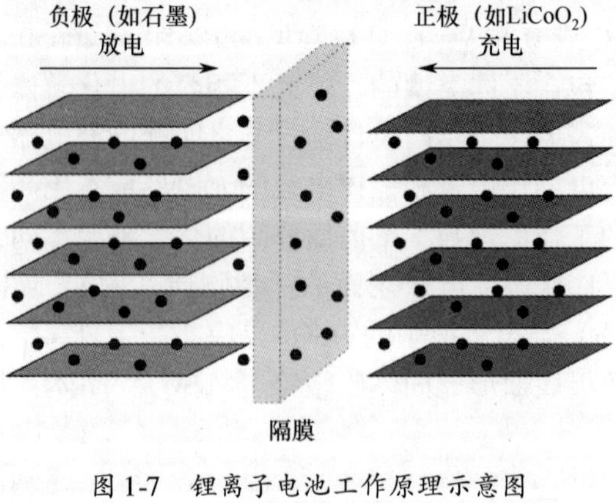

图 1-7　锂离子电池工作原理示意图

在电极内部，锂以电中性原子的形式储存。每个锂原子与晶体结构中相邻

原子非常松散地共享着价电子，因此锂并不是紧密地固定在某一个地方，实际上是可以自由移动的。锂可以进入和退出电极表面，但在开放的层状晶体结构内主要进行扩散，以平衡电极空位内锂的浓度。

在放电过程中，负极表面的锂原子失电子变成锂离子，电子通过外电路向外传输，锂离子脱离电极晶体结构并溶解到电解液中，该过程可以表示为 $Li \rightarrow Li^{+} + e^{-}$；相反，靠近正极表面的电解液中锂离子接收来自外电路的电子，生成的电中性锂原子进入电极的晶体结构，该过程可以表示为 $Li^{+} + e^{-} \rightarrow Li$。

上述过程是完全可逆的，锂离子在充电和放电过程中，在两个电极之间来回移动，因此有人用"摇椅""秋千"或"羽毛球"电池等来描述锂离子电池。插层机制比电化学反应要温和得多，所以锂离子电池比其他蓄电池寿命更长。

到目前为止，锂离子电池电极被看作是均匀的晶体块。然而事实并非如此，为了增加电极的表面积，使锂的嵌入脱嵌更容易，降低整体电池电阻，增强能量传输能力，电极是由数以百万计的小电极颗粒制成的。例如，图1-8显示了包含石墨颗粒的锂离子电池负极的扫描电子显微镜（Scanning Electron Microscope，SEM）图像，两幅图的材料相同，但放大倍数不同。

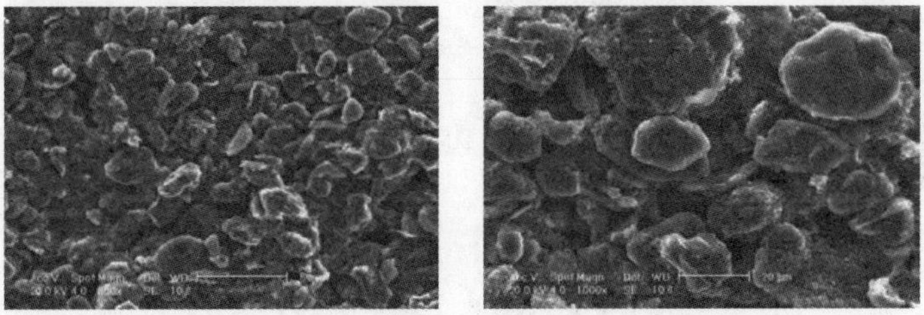

(a)　　(b)

图1-8　MTI品牌中间相炭微球（石墨）的SEM
（图片由Sangwoo Han提供）

图1-9显示了包含锂锰氧化物颗粒的正极扫描电子显微镜图像，这两幅图像是不同放大倍数下的相同材料。可以看到这些颗粒的形状和大小与石墨颗粒截然不同。

图1-10显示了电极的横截面，图1-10（a）电极被刀片切割成薄片；图1-10（b）电极用聚焦离子束（Focused Ion Beam，FIB）更精确地切割，在此过程中粒子被切开。可以看到电极结构是多孔的，电解液填充颗粒间的孔隙。

与基本电极材料混合的物质包括将这些颗粒粘在一起的黏合剂，如聚偏氟乙烯（PVdF），以及增强电子传导能力的导电添加剂，如炭黑。这些添加剂不是电池的“活性”部分，因此在讨论锂离子电池组成时并不总是提到它们，但它们总是存在的①。

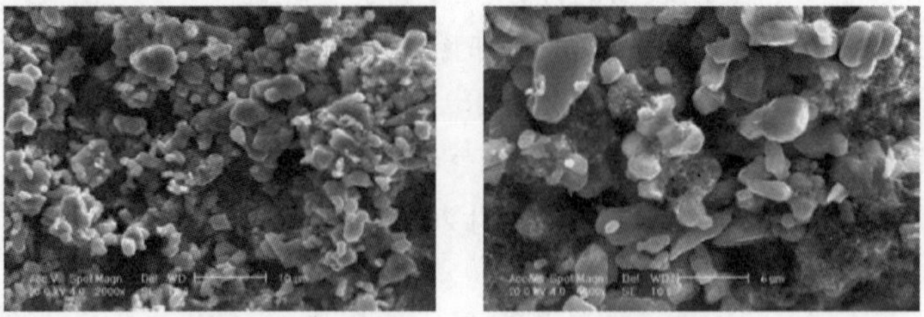

(a) (b)

图 1-9 Aldrichbrand 品牌 LMO 的 SEM

（图片由 Sangwoo Han 提供）

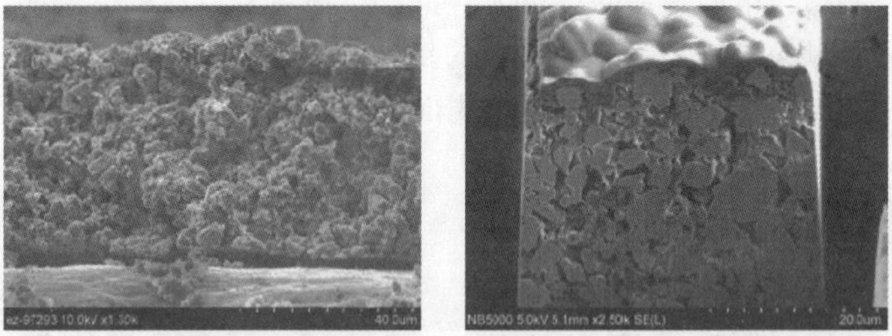

(a) (b)

图 1-10 LMO 电极 FIB 和 LMO 切割面 FIB

（图片由 Sangwoo Han 提供）

1.5.1 负极

现在开始讨论常用的锂离子电池电极材料。目前，绝大多数商用锂离子电池使用某种形式的石墨（C_6）作为负极材料。石墨包含多个石墨烯层，层中的 C_6 呈六角形结构紧密地结合在一起。石墨烯层松散地叠放在一起，只有弱的范德华力将它们约束在一起，锂在层间插入。如图 1-11 所示，碳原子被画成小球体，通过共价键与石墨烯层中相邻的碳原子相连；锂原子被画成大球体，石墨烯层之间有足够的空间让锂原子能够自由移动。

① 图 1-8 ~ 图 1-10 所示的电极中，活性物质与炭黑与聚偏氟乙烯的比例为 90 : 5 : 5。

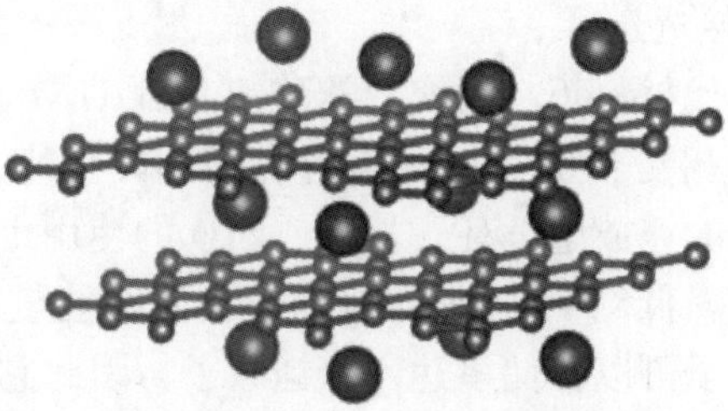

图1-11 锂化石墨的原子结构①

几种不同形式的石墨被用于锂离子电池中。图1-12给出了两个示例，其中线条描绘的是石墨烯段，锂可以存在于石墨烯层之间的空隙中；区别在于颗粒微观结构中的石墨烯层均匀度不同。天然和合成石墨往往是最均匀的；天然“硬”碳或无序碳均匀性稍差，其石墨烯层具有许多小的呈随机排列的“小口袋”。不同类型的石墨具有不同的电压特性、容量和老化特性，但工作方式基本相同。

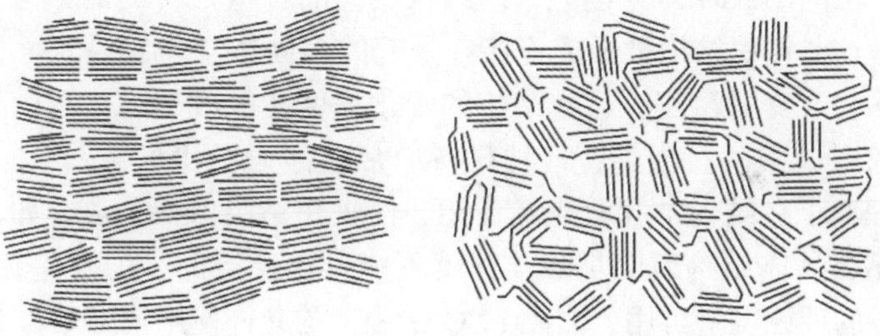

(a) (b)

图1-12 天然石墨（a）和硬碳（b）的微观结构②

（a）天然石墨；（b）硬碳的微观结构。

锂在石墨中的最大储存量为每6个碳原子中有一个锂原子，最小量则为零。因此，在讨论石墨电极的锂化程度时，使用符号 Li_xC_6，其中 $0 \leqslant x \leqslant 1$。当以原子的角度看时，对于任何的 C_6 位置上，要么只有一个锂原子，要么根本没有锂原子。但是当考虑到整个电极时，C_6 位置总数的一部分被占据，这个比例是 x 的值。当电池充电时，负极被高度锂化，x 接近1；当电池放电时，

① 参考文献：Momma, K. and Izumi, F., “VESTA 3 for three-dimensional visualization of crystal, volumetric and morphology data,” Journal of Applied Crystallography, 44, 1272-1276 (2011).

② 参考文献：Wakihara, M. “Recent developments in lithium ion batteries,” Materials Science and Engineering R33, 2001, 109-134.

负极大量耗尽锂，x 接近于零。

可用作负极的替代材料正在研究。钛酸锂（$Li_4Ti_5O_{12}$，也称为钛酸锂氧化物或 LTO）允许比石墨更快的充电而没有有害的副反应，抑制副反应可以使电池寿命达到数万次的充放电循环。然而，LTO 的使用也导致电池电压相对于具有石墨负极的电池降低约 1.4V，从而导致较低的能量密度。硅结构也在研究中，由于每个硅原子可以存储多达 4 个锂原子，因此它的能量密度比石墨高得多。然而，当锂插入层间时会导致硅结构的体积发生很大的变化，从而引起结构快速崩塌和糟糕的电池寿命。因此，未来到底有哪些技术将取代石墨负极，我们将拭目以待。

1.5.2 正极

在锂离子电池正极材料的选择上有更多可能性。1980 年，John B. Goodenough 发现锂钴氧化物（Li_xCoO_2，也称为 LCO）是一种可行的插层化合物。图 1-13显示了 LCO 的晶体结构，层中的小球体为钴原子，层中各顶点位置球体为氧原子，层间的大球体为锂原子。结构中锂的含量是可变的，但是钴氧结构是固定的，这些钴氧结构被画成连接在一起的多面体（特别是八面体）以强调氧化钴层不会改变的事实，只有结构的锂化程度才能改变。正是由于这些层的表现有点像石墨中的石墨烯，这种材料通常被称为层状正极。不同之处在于，LCO 中的锂原子在结构中起着支柱作用，使氧化钴层保持分离。如果除去了太多的锂，那么晶体结构就会坍塌，锂就不能再进入层间。为了避免这种坍塌，只有约 1/2 的理论容量可用，因此 Li_xCoO_2 中 x 的允许使用范围是 0.5 ~ 1。

图 1-13 LCO 晶体结构[①]

① 参考文献：Momma, K. and Izumi, F., "VESTA 3 for three-dimensional visualization of crystal, volumetric and morphology data," Journal of Applied Crystallography, 44, 1272-1276 (2011).

LCO通常用于便携式电子设备的锂离子电池中，但是当其试图扩大至更大的电池组，以用于电网储能和电动汽车时，会遇到一些问题，主要问题是钴是稀有的、有毒的、昂贵的。镍可以取代钴的位置，从而产生更高的能量密度，相同容量时电压更高，但是这种电池热稳定性不太好，容易着火。铝（Al）、铬（Cr）和锰（Mn）也可以取代钴（Co），从而产生不同的性能。通常使用过渡金属的组合（合金），如锂镍锰钴氧化物（NMC）电极包括镍、锰和钴的混合物，它保留了层状结构，同时具有三种组成金属的性质；锂镍钴氧化铝（NCA）电极混合了镍、钴和铝。

1983年，Goodenough和Thackery提出将锂锰氧化物（$Li_xMn_2O_4$或LMO）作为一种替代的插层化合物，该结构如图1-14所示，八面体中间的球体为锰原子，八面体顶部的球体为氧原子，大球体为锂原子。氧化锰构成被称为立方尖晶石结构的八面体，其结构非常复杂，很难在二维投影中看到。这种结构具有一个有趣的特点，其每侧都有可用的通道，允许锂从前到后、从左到右、从上到下移动①。这些自由度使锂很容易在结构内移动，从而降低了电池内阻。

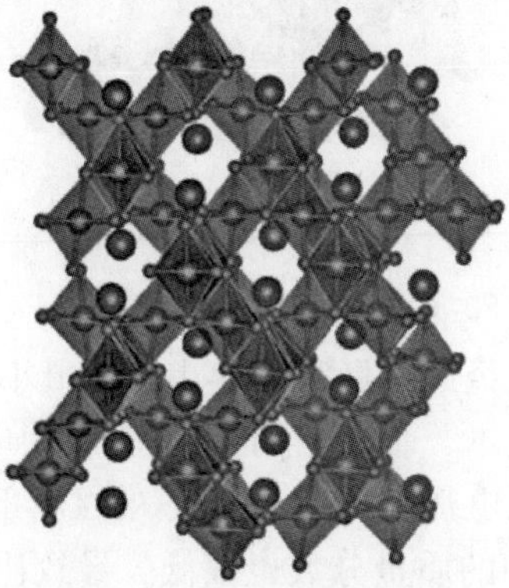

图1-14 LMO晶体结构②

$Li_xMn_2O_4$中的x值一般在0~1之间变化，但也可以高达2。通常避免x值大于1，因为当锂化程度较高时，LMO结构在酸性条件下会变得不稳定，当锰被酸侵蚀并溶解到电解液中时，晶体结构分解。可以通过在电解液中加入添加剂中和酸度，来防止这种情况的出现，但是“添加剂怎么加”目前还属于商

① 因此，这种材料被称为具有三维结构。参考图1-13，可以看到LCO具有二维结构；通过图1-15，可以看到LFP具有一维结构。

② 参考文献：Momma，K. and Izumi，F.，“VESTA 3 for three-dimensional visualization of crystal，volumetric and morphology data，” Journal of Applied Crystallography，44，1272-1276（2011）.

业机密。尽管对锂有严格的限制，但 LMO 仍然很常见，因为它比 LCO 更便宜、更安全，同时还具有相近的储能密度。

1997 年，Goodenough 提出橄榄石型磷酸盐作为正极材料的第三大类。磷酸铁锂（Li_xFePO_4或 LFP）是这个家族中最常见的，其晶体结构如图 1-15 所示，八面体内的球体为铁原子，八面体顶部的球体为氧原子，四面体内的球体为磷原子，多面体外的大球体为锂原子。在整个晶体结构中，FeO_6构成褐色八面体，PO_4构成灰色四面体。

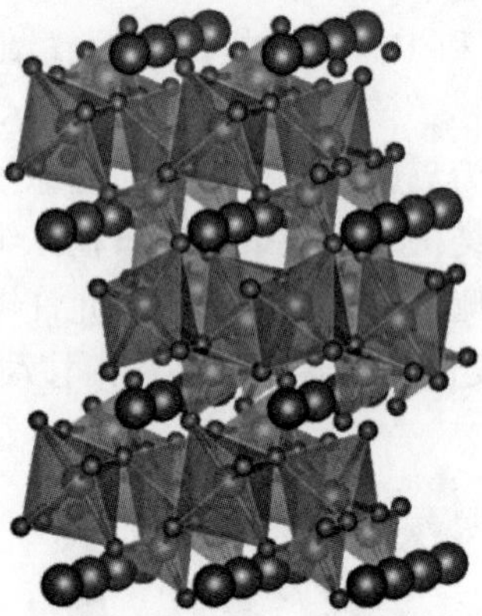

图 1-15　LFP 晶体结构①

由于锂只能在一维线性通道中自由移动，因此该材料阻值较大。为了对高阻值做出补偿，电极的粒径通常做得非常小，以最小化扩散长度，从而减小电池内阻。LFP 因具有低成本、低毒性和非常稳定的电压分布等优点而广受欢迎。然而由它制成的电池电压比其他常用正极材料低 0.5V，相应地能量密度也更低，而且锂在 LFP 中的质量分数也很低，导致比能量也较低。

正极的替代材料正在被研究，其中许多掺杂有钒（V），这往往会使制成的电池电压更高。然而目前的挑战是要研究出一种电解液，它既可以作为锂离子的导体正常工作，又不会在较高的电压下发生分解。

1.5.3　电解液：盐和溶剂

电解液是在电极之间传导离子的介质，它包括溶于溶剂中的酸、碱或盐。由于锂会与水发生剧烈反应，锂离子电池中的电解液由非水有机溶剂加上锂盐

① 参考文献：Momma, K. and Izumi, F., "VESTA 3 for three-dimensional visualization of crystal, volumetric and morphology data," Journal of Applied Crystallography, 44, 1272-1276 (2011).

组成，只作离子的导电介质，不参与化学反应。最常用的盐是六氟磷酸锂（$LiPF_6$），在溶剂中分解成 Li^+ 和 PF6$^-$，其他候选还包括 $LiBF_4$ 和 $LiClO_4$。

常见的溶剂有碳酸乙烯酯（EC）、碳酸丙烯酯（PC）、碳酸二甲酯（DMC）、碳酸乙酯（EMC）和碳酸二乙酯（DEC），表1-3列出了上述每种材料的化学结构。它们的一个显著特征是分子顶部的带有轻微负电荷的双键氧，分子的剩余部分带轻微的正电荷以保持电中性，这种极化有助于溶液中盐的电离和离子电流的传导。

表1-3 锂离子电池常见溶剂化学结构

EC	PC	DMC	EMC	DEC
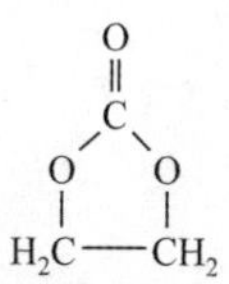	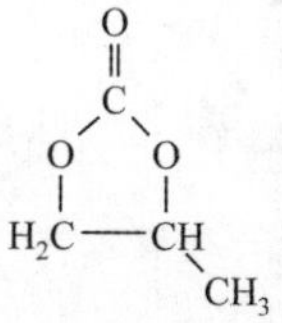	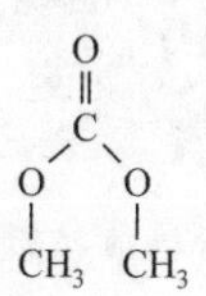	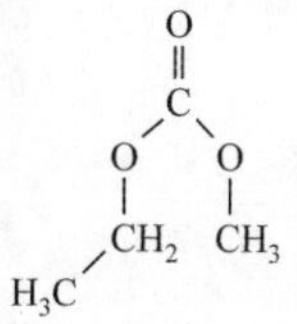	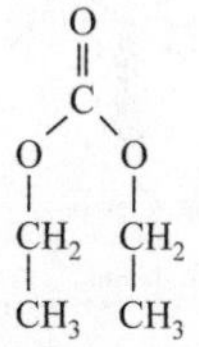

溶剂不参与电池的化学反应，因此在建模中通常忽略它，但是不同的溶剂会间接影响电池的老化、低温等性能，因此合适的选择很重要。尽管电解液也包括溶剂，但通常将盐和电解液等同。

1.5.4 隔膜

锂离子电池中的隔膜是一种具有多孔的可渗透膜，该孔一方面足够大，可以让锂离子畅通无阻地通过；另一方面又足够小，使得负极和正极颗粒不会透过孔相接触，从而防止电池短路。隔膜也是电子的绝缘体，其扫描电子显微镜图像如图1-16所示。为了解隔膜中孔开口与活性材料颗粒之间的相对大小，

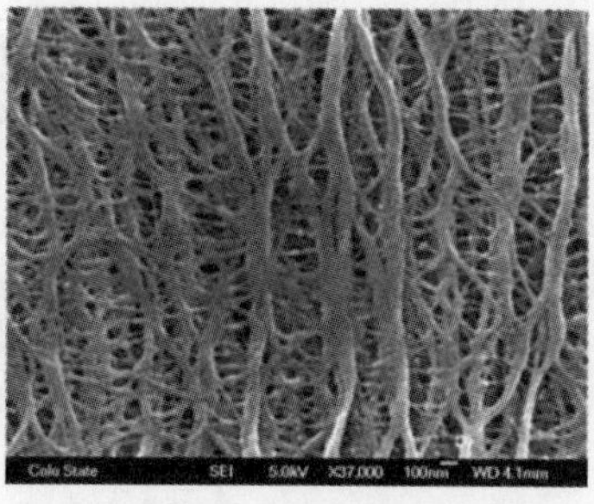

图1-16 未加工隔膜材料的SEM
（图片由Colorado State University提供）

图 1-17 显示了典型隔膜材料顶部锂锰氧化物颗粒的原子显微镜（Atomic Force Microscopy，AFM）图像。可以看到，这种特殊类型隔膜的纤维性质是比较明显的，其中的孔隙比纤维之间最明显的凹陷处小，电极材料的粒径与隔膜材料孔径之间的巨大尺度差异也十分明显，隔膜厚度一般为 20μm 左右，孔径约为 50Å，锂锰氧化物颗粒的直径约为 5μm。

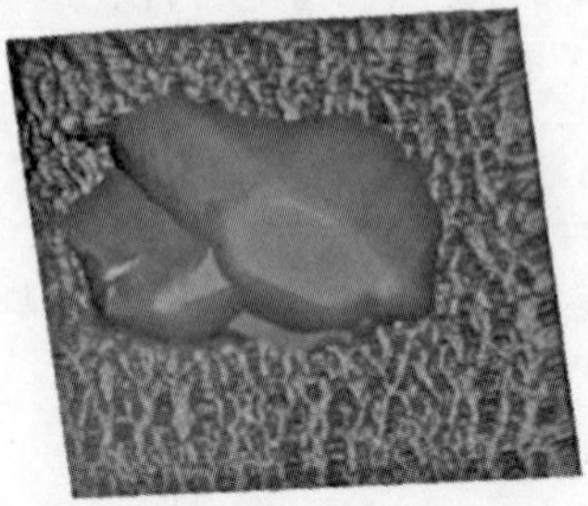

图 1-17 隔膜材料顶部的锂锰氧化物颗粒
（图片由 Sangwoo Han 提供）

1.6 制造

一些关于锂离子电池是如何制造的信息可以帮助理解它们是如何工作的。每种锂离子电池的基本要素相同，但是有一些基于形状的变化。

（1）圆柱形单体电池是圆柱形，封装在金属外壳中。

（2）方形单体电池是棱柱形，封装在金属外壳中。

（3）袋状单体电池是扁平的，封装在软袋中。

图 1-18 显示了不同形状锂离子电池的一些示例。在每一种情况下，单体电池都包含一个或多个负极板和正极板，并在单体电池内部进行电连接，从而

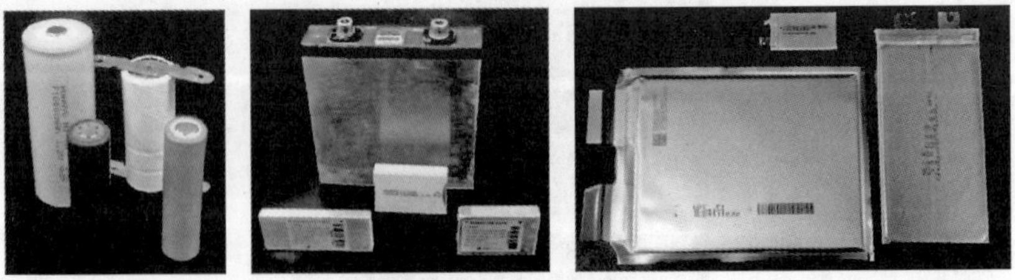

(a) (b) (c)

图 1-18 不同形状的锂离子电池
（a）圆柱形单体电池；（b）方形单体电池；（c）袋状单体电池。

形成电池总体的正、负极；还包括隔膜和电解液。圆柱形电池是最常用的，但是在大容量电池组应用中大量使用方形和袋状单体电池，因为矩形可以更节省空间地组合在一起，从而减小大容量电池组的体积。

1.6.1　电极涂层

锂离子电池中的负极和正极具有相似的形状，通常在类似的设备上制成。电极活性材料被涂在薄金属箔的两侧，箔厚约 20μm，薄金属箔作为集流体将电流导入和导出电池，如图 1-19 所示。

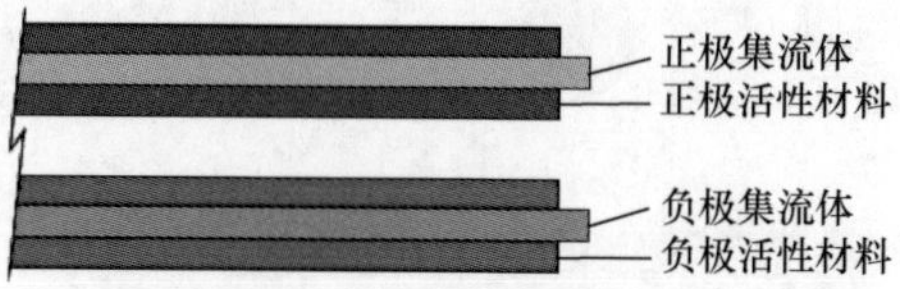

图 1-19　电极活性材料涂覆金属箔集流体两侧

负极和正极活性材料均以黑色粉末的形态送至工厂，表面上几乎无法分辨。由于负极材料和正极材料之间的相互污染会毁坏电池，必须防止这些材料相互接触，因此不同的电极通常在不同的房间内进行加工。

金属电极箔通常使用宽约 0.5m 的卷轴传送，负极集流体用铜，正极集流体用铝。这些卷轴直接安装在涂布机上，当铝箔通过精密滚轴送入机器时，铝箔将被展平。

将电极活性材料与导电黏合剂和溶剂混合，形成分布在箔表面的浆料。刀口位于箔的正上方，通过调整刀口和箔之间的间隙来控制电极涂层的厚度。由于正、负极材料的体积能量密度一般不同，因此正、负极的厚度通常不同。在双面涂层后，将箔直接送入干燥炉中，以蒸发浆液中的溶剂，并将电极材料烘烤到箔上。当镀膜箔离开烤箱时，它被重新卷绕。到目前为止，所述工艺是通过电极涂布机完成的，如图 1-20 所示。

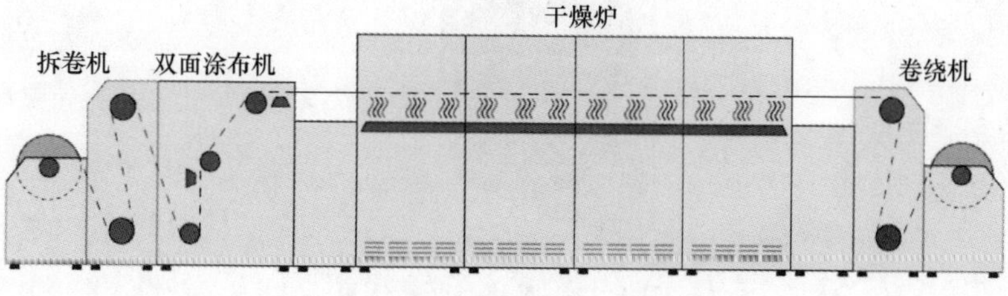

图 1-20　电极涂布机

镀膜箔随后被送入压延分条机。通过压延装置压紧电极活性材料，压缩颗粒间的空隙，从而压出孔隙。分条装置先将铝箔切割成所需的、较窄宽度的条带，随后再把它们切割成一定长度的条带。铝箔带边缘上的任何毛刺都可能增加电池内部短路的风险，因此必须非常精确地对分条装置进行制造和维护。压延和分条过程是在一台机器中完成的，如图 1-21 所示。

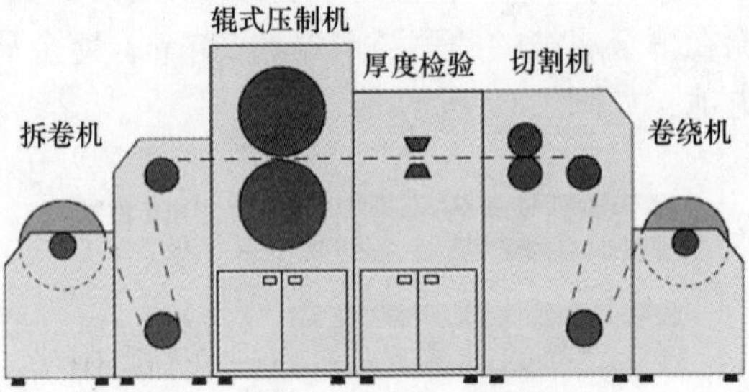

图 1-21　压延和分条机

1.6.2　单体电池组装

对于圆柱形电池，负极箔和正极箔被切割成长条，与隔膜一起被缠绕在一个圆柱形芯轴上，形成卷绕式结构。圆柱形单体电池的剖切图如图 1-22 所示，芯轴直接连接到正极集流体上，形成单体电池的正极端子，负极集流体连接在单体电池的负极端子上。

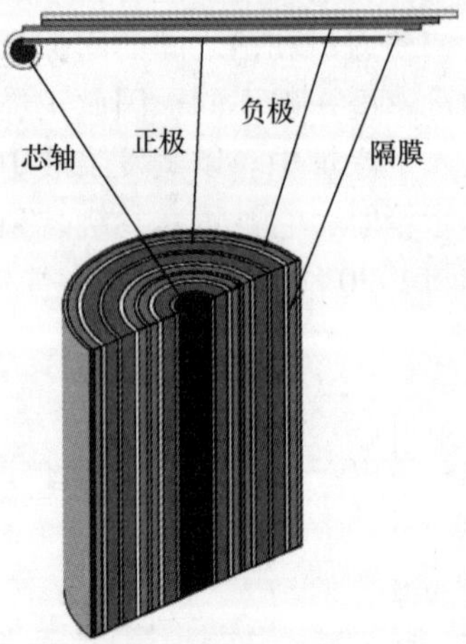

图 1-22　圆柱形电池结构

方形单体电池也有类似的结构，但其将涂布电极的集流体箔缠绕在扁平而非圆柱形的芯轴上，如图 1-23 所示。扁平芯轴使卷绕式结构在形状上不像圆柱形，而更接近方形；一旦装入金属封装壳中，外部外观即为方形。

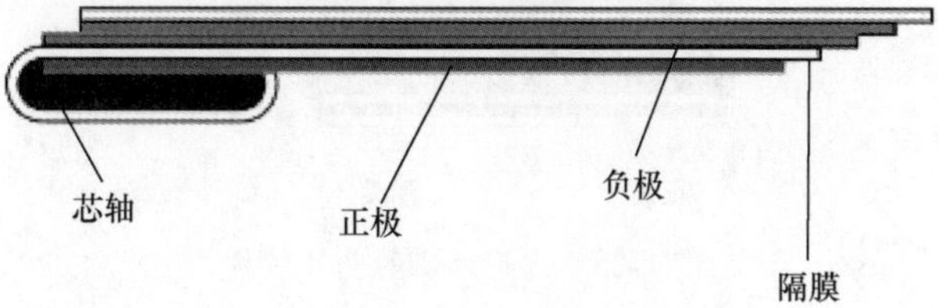

图 1-23　方形电池结构

下面，首先将电极与端子和内部所有电子安全装置相连，并将它们整体装入金属封装壳中；然后通过激光焊接或超声波加热的方式进行密封，并留有一个小开口。电解液通过这个开口注入电池后，封闭这个开口。由于电解液与水发生反应，因此必须在干燥的室内添加电解液。例如，最常用的电解质盐之一六氟磷酸锂（$LiPF_6$），首先与水反应生成有毒的氢氟酸（HF），氢氟酸可侵蚀正极活性材料，导致电池提前失效；然后给单体电池贴上带有标签的识别码，或者直接在外壳印上批号或序列号。最后的装配是在一台如图 1-24 所示的机器中完成的。

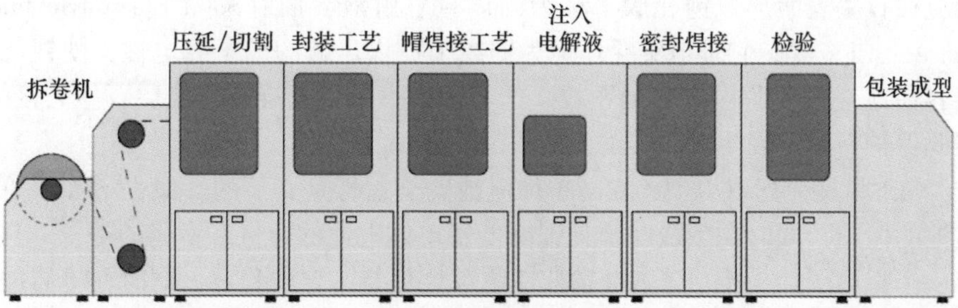

图 1-24　单体电池包装机

方形单体电池的结构有些不同，电极片是由涂布电极的箔卷冲压而成，而不是卷绕在一个芯轴上的长电极带。正负极片交替堆放，中间夹有隔膜，如图 1-25所示。所有负极片并联焊接在单体电池的负极端子上，所有正极片并联焊接在单体电池的正极端子上。

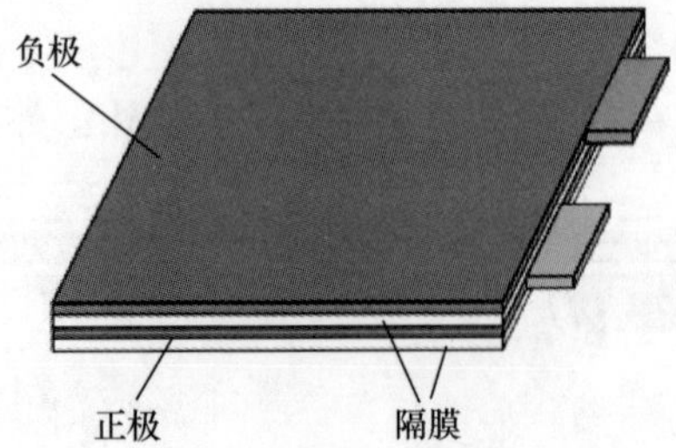

图 1-25　方形电池的叠片结构

1.6.3　化成

锂离子单体电池是在完全放电状态下制造的，此时所有锂都在正极中，因此单体电池组装完成后必须经历至少一个精确控制的充电周期来激活活性物质，将其转化为可用形式。第一次充电过程从低电压开始，逐渐升高至单体电池充满为止，这个过程叫作化成。

大多数锂离子单体电池中使用的有机溶剂会与石墨负极发生剧烈反应，但这种反应是自限制的。这个过程可以与铝暴露在空气中的情况进行类比，铝与氧迅速反应在其表面形成一层氧化铝膜，这种氧化铝可以防止氧气到达底层的铝金属，从而抑制进一步的反应。在锂离子单体电池中，溶剂与负极中石墨的反应在石墨表面形成钝化膜，称为固体－电解液界面（Solid Electrolyte Interphase，SEI）膜，它是电绝缘体但为锂离子提供足够的离子导电性，使锂能够很容易地嵌入或脱嵌出电极颗粒。这个 SEI 膜阻止了溶剂与底层石墨的接触，因此保护石墨不发生进一步的反应。

SEI 膜是一把双刃剑，它对单体电池安全运行是必要的，但也增加了单体电池的内阻，同时在生成时消耗锂降低了单体电池的容量。幸运的是，一旦在第一个充电周期中生成了 SEI 薄膜，它就能保持一定的稳定，同时在单体电池使用中缓慢生长。即便如此，SEI 膜的生长被认为是导致单体电池老化的主要机制之一。

在电池化成过程中，还会从充电器中采集记录数据，并在多个电池之间开展性能测试，以检查制造过程是否在控制之下。虽然这不是化成的主要目的，但该过程会使很大一部分因制造缺陷而导致的早期单体电池失效发生在制造商的工厂内，而不是客户的产品中。

在整个制造过程中，对错误的零容忍和严格的过程控制至关重要。电极上的污染、物理损伤和毛刺特别危险，因为它们会导致隔膜发生渗透，从而引起单体电池的内部短路。没有任何保护措施可以防止或控制这种情况的发生。清洁是防止污染的关键，通过风淋系统控制进入装配机器的空气，使单体电池在洁净无尘的条件下制造。

1.7　失效模式

本书关注的是理想单体电池的运行，最终目标是电池组的控制。然而为了能够实现电池组的最优控制，了解潜在的单体电池失效模式是必要的。由于设计故障、制造过程控制不当、老化、失控的操作和滥用等原因，单体电池会出现失效。电池组控制对由前两个原因导致的失效不能做太多，但可以在其他方面做些努力。在这里，我们定性分析制造后单体电池的失效。

1.7.1　正常老化

由于不必要的化学副反应和活性物质的物理变化，单体电池性能会随着时间自然地逐渐恶化。老化通常是不可逆的，最终导致单体电池失效，以下是一些导致老化的因素，但并非所有的化学电源都容易受到下述所有老化机制的影响。

腐蚀是指由化学作用引起的性能恶化。单体电池内部可能发生大量的不良副反应，因此它只是一个笼统的术语，如溶剂与集流体之间的反应，溶剂与电极活性、非活性物质之间的反应。在某些情况下，这些反应的产物还会对单体电池的其他成分产生腐蚀作用。

锂离子单体电池的石墨负极容易发生一种特殊的腐蚀，被称为钝化。在大多数锂离子单体电池拥有的高电压下，电解液中的溶剂不具有化学稳定性，它会与石墨颗粒发生反应，在颗粒表面形成反应产物的钝化层，这就是所谓的 SEI 膜。该膜保护石墨不受进一步反应的影响，大大减缓了钝化过程。然而，SEI 膜在单体电池的整个生命周期中仍以缓慢的速度生长。

一些化学电源在充电时会产生气体，理想情况下当放电时，它又会回到原来的液态。但如果气体由于电池外壳破裂而泄漏，则容量将会损失掉。由于某些单体电池释放的气体是易燃易爆的，因此在许多情况下这还可能会引发危险，如铅酸单体电池在过充电时会释放出氧气和氢气。对于密封式电池，压力积聚会导致电池破裂或爆炸，除非电池有一个泄放口允许气体逸出。

氧化－还原反应电池还很容易形成晶体。活性物质在放电过程中从电极上移除，而当再充电时它通常不会返回到相同的位置，而倾向于在电极表面生成晶体结构。随着晶体的生长，电极的有效表面积减小，电阻增加，因此单体电池提供高功率的能力降低。

晶体生长的一个特殊例子是在电极表面形成金属枝晶，这些树状结构可以穿过隔膜生长，导致单体电池的自放电率增加，甚至短路。例如，在锂离子单体电池中，充电过程中的低温运行或过电流会导致锂金属沉积在负极颗粒上，导致锂枝晶的生长。

插层式电极的充放电会引起体积变化，从而使电极受力，可能导致活性材料开裂。在某些锂离子正极材料中，还会导致结构坍塌，这会阻止电极嵌入或者脱嵌出锂。黏合剂材料和导电添加剂上的受力会导致颗粒间失去接触，从而增加电阻。

上述任何一种原因都会导致以下一种或多种不良影响。

(1) 增加内阻：单体电池的内阻会随着使用时间的增长而增加。这限制了单体电池的输出功率，导致功率衰减。

(2) 降低容量：单体电池的容量会随着使用时间的增长而下降。在某些化学电源中，可以使单体电池经历一次或多次深放电来恢复一些容量，但总体趋势是向下的。随着时间的推移，容量的下降被称为容量衰减。

(3) 增加自放电：由于电极的膨胀（隔膜受到压力）、枝晶体的生长（穿透隔膜）、局部过热（隔膜变薄或熔化），单体电池的自放电率也会随着使用时间的增长而增加。

老化过程通常受高温影响而加剧，因此延长电池寿命的最佳方法是将其温度保持在可接受的范围内。

1.7.2 失控的工作条件和滥用

状态良好的单体电池会由于使用不当或滥用而失效，如采用不合适的充电方法或过度充电，以及将其暴露在高的环境或存储温度下。

单体电池也会在遭受物理性滥用时失效，如跌落、挤压、穿刺、撞击、浸入液体、冻结或接触火源。在车辆事故中，任何一种情况都可能发生在汽车电池组上。人们普遍认为，单体电池不需要在所有这些事故中保持完好，但是电池本身不应该增加危险或引入其他安全问题。

有几种可能的失效模式完全与单体电池的故障有关，但很难预测哪一种会发生，它在很大程度上取决于环境。

(1) 开路故障：这对单体电池来说是一种安全的故障模式，但对应用端来说不是。一旦电流路径被切断，单体电池被隔离，对单体电池的进一步损害将受到限制。但是这可能不适合用户，如果串联的电池组中有一个单体电池发生开路故障，则整个电池组将停止工作。

（2）短路故障：如果串联电池组中有一个单体电池发生短路故障，电池组还能继续为负载供电，但其余的单体电池可能会稍微过载。这在紧急情况下可能很重要。

短路可能发生在单体电池外部或内部。电池管理系统（Battery Management System，BMS）应该能够将单体电池与外部短路分离开来，但是 BMS 很难将单体电池从内部短路中拯救出来。然而，BMS 和封装设计必须能够防止单个电池的故障蔓延到其他电池。例如，预防措施包括快速熔断、接触器隔断等。

在单体电池内部可能发生不同程度的故障。

（1）完全短路：电极之间的固体连接会导致极高的电流流过和完全放电，从而对单体电池造成永久性损坏。单体电池电压跌落至零，在整个电路中实际上充当一个电阻。

（2）局部短路：这是由电极之间的局部接触造成的。它可能是一种自校正，当有大电流流过时，熔化一小区域来起局部熔断丝的作用，并中断短路电流。具有局部短路的单体电池仍可运行，但具有较高的自放电率。

（3）起火爆炸：温度每升高 10℃，化学反应的速率就会增加 1 倍。如果这些反应产生的热量不能被迅速转移，可能导致温度进一步升高，并形成一个自我维持、不受控制的正反馈，称为热失控，最终导致破坏性结果，如火灾、爆炸。我们将不惜一切代价避免这种情况的发生，因此电池组必须包含保护电路或装置进行预防。

1.8　本章小结及后续工作

本章讨论了许多关于化学电源尤其是锂离子电池的工作机理①。后续章节将研究单体电池的电行为，建立能够预测单体电池对输入电流激励的电压响应的数学模型。

第一种模型基于现象学角度，使用电路元件来近似描述单体电池电行为。第二种电化学模型将深入单体电池内部，利用复杂的内部电化学原理分析来预

① 本书并不是要涵盖每一种常见的化学电源，然而第 2 章讨论的现象学模型可以直接应用于任何化学电源。第 3 章中的微尺度模型也可以应用于任何化学电源，前提是在建立没有插入电极的单体电池模型时，去掉描述插入化合物的方程式。第 4 章中的连续介质尺度模型和第 7 章中的热模型适用于任何多孔电极式单体电池，包括镍氢电池。第 5 章和第 6 章介绍的降低模型阶数复杂性的方法，也可用于建立不同化学电源模型的其他类似方程组。事实上，这在附录中进行了说明，它展示了如何使用本书的方法对超级电容器进行建模。

测电池内部和外部行为。

这两种模型都是有意义的，但是电化学模型比电路模型包含更多的物理信息，因此可用于先进的电池组控制方法中，从而在单体电池性能表现与性能衰减之间找到最佳平衡。然而，电化学模型的计算非常复杂，为了解决这一问题，本书提出了基于机理的电池降阶模型，该模型的预测精度非常接近电化学模型，但计算复杂度与电路模型相近。

在本书的第 7 章中，将讨论电池热模型，分析在一个单体电池中，热量是如何产生或散失的，以及单体电池的温度是如何随时间变化的。

通过本书，读者们将更深刻地理解如何进行高精度地单体电池建模。

第 2 章　等效电路模型

本书将研究两种从本质上完全不同的单体电池模型。一种是基于对控制单体电池工作的基本物理学原理的理解，从内到外建立单体电池的动态模型，也称为机理模型，将从第 3 章开始研究。

本章将研究更简单的单体电池建模方法，该方法是行为或现象上的一种近似，它使用电路来模拟单体电池电压对不同输入电流激励的响应。也就是说，利用一些普通电子元件来定义一个具有与观察到的单体电池表现高度匹配的电路。因此，描述电路的方程也能很好地描述观察到的单体电池工作情况。

这种模型称为等效电路模型。模型中的电路元件并不是用来描述单体电池的实际内部结构，电路只起着描述单体电池行为的作用，因此各种电路元件只用于模拟电池内部的某些过程。由于读者们熟知各种电路元件的工作特性，所以通过电路模型可以更好地理解单体电池在不同使用条件下的行为表现。

由于等效电路模型简单且稳健性强，目前大多数大规模电池组的电池管理系统，使用等效电路模型来作为维持单体电池适当工作边界和估计单体电池内部关键状态的基础。虽然等效电路模型不具备机理模型的所有特征，但是其适用于许多应用场合。

2.1　开路电压

本章采用由现象逐个增加电路元件的方法来建立和完善等效电路模型，首先解释最主要的观测行为，电路模型预测与单体电池观测行为之间的任何差异都视为模型误差，分析这种模型误差，然后添加电路元件来优化模型以减少误差，直到误差小到容许范围。

首先解释最基本的单体电池观测行为，单体电池两端存在电压差。因此，建立的第一个模型就是将单体电池简单地表示为一个理想电压源，如图 2-1 所示。在该模型中，单体电池端电压 $v(t)$ 是一个固定值，其既不是负载电流 $i(t)$ 的函数，也不是过去单体电池使用情况的函数。

这是一个非常差的单体电池模型，因为实际单体电池的端电压与负载电流、最近的使用情况和其他因素有关。但是不管怎样，该模型为后续开发提供了一个起点，单体电池确实为负载提供了电压。而且，当单体电池空载、处于完全平衡状态时，单体电池的电压是可预测的。因此，模型中的电压源标记为OCV（Open-circuit Voltage，开路电压），它也是最终等效电路模型的一个组成部分。

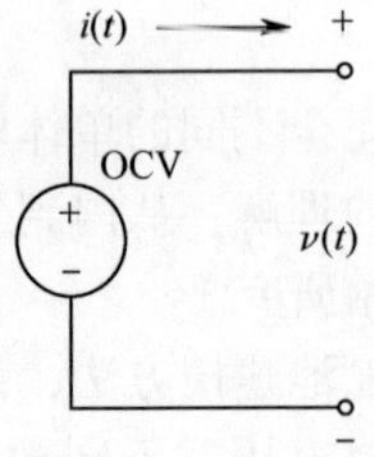

图 2-1　具有恒定输出电压的简单电池模型

2.2　荷电状态依赖条件

对简单电池模型的第一个改进是，认识到完全充电的电池电压通常高于放电后的电池电压。然而，由于电池的端电压也取决于与最近电池使用方式相关的动态因素，因此实际情况也并非总是如此。但是，可以这样说，满电状态的电池平衡空载静置电压或开路电压高于已放电电池的电池电压。

因此，可以通过引入单体电池开路电压与荷电状态之间的关系来改进模型。要做到这一点，必须首先明确荷电状态的含义。因此，将单体电池充满电时的荷电状态（State of Charge，SOC）定义为100%或1.0，将单体电池完全放电时的荷电状态定义为0%或0.0。如果单体电池处于充满电和完全放电之间的中间状态，则其荷电状态介于0%和100%之间。荷电状态是一个无单位的量，在本书中用符号 z 表示。

为了量化荷电状态，需要知道单体电池充满电时所拥有的电荷数，以及当它完全放电时剩余的电荷数①。因此，将单体电池从 $z = 100\%$ 放电到 $z = 0\%$ 时所释放的总电荷数定义为单体电池的总电荷容量，或者更简单地称之为总容量（这与第1章讨论的单体电池总能量容量不同）。总容量通常以安时（Ah）或毫安时（mAh）为单位进行测量，并用符号 Q 表示，总容量值是单体电池模型的一个参数。也就是说，它是一个常数，因单体电池不同而取值不同。尽管由于不希望的寄生化学副反应和电极材料的结构破坏，单体电池的总容量会

① 一个“完全放电”的单体电池内部仍然还有电荷，但是我们不会故意将单体电池放电超过某一点，因为这会造成损坏，并可能引起安全问题。

随着单体电池老化而逐渐减少，但其与温度和电流无关①。

可以用一个常微分方程来模拟荷电状态的变化：

$$\dot{z}(t) = -\eta(t)i(t)/Q \tag{2.1}$$

本书使用 $\dot{z}(t)$ 符号来表示 $z(t)$ 对时间求导，即 $\dot{z}(t) = \mathrm{d}z(t)/\mathrm{d}t$，$i(t)$ 的符号在放电时为正。因此，正（放电）电流降低单体电池的荷电状态，负（充电）电流增加单体电池的荷电状态。要特别注意单位：$i(t)$ 的测量单位为 A，为了匹配，Q 必须转换为 A·s（库仑）。$z(t)$ 和 $\eta(t)$ 都是无单位的。

$\eta(t)$ 是单体电池的库仑效率或电荷效率②。当电流符号为正（放电）时，模型 $\eta(t) = 1$。但是，当电流符号为负（充电）时，$\eta(t) \leqslant 1$。充电时，进入单体电池的大部分电荷参与所需的化学反应，从而提高单体电池的荷电状态。但是，进入单体电池的一小部分电荷会参与不必要的副反应，副反应不会增加单体电池的荷电状态，通常还会导致单体电池发生不可逆地衰退。建立精确的库仑效率模型是一项非常具有挑战性的任务，因为其值取决于荷电状态、充电倍率、温度以及单体电池的内部电化学状态。然而，由于锂离子电池具有很高的库仑效率，一阶假设即 η 总是等于固定值，通常就能取得合理的整体模型精确度。

将式（2.1）的瞬时关系进行积分，可以获得荷电状态在一段时间间隔内变化的总方程。已知初始时刻 $t_0 < t$ 的荷电状态，以及 t_0 到 t 时间的电流，可以得到

$$z(t) = z(t_0) - \frac{1}{Q}\int_{t_0}^{t} \eta(\tau)i(\tau)\,\mathrm{d}\tau \tag{2.2}$$

在这个方程中，使用 τ 作为积分内时间变量的占位符，这样就不会混淆虚拟积分变量（当进行积分时会从最终结果中消失）和积分上限（应保留在最终结果中）。

很多时候，我们对离散时间模型比对连续时间模型更感兴趣。离散时间模型假设单体电池输入和输出是以固定速率进行测量或采样的，周期为 Δts，频率为 $1/\Delta t$Hz。这样的模型可以直接用于电池管理系统中低成本的微控制器内

---

① 值得注意的是，总容量不同于单体电池的放电容量。后者被定义为当单体电池以恒定速率从 $z = 100\%$ 放电到单体电池端电压达到截止电压时所释放的总电荷数。这将发生在 $z = 0\%$ 之前，因为实际单体电池具有内阻，内阻上会有电压降，所以单体电池的放电容量总是低于其总容量，除非放电以非常缓慢的速率进行。

② 值得注意的是，库仑效率不同于单体电池的能量效率。典型锂离子电池的库仑效率约为 99% 或更高，等于（释放电荷）/（吸收电荷）；能量效率接近 95%，等于（输出能量）/（输入能量）。在充电和放电过程中，能量都会随着电阻生热而损失。

部。将式（2.2）转换为离散时间，首先令 $t_0 = k\Delta t$，$t = (k+1)\Delta t$；然后假设单体电池的输入电流在采样间隔 Δt 内是恒定的，可以得到

$$z((k+1)\Delta t) = z(k\Delta t) - \frac{\Delta t}{Q}\eta(k\Delta t)i(k\Delta t) \tag{2.3}$$

由于在模型的时间索引中携带 Δt 因子很麻烦，因此定义一个新的符号。方括号［·］将用于表示离散时间样本序号，圆括号（·）表示实际时间。例如，［k］就等于 $(k\Delta t)$。用此符号改写式（2.3），可以得出

$$z[k+1] = z[k] - \frac{\Delta t}{Q}\eta[k]i[k] \tag{2.4}$$

有了荷电状态的数学模型之后，现在准备修正之前的电路模型。首先认识到单体电池的开路电压是其荷电状态的函数，示例如图 2-2 所示。温度对该关系存在一定影响，这些曲线是在室温（25℃）条件下绘制的。此外，虽然这些曲线是作为单体电池荷电状态的函数绘制的，但也经常看到它们以单体电池放电深度（Depth of Discharge，DOD）表示。放电深度与荷电状态相反，可用分数或安时数表示。如果它用分数表示，则 DOD $= 1 - z(t)$；如果它用安时数表示，则 DOD $= Q(1 - z(t))$。

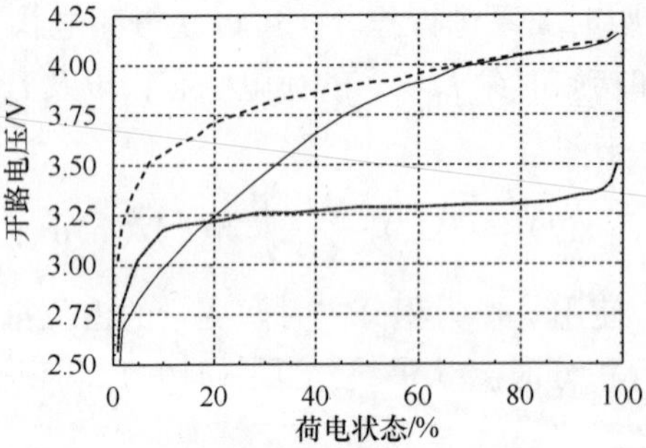

图 2-2　开路电压与荷电状态的函数关系

改进后的电池模型如图 2-3 所示，其中包含了电池荷电状态对其开路电压的影响。用一个受控电压源代替理想电压源，其值等于 OCV$(z(t))$。如果需要考虑温度对单体电池电压的影响，可以使用 OCV$(z(t),T(t))$ 代替，其中 $T(t)$ 是 t 时刻电池的内部温度。

单体电池在多个 SOC 点的 OCV 是通过 2.10 节所述的实验步骤确定的经验值。这些值可以首先存储在查找表中；然后通过插值来计算 OCV 函数，或者使用回归算法来拟合一个解析函数，如多项式函数；最后某一特定 SOC 点的 OCV 就可以通过该解析函数进行计算。

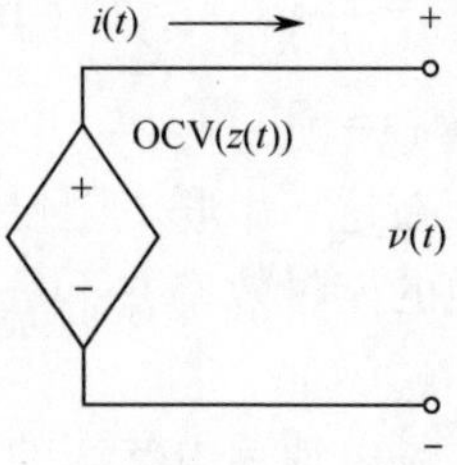

图2-3 基于受控电压源的电池模型

2.3 等效串联电阻

到目前为止，已建立的单体电池模型基本上是属于静态的，它描述了单体电池的静态行为。现在开始，将在模型中添加动态特性来描述当单体电池接受时变输入电流时的行为表现。

希望模型能描述的第一个现象是，当单体电池给负载供电时，单体电池的端电压下降到开路电压以下，当给单体电池充电时，其端电压上升到开路电压以上。这种现象在某种程度上可以用一个与受控电压源串联的电阻来描述，修改后的模型如图 2-4 所示。增加的电路元件称为单体电池的等效串联电阻（EquivalentSeries Resistance，ESR）。

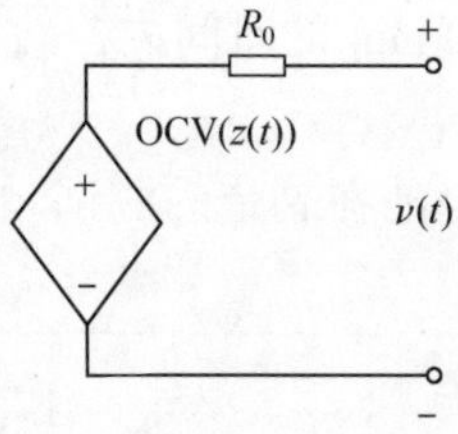

图2-4 基于受控电压源和等效串联电阻的电池模型

在修正模型中，荷电状态方程保持不变，添加第二个方程来描述端电压的计算。在连续时间域里，等效模型为

$$\dot{z}(t) = -\eta(t)i(t)/Q$$
$$\nu(t) = \mathrm{OCV}(z(t)) - i(t)R_0$$

有了这个模型，可以看到当 $i(t) < 0$（充电）时，$\nu(t) > \mathrm{OCV}(z(t))$；$i(t) > 0$（放电）时，$\nu(t) < \mathrm{OCV}(z(t))$。这与观察到的实际单体电池表现相吻合。在离散时间域中，等效模型为

$$z[k+1] = z[k] - \frac{\Delta t}{Q}\eta[k]i[k]$$

$$\nu[k] = \mathrm{OCV}(z[k]) - i[k]R_0$$

值得注意的是，模型中存在这一串联电阻也意味着一部分能量通过电池内阻生热耗散了，因此单体电池的能量效率并不是完美的。通过等效串联电阻消耗的能量可以表示为 $i^2(t) \cdot R_0$。

最后，单体电池内阻通常是电池荷电状态的函数，同时也总是电池内部温度的函数。如果在 R_0 中加入这些影响，模型预测精度将得到增强。

这种单体电池模型对于很多简单的电子电路设计来说已经足够，但是还不能满足大型电池组，如电动汽车和电网储能系统的应用需求，仍有一些其他的动态特性需要解决。

2.4 扩散电压

极化是指由于电流流过单体电池而使电池端电压偏离开路电压的现象。在目前建立的等效电路模型中，我们通过 $i(t) \cdot R_0$ 项来模拟瞬时极化。然而，实际的单体电池有着更复杂的行为，当单体电池上有电流流过时，极化随时间缓慢发展；而紧接着当单体电池静置时，极化随时间缓慢衰减。

图 2-5 说明了这种较慢的行为。图中绘制的电压对应于以下情况。

（1）前 5min 单体电池处于静置状态，电压恒定保持；

（2）从 $t = 5\text{min}$ 到 $t = 20\ \text{min}$ 的时间内，给单体电池施加恒定大小的放电电流脉冲；

（3）移除负载，让单体电池在剩余的测试时间内静置。

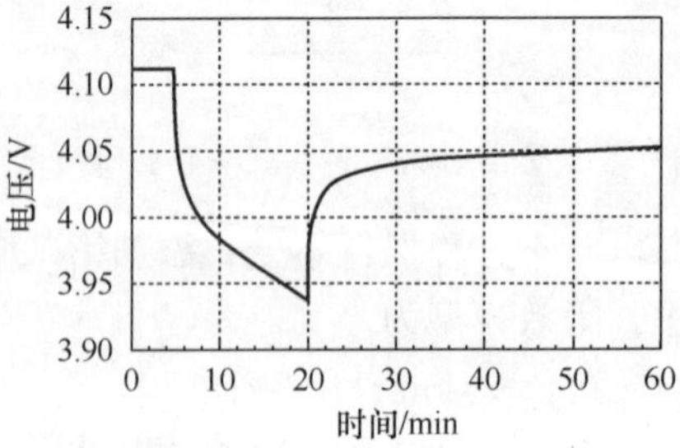

图 2-5 脉冲放电电流响应

从图上可以看出，电池脉冲放电后静置，极化现象明显。

到目前为止，已建立的模型解释了单体电池在初始静置时间内的行为，还解释了电流施加时的瞬时电压降和电流消除时的瞬时电压恢复。尽管我们知道荷电状态下降，开路电压也会跟着下降，但在没有进一步分析的情况下，我们很难判断电池模型是否能够准确预测单体电池在放电期间的电压变化。然而可以肯定的是，电池模型并没有对测试的第三部分进行很好的建模。在这一部分中，可以看到电压在不断变化，但由于单体电池上电流为零，单体电池的荷电状态并没有变化。因此第三阶段发生的电压变化还不属于目前所建模型的解释范围。

如果你曾经用过手电筒，肯定观察到当电池快没电的时候，手电筒产生的光变得越来越暗，直到完全看不见，但是关掉手电筒等一两分钟再打开，灯泡又亮了。此时电池并没有重新充电，只是它的电压从缓慢衰减的极化中得到恢复，就像图 2-5 所描述的一样，可以在手电筒电池几乎用尽的情况下获得更多的一点光亮。

最后我们会发现这一现象是由于锂离子电池中锂的缓慢扩散引起的，缓慢变化的电压被称为扩散电压。它的效果可以用一个或多个并联电阻 - 电容子电路近似。在图 2-6 中，R_1 和 C_1 组合起来完成此功能。在该模型中，荷电状态方程与之前一样，但是电压方程发生变化。

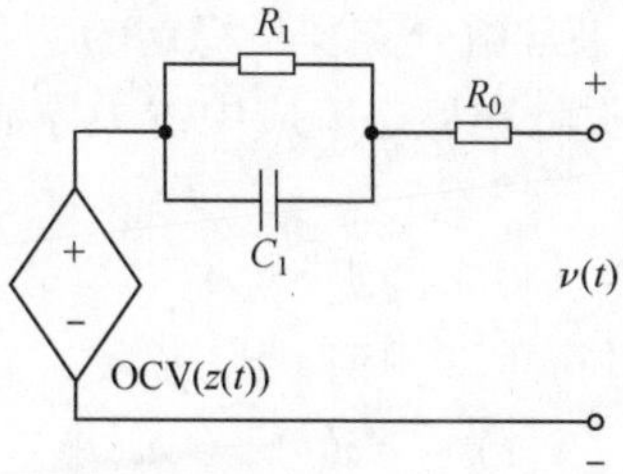

图 2-6　包含扩散电压的电池模型

对于连续时间模型，电压方程为

$$v(t) = \mathrm{OCV}(z(t)) - v_{C_1}(t) - v_{R_0}(t)$$

对于离散时间模型，电压方程为

$$v[k] = \mathrm{OC}v(z[k]) - v_{C_1}[k] - v_{R_0}[k]$$

当使用数据进行模型参数辨识时，将电流代入表达式中，结果会更简单，即

$$v(t) = \mathrm{OCV}(z(t) - R_1 i_{R_1}(t) - R_0 i(t)$$

$$v[k] = \mathrm{OCV}(z[k]) - R_1 i_{R_1}[k] - R_0 i[k]$$

电阻电流 $i_{R_1}(t)$ 的表达式可以通过以下步骤确定。首先，我们知道流经

R_1 的电流加上流经 C_1 的电流必然等于 $i(t)$。此外，$i_{C_1}(t) = C_1\dot{v}_{C_1}(t)$，于是有

$$i_{R_1}(t) + C_1\dot{v}_{C_1}(t) = i(t)$$

然后，由于 $v_{C_1}(t) = R_1 i_{R_1}(t)$，则

$$i_{R_1}(t) + R_1 C_1 \frac{\mathrm{d}i_{R_1}(t)}{\mathrm{d}t} = i(t)$$

$$\frac{\mathrm{d}i_{R_1}(t)}{\mathrm{d}t} = -\frac{i_{R_1}(t)}{R_1 C_1} + \frac{i(t)}{R_1 C_1} \tag{2.5}$$

可以通过求解这个微分方程来确定 $i_{R_1}(t)$，或者可以将其转换为离散时间形式后求解。由于在2.5节中有类似的转换，为了包含这两种情况，本节考虑将一个一般的常微分方程从连续时间转换为离散时间，即

$$\dot{x}(t) = ax(t) + bu(t) \tag{2.6}$$

最后，我们希望在离散时间点 $t = k\Delta t$ 计算 $x(t)$，此时 $x[k] = x(k\Delta t)$。假设输入 $u(t)$ 在采样间隔内是常数，那么式（2.6）的通解为

$$x(t) = \mathrm{e}^{at}x(0) + \int_0^t \mathrm{e}^{a(t-\tau)} bu(\tau)\mathrm{d}\tau \tag{2.7}$$

这说明，常微分方程的时间响应一部分取决于初始条件 $x(0)$，另一部分依赖于输入信号 $u(t)$。如果常微分方程是稳定的，则 $a < 0$，初始条件的贡献随时间衰减，输入信号的贡献在稳态响应中占主导地位，计算该贡献的积分称为卷积。

但是，式（2.7）是怎么得来的呢?

首先，将式（2.6）进行重新排列：

$$\dot{x}(t) - ax(t) = bu(t)$$

然后，将方程两边同时乘以 e^{-at}，即

$$\mathrm{e}^{-at}(\dot{x}(t) - ax(t) = \mathrm{e}^{-at}bu(t)$$

注意到上述方程的左边也可以写为

$$\frac{\mathrm{d}}{\mathrm{d}t}[\mathrm{e}^{-at}x(t)]$$

所以，上式可以改写为

$$\frac{\mathrm{d}}{\mathrm{d}t}[\mathrm{e}^{-at}x(t)] = \mathrm{e}^{-at}bu(t)$$

现在，对方程两边从时间0到 t 进行积分，为谨慎起见，用一个积分变量 τ 替换积分内的 t，有

$$\int_0^t \frac{\mathrm{d}}{\mathrm{d}\tau}[\mathrm{e}^{-a\tau}x(\tau)]\mathrm{d}\tau = \int_0^t \mathrm{e}^{-a\tau}bu(\tau)\mathrm{d}\tau$$

$$\int_0^t \mathrm{d}[\mathrm{e}^{-a\tau}x(\tau)] = \int_0^t \mathrm{e}^{-a\tau}bu(\tau)\mathrm{d}\tau$$

注意到上式的左边变为

$$\mathrm{e}^{-a\tau}x(\tau)\mid_0^t = \mathrm{e}^{-at}x(t) - x(0)$$

所以，可以得到

$$\mathrm{e}^{-at}x(t) - x(0) = \int_0^t \mathrm{e}^{-a\tau}bu(\tau)\mathrm{d}\tau$$

首先将 $x(0)$ 移到上式的右边；然后将上式的两边同时乘以 e^{at}，即可得到式（2.7）中所需的结果。

现在，从这个结果开始，我们试图找寻一个离散时间关系。将 $t = (k+1)\Delta t$ 代入式（2.7），可得

$$x[k+1] = x((k+1)\Delta t) = \mathrm{e}^{a(k+1)\Delta t}x(0) + \int_0^{(k+1)\Delta t} \mathrm{e}^{a((k+1)\Delta t-\tau)}bu(\tau)\mathrm{d}\tau$$

把上式的积分项分成两段：

$$x[k+1] = \mathrm{e}^{a(k+1)\Delta t}x(0) + \int_0^{k\Delta t} \mathrm{e}^{a((k+1)\Delta t-\tau)}bu(\tau)\mathrm{d}\tau + \int_{k\Delta t}^{(k+1)\Delta t} \mathrm{e}^{a((k+1)\Delta t-\tau)}bu(\tau)\mathrm{d}\tau$$

接下来，首先，将前两项中的 $\mathrm{e}^{a\Delta t}$ 提出来：

$$x[k+1] = \mathrm{e}^{a\Delta t}\mathrm{e}^{ak\Delta t}x(0) + \mathrm{e}^{a\Delta t}\int_0^{k\Delta t} \mathrm{e}^{a(k\Delta t-\tau)}bu(\tau)\mathrm{d}\tau + \int_{k\Delta t}^{(k+1)\Delta t} \mathrm{e}^{a((k+1)\Delta t-\tau)}bu(\tau)\mathrm{d}\tau$$

然后，将上式可以改写为

$$\begin{aligned} x[k+1] &= \mathrm{e}^{a\Delta t}\left(\mathrm{e}^{ak\Delta t}x(0) + \int_0^{k\Delta t} \mathrm{e}^{a(k\Delta t-\tau)}bu(\tau)\mathrm{d}\tau\right) + \int_{k\Delta t}^{(k+1)\Delta t} \mathrm{e}^{a((k+1)\Delta t-\tau)}bu(\tau)\mathrm{d}\tau \\ &= \mathrm{e}^{a\Delta t}x(k\Delta t) + \int_{k\Delta t}^{(k+1)\Delta t} \mathrm{e}^{a((k+1)\Delta t-\tau)}bu(\tau)\mathrm{d}\tau \end{aligned}$$

最后，用离散时间符号写出结果：

$$x[k+1] = \mathrm{e}^{a\Delta t}x[k] + \mathrm{e}^{a(k+1)\Delta t}\int_{k\Delta t}^{(k+1)\Delta t} \mathrm{e}^{-a\tau}bu(\tau)\mathrm{d}\tau$$

在余下的积分式中，假设 $u(t)$ 从 $k\Delta t$ 到 $(k+1)\Delta t$ 不变，其值等于 $u(k\Delta t)$，则

$$\begin{aligned} x[k+1] &= \mathrm{e}^{a\Delta t}x[k] + \mathrm{e}^{a(k+1)\Delta t}\left(\int_{k\Delta t}^{(k+1)\Delta t} \mathrm{e}^{-a\tau}\mathrm{d}\tau\right)bu[k] \\ &= \mathrm{e}^{a\Delta t}x[k] + \mathrm{e}^{a(k+1)\Delta t}\left(-\frac{1}{a}\mathrm{e}^{-a\tau}\mid_{k\Delta t}^{(k+1)\Delta t}\right)bu[k] \\ &= \mathrm{e}^{a\Delta t}x[k] + \frac{1}{a}\mathrm{e}^{a(k+1)\Delta t}(\mathrm{e}^{-ak\Delta t} - \mathrm{e}^{-a(k+1)\Delta t})bu[k] \\ &= \mathrm{e}^{a\Delta t}x[k] + \frac{1}{a}(\mathrm{e}^{a\Delta t} - 1)bu[k] \end{aligned}$$

这是一般离散时间常差分方程（Ordinary Difference Equation，ODE），相当于式（2.6）的连续时间常微分方程[①②]。为了将结果应用于我们的电池模型中，注意到式（2.5）与式（2.6）常数的对应关系为

$$a = -\frac{1}{R_1C_1}, b = \frac{1}{R_1C_1}$$

信号的对应关系为

$$x[k] = i_{R_1}[k], u[k] = i[k]$$

将这些值代入通解中，可以得到电阻电流的离散时间方程为

$$\begin{aligned} i_{R_1}[k+1] &= \exp\left(-\frac{\Delta t}{R_1C_1}\right)i_{R_1}[k] + (-R_1C_1)\left(\exp\left(-\frac{\Delta t}{R_1C_1}\right)-1\right)\left(\frac{1}{R_1C_1}\right)i[k] \\ &= \exp\left(-\frac{\Delta t}{R_1C_1}\right)i_{R_1}[k] + \left(1-\exp\left(-\frac{\Delta t}{R_1C_1}\right)\right)i[k] \end{aligned}$$

综上所述，描述图 2-6 中电路的连续时间模型为

$$\begin{aligned} \dot{z}(t) &= -\eta(t)i(t)/Q \\ \frac{\mathrm{d}i_{R_1}(t)}{\mathrm{d}t} &= -\frac{1}{R_1C_1}i_{R_1}(t) + \frac{1}{R_1C_1}i(t) \\ v(t) &= \mathrm{OCV}(z(t)) - R_1i_{R_1}(t) - R_0i(t) \end{aligned}$$

描述电路的离散时间模型包括以下 3 个耦合方程，即

$$\begin{aligned} z[k+1] &= z[k] - \frac{\Delta t}{Q}\eta[k]i[k] \\ i_{R_1}[k+1] &= \exp\left(-\frac{\Delta t}{R_1C_1}\right)i_{R_1}[k] + \left(1-\exp\left(-\frac{\Delta t}{R_1C_1}\right)\right)i[k] \\ v[k] &= \mathrm{OCV}(z[k]) - R_1i_{R_1}[k] - R_0i[k] \end{aligned} \tag{2.8}$$

最后我们注意到，单体电池的扩散电压响应通常是电池荷电状态和内部温度的函数。如果将 R_1 和 C_1 建模为 $z(t)$ 和 $T(t)$ 的函数，则可以改进模型预测精度。

2.5 粗略参数值

虽然我们还没有完成锂离子单体电池等效电路模型最终版本的建立，但在

① 连续时间常微分方程和离散时间常微分方程的缩写都是 ODE，在这本书中 ODE 仅用于描述离散时间常微分方程。

② 同样的基本过程也适用于向量信号，但解中的指数算子是矩阵指数函数，这与标量指数函数不同。

继续修正模型之前，将花很短的时间来讨论如何辨识出模型方程中的参数值。后续会给出一个更一般的过程，但本节我们引入一个简单方法，来帮助理解方程参数与单体电池响应之间的关系。

本节假设等效电路模型含有一个并联电阻－电容子电路，如图 2-6 所示。为了辨识模型参数，首先给单体电池施加恒定的脉冲放电电流；然后让单体电池静置，记录单体电池的电压响应，如图 2-7 所示。

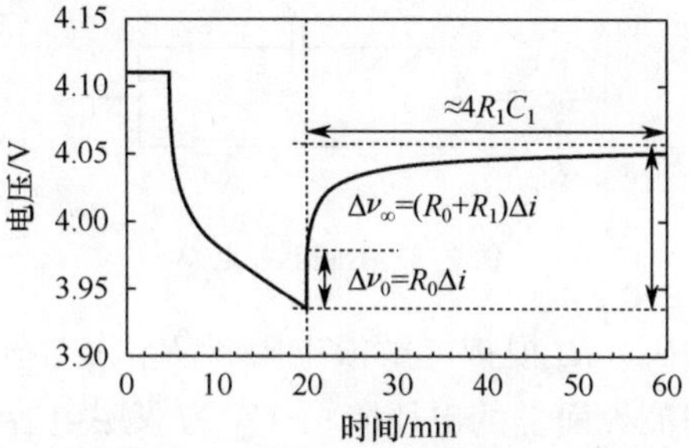

图 2-7　脉冲电流响应测量参数值

在第 20 min 放电电流脉冲消失的瞬间，由于电容器电压不能瞬间变化，同时电流为零时荷电状态不变，因此根据式（2.8），电压的瞬时变化必然等于电流的瞬时变化乘以串联电阻 R_0，即 $\Delta\nu_0 = R_0\Delta i$（$R_0$ 为正）。已知电流的变化 Δi，因此只需要测量出电压的变化，就可以根据 $R_0 = |\Delta\nu_0/\Delta i|$ 计算出 R_0。

首先，观察电压的稳态变化，可以利用第 60 min 左右的值来估算。考虑式（2.8），由于电容电压在稳态时会收敛至零，因此整体的稳态电压变化为 $\Delta\nu_\infty = (R_0 + R_1)\Delta i$（$R_0$ 和 R_1 都为正）。既然已知 Δi 和 R_0，因此只需测量这个新的 $\Delta\nu$ 值，就可以通过 $R_1 = |\Delta\nu_\infty/\Delta i| - R_0$ 计算出 R_1。

对于绘制出图 2-7 的单体电池测试，$\Delta i = 5\text{A}$，第 20min 时的电压变化为 $|\Delta\nu| = 41\text{mV}$，第 60 min 时的电压变化为 $|\Delta\nu| = 120\text{mV}$。根据这些值，可以计算出 $R_0 \approx 8.2\text{m}\Omega, R_1 \approx 15.8\text{m}\Omega$。

然后，脉冲响应在 4 个 RC 电路时间常数后，收敛到接近稳态的值，其中指数衰减时间常数为 $\tau = R_1C_1$。在本例中，收敛时间约为 60min － 20min ＝ 40min ＝ 2400s。因此 $4\tau \approx 2400\text{s}$，利用之前求得的 R_1，可以通过 $C_1 \approx 2400/(4R_1)$ 计算出 $C_1 \approx 38\text{kF}$。

该方法用于参数的粗略估计，可以使用 2.11 节中描述的方法进行微调。此外，如果模型使用多个串联在一起的并联 RC 子电路，这种简单方法将不可用，必须使用 2.11 节中的方法。

2.6 Warburg 阻抗

在其他文献中，包含所谓 Warburg 阻抗元件的等效电路模型并不少见。例如，图 2-8 中的 Randles 电路是受电化学原理启发的单体电池常见等效电路模型（不含开路电压）①。

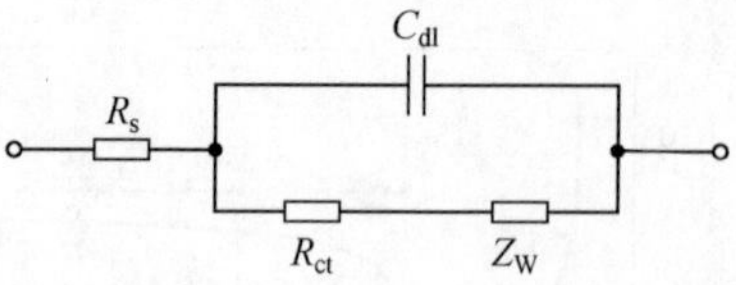

图 2-8　Randles 电路

在 Randles 电路中，R_s 模拟电解液电阻；R_{ct} 为电荷转移电阻，模拟由负载引起的电极 - 电解液界面上的电压降；C_{dl} 为双层电容，模拟电极表面电解液中的电荷积聚效应；Z_W 为 Warburg 阻抗。

Warburg 阻抗模拟锂在电极中的扩散，与频率有关，计算式为 $Z_W = A_W/\sqrt{jw}$，其中常数 A_W 称为 Warburg 系数，$j = \sqrt{-1}$，w 是单位为 rad/s 的激励频率。该元件对电路的相位贡献为 45°，这在单体电池电化学阻抗谱的奈奎斯特图中最容易观察到，在低频段它是一条 45°的斜线。图 2-9 绘制了一个真实单体电池的电化学阻抗谱，根据曲线与实轴的交点可得出该单体电池的等效串联电阻 R_0 约为 1.5mΩ，该点为频率无穷大时的阻抗。低频段阻抗模拟固体扩散，用 45°的斜线表示。在中频段，半圆环由电荷转移动力学控制，在等效电路中用单个电阻 - 电容对进行仿真。

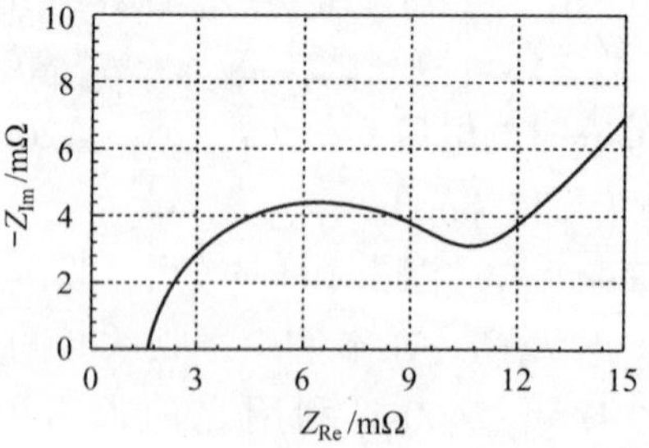

图 2-9　电池电化学阻抗谱 Nyquist 图

① 参考文献：Randles, J. E. B., "Kinetics of rapid electrode reactions," Discussions of the Faraday Society, 1, 1947, pp. 11-19.

Warburg 阻抗没有对应的简单常微分方程，这使得精确的电路仿真变得困难。不过，它的特性可以通过串联的多个电阻 - 电容网络来近似，如图 2-10 所示。

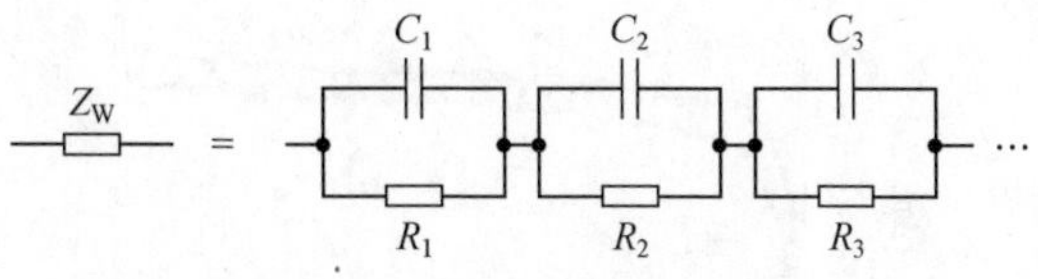

图 2-10　多级 RC 网络近似 Warburg 阻抗

为了实现精确等效，需要无穷个的 RC 网络，但是仅使用少量 RC 对的电路，通常也可以很好地模拟特定频率范围内的情况。此外，除了在很高的频率下，双层电容对 Randles 电路的性能影响很小，因此它经常被忽略。将 C_{dl} 从电路中移除，将 Z_W 替换为少量串联的并联 RC 电路后，单体电池模型变成形如图 2-6 所示的，包含多个 RC 对的形式。

当讨论内部包含 Warburg 阻抗关系的、基于机理的单体电池模型实现时，我们将看到如何自动创建精确模拟扩散过程的常差分方程。

2.7　滞回电压

根据目前建立的模型，如果单体电池电流变化为零，R_0 上的电压降将立即降至零；而电容器 C_1 通过 R_1 放电，C_1 上的电压降随时间逐渐衰减至零。也就是说，单体电池的端电压将收敛至开路电压。

然而，这与我们在实践中看到的不同。实际上，单体电池电压将衰减至一个与 OCV 稍有不同的值，它们之间的差异取决于最近单体电池的使用历史。例如，我们发现当将单体电池放电至 SOC 为 50% 时，静置后的平衡电压低于 OCV；当将单体电池充电至 SOC 为 50% 时，静置后的平衡电压高于 OCV。这些观察结果表明，单体电池端电压存在滞回现象。

图 2-11 所示曲线根据实验室测试数据绘制，该测试旨在获取这种滞回现象的性质。测试开始前，单体电池先充满电；接着单体电池以 C/30 的倍率缓慢放电至 SOC 为 0%。由于小倍率放电的 $i(t) \cdot R_0$ 和扩散电压都很小，因此记录的电压非常接近单体电池的平衡静置电压，此电压轨迹为图 2-11 中最低的曲线。

单体电池首先以 C/30 的倍率缓慢充电至 SOC 为 95%，接着放电至 5%；然后充电至 90%，再放电至 10%，以此类推。图 2-11 上的每个点代表（至少近似）一个平衡点。由于上下两条曲线之间存在间隔，我们发现对于每个SOC都有一系列可能的稳态静置电压值。

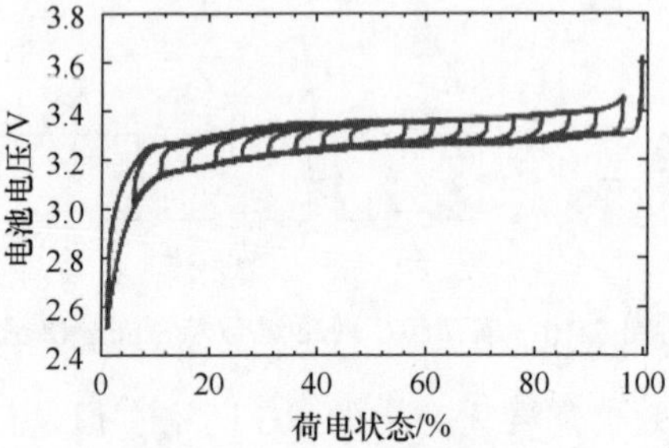

图 2-11　锂离子电池滞回现象

本系列丛书的第二卷讨论了使用等效电路电池模型估计单体电池荷电状态的方法，要想实现更好地预测，单体电池模型必须尽可能的精确。从图2-11中可以看出，目前建立的单体电池模型忽略了滞回，这会导致很大的SOC估计误差。例如，当测量出一个完全静置后的单体电池端电压为3.3V，那么该单体电池的荷电状态可能对应于20%～90%之间的任何值。因此，需要一个好的滞回模型来确定我们所认为的完全静置后单体电池端电压与开路电压之间的差异①。

需要注意滞回电压和扩散电压的区别，扩散电压随时间变化，而滞回电压仅当SOC改变时发生变化。它们不是时间的直接函数。如果一个单体电池长时间静置，那么扩散电压将逐渐衰减到零，但滞回电压将完全不会改变。任何滞回模型都必须描述这种行为。

滞回电压建模面临的挑战是，它不易分析。一个简单模型是当电流从放电变为充电时，立即从图2-11中曲线的下分支跳到上分支；一个改进模型是随着SOC的变化线性地改变滞回电压。本节将这两种方法结合起来，但得到的结果模型仍然难以准确解释滞回现象。

2.7.1　随SOC变化的滞回

首先，设 $h(z,t)$ 为动态滞回电压，它是SOC和时间的函数，$\dot{z} = \mathrm{d}z/\mathrm{d}t$；然后，将滞回电压的变化建模为随SOC变化的函数：

① 注意，这种特殊的单体电池是磷酸铁锂电池。该电池OCV特性曲线非常平坦，因此凸显了包含良好滞回模型的重要性。其他类型锂离子电池也表现出滞回现象，但它们的OCV特性斜率较大，滞回模型带来的误差就相对较小。

$$\frac{\mathrm{d}h(z,t)}{\mathrm{d}z} = \gamma \mathrm{sgn}(\dot{z})(M(z,\dot{z}) - h(z,t))$$

其中，$M(z,\dot{z})$ 是 SOC 和 SOC 变化率的函数，它表示由于滞回引起的最大极化。具体而言，要求 $M(z,\dot{z})$ 充电（$\dot{z} > 0$）时为正，放电（$\dot{z} < 0$）时为负。上式中的 $M(z,\dot{z}) - h(z,t)$ 项说明滞回电压的变化率与当前滞回值与主滞回环之间的距离成正比，导致滞回电压向主滞回环呈指数衰减。该项前面还有一个用来调节衰减率的正常数项 γ，$\mathrm{sgn}(\dot{z})$ 使得方程在充放电时都是稳定的。

为了使 $h(z,t)$ 的微分方程适合我们的模型，必须巧妙地将它变为与 SOC 无关的、仅关于时间的微分方程。可以通过在方程两边同时乘以 $\mathrm{d}z/\mathrm{d}t$ 来完成这一任务：

$$\frac{\mathrm{d}h(z,t)}{\mathrm{d}z}\frac{\mathrm{d}z}{\mathrm{d}t} = \gamma \mathrm{sgn}(\dot{z})(M(z,\dot{z}) - h(z,t))\frac{\mathrm{d}z}{\mathrm{d}t}$$

根据链式法则首先把方程的左边写为 $\mathrm{d}h(z,t)/\mathrm{d}t$；然后把 $\mathrm{d}z/\mathrm{d}t = -\eta(t)i(t)/Q$ 代入上式的右边，同时注意到 $\dot{z}\mathrm{sgn}(\dot{z}) = |\dot{z}|$。于是，上式可改写为

$$\dot{h}(t) = -\left|\frac{\eta(t)i(t)\gamma}{Q}\right|h(t) + \left|\frac{\eta(t)i(t)\gamma}{Q}\right|M(z,\dot{z})$$

使用 2.4 节的方法（假设 $i(t)$ 和 $M(z,\dot{z})$ 在采样周期内是常数），可以将上式转化为离散时间应用的差分方程，即

$$h[k+1] = \exp\left(-\left|\frac{\eta[k]i[k]\gamma\Delta t}{Q}\right|\right)h[k] + \left(1 - \exp\left(-\left|\frac{\eta[k]i[k]\gamma\Delta t}{Q}\right|\right)\right)M(z,\dot{z})$$

需要注意的是，由于与系统状态和输入相乘的因子随 $i[k]$ 变化，因此这是一个非线性时变系统。

当 $M(z,\dot{z}) = -M\mathrm{sgn}(i[k])$ 时，上式的表述最简单，此时有

$$\begin{aligned}h[k+1] = {}& \exp\left(-\left|\frac{\eta[k]i[k]\gamma\Delta t}{Q}\right|\right)h[k] \\ & - \left(1 - \exp\left(-\left|\frac{\eta[k]i[k]\gamma\Delta t}{Q}\right|\right)\right)M\mathrm{sgn}(i[k])\end{aligned}$$

在这种表示方法下，任何时候都有 $-M \leqslant h[k] \leqslant M$，$h[k]$ 的单位为 V。当试图找寻模型参数时，我们会发现用一个等效但稍有不同的表示方法来改写上式是很有价值的，此时具有无单位的滞回状态 $-1 \leqslant h[k] \leqslant 1$，上式改写为

$$\begin{aligned}h[k+1] = {}& \exp\left(-\left|\frac{\eta[k]i[k]\gamma\Delta t}{Q}\right|\right)h[k] \\ & - \left(1 - \exp\left(-\left|\frac{\eta[k]i[k]\gamma\Delta t}{Q}\right|\right)\right)\mathrm{sgn}(i[k])\end{aligned}$$

滞回电压为 $Mh[k]$。

这使得输出方程与 M 呈线性关系，从而更容易从实验室测试数据中估计 M。

2.7.2 瞬时变化的滞回

除了随 SOC 变化的动态滞回外，我们也经常看到在电流方向发生变化时，对滞回电压瞬时变化进行建模所带来的好处。

首先，定义

$$s[k] = \begin{cases} \mathrm{sgn}(i[k]), & |i[k]| > 0 \\ s[k-1], & \text{其他} \end{cases}$$

然后，瞬时滞回被建模为

$$\text{瞬时滞回电压} = M_0 s[k]$$

总的滞回为

$$\text{总滞回电压} = Mh[k] + M_0 s[k]$$

2.8 增强型自校正单体电池模型

增强型自校正（Enhanced Self-Correcting，ESC）单体电池模型结合了上述所有元素，该模型之所以被称为增强型，是因为它包含对滞回现象的描述，而不像某些早期模型；该模型称为自校正模型，是因为当单体电池静置时，模型预测的端电压收敛到 OCV 加上滞回，当恒流时收敛到 OCV 加上滞回再减去所有的电流乘电阻项。该模型的最终电路如图 2-12 所示。

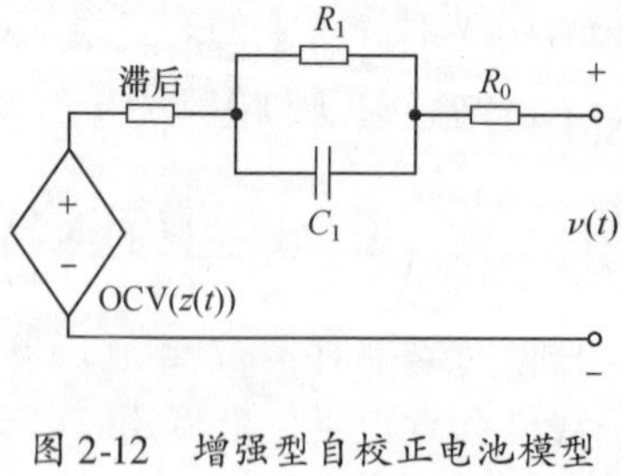

图 2-12　增强型自校正电池模型

图 2-12 中显示了一个带有单个 RC 对的示例，但该模型很容易拓展为带多个 RC 对的形式。

为简化描述，首先定义一个 RC 子电路的速率系数 $F_j = \exp\left(\frac{-\Delta t}{R_j C_j}\right)$，此时

我们有

$$i_R[k+1]=\underbrace{\begin{bmatrix}F_1 & 0 & \cdots\\ 0 & F_2 & \cdots\\ \cdots & \cdots & \ddots\end{bmatrix}}_{A_{\mathrm{RC}}}i_R[k]+\underbrace{\begin{bmatrix}(1-F_1)\\(1-F_2)\\ \vdots\end{bmatrix}}_{B_{\mathrm{RC}}}i[k]$$

然后定义 $A_H[k]=\exp\left(-\left|\frac{\eta[k]i[k]\gamma\Delta t}{Q}\right|\right)$，我们有用矩阵 - 向量关系描述的模型动态行为

$$\begin{bmatrix}z[k+1]\\ i_R[k+1]\\ h[k+1]\end{bmatrix}=\begin{bmatrix}1 & 0 & 0\\ 0 & A_{\mathrm{RC}} & 0\\ 0 & 0 & A_H[k]\end{bmatrix}\begin{bmatrix}z[k]\\ i_R[k]\\ h[k]\end{bmatrix}+\begin{bmatrix}-\frac{\eta[k]\Delta t}{Q} & 0\\ B_{\mathrm{RC}} & 0\\ 0 & (A_H[k]-1)\end{bmatrix}\begin{bmatrix}i[k]\\ \mathrm{sgn}(i[k])\end{bmatrix}$$

这是 ESC 模型的状态方程。模型的输出方程为

$$v[k]=\mathrm{OCV}(z[k],T[k])+M_0s[k]+Mh[k]-\sum_j R_ji_{R_j}[k]-R_0i[k]$$

ESC 模型包含带相关参数值的这两个方程，注意所有的模型参数都必须是非负的。

2.9　电池数据采集实验设备

通过将模型方程与待研究电池上采集的实验数据相拟合，可以找到 ESC 模型的参数值。这些实验的进行需要借助于专门设计的实验室设备——电池充放电循环设备或电池测试设备。由 Arbin Instruments 公司生产，位于科罗拉多大学科罗拉多斯普林斯分校大容量电池研究与测试实验室的电池充放电循环设备如图 2-13 所示。这种特殊的电池充放电循环设备最多可以同时对 12 个不同的单体电池进行独立实验，根据用户设定的电流与时间的关系曲线分别控制各个单体电池的电流，并记录各单体电池的实际电流、电压和温度。图 2-13 中所示的 10 根白色粗电缆中的每一根都对应于一个测试通道——即为进行独立测试而设计的电力电子设备。每根电缆内部包含 4 根电线，2 根用于承载电流，2 根通过 Kelvin 连接来测量电压，可与 0 ~ 5V 的单体电池相连，每个测试通道的指令电流最高可达 ±20A。较粗的白色电缆与热敏电阻相连以测量单体电池温度。两对黑色粗电缆对应两个大电流测试通道，每个测试通道的指令电流最高可达 ±200A。如果需要的电流大于单通道提供或接收的电流，则可以将多个测试通道并联使用。

电池测试设备通常是根据用户需要定制的，因此图 2-13 所示的电池测试

设备仅作为一个典型示例进行讨论。系统可以配置更多或更少的独立测试通道、更高或更低的最大电流、用于三端点电池或阻抗谱测量的专用测量电路，或者其他更多的功能。

此外，大多数测试必须在一定温度下进行。图 2-14 所示为 Cincinnati Sub-Zero 制造的高低温实验设备。这个特殊装置有 8ft^3 的内部空间，能够保持 -45℃和 190℃之间的恒定温度，也可以设置温度与时间的关系。系统还可以配置湿度控制，更宽的温度范围，热冲击测试需要的快速冷却等。

图 2-13　电池测试设备

图 2-14　高低温实验设备

2.10　确定 OCV 关系的实验

单体电池的开路电压是其荷电状态和温度的静态函数。在某种意义上，单体电池性能的所有其他方面都是动态的。因此，需要进行单独的实验来分别收集 OCV 与 SOC 关系，以及动态关系的数据。

首先，讨论确定 OCV 关系的实验。总体思路是简单明确的。测试开始前，单体电池必须充满电。然后，将单体电池缓慢放电至最低工作电压，与此同时连续测量单体电池电压和累积的放电安时数。最后，将单体电池缓慢充电至最大工作电压，与此同时连续测量单体电池电压和累积的充电安时数。

慢速率充放电的目的是最小化单体电池模型动态部分的影响，希望单体电池始终处于准平衡状态。通常使用 $C/30$ 倍率，这是在达到真正平衡状态（零电流）的愿望与实际实现之间的折中，即在60h的时间内完成 $C/30$ 放电，然后再进行 $C/30$ 充电。

我们可以利用采集的数据绘制放电OCV与放电安时数的关系曲线、充电OCV与充电安时数的关系曲线。在安时和荷电状态之间进行适当的转换，即可得到充放电OCV与SOC的关系。由于测试不是在零电流下进行的，因此仍然会有一些欧姆和扩散（浓差）极化；又因为单体电池电压响应存在滞回现象，所以这两条曲线是不同的。假设实际OCV与放电OCV、充电OCV曲线的偏差大小相等，则可以将单体电池的实际OCV近似为这两个值的平均值。

当需要考虑多种温度时，必须首先解决一些重要的小问题，这将在一定程度上改变我们收集和处理数据的方式。首先，单体电池完全充电一般是在特定温度条件下定义的。通常，制造商规定单体电池必须在25℃即室温，并以特定的恒流速率如1C进行充电，直到达到特定电压 V_{max}；然后，单体电池必须保持 V_{max} 恒压充电，直到充电电流降到某个阈值如 $C/30$ 以下。

因此，为了给单体电池充电，首先将单体电池放置在25℃的环境至少2h，以确保整个单体电池温度均匀。接着根据制造商的要求给单体电池充电，使用 $C/30$ 的截止电流。此时单体电池处于25℃时的100%荷电状态，然后在单体电池工作温度范围内的多个温度条件下进行实验。这些实验被分为4个子实验，称为测试脚本，不同的测试脚本在不同的温度条件下实现。

OCV测试脚本1（在测试温度下）

步骤1：将充满电的单体电池在测试温度下放置至少2h，以确保整个单体电池温度均匀。

步骤2：以 $C/30$ 的恒定电流对单体电池进行持续放电，直到单体电池端电压等于制造商规定的 V_{min}。

OCV测试脚本2（在25℃条件下）

步骤3：将单体电池在25℃条件下放置至少2h，以确保整个单体电池温度均匀。

步骤4：如果单体电池电压低于 V_{min}，则以 $C/30$ 的电流给单体电池充电，直到电压等于 V_{min}。如果单体电池电压高于 V_{min}，则以 $C/30$ 的电流放电，直到电压等于 V_{min}。

OCV测试脚本3（在测试温度下）

步骤5：将单体电池在测试温度下放置至少2h，以确保整个单体电池温度均匀。

步骤6：以 $C/30$ 的恒定电流给单体电池充电，直到电池端电压等于 V_{max}。

OCV 测试脚本 4（在 25℃条件下）

步骤 7：将单体电池在 25℃条件下放置至少 2h，以确保整个单体电池温度均匀。

步骤 8：如果单体电池电压低于 V_{max}，则以 $C/30$ 的电流对单体电池充电，直到电压等于 V_{max}。如果单体电池电压高于 V_{max}，则以 $C/30$ 的电流放电，直到电压等于 V_{max}。

在每一步中定期如每秒记录一次电压、累积放电安时数和累积充电安时数。由于采用了非常低的充放电速率，因此单体电池中的热量生成很小可以忽略不计，可以认为每个脚本采集的所有数据点都与环境测试温度相对应，也可以通过测量温度来验证这一假设。

根据以锂锰氧化物作为正极的锂离子电池的测试脚本 1 和脚本 3 的采样点测量数据，绘制出图 2-15，图 2-15（a）为测试脚本 1，图 2-15（b）为测试脚本 3。这些数据是在 −15℃下收集的，此时单体电池具有很高的内阻。而这个内阻会产生一个很大的欧姆电压降，因此在测试脚本 1 和脚本 3 的末尾，单体电池在远没有完全放电或充电之前就达到了截止电压，这就是尽管使用了 $C/30$ 电流，测试时间也小于 30h 的原因。数据处理方法必须考虑到这一点。

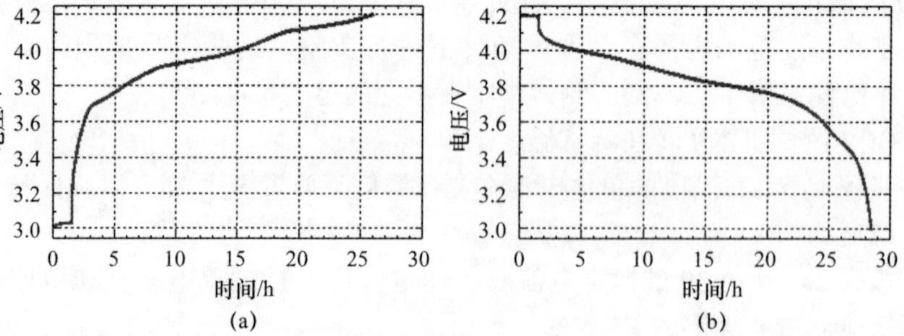

图 2-15 −15℃低倍率充放电电压曲线

（a）脚本 1；（b）脚本 3。

如果测试温度不是 25℃，在步骤 2 开始之前，单体电池荷电状态为 100%，但由于 OCV 与温度有关，其电压将不再等于 V_{max}。在步骤 2 结束时，同样也是因为 OCV 与温度有关，只有当测试温度为 25℃时单体电池荷电状态才处于 0%，因此 V_{min} 仅对应 25℃时 SOC 为 0% 的电压。在其他温度下，步骤 2 结束时单体电池的实际荷电状态可能高于或低于 0%。同样地，在步骤 6 结束时，只有当测试温度为 25℃时单体电池荷电状态才处于 100%，在其他温度下，步骤 6 结束时实际荷电状态可能高于或低于 100%。这就是为什么我们必须要执行测试脚本 2 和脚本 4 的原因，用以确保单体电池完全放电和充电，它们分别位于测试脚本 3 和脚本 1（下一个测试温度）之前。

2.10.1 确定库仑效率

首先考虑处理测试温度等于 25℃ 的数据，这是最简单的情况，此时 4 个脚本都是在 25℃ 条件执行，不涉及其他温度。而且，由于电压 V_{max} 和 V_{min} 校准到 25℃，因此所有步骤中放出的净安时数等于单体电池的总容量 Q。

由于单体电池的库仑效率小于 1，因此所有步骤累积的净充电总安时数都比 Q 略高。25℃ 条件下库仑效率计算式为

$$\eta(25℃)=\frac{25℃\text{下所有步骤的放电总安时数}}{25℃\text{下所有步骤的充电总安时数}}$$

在与 25℃ 不同的测试温度 T 下，我们必须采取略微不同的方法。在步骤 2 和步骤 6 结束时，我们不知道单体电池的荷电状态；但知道在步骤 4 结束时，单体电池 SOC 为 0%，在步骤 8 结束时，单体电池 SOC 为 100%。利用这些信息计算测试温度 T 下的库仑效率：

$$\eta(T)=\frac{\text{放电总安时数}}{\text{在 }T\text{ 下总充电安时数}}-\eta(25℃)\frac{\text{在 }25℃\text{ 下总充电安时数}}{\text{在 }T\text{ 下总充电安时数}}$$

图 2-16 绘制了 6 种不同锂离子电池的库仑效率与温度的关系曲线。库仑效率本应该始终小于 1，但由于累积安时数存在测量误差，所以这些计算结果在实验误差范围内是合理的。从图 2-16 中可以看出，不同锂离子电池的制造质量也不相同，有些效率始终高于 99.5%，而另一些效率则低至 98%。

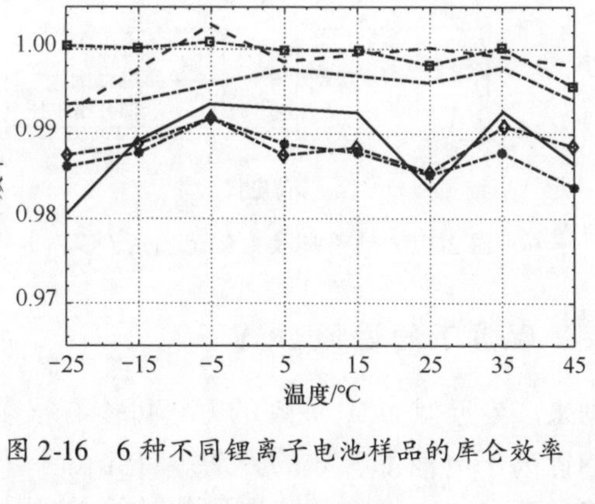

图 2-16　6 种不同锂离子电池样品的库仑效率

2.10.2 确定充放电电压与 SOC 的关系

现在，我们可以计算测试过程中每个采样数据点对应的荷电状态。首先，每个时间点的放电深度（以 Ah 为单位）计算公式为

$$\begin{aligned}\mathrm{DOD}(t) = &\ \text{到}\ t\ \text{为止的总放电安时数}\\ &-\eta(25^\circ\mathrm{C})\times\text{到}\ t\ \text{为止在}\ 25^\circ\mathrm{C}\ \text{时的总充电安时数}\\ &-\eta(T)\times\text{到}\ t\ \text{为止在}\ T\ \text{时的总充电安时数}\end{aligned}$$

使用该度量标准，温度 T 下的单体电池容量 Q 等于步骤 4 结束时的放电深度。同样地，每个数据采样点对应的荷电状态为

$$\mathrm{SOC}(t) = 1 - \frac{\mathrm{DOD}(t)}{Q}$$

作为一种校对手段，步骤 4 结束时的荷电状态必须为 0%，步骤 8 结束时的荷电状态必须为 100%。

图 2-17 绘制了步骤 2 中放电电压与荷电状态之间的关系，以及步骤 6 中充电电压与荷电状态的关系。这些数据与图 2-15 相同，但现在被表示为荷电状态的函数，而不是测试时间的函数。这个例子表明，想要确定所有荷电状态与开路电压的对应关系面临挑战。也就是说，我们没有低荷电状态下的放电电压，因为步骤 2 中测试在荷电状态到达 0% 之前遇到了截止电压 $V_{\min}$，同时我们也没有高荷电状态下的充电电压，因为步骤 6 中测试在荷电状态到达 100% 之前遇到了截止电压 $V_{\max}$。

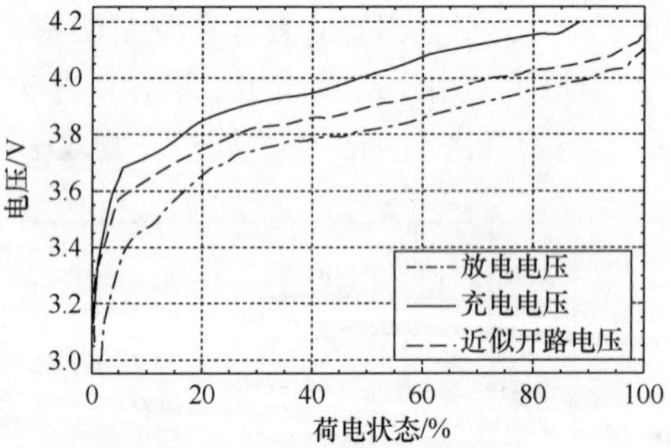

图 2-17　利用充放电测试确定 OCV

2.10.3　确定某一温度下的近似 OCV

使用现有数据来产生近似 OCV 关系的方法可能有很多，但本节介绍一种对不同化学组成的锂离子电池都有效的方法。首先由于缺少相关充电电压信息，我们不得不将高荷电状态下的开路电压估计简单地建立在放电电压曲线上；同样地，由于缺少部分放电电压信息，我们不得不将低荷电状态下的开路电压估计简单地建立在充电电压曲线上。在中间荷电状态下，可以同时用这两条曲线进行估计，但由于放电和充电电压曲线都没有尖锐的电压变化，所以得

到的近似 OCV 曲线也不应该有突然的电压变化。

我们可以通过测试从步骤 1 到步骤 2 的瞬间电压变化来估计单体电池在高荷电状态下的欧姆电阻 R_0。同样我们也可以通过测试从步骤 5 到步骤 6 时的电压变化来估计低荷电状态下的欧姆电阻。并且，我们可以通过观察放电电压曲线和充电电压曲线在 50% 荷电状态下的电压变化来近似计算 50% 荷电状态下的稳态电阻。

然后，假设电阻值在荷电状态为 0 ~ 50% 、50% ~ 100% 之间线性变化。因此荷电状态低于 50% 时，近似开路电压值为充电电压加上充电电流（译者注：充电电流为负）乘以该荷电状态下的电阻，在荷电状态高于 50% 时，近似开路电压值为放电电压加上放电电流乘以该荷电状态下的电阻。

图 2-17 以虚线绘制出了这种近似开路电压估计，它处于充放电电压曲线之间，通过设计在荷电状态为 50% 时，近似开路电压曲线正好穿过充放电电压曲线的正中间点。值得注意的是，图中的 3 条曲线会比在更高温度下看到的更为分散，这是因为在低温条件下电池的电阻要高得多，所以这种影响比一般情况下的要更夸张。

2.10.4　确定最终的开路电压关系

一旦得到每个测试温度下的近似开路电压关系，就可以进一步处理这些结果以形成最终的开路电压模型，其表达式为

$$\mathrm{OCV}(z(t),T(t)) = \mathrm{OCV}_0(z(t)) + T(t)\cdot \mathrm{OCV}_{\mathrm{rel}}(z(t))$$

式中：$\mathrm{OCV}(z(t),T(t))$ 表示开路电压，它是当前荷电状态和温度的函数；$\mathrm{OCV}_0(z(t))$ 表示 0℃时的开路电压；$\mathrm{OCV}_{\mathrm{rel}}(z(t))$ 表示不同荷电状态下的线性温度校正系数。一旦确定了 $\mathrm{OCV}_0(z(t))$ 和 $\mathrm{OCV}_{\mathrm{rel}}(z(t))$，$\mathrm{OCV}(z(t),T(t))$ 就可以通过两个一维查找表来计算，计算效率很高。

为整理 $\mathrm{OCV}_0(z(t))$ 和 $\mathrm{OCV}_{\mathrm{rel}}(z(t))$，注意到上式在每个荷电状态下可以改写为

$$\underbrace{\begin{bmatrix}\text{SOC 为 } z\text{，温度为 } T_1 \text{ 时的近似 OCV}\\ \text{SOC 为 } z\text{，温度为 } T_2 \text{ 时的近似 OCV}\\ \vdots \\ \text{SOC 为 } z\text{，温度为 } T_n \text{ 时的近似 OCV}\end{bmatrix}}_{Y} = \underbrace{\begin{bmatrix}1 & T_1\\ 1 & T_2\\ \vdots & \vdots\\ 1 & T_n\end{bmatrix}}_{A}\underbrace{\begin{bmatrix}\mathrm{OCV}_0(z)\\ \mathrm{OCV}_{\mathrm{rel}}(z)\end{bmatrix}}_{X}$$

我们已经计算了 $\boldsymbol{Y}$ 和 $\boldsymbol{A}$ 中的所有值，只剩下确定 $\boldsymbol{X}$ 中的值。一种方法是使用最小二乘法，其数学式为

$$\boldsymbol{X} = \boldsymbol{A}^{\dagger}\boldsymbol{Y}$$

式中：符号 † 表示矩阵的伪逆。

我们发现当温度高于0℃时，近似开路电压关系更可靠，所以我们倾向于在计算 $OCV_0(z(t))$ 和 $OCV_{rel}(z(t))$ 时只使用这些温度对应的数据。

图 2-18 绘制了 6 种不同锂离子电池所对应的上述过程的结果，图（a）表示 $OCV_0(z(t))$ 关系，图（b）表示 $OCV_{rel}(z(t))$ 关系，分别存储为两个查表函数。

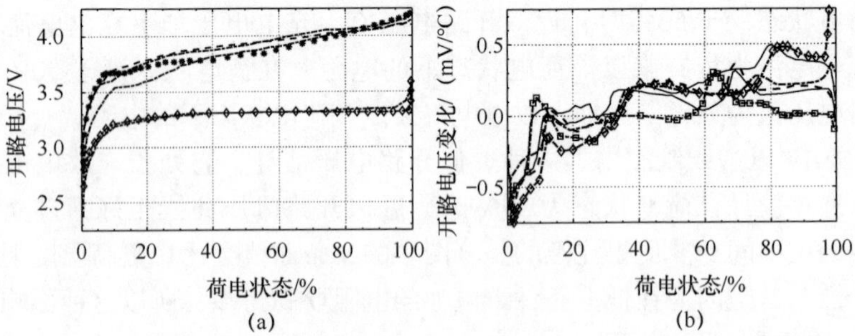

图 2-18　6 种不同类型锂离子电池的最终 OCV 关系

从图 2-18 中可以看出，不同活性物质构成的单体电池会产生明显不同的 OCV 曲线。两个具有较低电压单体电池的正极由磷酸铁锂（LFP）制成，具有较高电压单体电池的正极由锂锰氧化物（LMO）、锂钴氧化物（LCO）和锂镍锰钴氧化物（NMC）的不同组合制成。这些单体电池的负极由不同配比的合成石墨和天然石墨制成。

2.10.5　为减小滞回影响而进行的修正

到目前为止，用于数据采集和分析的过程可以得到非常精确的开路电压曲线，但是它没有考虑电压滞回现象。因此，除非以某种方式消除滞回电压，否则步骤 2 结束时的荷电状态将不完全为 0%，步骤 6 结束时的荷电状态将不完全为 100%。

尽管没有完全理解滞回现象的机理（对于不同类型的锂离子电池，其机理可能不同），但对上述测试方法进行一种类似于磁滞的修正，可以在很大程度上消除滞回电压。当磁性材料受到频率扫描时会退磁，这是因为其磁滞回线沿着一条坍塌的螺旋线走向零。同样地，我们提出当锂离子电池受到频率扫描时，其滞回电压会降低或消除。

图 2-19 显示了 V_{min} = 3V 附近的采样频率扫描，可在步骤 4 结束时执行来确保在步骤 5 开始之前电池完全放电。在步骤 1 开始下一个测试之前，即在步

骤 8 结束时，可以在 V_{max} 附近执行类似的频率扫描。

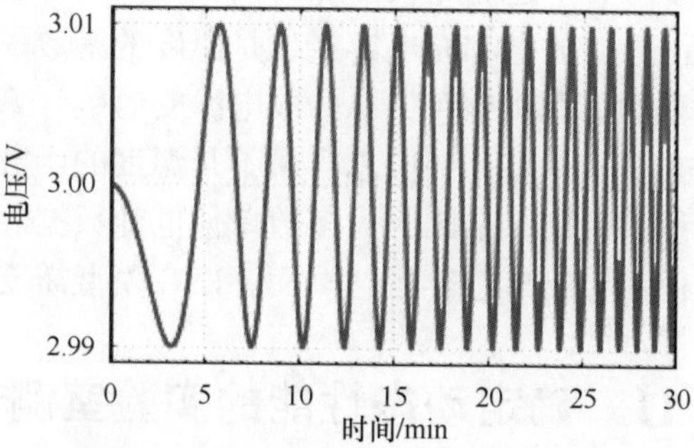

图 2-19　围绕 V_{min} 的采样频率扫描

这种频率扫描有时在信号处理文献中被称为啁啾信号，在控制系统文献中称为抖动信号。它必须具有足够低的振幅，此时虽轻微超过电池规定的电压限制但不会对电池造成损坏；同时可能还需要执行多次迭代，以达到所需的荷电状态。当频率扫描完成后，静置电压必须稳定在非常接近于所需电压的位置，误差大约在毫伏内。之前的所有示例都在测试过程中包含了这种抖动方法。

2.10.6　说明放电容量和总容量之间的差异

在结束本节之前，我们将简要讨论容量的不同度量。图 2-20 绘制了本章所示 6 个单体电池的 3 种不同的容量度量。宽虚线表示 6 个单体电池在 $C/30$ 倍率下的放电容量，并除以单体电池的平均总容量估计值 Q 进行标准化处理。它等于步骤 2 中标准化的放电安时数，但不等于单体电池的总容量，因为在步骤 4 中还会放出额外的安时数。窄虚线表示 6 个电池在 $C/30$ 倍率下的标准化

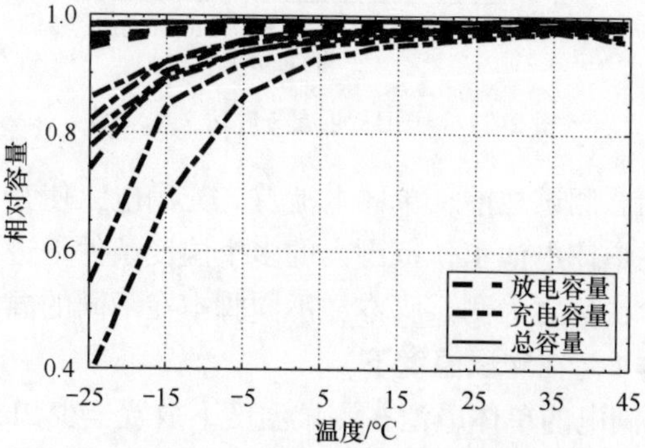

图 2-20　不同度量下的电池容量

充电容量。同样地，它等于步骤 6 中标准化的充电安时数，但不等于单体电池的总容量，因为在步骤 8 中还能充入额外的安时数。需要注意的是，由于单体电池内阻是温度的函数，放电和充电容量也是温度的函数。

总容量 Q 是由步骤 2 和步骤 4 中总的放电净安时数计算得到，如图中实线所示。可以看出，在实验误差范围内总容量不是温度的函数。在这里，我们特意指出不同容量度量的区别，是因为大多数单体电池数据表会给出不同放电倍率下的放电容量，但不会给出总容量，然而，ESC 模型需要总容量 Q。

2.11 确定动态性能的实验室测试

既然我们已经确定了单体电池的 OCV 关系，现在将注意力集中在寻找 ESC 单体电池模型动态部分的参数上。单体电池将执行不同的测试以采集用于确定这些动态参数的数据。为了使最终的模型能更好地匹配实际应用，单体电池测试必须采用能代表最终应用工况的电流与时间曲线。图 2-21 所示为汽车应用的标准化电流曲线：乘用车标准化的城市道路循环（Urban Dynamometer Driving Schedule，UDDS）。在实际测试中将该曲线乘以单体电池 1C 时的电流大小，即可转换为以 A 为单位的电流。

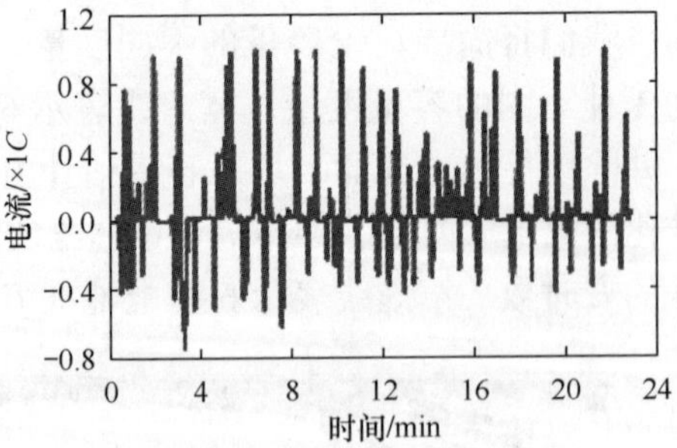

图 2-21 UDDS 电流与时间关系曲线

在进行任何动态测试之前，单体电池首先充满电，使其在 25℃ 处于 100% 荷电状态。然后在单体电池工作范围内的多个温度条件下进行实验，这些实验被分为 3 个子实验，称之为测试脚本，不同脚本在不同的温度条件下实现。

动态测试脚本 1（在测试温度下）

步骤 1：将充满电的单体电池在测试温度下放置至少 2h，以确保整个单体电池温度均匀。

步骤 2：以 $C/1$ 的恒定电流对单体电池放电至 SOC 为 90%，有助于确保在动态测试的随机充电部分避免过电压情况。

步骤 3：在感兴趣的 SOC 范围内施加动态测试，即从 90% SOC 降到 10% SOC 内。

动态测试脚本 2（在 25℃条件下）

步骤 4：将单体电池在 25℃下放置至少 2h，以确保整个单体电池温度均匀。

步骤 5：如果单体电池电压低于 V_{min}，则以 $C/30$ 的倍率给单体电池充电，直到电压等于 V_{min}。如果单体电池电压高于 V_{min}，则以 $C/30$ 的倍率放电，直到电压等于 V_{min}。后续施加抖动信号以最大限度地消除滞回电压。

动态测试脚本#3（在 25℃条件下）

步骤 6：以 $C/1$ 倍率的恒定电流给电池充电，直到电压等于 V_{max}。然后进行恒压充电，将电压保持在 V_{max}，直到电流降到 $C/30$ 以下。后续施加抖动信号以最大限度地消除滞回电压。

每秒钟记录一次电压、电流、温度、充电安时数和放电安时数，这些数据用于辨识除了已经获得的 OCV 与 SOC 关系以外的所有 ESC 模型参数。

该过程的输出示例如图 2-22 所示。图（a）显示 19 次重复 UDDS（两次

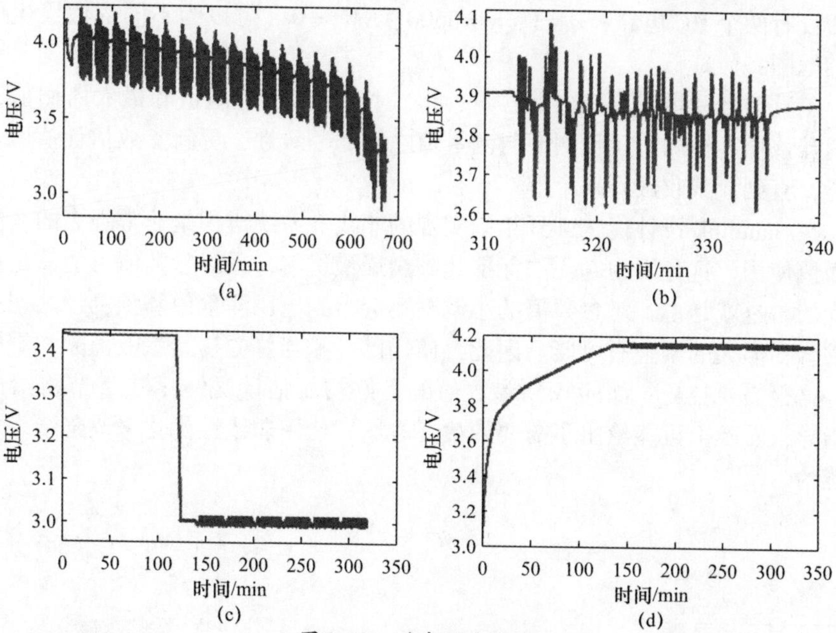

图 2-22　动态测试结果

（a）测试脚本 1 的输出；（b）测试脚本 1 输出的局部放大；（c）测试脚本 2 的输出；（d）测试脚本 3 的输出。

之间电池静置）配置下的电压与时间关系；图（b）显示其中一个配置条件的放大；图（c）显示测试脚本 2 的输出（6 次重复抖动）；图（d）显示测试脚本 3 的输出（6 次重复抖动）。

有了这些数据之后，我们希望找到电池容量 Q、库仑效率 η、滞回速率常数 γ、滞回参数 M_0 和 M_1，等效串联电阻 R_0，以及一个或多个并联电阻 - 电容子电路的电阻、电容值。其中的大部分参数不能直接由测量数据计算得到，必须使用某种优化方法进行参数寻优，这个过程一般被称为系统辨识。

基本思想是：①以某种方式选择一组参数值；②采用与单体电池测试相同的输入电流，对具有这些参数值的 ESC 模型进行仿真；③将 ESC 模型预测电压与实测电压进行比较；④智能修改参数值以提高模型预测能力，返回②直到认为优化完成。

2.11.1 仿真设计优化

一种优化方法是使用商业优化工具箱，其中一个例子就是 MathWorks 的 Simulink 设计优化工具箱①。要使用这种自动化方法，必须首先创建一个框图来实现模型方程。图 2-23 显示了计算 ESC 模型状态和输出方程的子系统，此时假设有两个 RC 电路，$\eta=1$，$\gamma=3600$ 和 $M_0=0$（可以为不同的假设生成不同的框图）。

工具箱自动生成单体电池容量，RC 时间常数、电阻值和最大滞回值，然后运行该模型检测电压预测值与测量值之间的一致性，更新参数估计值后迭代运行，直到参数收敛到一个解。

在 Simulink 设计优化工具箱中实现的非线性系统辨识是非常强大的，但必须谨慎使用。这是因为它无法保证达到全局最优解，最终参数值可能只是局部最优的。也就是说，对参数值的小调整不会得到电压测量值和预测值之间更好的吻合，但大的调整有可能。因此，使用已经相当好的初始参数值非常重要。

这很需要技巧，如何找到参数值的良好初始估计呢？2.11.2 节将给出一些指导，实际上可能给出了需要的最终答案。使用非线性优化来改善结果总是可能的。

---

① 参考文献：Jackey，R.，Plett，G. L.，and Klein，M.，“Parameterization of a Battery Simulation Model Using Numerical Optimization Methods，” in CD-ROM Proc. SAE World Congress 2009，Detroit，MI（April 2009）.

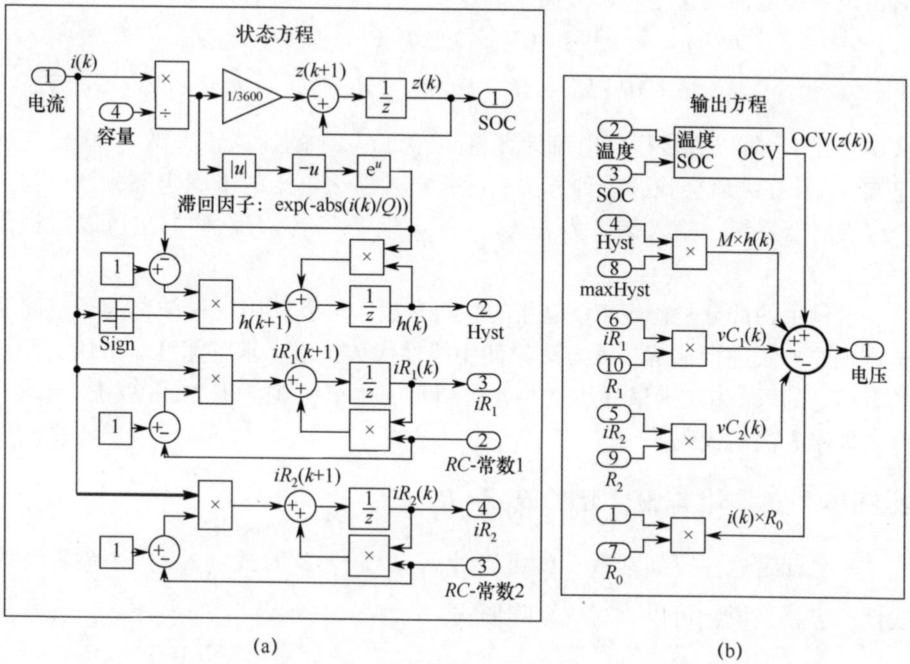

图 2-23　ESC 模型的 Simulink 实现

2.11.2　直接测量容量

系统辨识的一个准则是：不要估计你已经知道的参数。这一方面是基于效率的考虑，对于每一个必须估计的新参数，计算量都会增加；另一方面，这也是基于准确性的考虑，系统辨识试图将模型与输入 - 输出数据相匹配，但不能保证模型的内部状态是有物理意义的。如果已知一个参数的实际值，就可以从待评估的参数列表中删除该参数，从而加快流程并确保至少有一个参数值是准确的。

对于动态测试，可以使用与 2.11.1 节、2.11.2 节相同的方法计算单体电池的库仑效率和容量，动态测试也都是从 100% SOC 开始，到测试脚本 2 完成后以 0% SOC 结束。这将从未知参数列表中删除两个变量，从而简化剩余的计算。

2.11.3　直接计算 RC 时间常数

一旦知道单体电池库仑效率和容量，就可以使用式（2.4）计算每个时间点的单体电池荷电状态。然后，可以计算每个时间点的单体电池开路电压，此时留下单体电池测量电压部分尚未确定：

$$\begin{aligned}\tilde{v}[k] &= v[k] - \mathrm{OCV}(z[k], T[k]) \\ &= Mh[k] + M_0 s[k] - \sum_j R_j i_{R_j}[k] - R_0 i[k]\end{aligned} \tag{2.9}$$

式中：$s[k]$ 可以直接根据电流计算得到，而 $h[k]$ 的计算还需要 γ。假设现在已知 γ，并在之后会找到一种方法来优化它，那么电压的未确定部分就成为一个线性时变系统，输入信号为 $h[k]$ 、$s[k]$ 和 $i[k]$，有一些方法可以辨识出剩余参数。

最棘手的部分是确定 RC 电路的时间常数，可以利用一种被称为子空间系统辨识的方法进行求解，该方法只使用线性代数技术，求解速度非常快，并且具有唯一的解①。在这里详述这些方法超出了本书范围，但 MathWorks 网站上有实现该方法的代码。

2.11.4 直接计算 M、M_0、R_0 和 R_j

一旦知道这些时间常数，就可以计算 $i_{R_j}[k]$，此时式（2.9）中参数变为线性。也就是说，可以改写成矩阵形式：

$$\underbrace{[\tilde{v}[k]]}_{Y} = \underbrace{[h[k] \quad s[k] \quad -i[k] \quad -i_{R_j}[k]]}_{A} \underbrace{\begin{bmatrix} M \\ M_0 \\ R_0 \\ R_j \end{bmatrix}}_{X}$$

然后，可以通过最小二乘解 $\boldsymbol{X} = \boldsymbol{A}^{\dagger}\boldsymbol{Y}$ 找到未知参数向量。

2.11.5 优化 γ

现在，还未从数据中计算出的唯一参数是滞回速率常数 γ，在 2.11.3 中我们假设这个值是已知的，但实际上不是。首先我们能做的就是把 γ 固定在某个取值范围内；然后计算该范围内每一个 γ 对应的优化模型的拟合度；最后只保留产生最佳拟合度的模型。图 2-24 显示了一个特定电池试验中不同 γ 值导致的均方根建模误差，该图中的数据是尝试 1 ~ 250 之间的 γ 值来确定的。首先根据 γ 值优化所有其他模型参数；然后计算模型误差。在本例中，$\gamma \approx 90$ 时给出了总体上最佳的建模结果。

---

① 参考文献：van Overschee, P., and De Moor, B., Subspace Identification for Linear Systems—Theory, Implementation, Applications, Springer (softcover reprint of the original 1st ed. 1996 edition), 2011.

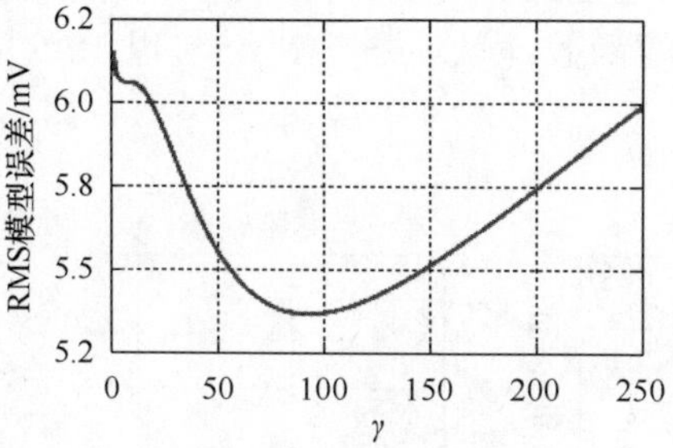

图 2-24　滞回参数 γ 寻优

由于滞回模型的非线性，以及子空间系统辨识不一定提供最佳均方根误差对应的结果（但能提供非常好的结果），所以此优化过程的输出 γ 可以与 M、M_0、R_0 和 R_j 一起作为非线性优化的良好初始值，就像 2.11.1 节中提到的一样。

2.12　示例

为了更好地理解等效电路模型的性能，将在本节给出一些建模结果。使用本章所述流程从 25 Ah 的电动汽车蓄电池中采集数据，并从数据中估计出开路电压和动态模型参数（在本模型中使用一个 RC 子电路）。在这里，我们集中精力在优化模型的开环控制上，并将其在 25℃ 下的电压测量值与模型预测值进行比较。

图 2-25（a）显示了整个 10h 试验期间电池实际电压和模型预测电压的曲线，在本例中真实结果和模型结果之间的均方根误差为 5.37mV；图 2-25（b）为一个 UDDS 循环的放大，更清楚地说明电路模型能很好地表现出电池行为。

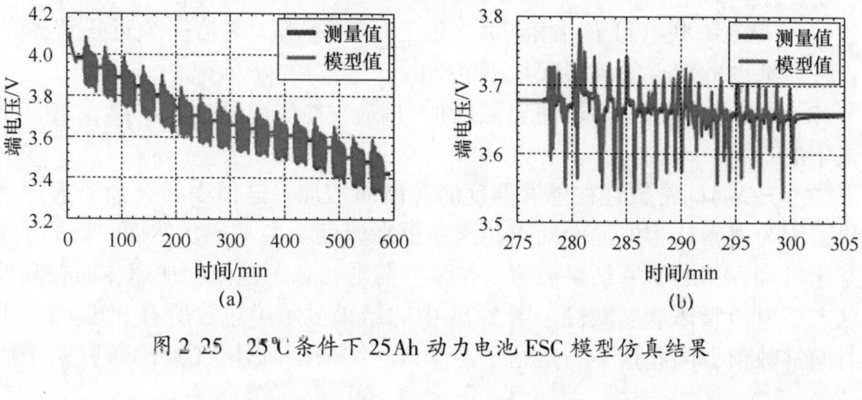

图 2-25　25℃ 条件下 25Ah 动力电池 ESC 模型仿真结果

图 2-26 显示了该电池以及其他 5 种不同尺寸和制造工艺电池的优化参数值，它们是试验温度的函数（从 –25℃ 到 45℃ 以 10℃ 的增量进行测试）。这些结果有许多特征。

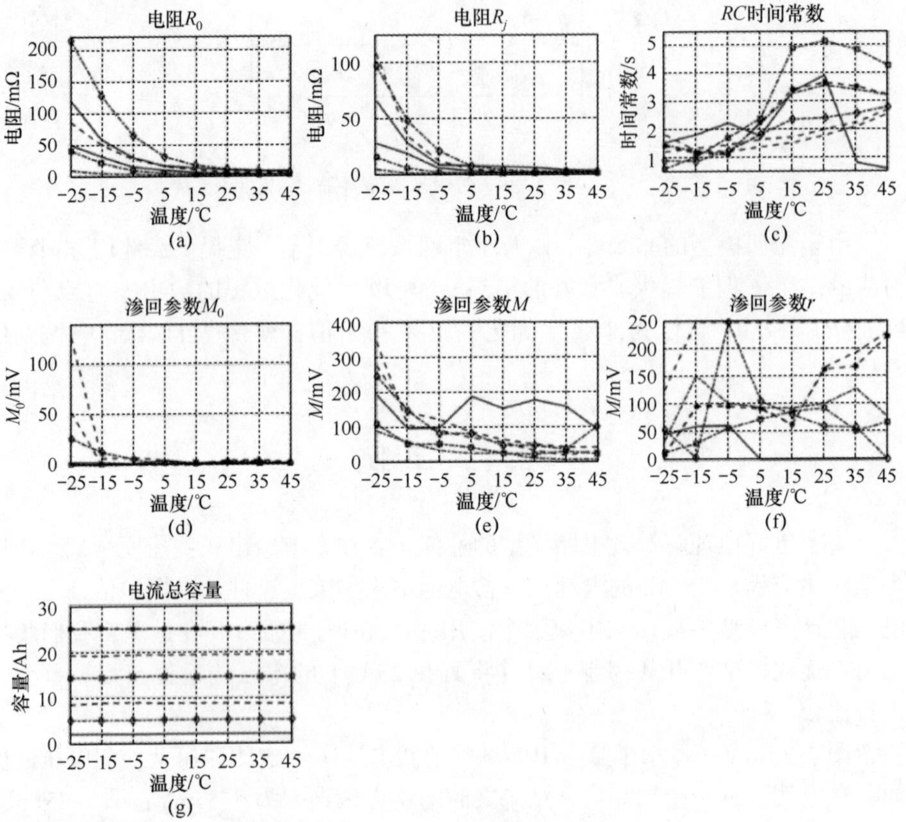

图 2-26　ESC 模型参数与温度的关系

（1）等效串联电阻 R_0 随温度升高呈指数递减，这是一个近乎普遍的结果，任何缺少此特点的模型都是不可信的。

（2）RC 中的电阻 R_j 也随着温度的升高（大致）呈指数下降，这也是意料之中的。

（3）RC 时间常数往往随着温度的升高而增加。这似乎是一个令人惊讶的结果，因为通常认为电池的动态性能在更高温度下会加速。然而，Lee 等发表的基于机理模型的研究结果表明，在某些荷电状态下电池会加速，而在其他荷电状态下电池整体速度减慢。图 2-26 中的结果显示了包含所有 SOC 的一个优化时间常数值，因此这不一定是令人惊讶的结果。而且，Lee 的研究结果还使我们认识到，这种关系不应该被认为是单调变化的①。

（4）滞回现象通常是加速的（较小的 SOC 变化会引起较大的滞回状态变化），并随着温度的升高而减小。滞回程度通常随着温度的升高而降低。

（5）测得的单体电池容量在整个测试温度条件下几乎是恒定的，正如应该的一样。

在实践中，模型需要在测试方案中未包括的温度条件下进行工作。为了查找中间温度下的参数，可以通过线性插值法来近似求解参数值。

这种处理方法预先假设参数随温度变化的曲线是平滑的，但我们很少从初始系统辨识输出中看到这一点。在实践中，通常需要对参数关系进行一些手动平滑，以使模型与测量数据匹配，这与自动调整模式效果几乎相同，但它在中间温度条件下的预测精度更高。

2.13　本章小结及后续工作

本章研究了单体电池的等效电路模型，可以看到通过优化参数值，在相同的输入激励下，单体电池的测量电压和预测电压之间有很好的一致性。因此，对于许多电路设计和控制算法开发而言，它们是有效的。

但是，等效电路模型缺乏长期预测能力，它没有回答“如果一个单体电池受到的激励与模型训练时所用的激励大不相同，它将如何表现?”或者“一个单体电池随着使用时间增长会有什么样的性能表现?”或者“我们能预测单体电池老化或即将发生的失效吗?”或者“我们如何控制一个单体电池，使其在寿命最大化的同时效能也最大化?”等问题。

因此，第 3 章将开始研究基于机理的单体电池模型，它能够提高模型的预测能力。这些基于机理的模型在数学上非常复杂，但最终我们可以将其简化为与本章等效电路模型计算复杂度近似的模型。

2.14　本章附录：MATLAB ESC 模型工具箱

2.10 节讨论了如何采集和处理电池测试数据，以建立单体电池的开路电压关系；紧接着 2.11 节讨论了如何采集和处理电池测试数据，以确定动态 ESC 模型的剩余参数。MATLAB 工具箱、实现这些步骤的代码以及电池测试数

① 参考文献：Lee, J. L., Aldrich, L., Stetzel, K., and Plett, G. L., “Extended Operating Range for Reduced-Order Model of Lithium-Ion Cells,” Journal of Power Sources, 255, 2014, pp. 85-100.

据，可以在 http：//mocha - java. uccs. edu/BMS1/CH02/ESCtoolbox. zip 中找到。在本附录中，我们将简要介绍工具箱的主要代码。如果能够对每个步骤的代码进行认真研读以理解每一步的具体实施，相信可以有很多收获。

2.14.1 模型创建

图 2-27 描绘了用于创建增强型自校正 ESC 电池模型的总体过程。OCV 测试框表示 2.10 节中所述的在多种温度条件下运行的电池测试。动态测试框表示 2.11 节所述的在多种温度条件下运行的动态电池测试。之后的处理过程要求上述两种电池测试温度条件中都要包含 25℃。

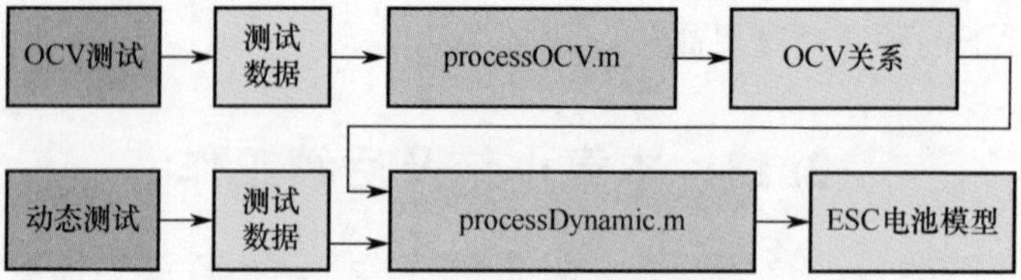

图 2-27 ESC 电池模型创建流程

测试数据框抽象地表示实验室测试的输出。但为了提高效率，需要进行一些格式转换。例如，Arbin 仪器的电池测试设备生成一个 . res 文件作为其输出；同时，Arbin 还提供了一个 Microsoft Excel 宏，可以将 . res 格式转换为 . xlsx 格式。网站上的 makeMATfiles. m 可以将 . xlsx 格式转换为 MATLAB 中的 . mat 文件，并且这个 . mat 文件已设置合适变量以进行进一步处理①。

processOCV. m 函数处理原始的电池测试数据以生成 OCV 关系。在工具箱中，包装函数 runProcessOCV. m 加载原始电池测试数据，并将其整理为指定格式，然后调用 processOCV. m，最后将结果保存到一个文件中。

processDynamic. m 函数也处理原始的电池测试数据以生成最终的 ESC 电池模型。在工具箱中，包装函数 runProcessDynamic. m 加载 OCV 关系和原始电池测试数据，并将其整理为指定格式，然后调用 processDynamic. m，最后将结果保存到一个文件中。需要注意的是，processDynamic. m 需要 MATLAB 的优化工具箱——如果这不可用，则用户需要重写执行行搜索功能的 fminbnd. m。

① 如果使用不同品牌的电池测试设备，用户将需要应用新的代码将实验输出转换为与宏处理兼容的格式。网站上的代码和数据提供了一个如何实现这个目标的例子。

2.14.2 模型使用

创建好模型之后，就可以使用了。图2-28所示为ESC电池模型使用流程。

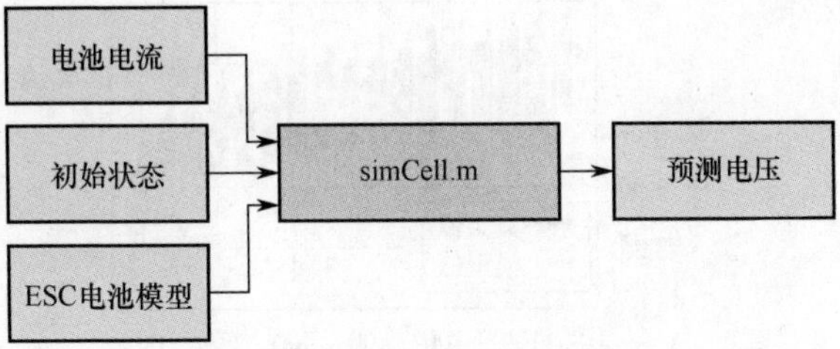

图2-28 ESC电池模型使用流程

首先加载由电池测试数据生成的ESC电池模型，并设置包括初始电池荷电状态、初始电阻电流和初始标准化滞回值在内的初始状态值；然后调用simCell. m函数，函数输入为电池电流随仿真时间变化的曲线文件，函数输出为预测的电池电压，其与内部模型状态一样，是时间的函数。

下面的代码演示了如何使用simCell. m函数，此代码的输出如图2-29所示。

```
load DYN_Files/E2_DYN/E2_DYN_35_P25.mat % 加载数据文件
load DYN_Files/E2model.mat % 加载模型文件

time    = DYNData.script1.time; % 使变量更容易访问
voltage = DYNData.script1.voltage;
current = DYNData.script1.current;

ind = find(diff(time) < =0); % 去掉重复的时间步长
time(ind+1) = [];voltage(ind+1) = [];current(ind+1) = [];

t1 = time(1);t2 = time(end); % 确保及时采样
deltaT = 1;t = (t1:deltaT:t2) - t1; % 采样间隔为1s
current = interp1(time,current,t1:deltaT:t2);
voltage = interp1(time,voltage,t1:deltaT:t2);

% 改变[0;0],使其具有与模型R-C状态数相同的零数
vest = simCell(current,25,detalT,model,1,[0;0],0);
% 仿真电池
figure(1);clf;plot(t/60,voltage,t/60,vest);
```

```
% 绘制部分结果
legend('真实值','模型值','location','southwest');
xlabel('时间/min)');ylabel('电压/V)');
```

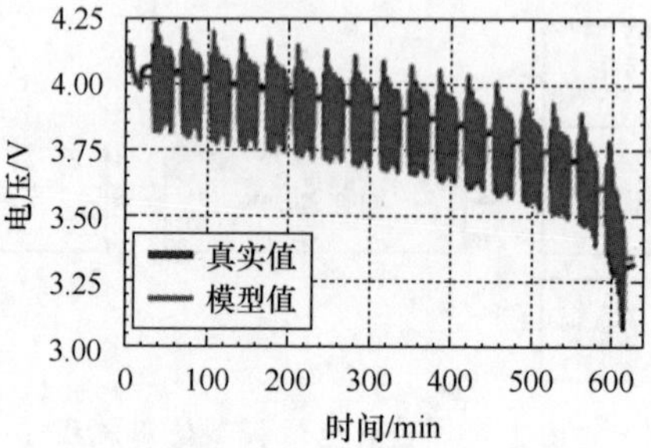

图 2-29　simCell. m 的输出示例

2.14.3　模型内部

查询模型参数有时可能很重要，这可以通过直接访问 MATLAB 结构体 model 中的字段来实现。但这通常不被认为是良好的编程实践，反而工具箱提供了执行此任务的数据访问器函数。

为确定一个或多个荷电状态下的开路电压，可以使用 OCVfromSOCtemp. m 函数。该函数输入是一个荷电状态的矢量，一个温度变量（可以是一个适用于所有输出的标量，也可以是一个与荷电状态输入维数相同的矢量，此时每个输出对应不同的温度），以及模型数据结构体。例如：

```
load DYN_Files/E2model.mat% 加载模型文件
z =0:0.01:1;% 构建 SOC 输入向量
T =25;% 设置温度值
plot(z,OCVfromSOCtemp(z,T,model));
```

为了根据一个或多个开路电压值确定荷电状态，可以使用 SOCfromOCVtemp. m 函数。它所需调用的参数与 OCVfromSOCtemp. m 类似，例如：

```
load DYN_Files/E2model.mat% 加载模型文件
v =2.5:0.01:4.2;% 构建 SOC 输入向量
T =25;% 设置温度值
plot(v,SOCfromOCVtemp(v,T,model));
```

最后，为了确定模型的动态参数值，可以使用 getparametsc. m 函数。例如：

```
load DYN_Files/E2model.mat% 加载模型文件
```

```
T=25;% 设置温度值
gamma=getParamESC('GParam',T,model);% 磁滞率因子
```

这要求用户对模型数据结构体的内部结构有一定的了解（同样，不建议用户直接访问此数据结构体的字段。但是，作为 getparametsc. m 函数输入的字段名是必需的）。表 2-1 列出了这些字段。

表 2-1　模型数据结构体字段

标识符字段	
name	用于存储单体电池类型名称的标识字符串
与开路电压和荷电状态关系有关的字段	
OCV_0	描述 0℃时开路电压和荷电状态映射关系的向量，单位为 V
OCV_{rel}	描述不同荷电状态下开路电压随温度变化的向量，单位为 V/℃
SOC	用于存储 OCV_0 和 OCV_{rel} 的向量
SOC_0	描述 0℃时荷电状态与开路电压映射关系的向量
SOC_{rel}	描述不同开路电压对应的荷电状态随温度变化的向量，单位为 1/℃
OCV	用于存储 SOC_0 和 SOC_{rel} 的向量
与动态关系有关的字段	
temps	用于存储动态参数的温度，单位为℃
QParam	每个温度下的容量 Q，单位为 Ah
etaParam	每个温度下的库仑效率 η
GParam	滞回参数 γ
MParam	滞回参数 M，单位为 V
M0Param	滞回参数 M_0，单位为 V
R0Param	串联电阻 R_0，单位为 Ω
RCParam	R-C 时间常数 R_jC_j，单位为 s
RParam	R-C 参数的电阻 R_j，单位为 Ω

第 3 章　微尺度电池模型

本书的重点是建立锂离子电池的数学模型，找到模型参数值，并利用模型来预测电池性能。我们已经看到了利用现象学建立等效电路模型的方法，现在开始探索基于机理的模型。在图 3-1 中对比了这两种不同的方法。

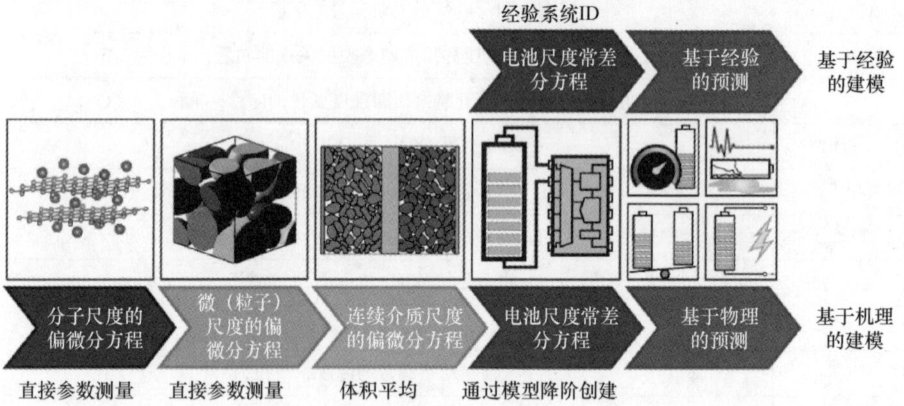

图 3-1　建立锂离子电池模型的不同方法

经验模型在图的顶部注明，如在第 2 章中看到的等效电路模型。它们是由电池尺度的常差分方程组组成的简单系统，这些常差分方程可以很容易地在微处理器上实现。经验模型容易被集成到电池状态估计和电池管理系统中的控制算法中。组成这些模型的方程组可以根据电池输入电流的测量值准确预测电池电压，并且可以调整模型的参数以适应随着电池老化而变化的电池特性。

然而，这些经验模型是有局限的。最重要的是，它们不能预测电池内部的动态特性，这对于预测电池的老化程度和制定电池控制算法，以最大限度地减少因内部状态越界而导致的电池老化至关重要。此外，经验模型使用经典系统辨识方法确定模型参数值，其本质上是一个曲线拟合过程，有一定局限性。尤其是，最终模型不能很好地在与测试场景不同的工况下预测电池性能①。

① 曲线拟合有利于数据插值，可在与数据生成测试相似的工作场景中预测性能；但不利于外推，即在模型生成的场景范围之外的场景中预测性能。

基于机理的模型更难构建，但能够加强对电池内部各个机制的监测和预测。此外，正如牛顿运动定律只需测量物体的质量，就可以精确预测该物体在非常宽的初始速度范围内的加速度——基于机理的电池动态模型只需使用一小组测量的电池物理参数就可以精确预测电池行为。这与经验模型的外推与内插无关。

创建和使用基于机理的模型过程如图 3-1 底部所示。可以看到这包含多个阶段，从非常小的尺度开始，逐步增长到最终的电池尺度模型。

一些基于机理的模型描述了分子尺度上的过程[①]。这些方程的参数值可以直接测量，取代了经验系统辨识的需要。所得模型主要用于预测：锂在包含电极活性材料的固体颗粒晶体结构内的扩散速率，以及这些材料的开路电位关系。然而，有一些实验室技术可以直接测量扩散速率和开路电位，而不需要分子尺度模型，因此本书忽略在这个尺度上对电池动态特性建模的讨论。

下一个更高的尺度是粒子尺度或微尺度，此时关注均质材料。这些模型预测了固体电极颗粒内部以及电解液中发生的情况，它们是单独考虑的。可以把这个尺度看作分子尺度的体积平均，杂质和瑕疵混合在一起形成均质材料。这个尺度的模型参数也可以通过实验室测试直接获得。

再下一个更高的尺度是连续介质尺度，其中固体电极和电解液不再单独考虑。连续介质模型是微尺度体积平均的简化，此时假设每个目标体积包含一部分固体电极材料和一部分电解液。固体电极和电解液中的变化过程仍然是分开考虑的，但这些方程考虑了两个区域之间的相互作用。

最终尺度将连续介质尺度的偏微分方程转化为电池尺度上一组耦合的常差分方程，以适应快速仿真和控制。这些电池尺度常差分方程组的最终复杂度与经验模型相似，但是预测能力要强得多。基于机理的模型更难构建和理解，但为了最终的结果是值得的。

图 3-1 可以看作是本书大部分内容的路线图。第 2 章已经考虑了等效电路经验模型，第 3 章主要研究微尺度模型，第 4 章将介绍如何使用体积平均定理来创建连续介质尺度模型，第 5 章和第 6 章探讨将连续介质尺度模型自动转换为低复杂度电池尺度模型的背景和方法。最后，第 7 章将考虑如何将热效应纳入基于机理的模型。

---

①　这些模型有时称为“微尺度”，但由于它们在原子水平上工作，因此称为“纳米尺度”更恰当。本书为了回避这个问题，将其称为“分子尺度”。

3.1 本章目标：推导微尺度模型方程

本章前半部分内容涉及向量微积分、热力学和物理化学等概念，在这些领域有足够背景知识的读者，能够推导出微尺度模型方程，但这样做需要时间，而且很容易迷失在细节中，以至错过主要的结论。因此，在正式推导这些方程之前，将其简要罗列①，以便读者总体了解把握。

本章的目标是建立微尺度模型，该模型由5个耦合方程组成。

(1) 均匀固体中的电荷守恒：

$$\nabla \cdot \boldsymbol{i}_{\mathrm{s}} = \nabla \cdot (-\sigma \nabla \phi_{\mathrm{s}}) = 0 \tag{3.1}$$

(2) 均匀固体中的质量守恒：

$$\frac{\partial c_{\mathrm{s}}}{\partial t} = \nabla \cdot (D_{\mathrm{s}} \nabla c_{\mathrm{s}}) \tag{3.2}$$

(3) 均匀电解液中的质量守恒：

$$\frac{\partial c_{\mathrm{e}}}{\partial t} = \nabla \cdot (D_{\mathrm{e}} \nabla c_{\mathrm{e}}) - \frac{\boldsymbol{i}_{\mathrm{e}} \cdot \nabla t_{+}^{0}}{F} - \nabla \cdot (c_{\mathrm{e}} \boldsymbol{v}_0) \tag{3.3}$$

(4) 均匀电解液中的电荷守恒：

$$\nabla \cdot \boldsymbol{i}_{\mathrm{e}} = \nabla \cdot \left(-\kappa \nabla \phi_{\mathrm{e}} - \frac{2\kappa RT}{F}\left(1 + \frac{\partial \ln f_{\pm}}{\partial \ln c_{\mathrm{e}}}\right)(t_{+}^{0} - 1) \nabla \ln c_{\mathrm{e}}\right) = 0 \tag{3.4}$$

(5) 锂在固体和电解液两相之间的移动：

$$j = \frac{i_0}{F}\left\{\exp\left(\frac{(1-\alpha)F}{RT}\eta\right) - \exp\left(-\frac{\alpha F}{RT}\eta\right)\right\} \tag{3.5}$$

本章使用的大部分变量词汇表可见3.14节。当向量梯度运算符 ∇和散度运算符 $\nabla\cdot$ 在推演中第一次出现时，会进行简要介绍。

3.2 固体中的电荷守恒

首先，推导锂离子电池微尺度方程组中分别描述固体中电荷和质量守恒的式（3.1）和式（3.2）；这部分推导相当简单，从基本物理定律开始，但也需要一些向量演算的知识，我们将一起简要回顾。然后，在推导剩下的3个模型方程之前，还将介绍热力学和物理化学的相关概念。

图3-2所示为电极活性材料固体颗粒中的动态变化过程。最终模型将描述

① 特别感谢 Dr. Kan-Hao Xue，他帮助推导了本章给出方程的许多证明。

由于局部电势差引起的，电子通过传导进行的移动；以及由于局部浓度差引起的，锂原子通过扩散在活性材料晶体结构中空位之间的移动。首先，需要定义一些术语来量化物质和电荷；然后，需要讨论如何用数学方法描述物质的运动。

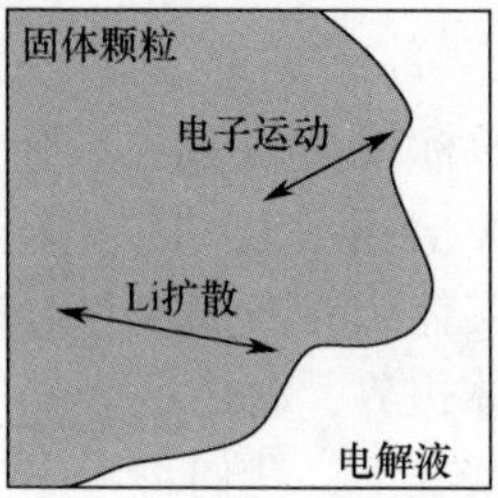

图3-2　固体颗粒中的动态过程

3.2.1　摩尔和库仑

对于电池中任何可测量的电流流动，都需要大量的锂移动。因此，人们习惯于计算锂的摩尔数（mol），而不是计算单个锂原子的数量。摩尔是化学中用来表示化学物质数量的测量单位，$1\text{mol} = N_A = 6.02214 \times 10^{23}$ 个这种物质的分子①。摩尔是国际单位制中的基本单位之一，单位符号为 mol。1mol 对应的分子数量是这样定义的：1mol 某物质，其用 g 表示的质量正好等于该物质的平均分子量。例如，天然水（H_2O）的平均分子量约为 18.015，因此 1mol 水的质量约为 18.015g。

在化学中广泛使用摩尔单位来表示化学反应中反应物和产物的量，而不是用质量或体积单位。例如，反应 $2H_2 + O_2 \rightarrow 2H_2O$ 意味着 2mol 的氢气和 1mol 的氧气反应形成 2mol 的水。摩尔也可以用来表示某些样品中原子、离子或其他基本实体的数量。

同样，对于电池中任何可测量的电流流动，也需要大量的电子移动，因此我们计算电子的摩尔数。然而，相对于移动的电子数量，我们对移动的电荷数量更感兴趣。通常用库仑或 C 表示电荷，1mol 电子数量包括 $F = 96485$ 库仑电荷②。电流是电荷的流动，以安培（A）为测量单位，其中 1 安培等于 1 库仑每秒（$1\text{A} = 1\text{C} \cdot \text{s}^{-1}$）。

---

① N_A 称为阿伏伽德罗数。

② F 称为法拉第常数。

3.2.2 通量密度

本节将讨论电子、锂原子和锂离子的运动。更准确地说，我们将考虑它们的通量。通量表征物质穿过某一曲面的速率，是指单位时间内的总数量。如果关心电子的运动，通量将以 $C \cdot s^{-1}$ 或 A 为单位测量；如果研究锂离子或锂原子的运动，通量的测量单位是 $mol \cdot s^{-1}$。稍后，我们会对通量密度更感兴趣，它是单位面积或单位体积的标准化通量①。当考虑电荷时，通量密度将以 $A \cdot m^{-2}$为单位；当考虑锂时，通量密度将以 $mol \cdot m^{-2} \cdot s^{-1}$ 为单位。

穿越发生的曲面可以是实体边界，如当考虑锂在固体电极颗粒和电解液之间的移动时；也可以是非实体边界，就像区分 (x,y,z) 和 $(x+\delta x,y,z)$ 一些概念上的曲面一样。在后一种情况下，我们将考虑锂在 (x,y,z) 点附近 x 方向上的移动数量。

要测量穿过某一曲面的电子或锂的通量，需要知道：曲面的形状、大小和方向；空间中任意点的流动强度和方向。后者称为向量场，它是一个空间函数，用于计算每个 (x,y,z) 位置的向量值。每个向量都有一个长度，表示物质在该点的流动速度；还有一个方向，表示物质在该点的流动方向。图 3-3 展示了如何在二维图形中绘制一个向量场，每个 (x,y) 点都与一个表征流速和流向的向量相关联。

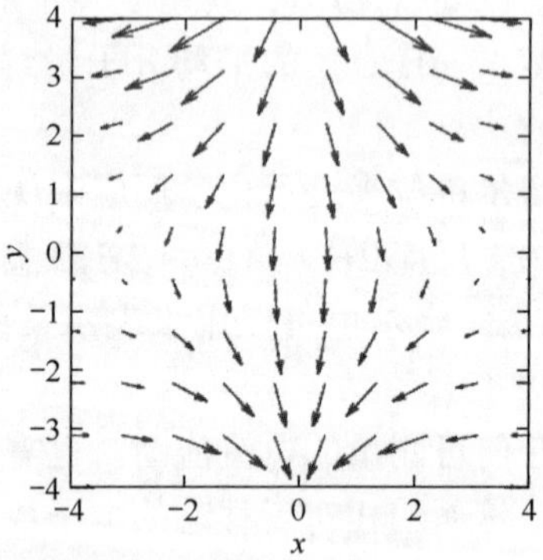

图 3-3　二维向量场示意图

向量场的局部强度直接影响通量，强度加倍将使通过曲面的通量也加倍。通量也取决于向量场和曲面的方向，当向量场径直通过曲面时（与曲面成直

① 在某些文献中，通量密度有时也称为通量，需要通过单位来判断作者真正关心的是什么。

角)，通量最大；当曲面倾斜与向量场的夹角越来越小时，穿过曲面的通量越来越少；当向量场与曲面平行时，通量为零，此时通量经过但不穿过边界。

例如，想象风（通量的来源）吹过窗框（曲面）。如果风垂直吹向窗框，通过窗框的气流将最大；如果风与窗框成一定角度，则通过窗框的气流会减少；如果风平行吹过窗框，那么将没有气流通过窗框。

该过程如图 3-4 所示，向量场 $\boldsymbol{F}(x,y,z)$ 用黑色线表示，垂直于曲面的法向量记为 $\hat{\boldsymbol{n}}$，构成通量的向量场分量用灰色线表示，该分量为向量场 $\boldsymbol{F}$ 中平行于 $\hat{\boldsymbol{n}}$、垂直于曲面的部分。

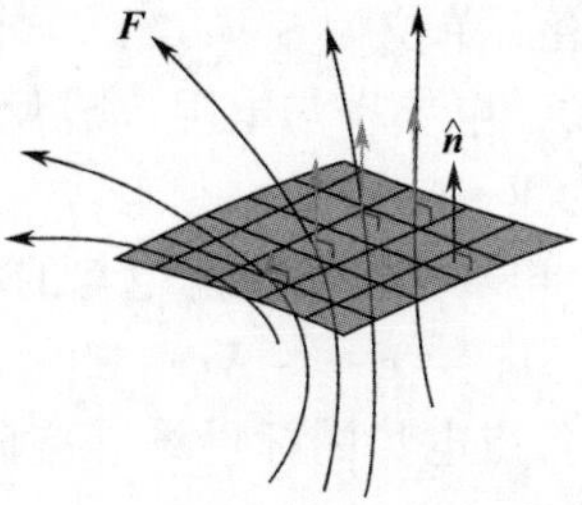

图 3-4 通量的方向关系

在本例中，通量为正，因为它与 $\hat{\boldsymbol{n}}$ 的方向相同；如果方向相反，则通量为负。当曲面是一个实体，这就有意义了。定义法向量 $\hat{\boldsymbol{n}}$ 从物体指向外部。因此，正通量意味着流体离开物体，物体是通量的源；负通量意味着流体流向物体，物体是通量的汇。

用数学的方法表达这一点，如果 $\boldsymbol{F}(x,y,z)$ 表示向量场，$\hat{\boldsymbol{n}}$ 表示曲面的法向量，那么这两个向量的点积 $\boldsymbol{F}(x,y,z)\cdot\hat{\boldsymbol{n}}$ 就给出了垂直于曲面的向量场分量。总通量是该点积在曲面上的积分，可以表示为

$$\text{flux} = \iint_S \boldsymbol{F}(x,y,z)\cdot\hat{\boldsymbol{n}}\,\mathrm{d}S$$

式中：$\iint_S$ 表示曲面积分。对于特定计算，需要明确积分上下限，同时还需要根据描述曲面的几何变量（如可能是 $\mathrm{d}x$ 和 $\mathrm{d}y$）来改写 $\mathrm{d}S$。

还要注意，有时将区分开曲面和闭曲面。一个开曲面不能完全封闭一个体积，因此有明显的边缘或边界。一个闭曲面完全封闭了一些体积（如立方体或球体的外表面）。当讨论闭曲面时，更准确的通量表达式应为

$$\text{flux} = \oiint_S \boldsymbol{F}(x,y,z)\cdot\hat{\boldsymbol{n}}\,\mathrm{d}S$$

式中：$\oiint_S$ 表示在整个闭曲面 S 上进行积分。当所讨论的曲面可能是开曲面也

可能是闭曲面时，记为$\oiint_S$。

3.2.3 欧姆定律的点形式

现在已经准备好推导描述电荷在电极均匀固体晶体结构中运动的关系式。假设电子的运动是由线性介质中电荷的漂移引起的，此时欧姆定律适用。

在这种情况下，电流密度与外加电场成正比：$\boldsymbol{i}=\sigma\boldsymbol{E}$，其中：$\boldsymbol{i}(x,y,z,t)$是流过以给定位置为中心的典型横截面的电流密度向量，单位为$\mathrm{A\cdot m^{-2}}$，$\boldsymbol{i}$代表正电荷的流动，带负电荷的电子沿与$\boldsymbol{i}$相反的方向流动；$\sigma(x,y,z,t)$是一个与材料有关的电导率值，单位为$\mathrm{S\cdot m^{-1}}$，σ值高意味着电流容易流动，σ值低意味着电流难以流动，电导率与电阻率成反比；$\boldsymbol{E}(x,y,z,t)$是给定位置的电场强度向量，单位为$\mathrm{V\cdot m^{-1}}$。

如果忽略磁场的影响，电场强度可以用电势的局部梯度来表示①：

$$\boldsymbol{E}=-\nabla\phi$$

式中，$\phi(x,y,z,t)$是表征各点电势的标量场（空间的标量函数），单位为V。替换$\boldsymbol{E}$后，电流可以改写为

$$\boldsymbol{i}=-\sigma\nabla\phi \tag{3.6}$$

式（3.6）是欧姆定律的微观形式（点形式），表示均匀线性介质的$I=\Delta V/R$。这里，必须引入负号来适应梯度算子$\nabla\phi$与微分算子ΔV的不同符号惯例。

例如，考虑图3-5中描述的场景。图3-5（a）是一个标量场，局部电势ϕ是空间坐标x和y的函数。图3-5（b）将函数等值部分画为圆，局部梯度值表示为向量符号。可以看到，在图3-5（b）的中心，梯度指向峰值；从中心向外移动，到达波谷后，梯度向量指向函数较低的脊线，即梯度不指向全局最大函数值，它只指向局部意义上的最大。图3-5（c）绘制了通量密度向量，通量密度的方向与梯度相反，这意味着运动是"下坡"。也就是说，在电场的作用下，正电荷从高电势移动到低电势。

① 梯度表征函数相对于空间的变化率。梯度是一个向量，它指向函数局部增长最快的方向。从数学上讲，梯度符号是一个倒三角，称为"dell"。函数$\boldsymbol{F}(x,y,z)$的梯度可以写成：$\nabla\boldsymbol{F}=\frac{\partial F}{\partial x}\hat{\boldsymbol{i}}+\frac{\partial F}{\partial y}\hat{\boldsymbol{j}}+\frac{\partial F}{\partial z}\hat{\boldsymbol{k}}$，式中$\hat{\boldsymbol{i}}$、$\hat{\boldsymbol{j}}$和$\hat{\boldsymbol{k}}$分别为$x$、$y$和$z$方向上的标准单位向量。

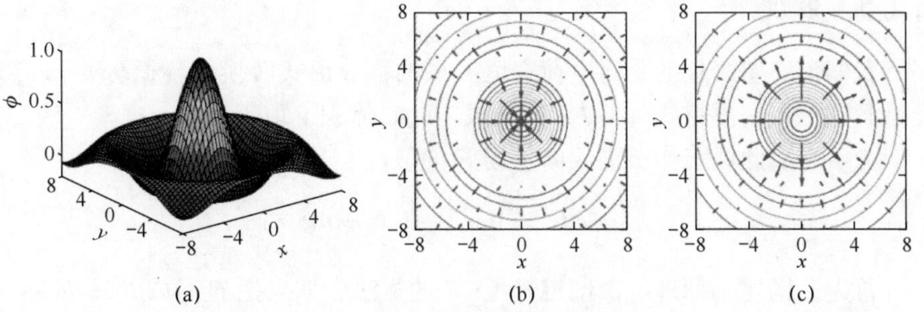

图 3-5　梯度和通量密度示意图

（a）电势；（b）等高线和梯度向量；（c）等高线和通量密度向量。

3.2.4　连续性方程（基尔霍夫电流定律）

将式（3.6）与式（3.1）进行比较，可以发现我们已经开始引入第一个微尺度模型方程所需的术语，但还没有得到最终形式。到目前为止，我们只计算了一种表征电荷流动的方法，现在开始实施电荷守恒。

考虑将一个固体颗粒表示为许多微小的体积，现在讨论其中一个体积 V，该体积内的材料性质是均匀的，有封闭的边界面 S，电流密度 $\boldsymbol{i}$ 直接进入体积内，因此进入该区域的净电流为

$$i = -\oiint_S \boldsymbol{i} \cdot \hat{\boldsymbol{n}} \mathrm{d}S$$

上式包含负号是因为根据惯例法向量 $\hat{\boldsymbol{n}}$ 指向体积外部。

$\mathrm{d}Q$ 是在时间 $\mathrm{d}t$ 内通过电流提供给体积 V 的净电荷，单位为 C，所以净电流可以改写为

$$i = \frac{\mathrm{d}Q}{\mathrm{d}t}$$

因此，体积中的净电荷随时间 $\mathrm{d}t$ 的变化量为 $\mathrm{d}Q = \mathrm{d}\iiint_V \rho_V \mathrm{d}V$，其中 ρ_V 是体积 V 中（正电荷）的电荷密度，单位为 $\mathrm{C \cdot m^{-3}}$，于是有

$$\oiint_S \boldsymbol{i} \cdot \hat{\boldsymbol{n}} \mathrm{d}S = -\frac{\mathrm{d}}{\mathrm{d}t}\iiint_V \rho_V \mathrm{d}V \tag{3.7}$$

值得注意的是，式（3.7）隐含假设体积 V 中的电荷只在当有电荷通过边界进入或退出体积时，才会发生改变。也就是说，V 中已经包含的电荷既不会产生也不会消失。因此，式（3.7）是所谓的连续性方程的积分形式，它说明电荷守恒。

3.2.5 散度

我们最终感兴趣的是将电荷守恒关系的积分形式转换成（微分）点形式。要做到这一点，需将式（3.7）取极限，此时体积 V 取无穷小。

为了完成此项工作，引入向量场 $\boldsymbol{F}$ 的散度，其定义为

$$\nabla\cdot\boldsymbol{F}=\lim_{\Delta V\to 0}\frac{1}{\Delta V}\oiint_S \boldsymbol{F}\cdot\hat{\boldsymbol{n}}\mathrm{d}S \tag{3.8}$$

首先，构建一种理解散度符号 $\nabla\cdot\boldsymbol{F}$ 的方法，如果把 $\boldsymbol{F}$ 写成 $\boldsymbol{F}=F_x\hat{\boldsymbol{i}}+F_y\hat{\boldsymbol{j}}+F_z\hat{\boldsymbol{k}}$，其中 F_x 是 $\boldsymbol{F}$ 的 x 分量，F_y 是 $\boldsymbol{F}$ 的 y 分量，F_z 是 $\boldsymbol{F}$ 的 z 分量；然后，把 ΔV 缩小成一个无穷小的立方体，其中 $\boldsymbol{F}$ 的值在立方体的每个面上都是常数（但在不同的面上取值可能不同），此时式（3.8）成为 $\boldsymbol{F}\cdot\hat{\boldsymbol{n}}$ 在立方体 6 个不同面上的值乘以该面面积的标准化求和，即

$$\begin{aligned}\nabla\cdot\boldsymbol{F}=\lim_{\Delta V\to 0}\frac{1}{\Delta V}\big[&(F_x(x+\delta x)-F_x(x))A_{yz}\\&+(F_y(y+\delta y)-F_y(y))A_{xz}+(F_z(z+\delta z)-F_z(z))A_{xy}\big]\end{aligned}$$

式中：A_{yz} 为立方体 $y-z$ 平面的面积；A_{xz} 为立方体 $x-z$ 平面的面积；A_{xy} 为立方体 $x-y$ 平面的面积。接着认识到 $\Delta V=A_{yz}\delta x=A_{xz}\delta y=A_{xy}\delta z$，则

$$\begin{aligned}\nabla\cdot\boldsymbol{F}&=\\&\lim_{\delta x,\delta y,\delta z\to 0}\left[\frac{F_x(x+\delta x)-F_x(x)}{\delta x}+\frac{F_y(y+\delta y)-F_y(y)}{\delta y}+\frac{F_z(z+\delta z)-F_z(z)}{\delta z}\right]\\&=\frac{\partial F_x}{\partial x}+\frac{\partial F_y}{\partial y}+\frac{\partial F_z}{\partial z}\end{aligned}$$

这就是在笛卡儿坐标系下计算散度的方法。

注意，散度符号结合了梯度和点积的思想：

$$\nabla\cdot\boldsymbol{F}=\left(\frac{\partial}{\partial x}\hat{\boldsymbol{i}}+\frac{\partial}{\partial y}\hat{\boldsymbol{j}}+\frac{\partial}{\partial z}\hat{\boldsymbol{k}}\right)\cdot(F_x\hat{\boldsymbol{i}}+F_y\hat{\boldsymbol{j}}+F_z\hat{\boldsymbol{k}})=\frac{\partial F_x}{\partial x}+\frac{\partial F_y}{\partial y}+\frac{\partial \boldsymbol{F}_z}{\partial z}$$

通过改变变量，散度也可以用其他坐标系表示。例如，在柱坐标系 (ρ,ϕ,z) 中，散度可写为

$$\nabla\cdot\boldsymbol{F}=\frac{1}{\rho}\frac{\partial(\rho F_\rho)}{\partial\rho}+\frac{1}{\rho}\frac{\partial F_\phi}{\partial\phi}+\frac{\partial F_z}{\partial z}$$

在球坐标系 (r,θ,ϕ) 中，散度可写为

$$\nabla\cdot\boldsymbol{F}=\frac{1}{r^2}\frac{\partial(r^2F_r)}{\partial r}+\frac{1}{r\sin\theta}\frac{\partial(\sin\theta F_\theta)}{\partial\theta}+\frac{1}{r\sin\theta}\frac{\partial F_\phi}{\partial\phi}$$

通过分析式（3.8），可以直观地理解散度的含义。矢量场的散度是一个

标量，表示通过封闭曲面从体积中流出的净通量密度。正散度意味着该点为源，物质正在远离该点；负散度意味着该点为汇，物质向该点移动。

图 3-6 说明了这个概念，图中绘制了一个向量场，并凸显 3 个不同区域(二维“体积”)。可以看到更多的箭头从顶部的体积指出而不是指向它，因此该体积表现为一个净源，散度为正。相同数量的箭头指向或者从中部的体积指出，因此该体积既不是源也不是汇，它的散度为零。更多的箭头指向底部的体积而不是从中指出，因此该体积表现为一个净汇。

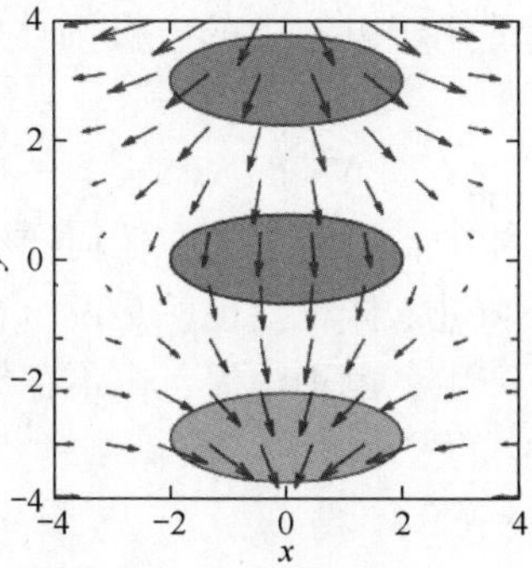

图 3-6　正、零和负散度示意图

3.2.6　电荷守恒的点形式

现在已经做好准备，可以把电荷连续性方程的积分形式转换成点（微分）形式。从积分形式开始：

$$\oint\!\!\!\oint_S \boldsymbol{i}\cdot\hat{\boldsymbol{n}}\mathrm{d}S = -\frac{\mathrm{d}}{\mathrm{d}t}\iiint_V \rho_V \mathrm{d}V$$

首先，假设电荷密度是连续的，且体积 V 不是时变的，可以利用莱布尼茨公式①对积分进行微分，从而得到

$$\oint\!\!\!\oint_S \boldsymbol{i}\cdot\hat{\boldsymbol{n}}\mathrm{d}S = -\iiint_V \left(\frac{\partial \rho_V}{\partial t}\right)\mathrm{d}V$$

然后，将上式两边同时除以该区域的体积，并在体积收缩为零时取极限：

$$\lim_{V\to 0}\frac{1}{V}\oint\!\!\!\oint_S \boldsymbol{i}\cdot\hat{\boldsymbol{n}}\mathrm{d}S = \lim_{V\to 0} -\frac{1}{V}\iiint_V \left(\frac{\partial \rho_V}{\partial t}\right)\mathrm{d}V$$

① 假设 $f(x,\theta)$ 连续且积分存在，则对积分进行微分的 Liebnitz 公式为

$$\frac{\mathrm{d}}{\mathrm{d}\theta}\int_{a(\theta)}^{b(\theta)} f(x;\theta)\,\mathrm{d}x = \int_{a(\theta)}^{b(\theta)} \frac{\partial f(x,\theta)}{\partial \theta}\mathrm{d}x + f(b(\theta),\theta)\,\frac{\partial b(\theta)}{\partial \theta} - f(a(\theta),\theta)\,\frac{\partial a(\theta)}{\partial \theta}$$

$$\nabla \cdot \boldsymbol{i} = -\frac{\partial \rho_V}{\partial t}$$

将欧姆定律代入上式，可以得到

$$\nabla \cdot \boldsymbol{i} = \nabla \cdot (-\sigma \nabla \phi) = -\frac{\partial \rho_V}{\partial t}$$

这里假设电子在固体晶格中的移动速率比化学电源中其他过程的移动速率快得多。因此，ρ_V 相对较快地达到平衡状态，故可以在其他过程的时间尺度上认为其基本不变。那么 $\partial \rho_V / \partial t \approx 0$，于是 $\nabla \cdot (-\sigma \nabla \phi) = 0$。

为了强调这一关系式适用于电池中的电极固体颗粒，而不是电解液，在 $\boldsymbol{i}$ 和 ϕ 上使用下标 s①：

$$\nabla \cdot \boldsymbol{i}_s = \nabla \cdot (-\sigma \nabla \phi_s) = 0$$

这就是说，在均匀固体中，电流密度在任何样本体积上的散度为零。这意味着相同数量的电荷离开和进入体积。也就是说，在均质固体电极材料中的任一样本体积内，电荷既不产生，也不消失，也不存储。

至此，完成式（3.1）的推导。

3.3 固体中的质量守恒

现在开始推导式（3.2），也就是建立一个方程来定义均匀固体电极材料中的质量守恒，推导过程与 3.2 节相似。

下面，从描述物质移动的关系式开始。这里，我们不对电荷的运动感兴趣，而对锂原子在负极或正极活性材料晶体结构内的运动感兴趣。假设在线性介质中的运动仅与间隙扩散有关。

也就是说，假设摩尔通量密度与浓度梯度成正比，根据菲克第一定律：

$$\boldsymbol{N} = -D \nabla c \tag{3.9}$$

式中：$\boldsymbol{N}(x,y,z,t)$ 为流过固体中以给定位置为中心的典型横截面积的锂的摩尔通量密度，单位为 $\mathrm{mol \cdot m^{-2} \cdot s^{-1}}$；$D(x,y,z,t)$ 为与材料有关的扩散系数，单位为 $\mathrm{m^2 \cdot s^{-1}}$，$D$ 值大意味着锂容易移动，D 值小意味着锂不容易移动；$c(x,y,z,t)$ 为锂在给定位置附近的浓度，单位为 $\mathrm{mol \cdot m^{-3}}$。

上述情形如图 3-7 所示。图 3-7（a）为浓度与空间的对应关系；图 3-7（b）为浓度的梯度向量场，指向浓度增加的方向；图 3-7（c）为物质的通量密度场，指向与梯度相反的方向，表示锂从高浓度区移动到低浓度区。

---

① 本书用下标 s 表示固体，e 表示电解液。

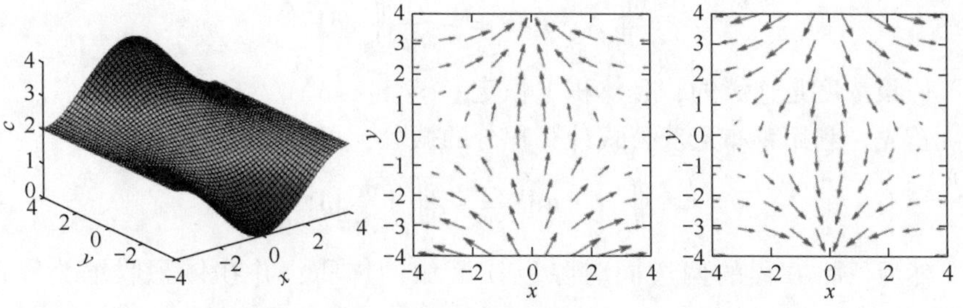

图 3-7　浓度梯度引起的锂原子移动
(a) 浓度场示例；(b) 梯度场；(c) 通量密度场。

3.3.1　连续性方程

式 (3.9) 描述了锂的流动，现在将从中推导出一个满足质量守恒的关系式。

如前所述，将一个固体颗粒表示为许多小体积，并研究其中具有代表性的均匀体积 V，其边界曲面为 S，进入该体积的锂摩尔通量密度为 $\boldsymbol{N}$，则进入该区域的净摩尔通量 j ($\mathrm{mol \cdot s^{-1}}$) 可表示为

$$j = -\oint\!\!\!\oint_S \boldsymbol{N} \cdot \hat{\boldsymbol{n}} \mathrm{d}S$$

式中：负号的出现是由于根据惯例；$\hat{\boldsymbol{n}}$ 指向区域外部。通量也可以写为

$$j = \frac{\mathrm{d}n}{\mathrm{d}t}$$

式中：n 为体积 V 中锂的摩尔数。因此，在时间 $\mathrm{d}t$ 内通过摩尔通量 j 向 V 提供净量为 $\mathrm{d}n$ 的锂。然而，可以将 $\mathrm{d}n$ 表示为 $\mathrm{d}n = \mathrm{d}\iiint_V c\mathrm{d}V$，其中 c 是锂在体积 V 内的浓度，单位为摩尔每立方米 ($\mathrm{mol \cdot m^{-3}}$)。因此，可以得出结论：

$$\oint\!\!\!\oint_S \boldsymbol{N} \cdot \hat{\boldsymbol{n}} \mathrm{d}S = -\frac{d}{\mathrm{d}t}\iiint_V c\mathrm{d}V$$

这是连续性方程的积分形式，是质量守恒的一种表述方式。注意到，我们已经间接地做出了与之前相同的假设，V 内的质量只有当（锂）经边界进入或退出体积时才发生改变。也就是说，已经包含在 V 中的质量既不会产生也不会消失。

3.3.2　质量守恒点形式

现在可以把连续性方程的积分形式转换成点形式，从积分形式开始：

$$\oiint_S \boldsymbol{N}\cdot\hat{\boldsymbol{n}}\mathrm{d}S = -\frac{d}{\mathrm{d}t}\iiint_V c\mathrm{d}V$$

假设浓度是连续的，且体积 V 恒定。

首先，利用莱布尼茨公式计算积分的微分，可以得到

$$\oiint_S \boldsymbol{N}\cdot\hat{\boldsymbol{n}}\mathrm{d}S = -\iiint_V \left(\frac{\partial c}{\partial t}\right)\mathrm{d}V$$

然后，将方程的两边同时除以该区域的体积，并在体积收缩为零时取极限：

$$\lim_{V\to 0}\frac{1}{V}\oiint_S \boldsymbol{N}\cdot\hat{\boldsymbol{n}}\mathrm{d}S = \lim_{V\to 0} -\frac{1}{V}\iiint_V \left(\frac{\partial c}{\partial t}\right)\mathrm{d}V$$

$$\nabla\cdot\boldsymbol{N} = -\frac{\partial c}{\partial t}$$

将菲克第一定律代入上式，可以得到

$$\frac{\partial c}{\partial t} = \nabla\cdot(D\,\nabla c)$$

这就是菲克第二定律。

最后，在 c 和 D 中加入下标 s 来表示这些变量对应于固相，从而得到

$$\frac{\partial c_\mathrm{s}}{\partial t} = \nabla\cdot(D_\mathrm{s}\,\nabla c_\mathrm{s})$$

也就是说，在均匀固体中，进入任何样本体积的锂的总通量密度等于该体积中锂浓度的变化率①。这意味着任何进入样本体积的锂，将导致该体积中锂浓度的增加，或与离开该体积的锂相抵消。也就是说，在均匀固体中任何样本体积内的锂既不会产生也不会消失。

现在完成了式（3.2）的推导。

3.3.3 一维线性扩散示例

式（3.1）和（3.2）是扩散方程，式（3.3）中扩散占主要部分。因此，为更加了解锂离子电池的工作原理，对扩散过程有更直观的感受是非常重要的。

为了使扩散可视化，建立特定一维恒定 D_s 扩散的仿真模型。在这种情况下，扩散偏微分方程变为

---

① 为了看得更清楚，可以记为 $\frac{\partial c_\mathrm{s}}{\partial t} = -\nabla\cdot(-D_\mathrm{s}\,\nabla c_\mathrm{s})$，同时注意到 $-D_\mathrm{s}\,\nabla c_\mathrm{s}$ 是通量密度。那么，$-\nabla\cdot(\mathrm{flux})$ 是负散度，实际上表示流入该点的净通量密度，而不是流出该点的净通量密度。

$$\frac{\partial c_s(x,t)}{\partial t}=D_s\frac{\partial^2 c_s(x,t)}{\partial x^2}$$

均匀离散化时间和空间，并用有限差分法对方程进行动态仿真。首先，用向前欧拉公式来近似计算对时间的偏导数：

$$\frac{\partial c_s(x,t)}{\partial t}\approx\frac{c_s(x,t+\Delta t)-c_s(x,t)}{\Delta t}$$

然后，可以使用向前、向后或中心差分公式来近似计算对空间的偏导数：

$$\frac{\partial c_s(x,t)}{\partial x}\approx\frac{c_s(x+\Delta x,t)-c_s(x,t)}{\Delta x}\qquad\text{(向前差分)}$$

$$\frac{\partial c_s(x,t)}{\partial x}\approx\frac{c_s(x,t)-c_s(x-\Delta x,t)}{\Delta x}\qquad\text{(向后差分)}$$

$$\frac{\partial^2 c_s(x,t)}{\partial x^2}\approx\frac{c_s(x+\Delta x,t)-2c_s(x,t)+c_s(x-\Delta x,t)}{(\Delta x)^2}\qquad\text{(中心差分)}$$

把方程组放在一起，利用中心差分公式，可以得到

$$c_s(x,t+\Delta t)=c_s(x,t)+D_s\Delta t\frac{c_s(x+\Delta x,t)-2c_s(x,t)+c_s(x-\Delta x,t)}{(\Delta x)^2}\tag{3.10}$$

每一个时间步长 Δt，都用式（3.10）计算每个位置 x 的 c_s。本方法只适用于 Δt 和 Δx 的某些组合，不能随意地选择 Δt 和 Δx。这是在离散时间和空间中近似求解偏微分方程的最简单方法，因此首先介绍此种实现方法，其他方法还包括有限体积法（本章后面介绍）和有限元法（见第4章）。在稳定性和精确性方面，这两种方法通常都优于有限差分法，但解释起来更复杂。

下面的 MATLAB 代码实现了有限差分法，采用边缘镜像。

```
D=2;      % 扩散系数(m^2/s)
dt=0.1;   % 时间步长(s)
dx=1;     % x步长(m)
c=1:32; % 初始浓度分布(mol/(m^3))

figure(1);clf;colormap(jet(31));
for k=0:1000,
  % 用显式方法和中心差分法实现有限差分扩散方程
    c=c+D*dt/(dx^2)*([c(2:end),c(end)]-2*c
      +[c(1),c(1:end-1)]);
    if mod(k,100)==0, % 绘制快照
```

```
        subplot(11,1,k/100+1);image(c);grid on
        set(gca,'ytick',[],'xticklabel',[],'ticklength',
          [0 0]);
        set(gca,'xtick',1.5:1:100,'gridlinestyle',
          '-','linewidth',4);
        h=ylabel(sprintf('t=%g(s)',k*dt));
        set(h,'rotation',0,'horizontal','right',
          'vertical','middle')
    end
end
xlabel('x的位置');
text(16,-14.25,'扩散示例','horizontal','center');
```

在代码中，前3行设置了仿真常数；第四行创建一个向量 $\boldsymbol{c}$，它表示在特定时间点空间中不同位置的 c_s，初始化为 x 维度上 1 ~ 32 mol · m^{-3} 的浓度分布。也就是说，仿真的32个空间点中，最左边的点浓度为1mol · m^{-3}，最右边的点浓度为32mol · m^{-3}，中间点浓度呈线性变化。

代码的其余部分大多涉及绘制不同时间点的浓度向量，结果如图3-8所示。除绘图外，代码还实现了一个从第0个时间步长到第1000个时间步长的for循环，以及浓度更新方程：

```
c=c+D*dt/(dx^2)*([c(2:end),c(end)]-2*c+[c(1),c(1:end-1)]);
```

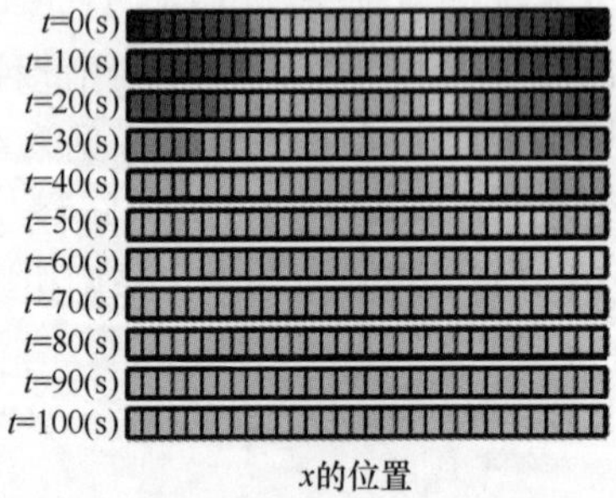

图3-8　使用有限差分法的扩散示例

在这个MATLAB向量方程中，[c(2:end),c(end)]实现 $c_s(x+\Delta x,t)$ 项，用镜像的 $c_s(31\Delta x,t)$ 替换未知的 $c_s(32\Delta x,t)$；[c(1),c(1:end-1)]实现 $c_s(x-\Delta x,t)$ 项，用镜像的 $c_s(0,t)$ 替换未知的 $c_s(-\Delta x,t)$。总的来说，该行实现每次迭代执行一次等式（3.10）。

图3-8说明了运行此代码的结果，显示了实际的扩散过程。在时间 $t=0$ 时，在 x 维度上为1 ~ 32mol · m^{-3}，该图显示了浓度与空间的关系。在 $t=10$

时，两端没有那么深，说明物质通过扩散从高浓度区流向低浓度区，使得浓度在空间的分布变得更加均匀。当 $t = 100$ 时，图中各处浓度几乎完全均匀。

虽然偏微分方程很复杂，但扩散过程其实很简单，它解释了物质是如何根据浓度梯度而流动的。

3.4 热力学

我们已经讨论了电极活性材料固体颗粒中电荷和质量的守恒问题，本节将继续建立类似的电解液中电荷和质量的守恒关系。图 3-9 绘制出新的关注点。由于扩散、迁移和对流，带正电的锂离子在电解液中移动，从而形成离子电流，这会对电解液中的电位分布产生影响。

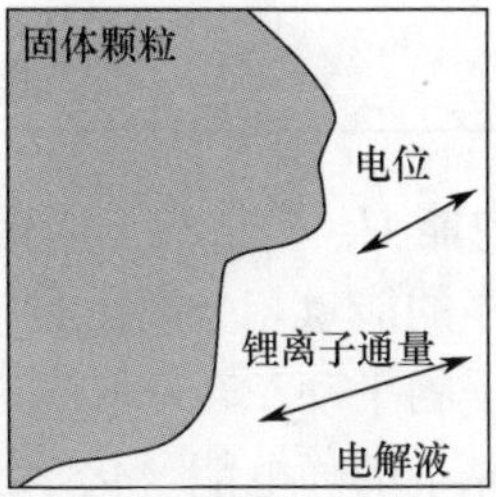

图 3-9　电解液中的动态行为

电解液方程的推导涉及浓溶液理论，我们遵循 Newman 所著书的大致脉络，填补方程推导步骤之间的一些空白①。然而，在正式进入推导之前，必须首先探讨一些关键的基础性问题。

第一个是热力学，它研究系统中的能量关系，包括但不限于热/温度方面。热力学通过观察假定反应前后的能量状态，来判断一个过程或一个反应是否能够发生，它适用于处于稳定平衡或亚稳定平衡的系统。

还会讨论动力学，它涉及化学反应的速率，研究化学过程发生的快慢。动力学适用于从非平衡态过渡到平衡态或两种平衡态之间的系统。动力学说明了如何克服能量壁垒，完成从起始状态（反应物）到最终状态（产物）的转化。有关动力学的进一步讨论见 3.9 节，在那里将考虑式（3.5）的推导。

---

① 参考文献：Newman, J., and Thomas-Alyea, K. E., Electrochemical Systems, 3d, Chapter 12, Wiley-Interscience, 2004.

3.4.1 能量

在热力学中，把一个系统定义为待研究的宇宙中的任何部分。与系统相邻的是环境。热力学研究系统和环境之间的能量关系。

事实证明，可以用多种不同的方式来表示系统的能量。常用的 4 个热力学势是内能 U、焓 H、亥姆霍兹自由能 A、吉布斯自由能 G，单位都是 J，它们之间的关系如表 3-1 所列。

表 3-1 能量关系①

内能 U （创建系统所需的能量）	亥姆霍兹自由能 $A = U - TS$ （创建系统所需的能量减去 可以从环境中获取的能量）
焓 $H = U + pV$ （创建系统所需的能量加上 为其腾出空间所需的功）	吉布斯自由能 $G = U + pV - TS$ （创建系统以及为其腾出空间所需的能量减去 可以从环境中获取的能量）

表 3-1 中，最基本的是内能 U，是指与分子随机无序运动有关的能量。它在尺度上与运动物体宏观有序的能量相分离，是指原子和分子尺度上看不见的微观能量。它包括原子和分子的平动、转动和振动动能，以及与物质组分的静态静止质能、分子或晶体中原子的静电能、化学键的静电能有关的势能。内能是创造系统所需的能量，但不包括置换系统周围环境所需的能量、任何与整体运动相关的能量，或由于外力场产生的能量。

为了使系统具有内能 U，我们不需要从零开始。例如，如果系统是在温度为 T 的环境中创建的，那么可以通过环境向系统的热传递，来获得一些能量②。这种自发转移能量的大小是 TS，其中 S 是系统的最终熵（见 3.4.3 节）。值得注意的是，需要创建的系统状态越无序（更高的熵），则创建该系统所需的功就越少。一旦能量自发从环境转移到系统中，那么亥姆霍兹自由能就是衡量你必须投入多少能量才能创造出一个系统的度量，其计算式为 $A = U - TS$。还要注意，如果系统受到外力场的作用（如电场），从该场接收的任何能量都被认为是 A 的一部分。理解亥姆霍兹自由能的最好方法是，认为它是一个系统在恒定温度下完成创建所需的最大功。

为了理解焓，首先考虑图 3-10。在本例中，大气以恒定气压 p 作用于系统的表面 A 上，压力为 pA，并压缩系统的体积 V。大气对圆柱系统的作功是：

---

① 参考文献：Schroeder，D. V.，An Introduction to Thermal Physics，Chapter5，AddisonWesley，2000.

② 在本书中，T 是绝对温度，单位为开尔文（K）。

$$\Delta w = F\Delta x = (pA)\Delta x = p(A\Delta x) = p(-\Delta V) = -p\Delta V$$

注意，$\Delta V < 0$，因此 $\Delta w > 0$。

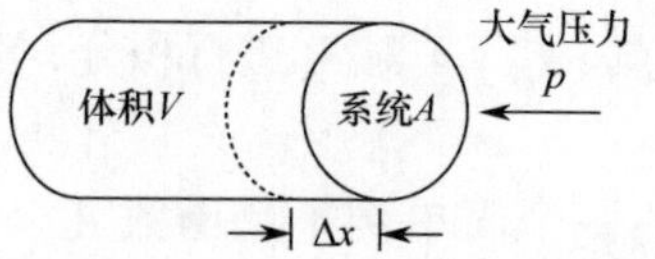

图 3-10　大气作功

焓定义为 $H = U + pV$。内能 U 可以认为是在没有温度或体积变化的情况下创造一个系统所需要的能量。但是，如果这个过程改变了体积，就像在产生气态产物的化学反应中一样，那么就必须做功来产生体积的变化。对于恒压过程，产生体积变化 ΔV 所必须做的功是 $p\Delta V$。假设系统体积从零开始，术语 pV 可以理解为为系统创造空间所必须做的额外功。由于热和功以相等的方式改变内能（见 3.4.2 节），焓也可以认为是系统储存的，并可以作为热量释放的总能量。在第 7 章讨论热效应时，焓的概念很重要。

吉布斯自由能定义为 $G = U + pV - TS$，这是在温度为 T 的环境中，从可忽略的初始体积开始，创建系统所需的净能量。它可以认为是在恒定温度、恒定体积的情况下，反应所能做的最大功①。我们将看到，反应中吉布斯自由能的变化 ΔG 是一个非常有用的参数，它预测了化学反应自发进行的方向。

3.4.2　热力学第一定律

热力学第一定律涉及系统的内能。内能的一个重要性质是它是状态函数。状态函数是一种可精确测量的物理性质，与系统如何进入该状态无关，如表征系统状态的温度②。例如，可以通过作功（如通过摩擦）或者加热（如放置于温暖的环境中）或者两者都有，来提高目标温度并达到相同的最终温度。最重要的是最终温度，它是系统状态的函数。

可以从数学角度来解释状态函数。定义系统的状态为参数向量 $\boldsymbol{x}$，$f(\boldsymbol{x})$ 为状态函数。如果参数变化是从初始状态 $\boldsymbol{x}_i$ 到最终状态 $\boldsymbol{x}_f$，则状态函数 f 的变化为

$$\Delta f = \int_{\boldsymbol{x}_i}^{\boldsymbol{x}_f} \mathrm{d}f = f(\boldsymbol{x}_f) - f(\boldsymbol{x}_i)$$

---

① 注意，如果系统受到外力场（如电场）的作用，则从该场获收到的任何能量都被视为 G 的一部分。

② 状态函数的其他常见例子包括：压力、体积、焓、亥姆霍兹自由能、熵和吉布斯自由能。

这种关系只取决于起点 $\boldsymbol{x}_i$ 和终点 $\boldsymbol{x}_f$，它不依赖于这两个端点之间的路径，因此 $\mathrm{d}f$ 是一个恰当微分。相反，由非恰当微分表示的量不是状态函数。

恰当微分的一个简单例子是函数 $f = xy$①，$\mathrm{d}f = \mathrm{d}(xy) = y\mathrm{d}x + x\mathrm{d}y$。从任意起点 (x_i, y_i) 到任意终点 (x_f, y_f) 对 $\mathrm{d}f$ 进行积分，其值等于 $x_f \cdot y_f - x_i \cdot y_i$，与路径无关。

另外，非恰当微分的一个简单例子是函数 $\text{đ}g = y\mathrm{d}x$，đ 表示非恰当微分。例如，沿着直线 $y = x$ 从 $(0,0)$ 到 $(1,1)$ 积分，则

$$\Delta g_1 = \int_{(0,0)}^{(1,1)} y\mathrm{d}x = \int_0^1 x\mathrm{d}x = 1$$

然而，沿着直线 $y = 0$ 从 $(0,0)$ 到 $(1,0)$，再沿着直线 $x = 1$ 到 $(1,1)$ 积分，有

$$\Delta g_2 = \int_{(0,0)}^{(1,0)} y\mathrm{d}x + \int_{(1,0)}^{(1,1)} y\mathrm{d}x = 0$$

上面，Δg_1 和 Δg_2 的计算具有相同的起点和终点，但得出的结果不同。

回到手头的问题上，热力学第一定律指出 $\mathrm{d}U = \text{đ}q + \text{đ}w$，式中：$\text{đ}q$ 为系统吸收的热量；$\text{đ}w$ 为在无穷小的过程中对系统所做的功。使用 $\text{đ}q$ 和 $\text{đ}w$ 而不是 $\mathrm{d}q$ 和 $\mathrm{d}w$，因为它们不是恰当微分，只表示一些极小的量。

因此，向系统传递热量和对系统做机械功是增加系统内能的两种等效方式，总能量是守恒的。如果系统与环境隔离，其内能不会改变。此外，热量和功都是能量的形式。例如，考虑到现在是微小变化而不是宏观变化，图 3-10 中大气对圆柱系统所做的功为

$$\text{đ}w = F\mathrm{d}x = (pA)\mathrm{d}x = p(A\mathrm{d}x) = p(-\mathrm{d}V) = -p\mathrm{d}V$$

3.4.3 热力学第二定律

热力学第二定律利用熵的概念，指出了化学反应的自发方向。理解熵 S 最简单的方法是如下定义：S 是一个状态函数，在等温可逆（无限缓慢）过程中，我们有

$$\text{đ}q = T\mathrm{d}S$$

此时温度 T 保持不变。因此，在等温可逆过程中，$\mathrm{d}S = \text{đ}q/T$。

热力学第二定律指出，对于任何系统：

$$\mathrm{d}S \geqslant \frac{\text{đ}q}{T}$$

① 参考文献：Blundell, S. J. and Blundell, K. M., Concepts in Thermal Physics, chapter 11, Oxford University Press, 2009.

只有在可逆过程中才可能实现相等。

熵可以直观地理解为系统中的无序程度①。如果给系统加热，温度保持不变，熵就会增加。如果在恒温下系统散失热量，熵就有机会减少。

热力学第二定律也可以把系统（用下标 1 表示）和环境（用下标 2 表示）一起考虑。假设它们都处于温度 T。传热过程（从 1 到 2，反之亦然）必须遵循 $đq_1 = -đq_2$。根据热力学第二定律：

$$dS_1 \geqslant \frac{đq_1}{T}, dS_2 \geqslant \frac{đq_2}{T}$$

则

$$dS_1 + dS_2 \geqslant \frac{đq_1 + đq_2}{T} = 0, dS = dS_1 + dS_2 \geqslant 0$$

这个方程是热力学第二定律的另一种形式，这说明一个隔离系统的熵永远不会减少。

3.4.4 吉布斯自由能

接下来讨论吉布斯自由能，对于建模而言它是最重要的能量度量。吉布斯函数定义为 $G = U + pV - TS$。自由能是一个系统包含的、能被利用来作功的能量——我们不能总是把系统能量降到零。

考虑到 3.4.1 节中能量的不同定义，这并不难理解。如果我们能够将系统的体积缩小到零，就可以释放 G 中 pV 分量来做有用功。然而，我们不能从系统中除去超过亥姆霍兹能量值的能量。如果我们试图把内能 U 降到零，环境将反抗我们，增加其 TS 值。所以，系统的最小能量状态是 $U = TS$，G 告诉我们可以从系统中除去的最大能量。

例如，考虑悬崖顶上的一块岩石②，它有潜力做功（如通过滑轮）。从初等物理学中，我们知道重力势能等于质量乘以重力加速度乘以高度。但是，高度永远不会变为零（在地球的中心）。岩石只能够降到悬崖的底部（还没有处于零能量状态，因为还没有处于地球的中心）。环境限制了自由/可用的能量。

恒温恒压下，吉布斯函数可以解释为吉布斯自由能。G 的符号决定了反应自发进行的方向。自发反应总是导致 G 的减少，也就是说，$dG < 0$。为了使 $dG > 0$ 的反应发生，必须向系统添加能量。

G 的自发下降趋势源于系统和环境总熵的增加（译者注：即《物理化学》

---

① 虽然这种理解过于简单，但足以达到我们的目的。

② 这个例子涉及宏观能量，而不是内能，但同样的观点也适用。

中的隔离系统熵增原理）。为了证明这一点，记 $G = U_1 + pV_1 - TS_1$，用下标“1”强调与 G 有关的熵只有 S_1，即系统的熵；将环境的熵表示为 S_2。因此，对于系统 1：

$$
\begin{aligned}
\mathrm{d}G &= \mathrm{d}U_1 + \mathrm{d}V_1 - T\mathrm{d}S_1 \\
&= \text{đ}q_1 + \text{đ}w_1 + p\mathrm{d}V_1 - T\mathrm{d}S_1 \\
&= \text{đ}q_1 - p\mathrm{d}V_1 + p\mathrm{d}V_1 - T\mathrm{d}S_1 \\
&= \text{đ}q_1 - T\mathrm{d}S_1
\end{aligned}
$$

假设环境发生的是可逆过程 $\text{đ}q_2 = T\mathrm{d}S_2, \text{đ}q_1 = -\text{đ}q_2$，则

$$
\mathrm{d}G = -\text{đ}q_2 - T\mathrm{d}S_1 = -T\mathrm{d}S_2 - T\mathrm{d}S_1 = -T\mathrm{d}S \leqslant 0
$$

这就是使用吉布斯自由能的意义，它是我们判断化学反应在两个平衡态之间自发进行方向的工具。

3.5 物理化学

现在讨论热物理的相关背景知识，并将它们与化学联系起来，得出通常被认为属于物理化学领域的结论。这将使我们可以大致讨论电解质溶液，特别是浓溶液理论。

首先讨论参数的属性，一些参数是标准量或相对量，而有些参数是总量或绝对量。

一个属性是标准化的量，那么它就是强度量。如果一个系统中的所有物质的量都翻了一倍，强度量的值仍然保持不变，如压力、温度、浓度和密度。

另一个属性是总量的话，那么它就是广延量。如果一个系统中的所有物质的量都翻了一倍，广延量的值也是原来的 2 倍，如内能、吉布斯自由能、体积和质量。

如果可能的话，最好使用强度量，此时系统的绝对大小不是模型的一个因素，方程可直接适用于任何尺度。要做到这一点，必须标准化广延量，可能是除以体积，也可能是除以质量。

3.5.1 摩尔浓度和质量摩尔浓度

电解液是一种溶液，是在溶剂中溶解溶质而形成的混合物。有两种主要的方法可以构建溶液中溶质的强度量。

(1) 溶液的浓度通常用摩尔浓度表示，其为每升溶液中溶解溶质的摩尔数（不是每升溶剂）。溶液的摩尔浓度定义为

$$c_i = \frac{n_{溶质\,i}}{V_{溶液}} \tag{3.11}$$

在描述浓度时，我们将使用 mol · m^{-3} 的单位，但使用 mol · L^{-1} 的情况也很常见。为了实现单位转换，需注意 1mol · L^{-1} = 1000mol · m^{-3}。

(2) 质量摩尔浓度是每千克溶剂中溶解溶质的摩尔数（不是每千克溶液），单位为 mol · kg^{-1}，其计算公式为

$$m_i = \frac{n_{溶质\,i}}{m_{溶剂}} \tag{3.12}$$

在推导电解液模型时，我们需要了解摩尔浓度和质量摩尔浓度。摩尔浓度是更容易理解的概念，但质量摩尔浓度提供了一种更简单的实验方法来配制电解液（在混合前测量溶质和溶剂的质量，比在混合后测量其质量和体积更容易）。在适当的时候，我们将探讨它们之间的转换。

3.5.2 电化学势

为了将广延量转换为强度量，广延量必须与物质的总摩尔数成正比。但如果溶液中有多种物质，广延量与强度量之间的关系并不是特别明显。

例如，假设溶液中存在 n_1 摩尔物质 1 和 n_2 摩尔物质 2。如果只将其中一种物质的量加倍，那么系统的吉布斯自由能会加倍吗？答案是不会。必须将系统中所有物质的摩尔数加倍，系统的吉布斯自由能才会加倍。

因此在多组分系统中，必须定义偏摩尔量，它描述了如果在系统或溶液中加入 1mol 某种物质，一个广延量会发生多大的变化。

电化学势 $\bar{\mu}$ 被定义为多组分系统中的偏摩尔吉布斯自由能。对于物质 i，定义

$$\bar{\mu}_i = \left(\frac{\partial G}{\partial n_i}\right)_{T,p,n_j(j \neq i)}$$

式中：n_i 为物质 i 的摩尔数，下标表示保持温度、压强和其他所有组分的摩尔量不变。电化学势表示在这个特定条件下生成更多物质 i 是容易还是困难。如果很容易生成更多的物质 i，那么 $\bar{\mu}_i$ 值很小（或为负）——要么它只需要消耗一小部分能量，要么这样做释放能量；如果很困难，那么 $\bar{\mu}_i$ 值很大——这样做需要消耗大量能量。$\bar{\mu}_i$ 的单位是 J · mol^{-1}。

电化学势 $\bar{\mu}_i$ 可以看作是两部分的和，即

$$\bar{\mu}_i = \bar{\mu}_{i,内} + \bar{\mu}_{i,外}$$

式中：$\bar{\mu}_{i,外}$ 为电势、磁势、重力势和来自外部场的作用之和；$\bar{\mu}_{i,内}$ 为其他的所有作用，如密度、温度和焓。在电化学定义中，化学势 μ_i（没有上横线）等

于内部部分，而电化学势 $\bar{\mu}_i$ 为总量，包含外电场的影响[①]。

假设重力势和磁势可以忽略不计，化学势和电化学势可通过下式关联起来：

$$\bar{\mu}_i = \mu_i + z_i F\phi \tag{3.13}$$

式中：z_i 为物质的原子价（电荷数）[②]；F 为法拉第常数；ϕ 为局部静电势。

因此，可以用系统的吉布斯自由能来表示一种物质的电化学势。但是，能用一个系统所有物质的电化学势来表示它的吉布斯自由能吗？这里的关键问题是 G 是否是 n_i 的一阶齐次函数（对向量 $\boldsymbol{n}$，是否有 $G(\alpha\boldsymbol{n}) = \alpha G(\boldsymbol{n})$）。如果温度和压力保持不变，该命题为真，因为吉布斯自由能在热力学中是一个广延量。例如，如果只存在两种物质，则 $G(2n_1, 2n_2) = 2G(n_1, n_2)$。因此，在恒温恒压条件下，吉布斯自由能是 n_i 的一阶齐次函数。

根据齐次函数的欧拉定理：

$$G(\boldsymbol{n}) = \boldsymbol{n} \cdot \nabla G(\boldsymbol{n}) = \sum_i n_i \frac{\partial G}{\partial n_i}$$

这里为方便起见，$\boldsymbol{n} = (n_1, n_2, \cdots)$ 被视为向量。应用电化学势的定义，可以得到

$$G = \sum_i n_i \bar{\mu}_i \tag{3.14}$$

3.5.3 吉布斯－杜赫姆方程

溶液的强度量并不都是独立的，该结果允许我们从联立方程组中删除一个方程。

从吉布斯函数的定义开始：

$$\begin{aligned} G &= U + pV - TS \\ \mathrm{d}G &= \mathrm{d}U + \mathrm{d}(pV) - d(TS) \\ &= \text{đ}q + \text{đ}w + p\mathrm{d}V + V\mathrm{d}p - T\mathrm{d}S - S\mathrm{d}T \end{aligned}$$

我们知道 $\text{đ}w = -p\mathrm{d}V$，如果过程可逆，则 $\text{đ}q = T\mathrm{d}S$，于是有

$$\mathrm{d}G = V\mathrm{d}p - S\mathrm{d}T$$

---

① 值得注意的是，物理、电化学、半导体物理和固态物理之间的术语用法不一致。有些将我们计算的 $\bar{\mu}_i$ 命名为化学势或总化学势。本书依照电化学的使用惯例，将这个术语表示为电化学势，并将化学势用来形容内部化学势。

② 例如，电子为 $z = -1$，Cu^{2+} 为 $z = +2$。

$$\sum_{i=1}^{r} n_i \mathrm{d}\bar{\mu}_i = V\mathrm{d}p - S\mathrm{d}T$$

上式可以重新排列成吉布斯－杜赫姆方程，即

$$S\mathrm{d}T - V\mathrm{d}p + \sum_{i=1}^{r} n_i \mathrm{d}\bar{\mu}_i = 0 \tag{3.15}$$

要理解吉布斯－杜赫姆方程，首先考虑最简单的情况。假设温度和压力是恒定的，且只有两种物质，那么

$$n_1 \mathrm{d}\bar{\mu}_1 + n_2 \mathrm{d}\bar{\mu}_2 = 0$$

吉布斯－杜赫姆方程表明，在恒温恒压且只包含两种物质的溶液中，如果一种物质的电化学势增加，那么另一种物质的电化学势必定降低。

如果使用吉布斯－杜赫姆方程来求解恒温恒压下包含多种物质的系统，那么这个结果可以写为

$$\sum_{i=1}^{r} n_i \mathrm{d}\bar{\mu}_i = 0$$

如果将方程的两边都除以体积，可以得到等价关系式，即

$$\sum_{i=1}^{r} c_i \mathrm{d}\bar{\mu}_i = 0 \tag{3.16}$$

要记住的关键点是，如果已知 $c_i(i = 1,2,\cdots,r)$ 和 $\mathrm{d}\bar{\mu}_i(i = 1,2,\cdots,r-1)$，那么就可以从这些信息中计算出 $\mathrm{d}\bar{\mu}_r$。这将使我们能够从需要求解的方程组中消除一个方程。

3.5.4　活度

在溶液中，阳离子和阴离子的位置并非完全随机分布。如图 3-11 所示，阳离子的正电荷倾向于吸引周围的阴离子，并排斥其他阳离子；同样，阴离子的负电荷倾向于吸引周围的阳离子，并排斥其他阴离子。

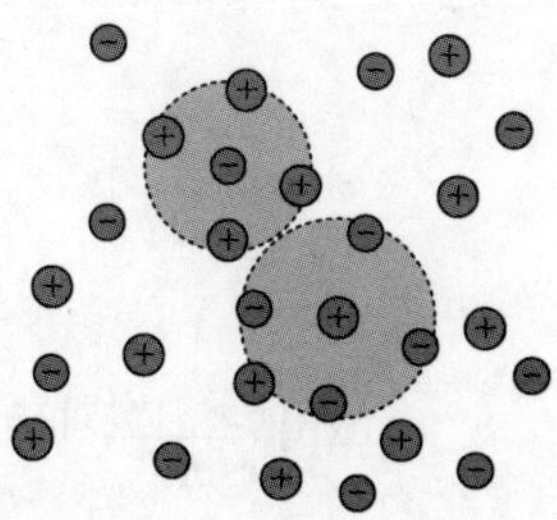

图 3-11　溶液中阴离子和阳离子的非随机聚集

因此，离子在溶液中的移动没有不带电粒子的移动那么容易。这个离子看

起来比实际的要大，因为它试图拖拽和它在一起的离子，并推开阻碍它前进的带电粒子群。

所以，溶液的离子导电率会比预期的要低。离子从高浓度区移动到低浓度区的速度不如简单模型预测的快，这就好像溶质的浓度梯度减小了。

为了反映这一现象，可以为每种物质 i 引入有效浓度或活度 $a_i < c_i$。我们可以把一个物质在某个位置的活度看作是它在那里的不安定性①。活度越大，物质就越渴望离开。

对于物质 i，可以定义一个摩尔活度系数 f_i，则活度为

$$a_i = c_i f_i$$

式中：$0 \leqslant f_i \leqslant 1$ 表征活度与浓度的差别。由于这里使用摩尔浓度 c_i，因此 a_i 被称摩尔活度系数。

3.5.5 基于摩尔浓度的绝对活度

物质 i 的活度也与该物质的化学势 μ_i 有关。Guggenheim 将物质 i 的绝对活度 λ_i 定义为

$$\lambda_i = \exp\left(\frac{\mu_i}{RT}\right)$$

整理上式，我们有

$$\mu_i = RT\ln\lambda_i \tag{3.17}$$

通过下式，绝对活度与 3.5.4 节定义的活度有关：

$$\lambda_i = a_i a_i^{\Theta}$$

式中：a_i^{Θ} 为一个比例常数，它与浓度或电势无关，取决于溶质和溶剂的物质类型，以及温度和压力（如果有气体）。所以它是在标准温度和压力下定义的，即 $T = 0℃$，$p = 100\mathrm{kPa}$。这也允许我们用不同的方式来书写相对活度，如果定义

$$a_i^{\Theta} = \exp\left(\frac{\mu_i^{\Theta}}{RT}\right)$$

则

$$a_i = \exp\left(\frac{\mu_i - \mu_i^{\Theta}}{RT}\right)$$

---

① 参考文献：Oldham, K., Myland, J., and Bond, A., Electrochemical Science and Technology: Fundamentals and Applications, Wiley, 2011.

结合这些结果，λ_i 可以被分为3个部分：

$$\lambda_i = c_i f_i a_i^{\Theta} \tag{3.18}$$

则

$$\mu_i = RT\ln(a_i a_i^{\Theta}) = RT\ln(c_i f_i a_i^{\Theta})$$

3.5.6　基于质量摩尔浓度的绝对活度

还可以使用质量摩尔浓度 m_i 来定义绝对活度，引入无量纲的质量摩尔浓度下的活度系数，用 γ_i 表示。新的关系式为

$$\lambda_i = m_i \gamma_i \lambda_i^{\Theta} \tag{3.19}$$

同样，λ_i^{Θ} 是比例常数，单位为 $kg \cdot mol^{-1}$。

无论是用摩尔浓度还是用质量摩尔浓度，计算出的 λ_i 值（无量纲）是相同的。

3.6　二元电解液的基本特性

在开始推导电解液质量守恒和电荷守恒方程之前，最后一个讨论主题是电解液。我们重点关注二元电解液，它只有两种带电成分。因此该电解液包括溶剂、带正电的离子（阳离子）和带负电的离子（阴离子）。

3.6.1　化学计量系数

电解液是通过将电中性的酸、碱或盐溶解到电中性的溶剂中配制而成的。无论选择哪种溶质，所得溶液中阴离子和阳离子的比例都是固定的，与原始溶质中的比例相对应。离子的化学计量系数明确规定了这个比例。

对于像 Na_2SO_4 这样的盐，我们定义了 Na^+ 和 $SO_4{}^{2-}$ 的无符号（正）整数化学计量系数 ν。由于 $Na_2SO_4 \rightarrow 2Na^+ + SO_4^{2-}$，因此 $\nu_{Na^+} = 2$，$\nu_{SO_4^{2-}} = 1$；类似的，对于 $LiPF_6 \rightarrow Li^+ + PF_6^-$，有 $\nu_{Li^+} = 1$，$\nu_{PF_6^-} = 1$。而 $\nu = \sum_i \nu_i$。

3.6.2　电荷数

离子携带的电荷数由带符号的整数 z 表示。对于 Na_2SO_4，由于钠离子的电荷为 $+1$，而硫酸盐离子的电荷为 -2，因此 $z_{Na^+} = 1$，$z_{SO_4^{2-}} = -2$；类似的，对于 $LiPF_6$，$z_{Li^+} = 1$，$z_{PF_6^-} = -1$。注意，阳离子的 $z > 0$，而阴离子的 $z < 0$。

3.6.3 二元电解液中的电中性

由于电解液是由电中性的溶质和电中性的溶剂组合而成，因此宏观的溶液必须满足电中性条件，即 $q = 0$，其中 q 是总电荷。在电解液中，必须满足

$$\sum_i z_i \nu_i = 0 \tag{3.20}$$

如果电解液是二元电解液，则用下标“+”表示阳离子，“-”表示阴离子，“0”表示溶剂，于是有

$$z_+ \nu_+ + z_- \nu_- + z_0 \nu_0 = 0$$

由于溶剂是不带电的，因此上式可以简写为

$$z_+ \nu_+ + z_- \nu_- = 0 \tag{3.21}$$

还有另一种方法来表述相同的概念。在二元电解液中，离子的浓度与其化学计量系数成正比，$c_i \propto \nu_i$。此外，如果我们用“+”表示阳离子，“-”表示阴离子，则

$$\frac{c_+}{\nu_+} = \frac{c_-}{\nu_-}$$

比例式的结果是溶质的浓度。使用符号 c（无下标）表示该比值，得到以下结论：

$$c = \frac{c_+}{\nu_+} = \frac{c_-}{\nu_-} \tag{3.22}$$

式中：c 为电解液中溶质的浓度。

通过扩展，可以将式（3.20）改写为

$$\sum_i z_i c_i = 0$$

对于二元电解液，上式可改写为

$$z_+ c_+ + z_- c_- = 0 \tag{3.23}$$

本节中的电中性和溶质浓度方程，即式（3.21）~式（3.23）是二元电解液的特征方程，在未来的推演中会经常使用。

3.6.4 电流表达式

在特定点通过极小横截面积的通量密度 $\boldsymbol{N}$，可以表示为速度 $\boldsymbol{v}$ 乘以浓度 c：

$$\boldsymbol{N} = c\boldsymbol{v} \ \mathrm{mol\ m^{-2} s^{-1}}$$

我们对维持电流流动的带电粒子的通量密度特别感兴趣。

电解液既含有带正电的阳离子，也含有带负电的阴离子。总电流包含两方面的贡献：

$$\boldsymbol{i} = \boldsymbol{i}_{+} + \boldsymbol{i}_{-}$$

式中：$\boldsymbol{i}_{+}$ 和 $\boldsymbol{i}_{-}$ 分别为阳离子和阴离子的贡献。

可以写出电流的表达式：

$$\begin{aligned} \boldsymbol{i}_{+} &= z_{+} F \boldsymbol{N}_{+} = z_{+} F c_{+} \boldsymbol{v}_{+} \\ \boldsymbol{i}_{-} &= z_{-} F \boldsymbol{N}_{-} = z_{-} F c_{-} \boldsymbol{v}_{-} \\ \boldsymbol{i} &= z_{+} F c_{+} \boldsymbol{v}_{+} + z_{-} F c_{-} \boldsymbol{v}_{-} = F \sum_{i} z_{i} \boldsymbol{N}_{i} \end{aligned} \tag{3.24}$$

3.6.5　质量和电荷的连续性方程

质量连续性方程指出，在溶液的任何点上满足

$$\frac{\partial c_i}{\partial t} = -\nabla \cdot \boldsymbol{N}_i + R_i \tag{3.25}$$

式中：R_i 为物质 i 在该特定点的生成速率。注意，$\nabla \cdot \boldsymbol{N}_i$ 是离开该特定点的净通量密度，因此用负号表示在那个特定点上，它对浓度净增加的贡献。

式（3.25）只用于计算一种物质。可以用 $z_i F$ 乘以等式两边：

$$F \frac{\partial z_i c_i}{\partial t} = -\nabla \cdot (z_i F \boldsymbol{N}_i) + z_i F R_i$$

然后，把所有物质加起来，得到

$$\frac{\partial}{\partial t} F \sum_i z_i c_i = -\nabla \cdot \left(F \sum_i z_i \boldsymbol{N}_i\right) + F \sum_i z_i R_i$$

由于化学反应可能会产生新的物质，因此这里考虑了“生成”。然而，产生的物质是电荷平衡的。也就是说，如果产生阳离子，也会同时产生一定数量的阴离子来平衡正电荷。因此，即使有 $R_i \neq 0$，但也总是有 $\sum_i z_i R_i = 0$。因此，上式简化为

$$\frac{\partial}{\partial t} F \sum_i z_i c_i = -\nabla \cdot \left(F \sum_i z_i \boldsymbol{N}_i\right)$$

实际上，上式的两边都等于零。根据式（3.23），$\sum_i z_i c_i = 0$，因此左侧为零。注意到等式右边是 $-\nabla \cdot \boldsymbol{i}$，则

$$\nabla \cdot \boldsymbol{i} = 0 \tag{3.26}$$

式（3.26）表明，在电解质溶液中既不能储存电荷，也不能产生电荷，也不能消耗电荷。因此，它可以看作是电荷连续性方程。

3.7 浓溶液理论：电解液质量守恒

本节的主要目标是推导电解液的质量守恒方程：

$$\frac{\partial c}{\partial t}=\nabla\cdot\left[D\left(1-\frac{\mathrm{dln}c_0}{\mathrm{dln}c}\right)\nabla c\right]-\frac{\boldsymbol{i}\cdot\nabla t_+^0}{z_+\nu_+F}-\nabla\cdot(c\boldsymbol{v}_0)$$

该方程表明浓度变化是由 3 个原因引起的。

（1）扩散：方程右边的第一项是扩散项，模拟由于浓度梯度引起的离子移动。

（2）迁移：第二项是迁移项，模拟由于电场效应引起的离子运动。

（3）对流：第三项是对流项，模拟由于压力梯度引起的离子运动，即溶质离子被溶剂的运动所拉动。

即使我们已经掌握了热力学、物理化学和二元电解液的相关背景知识，这个推导过程仍然比较复杂，希望读者保持耐心。在此过程中，将讨论溶液理论中的一些重要课题，特别是浓溶液理论，这比简单的稀溶液理论更好地描述了锂离子电池的电解液。

提前了解推导步骤将有助于读者明晰推导过程，推导步骤如下。

（1）研究电解液中不同物质间的碰撞合力，该小节的结论是 Maxwell－Stefan 方程；

（2）将碰撞合力和物质的电化学势联系起来，结论是一个多元扩散方程；

（3）用电解液的化学势梯度来表示离子通量；

（4）用可测量的感兴趣的量来表示化学势梯度；

（5）通过通量密度的散度推导出质量守恒的最终关系式。

3.7.1 步骤 1：Maxwell-Stefan 方程

Maxwell-Stefan 理论告诉我们，多组分系统中的粒子碰撞导致动量（速度）发生变化。对于理想气体、稠密气体、液体和聚合物，可以得到类似的基本结论，但对于稠密气体、液体和聚合物，扩散系数（与浓度有关）与理想气体定义的二元扩散系数不同①②。尽管锂离子电池的电解液通常是某种液体或凝

---

① 参考文献：Curtiss，C. F. and Bird，R. B.，“Multicomponent diffusion，” Industrial Engineering Chemical Research，38，1999，pp. 2，515-2，522；(Correction in 40，2001，p. 1，791）.

② 参考文献：Curtiss，C. F.，and Bird，R. B.，“Diffusion-stress relations in polymer mixtures，” Journal of Chemical Physics，111，1999，pp. 10，362-10，370.

胶，有时甚至是固体聚合物，但由于理想气体的证明更清楚、更直接，所以本书将采用理想气体进行推导。

首先考虑由两种物质组成的系统中的粒子碰撞；然后再将结论推广到多种物质组成的系统。特别地，考虑一个含有两种气体的体积单元。此外，考虑一个质量为 m_1，初始速度为 $\boldsymbol{v}_{m_1}$ 的物质 1 分子与质量为 m_2，初始速度为 $\boldsymbol{v}_{m_2}$ 的物质 2 分子碰撞，会发生什么呢？又怎么计算碰撞后粒子的速度矢量呢？

假设粒子质量不受碰撞影响，将物质 1 分子碰撞后的速度表示为 $\boldsymbol{v}'_{m_1}$，物质 2 分子碰撞后的速度表示为 $\boldsymbol{v}'_{m_2}$。由于碰撞前后总动量守恒，于是有

$$m_1 \boldsymbol{v}_{m_1} + m_2 \boldsymbol{v}_{m_2} = m_1 \boldsymbol{v}'_{m_1} + m_2 \boldsymbol{v}'_{m_2}$$

只考虑物质 1 分子，可以将它的平均动量损失写为

$$\Delta(m_1 \boldsymbol{v}_{m_1}) = m_1(\boldsymbol{v}_{m_1} - \boldsymbol{v}'_{m_1})$$

但是，由于碰撞的随机性，无法准确预测 $\boldsymbol{v}'_{m_1}$。例如，如果两个粒子迎面碰撞，那么碰撞后的速度矢量将与一个粒子以闪击方式撞击另一个粒子的情况大不相同。沿着考虑单个粒子碰撞的路径前进似乎是条死胡同。

然而，如果我们关注由第 1 种和第 2 种粒子组成的子系统的平均速度，而不是考虑这些子系统中单个粒子的速度，将可以取得进展。因此，稍微改变我们的符号：$\boldsymbol{v}_1$ 表示物质 1 所有粒子组成的质心的碰撞前速度，$\boldsymbol{v}'_1$ 表示物质 1 质心碰撞后的速度；同样地，分别用 $\boldsymbol{v}_2$ 和 $\boldsymbol{v}'_2$ 表示物质 2 的相应速度。

接下来，假设碰撞是弹性的；也就是说，动能在碰撞前后是守恒的，这意味着既没有物质损坏，也没有物质变形，也没有由生热导致的能量损失。在大多数情况下，该假设对于气体分子间的碰撞是合理的。

那么，就能得出下式①

$$\boldsymbol{v}'_1 = \frac{m_1 \boldsymbol{v}_1 + m_2 \boldsymbol{v}_2}{m_1 + m_2}$$

物质 1 分子的平均动量损失为

$$\Delta(m_1 \boldsymbol{v}_1) = m_1(\boldsymbol{v}_1 - \boldsymbol{v}'_1) = m_1\left(\boldsymbol{v}_1 - \frac{m_1 \boldsymbol{v}_1 + m_2 \boldsymbol{v}_2}{m_1 + m_2}\right)$$

$$= m_1 \frac{m_2 \boldsymbol{v}_1 - m_2 \boldsymbol{v}_2}{m_1 + m_2} = \frac{m_1 m_2}{m_1 + m_2}(\boldsymbol{v}_1 - \boldsymbol{v}_2)$$

该结果告诉我们，碰撞过程中的平均动量转移与两个子系统之间的初始平均速度差成正比。如果只考虑物质 1 分子的子系统或物质 2 分子的子系统，会发现由于动量守恒，任何一个子系统中的碰撞都不会引起该子系统总动量的

① 参考文献：Present, R. D., Kinetic Theory of Gases, Section 8.2, McGraw-Hill, 1958.

变化。

因此，对于子系统 1，改变其总动量的唯一可能是当物质 1 中的一个（或多个）分子与物质 2 中的一个（或多个）分子发生碰撞。也就是说，只有子系统间的碰撞才能将动量从物质 1 转移到物质 2，反之亦然。

动量变化率

单位体积的动量变化率取决于：每次碰撞的动量变化值，以及碰撞的频率。

这个频率与物质 1 和物质 2 的浓度成比例。因此，可以将物质 1 的动量变化率写为

$$\left(\frac{\mathrm{d}\boldsymbol{p}}{\mathrm{d}t}\right)_V^{\text{物质1}} \propto c_1 c_2(\boldsymbol{v}_1 - \boldsymbol{v}_2) \tag{3.27}$$

式中：c_1 和 c_2 分别是物质 1 和物质 2 的浓度；$\boldsymbol{p}$ 表示动量，下标 V 表示“每单位体积”。它们的值由 $c_1 = n_1/V$ 和 $c_2 = n_2/V$ 确定，其中 n_1 和 n_2 分别为物质 1 和物质 2 的摩尔数，V 是系统的体积。

下面，定义物质 i 的摩尔分数为 $x_i = n_i/n$，于是有 $x_1 = n_1/n$，$x_2 = n_2/n$。对于双组分系统，$x_1 + x_2 = 1$；对于多组分系统，$\sum_i x_i = 1$。

另外，还定义一个称为总浓度的新量：

$$c_T = \sum_i c_i \tag{3.28}$$

对于双组分系统，$c_T = c_1 + c_2$。总浓度是所有物质的摩尔数除以总体积，即 n/V。于是有

$$x_i = \frac{n_i}{n} = \frac{n_i/V}{n/V} = \frac{c_i}{c_T}$$

例如，$x_1 = c_1/c_T$，$x_2 = c_2/c_T$。

结合上式，可以将式（3.27）改写为

$$\left(\frac{\mathrm{d}\boldsymbol{p}}{\mathrm{d}t}\right)_V^{\text{物质1}} \propto x_1 x_2(\boldsymbol{v}_1 - \boldsymbol{v}_2)$$

根据牛顿第二定律，$\boldsymbol{F} = \mathrm{d}\boldsymbol{p}/\mathrm{d}t$，因此

$$\boldsymbol{F}_{1,V} \propto x_1 x_2(\boldsymbol{v}_1 - \boldsymbol{v}_2)$$

式中：下标 V 表示“每单位体积”；$\boldsymbol{F}_{1,V}$ 的单位是 $\mathrm{N \cdot m^{-3}}$。

接下来讨论比例系数。可以认为 $\boldsymbol{F}_{1,V}$ 是一种摩擦力，因为它与两个速度之差成正比。因此定义 Maxwell – Stefan 摩擦系数 K_{12}，则 $\boldsymbol{F}_{1,V} = K_{12}(\boldsymbol{v}_1 - \boldsymbol{v}_2)$。

容易发现用 K_{12} 来写方程很直观，但这不是我们希望得到的最终模型，因为这个新的比例系数不是常数，它取决于 x_1 和 x_2 的具体值。也就是说，$K_{12} =$

常数 × x_1x_2。这样做的问题在于，这些方程不是用材料的固有特性（可以测量）来表示，而是用数量加权的材料特性来表示的。

因此，将通过定义 Maxwell-Stefan 扩散系数或 Maxwell-Stefan 扩散率来最终消除 x_1 和 x_2，即

$$\mathcal{D}_{ij} = \frac{x_i x_j}{K_{ij}} p$$

式中：$\mathcal{D}_{ij}$ 与摩擦系数 K_{ij} 成反比。由于 K_{ij} 描述了由阻力导致的物质扩散困难程度，因此 $\mathcal{D}_{ij}$ 描述了物质扩散的容易程度。

利用 $\mathcal{D}_{ij}$ 求解 K_{ij}，可以得到

$$K_{12} = \frac{x_1 x_2}{\mathcal{D}_{12}} p = \frac{n}{V} \frac{RTx_1 x_2}{\mathcal{D}_{12}}$$

这里用到了理想气体定律，$pV = nRT$。又因为 $c_T = n/V$，$x_1 = c_1/c_T$，$x_2 = c_2/c_T$，于是有

$$K_{12} = c_T \frac{RT \dfrac{c_1}{c_T} \dfrac{c_2}{c_T}}{\mathcal{D}_{12}} = \frac{RTc_1 c_2}{c_T \mathcal{D}_{12}}$$

如果有两个以上的物质种类，需要用下标 i 和 j 来表示不同物质。在这种情况下，上式可以改写为

$$K_{ij} = \frac{RTc_i c_j}{c_T \mathcal{D}_{ij}} \tag{3.29}$$

注意，该关系式使用了理想气体定律，但利用电化学势也可以在液体中得到相同的结果。

根据牛顿第三定律，摩擦力必须是相互的：$K_{ij} = K_{ji}$。因此，也有 $\mathcal{D}_{ij} = \mathcal{D}_{ji}$。最后，将式（3.29）代入力的方程，则单位体积的力可表示为

$$\boldsymbol{F}_{1,V} = \frac{RTc_1 c_2}{c_T \mathcal{D}_{12}} (\boldsymbol{v}_1 - \boldsymbol{v}_2) \tag{3.30}$$

式（3.30）也是物质1的动量变化率。

我们将不会继续推导 Maxwell-Stefan 的完整关系式：

$$\nabla x_i = -\sum_j \frac{x_i x_j}{\mathcal{D}_{ij}} (\boldsymbol{v}_i - \boldsymbol{v}_j)$$

因为在模型推导中，不需要这个方程，但它仍然是很有趣的。物质 i 的速度与其他物质的速度呈正相关（它们将物质 i 推向它们前进的方向），与物质 i 的浓度梯度呈负相关（物质自身的浓度由于自扩散趋于平衡）。

3.7.2 步骤2：多组分扩散方程

在推导 Maxwell – Stefan 方程时，假设物质 1 的动量变化率（即物质 1 所经受的合力）是由于与其他物质的碰撞造成的，这在微观层面上是正确的。现在，将这个力和带电物质的电化学势梯度联系起来，这就是我们在宏观上描述它的方法。

力等于吉布斯自由能的负梯度①：

$$\boldsymbol{F}_1 = -\nabla G_1 = -\frac{\partial G_1}{\partial \bar{\mu}_1}\nabla\bar{\mu}_1 = -n_1\nabla\bar{\mu}_1$$

这里隐含了从式（3.14）中得出的 $n_i = \partial G/\partial\bar{\mu}_i$。此时单位体积的力为

$$\boldsymbol{F}_{1,V} = \frac{\boldsymbol{F}_1}{V} = -\frac{n_1}{V}\nabla\bar{\mu}_1 = -c_1\nabla\bar{\mu}_1$$

结合式（3.30），现在有

$$c_1\nabla\bar{\mu}_1 = RT\frac{c_1c_2}{c_T\mathscr{D}_{12}}(\boldsymbol{v}_2 - \boldsymbol{v}_1)$$

可以推广到多组分情况，即

$$c_i\nabla\bar{\mu}_i = RT\sum_j\frac{c_ic_j}{c_T\mathscr{D}_{12}}(\boldsymbol{v}_j - \boldsymbol{v}_i) = \sum_j K_{ij}(\boldsymbol{v}_j - \boldsymbol{v}_i) \tag{3.31}$$

所有物质的总和为

$$\sum_i c_i\nabla\bar{\mu}_i = \sum_i\sum_j K_{ij}(\boldsymbol{v}_j - \boldsymbol{v}_i)$$

3.7.3 步骤3：浓二元电解液理论：离子通量

下一个目标是证明以下关于阳离子通量密度的关系式，以及关于阴离子的相似关系式，其中 c_0 是溶剂的浓度，有

$$\boldsymbol{N}_+ = c_+\boldsymbol{v}_+ = -\frac{\nu_+\mathscr{D}}{\nu RT}\frac{c_T}{c_0}c\nabla\mu_e + \frac{\boldsymbol{i}t_+^0}{z_+F} + c_+\boldsymbol{v}_0 \tag{3.32}$$

注意，式（3.32）中有 3 个新符号：电解液化学势 μ_e，电解液平均扩散率 $\mathscr{D}$，迁移数 t_+^0。

在下面的子小节中先定义这些变量，然后证明与电解液中 Li^+ 相关联的通

① 使用微积分的乘法法则：$\frac{\partial G_1}{\partial x} = \frac{\partial G_1}{\partial\bar{\mu}_1}\frac{\partial\bar{\mu}_1}{\partial x}, \frac{\partial G_1}{\partial y} = \frac{\partial G_1}{\partial\bar{\mu}_1}\frac{\partial\bar{\mu}_1}{\partial y}, \frac{\partial G_1}{\partial z} = \frac{\partial G_1}{\partial\bar{\mu}_1}\frac{\partial\bar{\mu}_1}{\partial z}$，所以得出结论 $\nabla G_1 = \frac{\partial G_1}{\partial\bar{\mu}_1}\nabla\bar{\mu}_1$。

量密度方程，即式（3.32）。

1. 电解液的化学势

二元电解液的化学势表示加入1mol该盐后，其吉布斯自由能的变化。电解液的化学势定义为

$$\mu_e = \nu_+ \bar{\mu}_+ + \nu_- \bar{\mu}_- \tag{3.33}$$

式中：下标“+”表示带正电的粒子；“-”表示带负电的粒子。

注意，这里指的是电解液的化学势，而不是电化学势，但由于盐作为一个整体是电中性的，在这里它们是相等的。根据式（3.13）和式（3.21），有

$$\begin{aligned}\mu_e &= \nu_+ \bar{\mu}_+ + \nu_- \bar{\mu}_- \\ &= \nu_+ (\mu_+ + z_+ F\phi) + \nu_- (\mu_- + z_- F\phi) \\ &= \nu_+ \mu_+ + \nu_- \mu_- + (\nu_+ z_+ + \nu_- z_-) F\phi \\ &= \nu_+ \mu_+ + \nu_- \mu_-\end{aligned} \tag{3.34}$$

一个示例将说明 μ_e 的含义。假设有一种电解液，由溶剂和盐 Na_2SO_4 组成，该盐 $\nu_+ = 2, \nu_- = 1$。根据电化学势的定义，如果增加1mol的 Na^+，系统的吉布斯自由能增加 $\bar{\mu}_+$；如果增加1mol的 SO_4^{2-}，系统的吉布斯自由能增加 $\bar{\mu}_-$；所以如果增加1mol的 Na_2SO_4，系统的吉布斯自由能增加 $2\bar{\mu}_+ + \bar{\mu}_-$，或者 $\nu_+ \bar{\mu}_+ + \nu_- \bar{\mu}_-$。

式（3.32）包含 μ_e 的梯度，可由式（3.33）计算得出

$$\nabla\mu_e = \nu_+ \nabla\bar{\mu}_+ + \nu_- \nabla\bar{\mu}_-$$

如果能计算出 $c\nu_+ \nabla\bar{\mu}_+ = c_+ \nabla\bar{\mu}_+$ 和 $c\nu_- \nabla\bar{\mu}_- = c_- \nabla\bar{\mu}_-$，那么就能计算出式（3.32）中的 $c\nabla\mu_e$。

根据式（3.31），可得

$$c_+ \nabla\bar{\mu}_+ = K_{+0}(\boldsymbol{v}_0 - \boldsymbol{v}_+) + K_{+-}(\boldsymbol{v}_- - \boldsymbol{v}_+)$$

$$c_- \nabla\bar{\mu}_- = K_{-0}(\boldsymbol{v}_0 - \boldsymbol{v}_-) + K_{-+}(\boldsymbol{v}_+ - \boldsymbol{v}_-)$$

将这两个方程加在一起，并使用等式（3.22），可得

$$\begin{aligned}c\nabla\mu_e &= [K_{+0}(\boldsymbol{v}_0 - \boldsymbol{v}_+) + K_{+-}(\boldsymbol{v}_- - \boldsymbol{v}_+)] \\ &\quad + [K_{-0}(\boldsymbol{v}_0 - \boldsymbol{v}_-) + K_{-+}(\boldsymbol{v}_+ - \boldsymbol{v}_-)] \\ &= (\boldsymbol{v}_0 - \boldsymbol{v}_+) + K_{0-}(\boldsymbol{v}_0 - \boldsymbol{v}_-)\end{aligned} \tag{3.35}$$

此结果将在后面使用。

2. 电解液平均扩散率

电解液平均扩散率 $\mathscr{D}$ 是阴离子和阳离子相对于溶剂扩散率的加权平均值，用Maxwell-Stefan摩擦系数来表示该平均扩散率是很方便的。

在定义加权平均扩散率时，重要的是要认识到扩散率的加法运算与电导率

相同；也就是说，它们以倒数形式相加。因此，根据化学计量系数定义加权平均扩散系数 $\mathscr{D}$:

$$\frac{\nu}{\mathscr{D}} = \frac{\nu_+}{\mathscr{D}_{0+}} + \frac{\nu_-}{\mathscr{D}_{0-}}$$

式中：$\nu = \nu_+ + \nu_-$。上式两边乘以 c，可以根据式（3.22）给出用浓度表示的 $\mathscr{D}$，也可以根据式（3.29）用 Maxwell – Stefan 摩擦系数来表示，即

$$\mathscr{D} = \frac{\nu c}{\dfrac{c_+}{\mathscr{D}_{0+}} + \dfrac{c_-}{\mathscr{D}_{0-}}} = \frac{RTc_0}{c_T}\left(\frac{\nu c}{\dfrac{RTc_0 c_+}{c_T\,\mathscr{D}_{0+}} + \dfrac{RTc_0 c_-}{c_T\,\mathscr{D}_{0-}}}\right) \tag{3.36}$$

$$= \frac{RTc_0}{c_T}\left(\frac{\nu c}{K_{0+} + K_{0-}}\right) = \frac{\nu RTc_0 c}{c_T(K_{0+} + K_{0-})}$$

3. 迁移数

当化学势没有梯度时，迁移数表示某种离子所产生的电流在 $\boldsymbol{i}$ 中所占的比例。

用符号 t_+^0 表示阳离子相对于溶剂的迁移数，用符号 t_-^0 表示阴离子相对于溶剂的迁移数。由于我们研究的是二元电解液，阳离子的迁移数与阴离子所受阻力成正比，反之亦然。也就是说：

$$t_+^0 \propto K_{0-}, t_-^0 \propto K_{0+}$$

为了求得其比例常数，认识到迁移数的和必须为 1，则

$$t_+^0 = \frac{K_{0-}}{K_{0-} + K_{0+}}, t_-^0 = \frac{K_{0+}}{K_{0-} + K_{0+}} \tag{3.37}$$

4. 离子通量方程的证明

现在准备证明式（3.32），在这里重复并强调方程的不同部分，以供单独考虑：

$$\boldsymbol{N}_+ = c_+ \boldsymbol{v}_+ = \underbrace{-\frac{\nu_+ \mathscr{D}}{\nu RT}\frac{c_T}{c_0}}_{\text{A}}\underbrace{c\,\nabla\boldsymbol{\mu}_{\text{e}}}_{\text{B}} + \underbrace{\frac{\boldsymbol{i}t_+^0}{z_+ F}}_{\text{C}} + \underbrace{c_+ \boldsymbol{v}_0}_{\text{D}}$$

首先看 A 部分，代入式（3.36）进行计算：

$$-\frac{\nu_+ \mathscr{D}c_T}{\nu RTc_0} = -\frac{\nu_+ c_T}{\nu RTc_0}\frac{\nu RTc_0 c}{c_T(K_{0+} + K_{0-})} = -\frac{c\nu_+}{K_{0+} + K_{0-}} = -\frac{c_+}{K_{0+} + K_{0-}}$$

然后根据式（3.35）计算 B 部分：

$$c\,\nabla\boldsymbol{\mu}_{\text{e}} = K_{0+}(\boldsymbol{v}_0 - \boldsymbol{v}_+) + K_{0-}(\boldsymbol{v}_0 - \boldsymbol{v}_-)$$

将 A 部分和 B 部分相乘得到

$$-\frac{\nu_+ \mathscr{D}c_T}{\nu RTc_0}c\,\nabla\boldsymbol{\mu}_{\text{e}} = -\frac{c_+}{K_{0+} + K_{0-}}[K_{0+}(\boldsymbol{v}_0 - \boldsymbol{v}_+) + K_{0-}(\boldsymbol{v}_0 - \boldsymbol{v}_-)]$$

$$= -c_+ \boldsymbol{v}_0 + \frac{c_+}{K_{0+} + K_{0-}}(K_{0+}\boldsymbol{v}_+ + K_{0-}\boldsymbol{v}_-)$$

再加上D部分，可得

$$-\frac{\nu_+ \mathscr{D} c_T}{\nu RT c_0} c \nabla \mu_e + c_+ \boldsymbol{v}_0 = \frac{c_+}{K_{0+} + K_{0-}}(K_{0+}\boldsymbol{v}_+ + K_{0-}\boldsymbol{v}_-)$$

根据式（3.37）计算C部分：

$$\frac{\boldsymbol{i}t_+^0}{z_+ F} = \frac{z_+ F c_+ \boldsymbol{v}_+ + z_- F c_- \boldsymbol{v}_-}{z_+ F} \frac{K_{0-}}{K_{0-} + K_{0+}}$$

$$= \frac{z_+ c_+ \boldsymbol{v}_+ - z_+ c_+ \boldsymbol{v}_-}{z_+} \frac{K_{0-}}{K_{0-} + K_{0+}}$$

$$= \frac{c_+}{K_{0+} + K_{0-}}(K_{0-}\boldsymbol{v}_+ - K_{0-}\boldsymbol{v}_-)$$

将上面所有结果相加，可得

$$-\frac{\nu_+ \mathscr{D}}{\nu RT} \frac{c_T}{c_0} c \nabla \mu_e + \frac{\boldsymbol{i}t_+^0}{z_+ F} + c_+ \boldsymbol{v}_0 = \frac{c_+}{K_{0+} + K_{0-}}(K_{0+}\boldsymbol{v}_+ + K_{0-}\boldsymbol{v}_-)$$

$$+ \frac{c_+}{K_{0+} + K_{0-}}(K_{0-}\boldsymbol{v}_+ - K_{0-}\boldsymbol{v}_-)$$

$$= c_+ \boldsymbol{v}_+$$

至此，我们已经得到：

$$\boldsymbol{N}_+ = c_+ \boldsymbol{v}_+ = -\frac{\nu_+ \mathscr{D}}{\nu RT} \frac{c_T}{c_0} c \nabla \mu_e + \frac{\boldsymbol{i}t_+^0}{z_+ F} + c_+ \boldsymbol{v}_0 \tag{3.38}$$

采用同样的方法，也可以得到阴离子的通量密度：

$$\boldsymbol{N}_- = c_- \boldsymbol{v}_- = -\frac{\nu_- \mathscr{D}}{\nu RT} \frac{c_T}{c_0} c \nabla \mu_e + \frac{\boldsymbol{i}t_-^0}{z_- F} + c_- \boldsymbol{v}_0 \tag{3.39}$$

3.7.4　步骤4：化学势梯度的另一种表达式

我们几乎已经达到了目标——完成式（3.3）的推导。但在真正完成之前，还需要用浓度来表示 $\nabla \mu_e$。

根据微积分的链式法则 $\nabla \mu_e = \frac{\partial \mu_e}{\partial c} \nabla c$，进一步将第一项分解为

$$\frac{\partial \mu_e}{\partial c} = \frac{\partial \mu_e}{\partial \ln m} \frac{\partial \ln m}{\partial c}$$

式中：m 为溶液的质量摩尔浓度。

注意，$m = \frac{m_+}{\nu_+} = \frac{m_-}{\nu_-}$，通过 $m_i = \frac{c_i}{c_0 M_0}$ 可将质量摩尔浓度与摩尔浓度相关

联，M_0 为溶剂的摩尔质量，这对我们很有帮助。

回顾对绝对活度的讨论（式（3.17）和式（3.19）），可以得到 $\mu_i = RT\ln\lambda_i$，这里 $\lambda_i = m_i\gamma_i\lambda_i^\Theta$；又根据式（3.34），电解液的化学势可写为 $\mu_e = \nu_+\mu_+ + \nu_-\mu_-$，因此有

$$\begin{aligned}\mu_e &= \nu_+ RT\ln(m_+\gamma_+\lambda_+^\Theta) + \nu_- RT\ln(m_-\gamma_-\lambda_-^\Theta)\\ &= \nu_+ RT\ln(m\nu_+\gamma_+\lambda_+^\Theta) + \nu_- RT\ln(m\nu_-\gamma_-\lambda_-^\Theta)\\ &= \nu_+ RT(\ln m + \ln\gamma_+ + \ln(\nu_+\lambda_+^\Theta)) + \nu_- RT(\ln m + \ln\gamma_- + \ln(\nu_-\lambda_-^\Theta))\\ &= (\nu_+ + \nu_-)RT\ln m + RT(\ln\gamma_+^{\nu_+} + \ln\gamma_-^{\nu_-}) + \nu_+ RT\ln(\nu_+\lambda_+^\Theta) + \nu_- RT\ln(\nu_-\lambda_-^\Theta)\\ &= \nu RT(\ln m + \ln\gamma_\pm) + \nu_+ RT\ln(\nu_+\lambda_+^\Theta) + \nu_- RT\ln(\nu_-\lambda_-^\Theta)\end{aligned}$$

这里，我们定义 $\gamma_\pm^\nu = \gamma_+^{\nu_+}\gamma_-^{\nu_-}$，$\gamma_\pm$ 为平均质量摩尔活度系数。

由于其他项都不是 m 的函数，因此我们计算第一项：

$$\frac{\partial\mu_e}{\partial\ln m} = \nu RT\left(1 + \frac{\partial\ln\gamma_\pm}{\partial\ln m}\right)$$

现在，把重点放在第二项：

$$m = \frac{m_+}{\nu_+} = \frac{c_+}{\nu_+ c_0 M_0} = \frac{c}{c_0 M_0}$$

$$\ln m = \ln c - \ln c_0 - \ln M_0$$

$$\frac{\partial\ln m}{\partial\ln c} = 1 - \frac{\partial\ln c_0}{\partial\ \ln c}$$

$$\frac{\partial\ln m}{\partial c} = \frac{1}{c}\left(1 - \frac{\partial\ln c_0}{\partial\ln c}\right)$$

将两个结果组合在一起，可得

$$\nabla\mu_e = \frac{\nu RT}{c}\left(1 + \frac{\mathrm{d}\ln\gamma_\pm}{\mathrm{d}\ln m}\right)\left(1 - \frac{\mathrm{d}\ln c_0}{\mathrm{d}\ln c}\right)\nabla c \tag{3.40}$$

3.7.5 步骤5：质量守恒方程

现在准备开始证明式（3.3），从式（3.32）开始：

$$\boldsymbol{N}_+ = -\frac{\nu_+\mathscr{D}}{\nu RT}\frac{c_T}{c_0}c\,\nabla\mu_e + \frac{\boldsymbol{i}t_+^0}{z_+F} + c_+\boldsymbol{v}_0$$

将式（3.40）中的 $\nabla\mu_e$ 代入上式，可得

$$\boldsymbol{N}_+ = -\frac{\nu_+\mathscr{D}}{\nu RT}\frac{c_T}{c_0}c\frac{\nu RT}{c}\left(1 + \frac{\mathrm{d}\ln\gamma_\pm}{\mathrm{d}\ln m}\right)\left(1 - \frac{\mathrm{d}\ln c_0}{\mathrm{d}\ln c}\right)\nabla c + \frac{\boldsymbol{i}t_+^0}{z_+F} + c_+\boldsymbol{v}_0$$

$$= -\nu_+ \frac{\mathscr{D}c_T}{c_0}\left(1 + \frac{\mathrm{d}\ln\gamma_\pm}{\mathrm{d}\ln m}\right)\left(1 - \frac{\mathrm{d}\ln c_0}{\mathrm{d}\ln c}\right)\nabla c + \frac{\boldsymbol{i}t_+^0}{z_+ F} + c_+ \boldsymbol{v}_0$$

Newman 认为，Maxwell－Stefan 扩散系数（称之为热力学扩散系数）通常不是在实验室测试中测量得到的，而是由下式中的 D 值计算得到①

$$D = \mathscr{D}\frac{c_T}{c_0}\left(1 + \frac{\mathrm{d}\ln\gamma_\pm}{\mathrm{d}\ln m}\right)$$

式中：D 和 $\mathscr{D}$ 之间的区别源于驱动力的选择以及定义中参考速度的选择。因此，可以得到

$$\boldsymbol{N}_+ = -\nu_+ D\left(1 - \frac{\mathrm{d}\ln c_0}{\mathrm{d}\ln c}\right)\nabla c + \frac{\boldsymbol{i}t_+^0}{z_+ F} + c_+ \boldsymbol{v}_0$$

这可以代入连续性方程式（3.25）中：

$$\frac{\partial c_+}{\partial t} = -\nabla\cdot \boldsymbol{N}_+$$

假设不产生任何物质且质量守恒，可得到

$$\frac{\partial c_+}{\partial t} = \nabla\cdot\left[\nu_+ D\left(1 - \frac{\mathrm{d}\ln c_0}{\mathrm{d}\ln c}\right)\nabla c\right] - \nabla\cdot\left(\frac{\boldsymbol{i}t_+^0}{z_+ F}\right) - \nabla\cdot(c_+ \boldsymbol{v}_0)$$

应用 $c_+ = c\nu_+$，可得

$$\nu_+\frac{\partial c}{\partial t} = \nu_+\nabla\cdot\left[D\left(1 - \frac{\mathrm{d}\ln c_0}{\mathrm{d}\ln c}\right)\nabla c\right] - \nu_+\nabla\cdot\left(\frac{\boldsymbol{i}t_+^0}{z_+\nu_+ F}\right) - \nu_+\nabla\cdot(c\,\boldsymbol{v}_0)$$

整理上式可得

$$\frac{\partial c}{\partial t} = \nabla\cdot\left[D\left(1 - \frac{\mathrm{d}\ln c_0}{\mathrm{d}\ln c}\right)\nabla c\right] - \frac{\nabla\cdot(\boldsymbol{i}t_+^0)}{z_+\nu_+ F} - \nabla\cdot(c\,\boldsymbol{v}_0)$$

注意到：

$$\nabla\cdot(\boldsymbol{i}t_+^0) = \boldsymbol{i}\cdot\nabla(t_+^0) + t_+^0\nabla\cdot\boldsymbol{i}$$

又根据电荷连续性方程 $\nabla\cdot\boldsymbol{i} = 0$，因此可以得到

$$\nabla\cdot(\boldsymbol{i}t_+^0) = \boldsymbol{i}\cdot\nabla t_+^0$$

最后，我们得到

$$\frac{\partial c}{\partial t} = \nabla\cdot\left[D\left(1 - \frac{\mathrm{d}\ln c_0}{\mathrm{d}\ln c}\right)\nabla c\right] - \frac{\boldsymbol{i}\cdot\nabla t_+^0}{z_+\nu_+ F} - \nabla\cdot(c\,\boldsymbol{v}_0)$$

这就是质量守恒方程。

---

① 参考文献：Newman, J., Bennion, D., and Tobias, C. W., "Mass Transfer in Concentrated Binary Electrolytes," Berichte der Bunsengesellschaft, 69, 1965, pp. 608-612. Corrections, ibid., 70, 1966, p 493.

实际上，通常假定溶剂的浓度对盐的浓度不敏感，因此①②有

$$\frac{\mathrm{d}\ln c_0}{\mathrm{d}\ln c} \approx 0$$

简化后的方程为

$$\frac{\partial c}{\partial t} = \nabla \cdot (D \nabla c) - \frac{\boldsymbol{i} \cdot \nabla t_+^0}{z_+ \nu_+ F} - \nabla \cdot (c \boldsymbol{v}_0)$$

特别地，对锂离子电池：电解液中的盐通常是 $LiPF_6$，它将分解为 Li^+ 和 PF_6^-。因此，$\nu_+ = z_+ = 1$（即使盐不是 $LiPF_6$，通常也是如此）。此外，我们用下标 e 来区分固相和电解液相，可得到质量守恒方程：

$$\frac{\partial c_e}{\partial t} = \nabla \cdot (D_e \nabla c_e) - \frac{\boldsymbol{i}_e \cdot \nabla t_+^0}{F} - \nabla \cdot (c_e \boldsymbol{v}_0)$$

现在我们得到了式（3.3）。

3.8 浓溶液理论：电解液电荷守恒

接下来推导电解液中电荷守恒的表达式。

首先，我们将找到电解液中电流 $\boldsymbol{i}$ 的表达式；然后，应用式（3.26）实施电荷守恒，其说明了 $\nabla \cdot \boldsymbol{i} = 0$；最后，做一些替换使方程成为式（3.4）的最终形式。

第一步是证明下式：

$$\boldsymbol{i} = -\kappa \nabla \phi - \frac{\kappa}{F}\left(\frac{s_+}{n\nu_+} + \frac{t_+^0}{z_+\nu_+} - \frac{s_0 c}{n c_0}\right)\nabla \mu_e \tag{3.41}$$

式中：参数 s_i 表示电极反应中物质 i 带符号的化学计量系数，即

$$s_- M_-^{z_-} + s_+ M_+^{z_+} + s_0 M_0 \rightleftharpoons n e^- \tag{3.42}$$

式中：$M_i^{z_i}$ 是参加反应的某种物质，一般假设溶剂可能参与电极反应。

注意，s_i 与 ν_i 不同。对于锂离子电池，其负极反应为

$$LiC_6 \rightleftharpoons C_6 + Li^+ + e^-$$

将该反应转化为式（3.42）的形式，可得到

$$LiC_6 - C_6 - Li^+ \rightleftharpoons e^-$$

---

① 参考文献：Doyle, M., Fuller, T. F., and Newman, J., "Modeling the Galvanostatic Charge and Discharge of the Lithium/Polymer/Insertion Cell," Journal of the Electrochemical Society, 140, 1993, pp. 1526-1533.

② 但请注意，这个假设意味着盐的偏摩尔体积为零，这只适用于稀溶液，而不适用于浓溶液。

由此得出结论，由于没有带负电荷的物质参与，因此 $s_- = 0$；由于 Li^+ 的系数是 -1，因此 $s_+ = -1$；由于溶剂不参与反应，因此 $s_0 = 0$；由于产生了一个电子，因此 $n = 1$。

锂离子电池的正极反应为

$$M + Li^+ + e^- \rightleftharpoons LiM$$

其中，LiM 中的 M 代表正极活性材料中的某些金属氧化物。将该反应式转化为式（3.42）的形式，得到

$$LiM - M - Li^+ \rightleftharpoons e^-$$

同样，$s_- = 0, s_+ = -1, s_0 = 0, n = 1$。

认识到式（3.42）右侧 n 摩尔电子的吉布斯自由能等于 $-nF\phi$，因此引入电势，ϕ 是局部电势。由于产物电子的能量必须等于反应物的能量，因此有能量守恒（其中总和包括溶剂）：

$$\sum_i s_i \bar{\mu}_i = -nF\phi$$

因此必然有

$$\sum_i s_i \nabla\bar{\mu}_i = -nF\nabla\phi$$

我们以前见过涉及 $\bar{\mu}_-$ 和 $\bar{\mu}_+$ 的表达式，但从未涉及 $\bar{\mu}_0$。通过回忆式（3.16）的吉布斯－杜赫姆关系，建立 $\bar{\mu}_0$ 的表达式：

$$c_+\nabla\bar{\mu}_+ + c_-\nabla\bar{\mu}_- + c_0\nabla\bar{\mu}_0 = 0$$

$$\begin{aligned}\nabla\bar{\mu}_0 &= -\frac{1}{c_0}(c_+\nabla\bar{\mu}_+ + c_-\nabla\bar{\mu}_-)\\ &= -\frac{c}{c_0}(\nu_+\nabla\bar{\mu}_+ + \nu_-\nabla\bar{\mu}_-)\\ &= -\frac{c}{c_0}\nabla\mu_e\end{aligned}$$

所以，现在有

$$s_+\nabla\bar{\mu}_+ + s_-\nabla\bar{\mu}_- - s_0\frac{c}{c_0}\nabla\mu_e = -nF\nabla\phi \tag{3.43}$$

为了使原始反应中的电荷平衡，有

$$s_+z_+ + s_-z_- = -n$$

$$s_- = -\left(\frac{z_+}{z_-}s_+ + \frac{n}{z_-}\right)$$

因此，式（3.43）左边的前两项可以写为：

$$s_+\nabla\bar{\mu}_+ + s_-\nabla\bar{\mu}_- = s_+\nabla\bar{\mu}_+ - \frac{z_+}{z_-}s_+\nabla\bar{\mu}_- - \frac{n}{z_-}\nabla\bar{\mu}_-$$

$$= \frac{s_+}{\nu_+}\left(\nu_+ \nabla\bar{\mu}_+ - \frac{z_+ \nu_+}{z_-}\nabla\bar{\mu}_-\right) - \frac{n}{z_-}\nabla\bar{\mu}_-$$

$$= \frac{s_+}{\nu_+}(\nu_+ \nabla\bar{\mu}_+ + \nu_- \nabla\bar{\mu}_-) - \frac{n}{z_-}\nabla\bar{\mu}_-$$

$$= \frac{s_+}{\nu_+}\nabla\mu_e - \frac{n}{z_-}\nabla\bar{\mu}_-$$

将这些结果结合起来，可以得到

$$\frac{s_+}{\nu_+}\nabla\mu_e - \frac{n}{z_-}\nabla\bar{\mu}_- - s_0\frac{c}{c_0}\nabla\mu_e = -nF\nabla\phi$$

$$\left(\frac{s_+}{n\nu_+} - \frac{s_0 c}{n c_0}\right)\nabla\mu_e - \frac{1}{z_-}\nabla\bar{\mu}_- = -F\nabla\phi \tag{3.44}$$

下一步是找到用 $\nabla\mu_e$ 和 $\boldsymbol{i}$ 表示 $\nabla\bar{\mu}_-$ 的关系式，从一个熟悉的结果开始，通过式（3.31）：

$$c_-\nabla\bar{\mu}_- = K_{0-}(\boldsymbol{v}_0 - \boldsymbol{v}_-) + K_{+-}(\boldsymbol{v}_+ - \boldsymbol{v}_-)$$

为了找到式子 $(\boldsymbol{v}_0 - \boldsymbol{v}_-)$ 和 $(\boldsymbol{v}_+ - \boldsymbol{v}_-)$，重新排列通量密度方程式（3.38）和式（3.39）：

$$c_+(\boldsymbol{v}_+ - \boldsymbol{v}_0) = -\frac{\nu_+\mathcal{D}}{\nu RT}\frac{c_T}{c_0}c\nabla\mu_e + \frac{\boldsymbol{i}t_+^0}{z_+F}$$

$$c_-(\boldsymbol{v}_- - \boldsymbol{v}_0) = -\frac{\nu_-\mathcal{D}}{\nu RT}\frac{c_T}{c_0}c\nabla\mu_e + \frac{\boldsymbol{i}t_-^0}{z_-F}$$

在替换之前稍微简化一下这些方程，可以将式（3.36）中的 $\mathcal{D}$ 项改写为

$$\mathcal{D} = \frac{\nu RTc_0c}{c_T(K_{0+} + K_{0-})}$$

可给出经过修正但等价的方程：

$$\begin{cases} \boldsymbol{v}_+ - \boldsymbol{v}_0 = -\dfrac{c}{K_{0+} + K_{0-}}\nabla\mu_e + \dfrac{\boldsymbol{i}t_+^0}{c_+z_+F} \\ \boldsymbol{v}_- - \boldsymbol{v}_0 = -\dfrac{c}{K_{0+} + K_{0-}}\nabla\mu_e + \dfrac{\boldsymbol{i}t_-^0}{c_-z_-F} \end{cases}$$

用上面的第一个方程减去第二个方程，可得

$$\boldsymbol{v}_+ - \boldsymbol{v}_- = \frac{\boldsymbol{i}}{F}\left(\frac{t_+^0}{c_+z_+} - \frac{t_-^0}{c_-z_-}\right) = \frac{\boldsymbol{i}}{c_+z_+F}(t_+^0 + (1 - t_+^0)) = \frac{\boldsymbol{i}}{c_+z_+F}$$

现在可以找到 $\nabla\bar{\mu}_-/z_-$ 的表达式：

$$\frac{1}{z_-}\nabla\bar{\mu}_- = \frac{1}{c_-z_-}[K_{0-}(\boldsymbol{v}_0 - \boldsymbol{v}_-) + K_{+-}(\boldsymbol{v}_+ - \boldsymbol{v}_-)]$$

$$= \frac{1}{c_- z_-}\left[K_{0-}\left(\frac{c}{K_{0+} + K_{0-}}\nabla\mu_e + \frac{it_-^0}{c_+ z_+ F}\right) + K_{+-}\left(\frac{i}{c_+ z_+ F}\right)\right]$$

$$= \frac{c}{c_- z_-}\frac{K_{0-}}{K_{0+} + K_{0-}}\nabla\mu_e + i\left(\frac{K_{0-} t_-^0}{c_- z_- c_+ z_+ F} + \frac{K_{+-}}{c_- z_- c_+ z_+ F}\right)$$

$$= -\frac{c_+}{\nu_+ c_+ z_+} t_+^0 \nabla\mu_e - Fi\left(\frac{-K_{0-} t_-^0 - K_{+-}}{c_- z_- c_+ z_+ F^2}\right)$$

$$= -\frac{t_+^0}{\nu_+ z_+}\nabla\mu_e - \frac{Fi}{\kappa}$$

式中，与 $\boldsymbol{i}$ 相乘的式子单位与摩尔电导率成倒数，因此定义

$$\frac{1}{\kappa} = \frac{-K_{0-} t_-^0 - K_{+-}}{c_- z_- c_+ z_+ F^2}$$

式中：κ 为电解液的离子电导率，单位为 $S \cdot m^{-1}$。

将 $\nabla\bar{\mu}_- / z_-$ 的表达式代入式（3.44），可得

$$-F\nabla\phi = \left(\frac{s_+}{n\nu_+} - \frac{s_0 c}{nc_0}\right)\nabla\mu_e - \frac{1}{z_-}\nabla\bar{\mu}_-$$

$$-F\nabla\phi = \left(\frac{s_+}{n\nu_+} - \frac{s_0 c}{nc_0} + \frac{t_+^0}{\nu_+ z_+}\right)\nabla\mu_e + \frac{Fi}{\kappa}$$

$$i = -\kappa\nabla\phi - \frac{\kappa}{F}\left(\frac{s_+}{n\nu_+} - \frac{s_0 c}{nc_0} + \frac{t_+^0}{\nu_+ z_+}\right)\nabla\mu_e$$

现在得出式（3.41）。然而在其他文献中，这个方程通常用 $\nabla\ln c$ 表示，而不是用 $\nabla\mu_e$ 表示。因此继续推导，认识到：

$$\nabla\mu_e = \frac{\partial\mu_e}{\partial\ln c}\nabla\ln c$$

以及 $\mu_e = \nu_+\bar{\mu}_+ + \nu_-\bar{\mu}_-$。

根据关联了化学势和绝对活度的式（3.17）和式（3.18）：

$$\mu_+ = RT\ln(c_+ f_+ a_+^{\Theta}) = RT\ln(\nu_+ cf_+ a_+^{\Theta})$$
$$= RT\ln(\nu_+) + RT\ln(c) + RT\ln(f_+) + RT\ln(a_+^{\Theta})$$

又由于 $\bar{\mu}_+ = \mu_+ + z_+ F\phi$，上式第一项不是 c 的函数，因此有

$$\frac{\partial\bar{\mu}_+}{\partial\ln c} = RT + RT\frac{\partial\ln f_+}{\partial\ln c} + z_+ F\frac{\partial\phi}{\partial\ln c}$$

同理，有

$$\frac{\partial\bar{\mu}_-}{\partial\ln c} = RT + RT\frac{\partial\ln f_-}{\partial\ln c} + z_- F\frac{\partial\phi}{\partial\ln c}$$

因此有

$$\begin{aligned}\frac{\partial\mu_{\mathrm{e}}}{\partial\ln c} &= \nu_{+}\frac{\partial\bar{\mu}_{+}}{\partial\ln c}+\nu_{-}\frac{\partial\bar{\mu}_{-}}{\partial\ln c}\\ &= (\nu_{+}+\nu_{-})RT+RT\frac{\partial\ln(f_{+}^{\nu_{+}}f_{-}^{\nu_{-}})}{\partial\ln c}+\underbrace{(\nu_{+}z_{+}+\nu_{-}z_{-})}_{0}F\frac{\partial\phi}{\partial\ln c}\end{aligned}$$

如果我们定义$f_{+}^{\nu_{+}}f_{-}^{\nu_{-}}=f_{\pm}^{\nu}$（$f_{\pm}$称为平均摩尔活度系数），并调用$\nu=\nu_{+}+\nu_{-}$，则

$$\frac{\partial\mu_{\mathrm{e}}}{\partial\ln c}=\nu RT+RT\frac{\partial\ln f_{\pm}^{\nu}}{\partial\ln c}=\nu RT\left(1+\frac{\partial\ln f_{\pm}}{\partial\ln c}\right)$$

因此，离子电流方程式（3.41）的表达式变为

$$\boldsymbol{i}=-\kappa\nabla\phi-\frac{\nu\kappa RT}{F}\left(\frac{s_{+}}{n\nu_{+}}-\frac{s_{0}c}{nc_{0}}+\frac{t_{+}^{0}}{\nu_{+}z_{+}}\right)\left(1+\frac{\partial\ln f_{\pm}}{\partial\ln c}\right)\nabla\ln c$$

由电荷守恒方程$\nabla\cdot\boldsymbol{i}=0$，因此有

$$\nabla\cdot\left(-\kappa\nabla\phi-\frac{\nu\kappa RT}{F}\left(\frac{s_{+}}{n\nu_{+}}-\frac{s_{0}c}{nc_{0}}+\frac{t_{+}^{0}}{\nu_{+}z_{+}}\right)\left(1+\frac{\partial\ln f_{\pm}}{\partial\ln c}\right)\nabla\ln c\right)=0$$

对锂离子电池，$s_{-}=0, s_{+}=-1, s_{0}=0, n=1$；并且，对于大多数电解质盐，$\nu_{+}=\nu_{-}=z_{+}=1$，所以锂离子电池的电荷守恒方程为

$$\nabla\cdot\boldsymbol{i}_{\mathrm{e}}=\nabla\cdot\left(-\kappa\nabla\phi_{\mathrm{e}}-\frac{2\kappa RT}{F}\left(1+\frac{\partial\ln f_{\pm}}{\partial\ln c_{\mathrm{e}}}\right)(t_{+}^{0}-1)\nabla\ln c_{\mathrm{e}}\right)=0$$

在这里添加下标e来表示电解液。

现在得出式（3.4）。注意，通常假定$\partial\ln f_{\pm}/\partial\ln c_{\mathrm{e}}=0$，并令$\kappa_{D}=2\kappa RT(t_{+}^{0}-1)/F$，因此有

$$\nabla\cdot(-\kappa\nabla\phi_{\mathrm{e}}-\kappa_{D}\nabla\ln c_{\mathrm{e}})=0$$

3.9 Butler-Volmer 方程

我们已经建立了描述锂离子电池动态行为的4个微尺度模型偏微分方程，现在推导第5个方程，它将前4个偏微分方程耦合在一起。最后一个模型方程计算了锂在固体和电解液之间的移动速率，由于它涉及反应速率，因此常被称为模型的动力学方程。

图3-12说明了颗粒表面的动态行为。一方面，电解液中带正电的锂离子与电子结合，形成不带电的锂，并嵌入固体活性材料的晶体结构中；另一方面，不带电的锂从固体活性材料中脱嵌出来，释放一个电子给外部电路，并在电解液中变成带正电的锂离子。

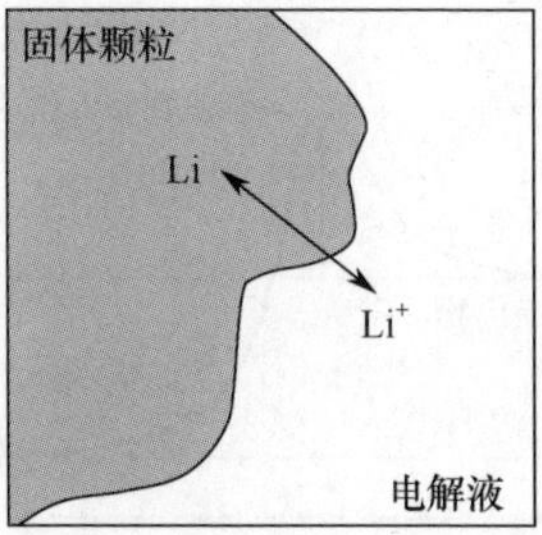

图 3-12　颗粒表面的动态行为

3.9.1　反应速率

对于化学反应，反应物 ⇌ 产物。反应速率可以用所有产物的浓度变化速率来定义：

$$r = \frac{\mathrm{d}\prod_i c_{产物,i}}{\mathrm{d}t}$$

式中：$\prod_i$ 操作将所有反应产物的浓度相乘。对于一步完成的反应，可以将其建模为

$$r = k\prod_i c_{反应物,i}$$

式中：k 为该化学反应的反应速率常数。

现在，考虑只有一种反应物和一种生成物的情况，之后再推广到多种物质参与的情况，因此有

$$r = \frac{\mathrm{d}c_{产物}}{\mathrm{d}t} = kc_{反应物}$$

反应速率常数 k 通常取决于温度，这种温度依赖关系通常是通过阿伦尼乌斯关系式来建立的：

$$k = k_f^0\exp\left(-\frac{E_a}{RT}\right), 或\ r = k_f^0 c_{反应物}\exp\left(-\frac{E_a}{RT}\right)$$

式中：E_a 为正向反应的活化能，E_a 和 k_f^0 都是由实验确定的常数。

3.9.2　活化络合物理论

反应动力学处理非平衡的动态关系。如果产物的吉布斯自由能低于反应物的吉布斯自由能，则有利于由反应物到产物的正向反应。然而，为了使反应实际发生，通常需要克服一个能量壁垒，这个能量壁垒等于化学反应的活化能

E_a。图 3-13 以示意图的形式说明了反应的正方向。

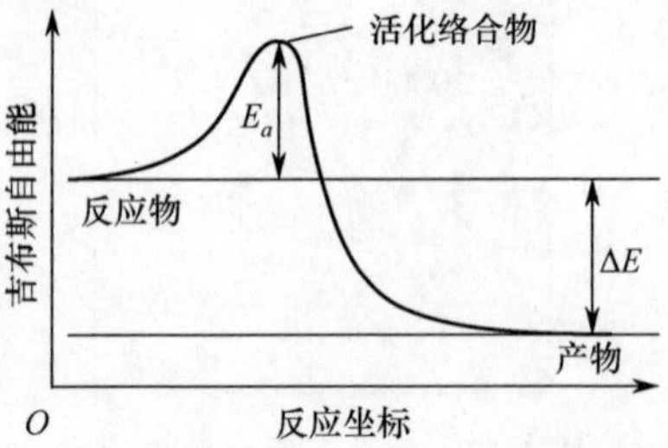

图 3-13　化学反应的能量变化

活化络合物理论指出化学反应中存在一种过渡状态（有时称为活化络合物），而活化络合物与反应物和产物均不相同。例如，在反应物 A 和 B、产物 C 和 D 的反应中，正向和反向活化能分别为 $E_{a,1}$ 和 $E_{a,2}$，即

$$A + B \underset{E_{a,2}}{\overset{E_{a,1}}{\rightleftharpoons}} C + D$$

这里存在一个过渡态 $(AB)^{\neq}$：

$$A + B \underset{E_{a,4}}{\overset{E_{a,3}}{\rightleftharpoons}} (AB)^{\neq} \underset{E_{a,6}}{\overset{E_{a,5}}{\rightleftharpoons}} C + D$$

该理论的基本思想是，不是每一次反应物之间的碰撞都能产生足够的能量来打破原来的化学键，让反应发生。大多数碰撞都会导致弹性散开，只有当能量足够时，过渡态才会形成，反应才会继续。

如图 3-14 所示，在图的上半部分，实心圆和空心圆反应物以较慢的速度相互靠近，动能较低。它们发生碰撞，但能量不足以破坏化学键，因此反应物只是相互弹开，而化学成分没有任何变化。在图的下半部分，反应物以高速靠近，具有较高动能。当它们碰撞时，能量足以形成活化络合物，化学键被破坏，重新形成生成物。当分子分离时，它们发生了化学变化。

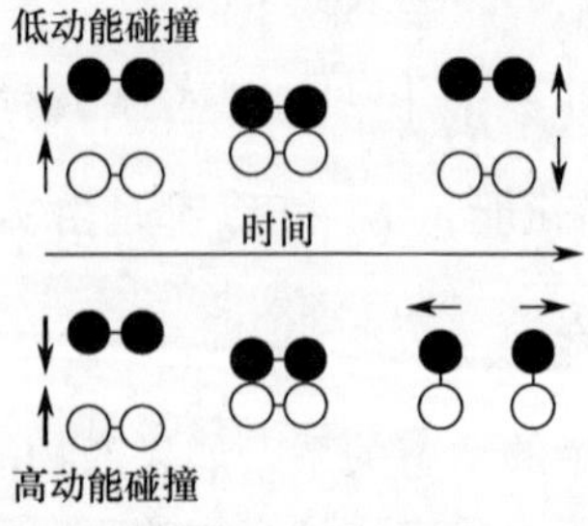

图 3-14　低动能和高动能碰撞结果

3.9.3　电极反应中的能量关系

由于电极反应产生或消耗电子，因此它不同于标准的化学反应。电极反应的形式是：

$$o + ne^- \underset{\text{氧化}}{\overset{\text{还原}}{\rightleftharpoons}} r \tag{3.45}$$

式中：正向反应表明氧化剂 o 与电子形成产物 r；在逆向反应中，还原剂 r 形成产物 o 和电子。

施加外电场可以改变电子的能量状态，因此外电场或有利于或不利于反应。当电子受到任意初始电势 ϕ_0 和第二电势 $\phi < \phi_0$ 时，电极反应的过程如图 3-15所示，下面的曲线为初始过程，上面的曲线为第二个过程。

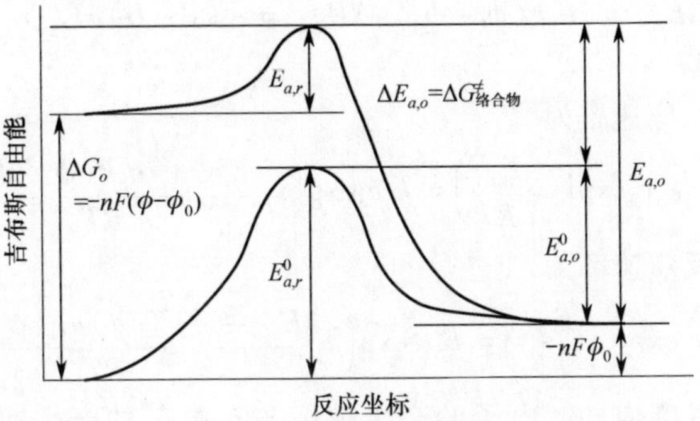

图 3-15　电位 $\phi < \phi_0$ 时电极反应中的能量关系

图中，初始电势 ϕ_0 下还原反应和氧化反应的活化能分别用 $E^0_{a,r}$ 和 $E^0_{a,o}$ 表示，较低电势 ϕ 下的活化能分别用 $E_{a,r}$ 和 $E_{a,o}$ 表示。从图中可以发现反应的活化能是电极电位的函数。

当电极电位由 ϕ_0 变为 ϕ 时，式（3.45）左侧的总吉布斯自由能因其包含电子而发生变化，右侧的吉布斯自由能总量保持不变。氧化剂的吉布斯自由能变化量为

$$\Delta G_o = -nF(\phi - \phi_0)$$

这里，$-nF$ 是电子的总电荷数。活化络合物的吉布斯自由能也发生变化，但变化幅度没有 ΔG_o 大：

$$0 < |\Delta G^{\neq}_{络合物}| < |\Delta G_o|$$

从图中可以看出：

$$\Delta G_o + E_{a,r} = \Delta G^{\neq}_{络合物} + E^0_{a,r} = \Delta E_{a,o} + E^0_{a,r}$$

或者：

$$\Delta E_{a,o}=E_{a,r}-E_{a,r}^{0}-nF(\phi-\phi_0)=\Delta E_{a,r}-nF(\phi-\phi_0)$$

令 $\Delta E_{a,r}=E_{a,r}-E_{a,r}^{0}$。

我们推断，将电极电位从 ϕ_0 降低到 $\phi<\phi_0$ 会导致 $\Delta E_{a,o}>\Delta E_{a,r}$。从图3-15中可以看到，$E_{a,o}$ 增加，而 $E_{a,r}$ 减少，这有利于正向反应的发生。

通过重新排列上述结果，进一步得出：

$$\Delta E_{a,o}-\Delta E_{a,r}=-nF(\phi-\phi_0)=\Delta G_o$$

这意味着上述两个量都不是独立于 $(\phi-\phi_0)$ 的。为了能够说明能量变化中有多少用于减少 $E_{a,r}$，而有多少（其余）用于增加 $E_{a,o}$，我们定义了一个不对称电荷转移系数 $0<\alpha<1$：

$$\alpha=\left|\frac{\Delta E_{a,r}}{\Delta G_o}\right|,1-\alpha=\left|\frac{\Delta E_{a,o}}{\Delta G_o}\right|$$

这样就有 $\Delta E_{a,r}=\alpha nF(\phi-\phi_0),\Delta E_{a,o}=-(1-\alpha)nF(\phi-\phi_0)$。把上述所有结果放在一起。

（1）还原反应速率为

$$r_r=k_o^0c_o\exp\left(-\frac{E_{a,r}}{RT}\right)=k_o^0c_o\exp\left(-\frac{E_{a,r}^0+\alpha nF(\phi-\phi_0)}{RT}\right)$$

（2）氧化反应速率为

$$r_o=k_r^0c_r\exp\left(-\frac{E_{a,o}}{RT}\right)=k_r^0c_r\exp\left(-\frac{E_{a,o}^0-(1-\alpha)nF(\phi-\phi_0)}{RT}\right)$$

在电荷守恒反应中，电子的产生速率与正电荷的产生速率相同，因此：$i_r=-nFr_r,i_o=nFr_o$。于是有

$$i_r=-nFk_o^0c_o\exp\left(-\frac{E_{a,r}^0+\alpha nF(\phi-\phi_0)}{RT}\right)$$

$$i_o=nFk_r^0c_r\exp\left(-\frac{E_{a,o}^0-(1-\alpha)nF(\phi-\phi_0)}{RT}\right)$$

3.9.4 规定中性电位

到目前为止，我们假设初始电位 ϕ_0 是任意的。现在通过设置 $\phi_0=0$ 对式子进行整理。然后，$E_{a,r}^0$ 和 $E_{a,o}^0$ 对应于 $\phi_0=0$，有

$$i_r=-nFk_o^0c_o\exp\left(-\frac{E_{a,r}^0+\alpha nF\phi}{RT}\right)$$

$$i_o=nFk_r^0c_r\exp\left(-\frac{E_{a,o}^0-(1-\alpha)nF\phi}{RT}\right)$$

注意，在平衡状态下 $\phi=\phi_{\text{rest}}$。定义超电势 $\eta=\phi-\phi_{\text{rest}}$，则

$$i_r = -nFk_o^0 c_o \exp\left(-\frac{E_{a,r}^0 + \alpha nF(\phi_{\text{rest}} + \eta)}{RT}\right)$$

$$i_o = nFk_r^0 c_r \exp\left(-\frac{E_{a,o}^0 - (1-\alpha)nF(\phi_{\text{rest}} + \eta)}{RT}\right)$$

现在，在平衡时 $\eta = 0$ 有

$$i_r = -nFk_o^0 c_o \exp\left(-\frac{E_{a,r}^0}{RT}\right)\exp\left(-\frac{\alpha nF\phi_{\text{rest}}}{RT}\right)$$

$$i_o = nFk_r^0 c_r \exp\left(-\frac{E_{a,o}^0}{RT}\right)\exp\left(\frac{(1-\alpha)nF\phi_{\text{rest}}}{RT}\right)$$

此外，$i = i_o + i_r = 0$。我们可以定义一个量 i_0（下标是数字 0，而不是字母 o）：

$$i_0 = nFk_o^0 c_o \exp\left(-\frac{E_{a,r}^0}{RT}\right)\exp\left(-\frac{\alpha nF\phi_{\text{rest}}}{RT}\right)$$

$$= nFk_r^0 c_r \exp\left(-\frac{E_{a,o}^0}{RT}\right)\exp\left(\frac{(1-\alpha)nF\phi_{\text{rest}}}{RT}\right)$$

然后，即使不是平衡态，则

$$i_r = -i_0 \exp\left(-\frac{\alpha nF\eta}{RT}\right)$$

$$i_o = i_0 \exp\left(\frac{(1-\alpha)nF\eta}{RT}\right)$$

总电极电流密度为

$$i = i_o + i_r = i_0\left\{\exp\left(\frac{(1-\alpha)nF\eta}{RT}\right) - \exp\left(-\frac{\alpha nF\eta}{RT}\right)\right\}$$

这是 Butler-Volmer 方程。将此关系式的两边除以法拉第常数，将 i 的单位从 $A \cdot m^{-2}$ 转换为 $mol \cdot m^{-2} \cdot s^{-1}$，得出

$$j = \frac{i_0}{F}\left\{\exp\left(\frac{(1-\alpha)nF\eta}{RT}\right) - \exp\left(-\frac{\alpha nF\eta}{RT}\right)\right\}$$

现在得出式（3.5）。

3.9.5　交换电流密度

3.9.4 节中的 i_0 称为交换电流密度，它是电极平衡状态下氧化电流和还原电流的值。也就是说，它是电子在动态平衡中不断来回交换的速率。

注意，它的值取决于参与化学反应的各种物质的浓度。在 3.9.4 节中，我们把 i_0 写为

$$i_0 = nFk_o^0 c_o \exp\left(-\frac{E_{a,r}^0}{RT}\right)\exp\left(-\frac{\alpha nF\phi_{\text{rest}}}{RT}\right)$$
$$= nFk_r^0 c_r \exp\left(-\frac{E_{a,o}^0}{RT}\right)\exp\left(\frac{(1-\alpha)nF\phi_{\text{rest}}}{RT}\right)$$

令 $\mathscr{E}_{a,r}^0 = \exp\left(-\frac{E_{a,r}^0}{RT}\right), \mathscr{E}_{a,o}^0 = \exp\left(-\frac{E_{a,o}^0}{RT}\right)$，将这两个等效的 i_0 表达方式相等起来，得出

$$k_r^0 c_r \mathscr{E}_{a,o}^0 \exp\left(\frac{(1-\alpha)nF\phi_{\text{rest}}}{RT}\right) = k_o^0 c_o \mathscr{E}_{a,r}^0 \exp\left(-\frac{\alpha nF\phi_{\text{rest}}}{RT}\right)$$

$$\frac{\exp\left(\frac{(1-\alpha)nF\phi_{\text{rest}}}{RT}\right)}{\exp\left(-\frac{\alpha nF\phi_{\text{rest}}}{RT}\right)} = \frac{k_o^0 c_o \ \mathscr{E}_{a,r}^0}{k_r^0 c_r \ \mathscr{E}_{a,o}^0}$$

$$\frac{(1-\alpha)nF\phi_{\text{rest}}}{RT} + \frac{\alpha nF\phi_{\text{rest}}}{RT} = \ln\left(\frac{k_o^0 \ \mathscr{E}_{a,r}^0}{k_r^0 \ \mathscr{E}_{a,o}^0}\right) + \ln\frac{c_o}{c_r}$$

$$\phi_{\text{rest}} = \underbrace{\frac{RT}{nF}\ln\left(\frac{k_o^0 \ \mathscr{E}_{a,r}^0}{k_r^0 \ \mathscr{E}_{a,o}^0}\right)}_{\phi^\ominus} + \frac{RT}{nF}\ln\frac{c_o}{c_r}$$

$$\phi_{\text{rest}} = \phi^\ominus + \frac{RT}{nF}\ln\frac{c_o}{c_r}$$

这是能斯特方程，描述了平衡电位的浓度依赖性。将 ϕ_{rest} 代入 i_0，可得

$$i_0 = nFk_o^0 c_o \mathscr{E}_{a,r}^0 \exp\left(-\frac{\alpha nF}{RT}\left(\phi^\ominus + \frac{RT}{nF}\ln\frac{c_o}{c_r}\right)\right)$$
$$= nFk_o^0 c_o \mathscr{E}_{a,r}^0 \exp\left(-\frac{\alpha nF\phi^\ominus}{RT}\right)c_r^\alpha c_o^{-\alpha}$$
$$= nFk_o^0 c_o^{1-\alpha} c_r^\alpha \mathscr{E}_{a,r}^0 \exp\left(-\frac{\alpha nF\phi^\ominus}{RT}\right)$$

以及

$$i_0 = nFk_r^0 c_r \mathscr{E}_{a,o}^0 \exp\left(\frac{(1-\alpha)nF}{RT}\left(\phi^\ominus + \frac{RT}{nF}\ln\frac{c_o}{c_r}\right)\right)$$
$$= nFk_r^0 c_r \mathscr{E}_{a,o}^0 \exp\left(\frac{(1-\alpha)nF\phi^\ominus}{RT}\right)c_r^{\alpha-1} c_o^{1-\alpha}$$
$$= nFk_r^0 c_o^{1-\alpha} c_r^\alpha \mathscr{E}_{a,o}^0 \exp\left(\frac{(1-\alpha)nF\phi^\ominus}{RT}\right)$$

由于这两个方程是相等的，因此可以定义一个有效反应速率常数，即

$$k_0 = k_o^0\,\mathscr{E}_{a,r}^0\exp\left(-\frac{\alpha nF\phi^{\Theta}}{RT}\right) = k_r^0\,\mathscr{E}_{a,o}^0\exp\left(\frac{(1-\alpha)nF\phi^{\Theta}}{RT}\right)$$

所以，最终得到的结果为

$$i_0 = nFk_0 c_o^{1-\alpha} c_r^{\alpha} \tag{3.46}$$

进一步研究 k_0 的形式是很有趣的，例如：

$$\begin{aligned}
k_0 &= k_o^0\mathscr{E}_{a,r}^0\exp\left(-\frac{\alpha nF\phi^{\Theta}}{RT}\right) \\
&= k_o^0\exp\left(\frac{-E_{a,r}^0}{RT} - \frac{\alpha nF\phi^{\Theta}}{RT}\right) \\
&= k_o^0\exp\left(\frac{-E_{a,r}^0}{RT} - \frac{\alpha nF}{RT}\left(\frac{RT}{nF}\left(\ln\left(\frac{k_o^0}{k_r^0}\right) + \ln\mathscr{E}_{a,r}^0 - \ln\mathscr{E}_{a,o}^0\right)\right)\right) \\
&= k_o^0\exp\left(\frac{-E_{a,r}^0}{RT} - \alpha\left(\ln\left(\frac{k_o^0}{k_r^0}\right) - \frac{E_{a,r}^0}{RT} + \frac{E_{a,o}^0}{RT}\right)\right) \\
&= k_o^0\left(\frac{k_o^0}{k_r^0}\right)^{-\alpha}\exp\left(-\frac{1}{RT}((1-\alpha)E_{a,r}^0 + \alpha E_{a,o}^0)\right) \\
&= (k_o^0)^{1-\alpha}(k^r)^{\alpha}\exp\left(-\frac{1}{RT}((1-\alpha)E_{a,r}^0 + \alpha E_{a,o}^0)\right)
\end{aligned}$$

因此，反应速率常数是电荷转移系数 α 的函数，也是温度的函数。它遵循阿伦尼乌斯关系，与温度无关的速率常数为 $(k_o^0)^{1-\alpha}$ $(k_r^0)^{\alpha}$，活化能为 $(1-\alpha)E_{a,r}^0 + \alpha E_{a,o}^0$。

将式（3.46）推广到有多个反应物和产物的情况，可以得到

$$i_0 = nFk_0\left(\prod_i c_{o,i}\right)^{1-\alpha}\left(\prod_i c_{r,i}\right)^{\alpha}$$

对于锂离子电池，$n=1$。电解液中的锂离子被还原成固体中的锂原子，然后有

$$\prod_i c_{o,i} = c_{\mathrm{e}}(c_{\mathrm{s,max}} - c_{\mathrm{s,e}})$$

式中：c_{e} 为锂在电解液中的浓度；$c_{\mathrm{s,max}}$ 为固体中锂的最大浓度；$c_{\mathrm{s,e}}$ 为锂在固体表面的浓度。所以 $c_{\mathrm{s,max}} - c_{\mathrm{s,e}}$ 是供锂原子进入的可用空间的浓度。

对于锂离子电池，$c_r = c_{\mathrm{s,e}}$，并且通常用 U_{ocp} 表示 ϕ_{rest}，其中“ocp”代表“开路电位”①。锂通量的方向取决于固体和电解液之间的电位差是高于或低于

① 为了对称，人们可能期望有 $c_r = c_{\mathrm{s,e}}(c_{\mathrm{e,max}} - c_{\mathrm{e}})$，但这种形式在文献中很少见，当电解液盐浓度接近饱和时可以使用。

U_{ocp}，则

$$\eta = (\phi_{\mathrm{s}} - \phi_{\mathrm{e}}) - U_{\mathrm{ocp}}$$

锂离子电池最终的 Butler-Volmer 关系（单位为 $\mathrm{A \cdot m^{-2}}$）为

$$i = Fk_0 c_{\mathrm{e}}^{1-\alpha} (c_{\mathrm{s,max}} - c_{\mathrm{s,e}})^{1-\alpha} c_{\mathrm{s,e}}^{\alpha} \left\{ \exp\left(\frac{(1-\alpha)F}{RT}\eta \right) - \exp\left(-\frac{\alpha F}{RT}\eta \right) \right\}$$

我们更喜欢使用单位 $\mathrm{mol \cdot m^{-2} \cdot s^{-1}}$，于是有

$$j = k_0 c_{\mathrm{e}}^{1-\alpha} (c_{\mathrm{s,max}} - c_{\mathrm{s,e}})^{1-\alpha} c_{\mathrm{s,e}}^{\alpha} \left\{ \exp\left(\frac{(1-\alpha)F}{RT}\eta \right) - \exp\left(-\frac{\alpha F}{RT}\eta \right) \right\}$$

注意，当锂从固体电极移动到电解液时，j 的符号为正；当锂从电解液移动到固体电极时，j 的符号为负。

3.9.6 k_0 的标准化单位

请注意，k_0 的单位相当不好处理。Butler-Volmer 方程的指数项是无单位的，j 的单位为 $\mathrm{mol \cdot m^{-2} \cdot s^{-1}}$。因此，$k_0$ 的单位为 $\mathrm{mol^{\alpha-1} \cdot m^{4-3\alpha} \cdot s^{-1}}$。某些计算平台还不能处理具有非整数次幂的单位，因此这就带来了问题。

解决方案是定义标准化的交换电流密度：

$$\begin{aligned} i_0 &= Fk_0 c_{\mathrm{e}}^{1-\alpha} (c_{\mathrm{s,max}} - c_{\mathrm{s,e}})^{1-\alpha} c_{\mathrm{s,e}}^{\ \alpha} \\ &= F \underbrace{k_0 c_{\mathrm{e},0}^{1-\alpha} c_{\mathrm{s,max}}}_{k_0^{\mathrm{norm}}} \left(\frac{c_{\mathrm{e}}}{c_{\mathrm{e},0}} \right)^{1-\alpha} \left(\frac{c_{\mathrm{s,max}} - c_{\mathrm{s,e}}}{c_{\mathrm{s,max}}} \right)^{1-\alpha} \left(\frac{c_{\mathrm{s,e}}}{c_{\mathrm{s,max}}} \right)^{\alpha} \end{aligned}$$

式中：$c_{\mathrm{e},0}$ 为电解液中锂的静态平衡浓度。可以看到，按照上述形式重新排列交换电流密度后，非整数幂项变为无单位，k_0^{norm} 单位为 $\mathrm{mol \cdot m^{-2} \cdot s^{-1}}$，这样更容易操作。可以把 Butler-Volmer 方程改写为

$$\begin{aligned} j = k_0^{\mathrm{norm}} & \left(\left(\frac{c_{\mathrm{e}}}{c_{\mathrm{e},0}} \right) \left(\frac{c_{\mathrm{s,max}} - c_{\mathrm{s,e}}}{c_{\mathrm{s,max}}} \right) \right)^{1-\alpha} \left(\frac{c_{\mathrm{s,e}}}{c_{\mathrm{s,max}}} \right)^{\alpha} \\ & \times \left\{ \exp\left(\frac{(1-\alpha)F}{RT}\eta \right) - \exp\left(-\frac{\alpha F}{RT}\eta \right) \right\} \end{aligned}$$

注意，大多数讨论锂离子电池仿真的文章都没有给出 k_0 的值。但它们在仿真开始时给出了施加的 i_0 值，你能从中得到 k_0 或 k_0^{norm}。

3.10 模型实施

现在已经建立了 5 个方程，它们描述了固体电极和电解液中的质量守恒、电荷守恒，以及固体电极和电解液之间锂的通量密度，这些方程与锂离子电池

中发生的微观动态过程相对应①。

由于模型复杂度太高，现阶段的计算能力不足以使用这些方程来仿真整个电池。通常被仿真的是如图3-16所示的包含固体颗粒和电解液的小体积。图中绘制出了固体颗粒，并假设电解液充满颗粒间的空隙。

为了仿真这个几何体，需要一个偏微分方程求解器。本章不会讨论仿真的具体过程，将会在第4章中进行详细讨论。一般来说，仿真过程如下。

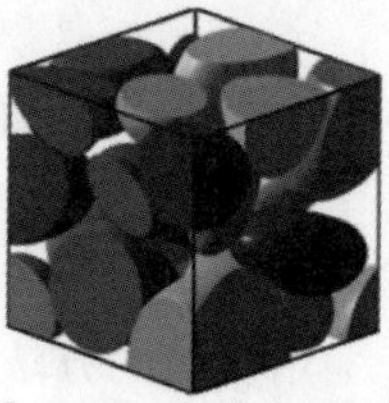

图3-16　小体积颗粒几何结构示例

(1) 定义每个固体颗粒、电解液和整个系统的三维几何体。如果使用的不是简单规则的形状，这项工作将非常具有挑战性，如图3-16中的截断椭球就很难描述。通常使用计算机辅助设计工具（Computer Aided Design，CAD）来绘制这些几何体，再将它们导入偏微分方程求解器中。

(2) 指定各个几何体中运行的偏微分方程和代数方程。式（3.1）和式（3.2）适用于描述固体颗粒内部的几何体，式（3.3）和式（3.4）适用于描述固体颗粒之间空隙的几何体，这些空隙充满电解液。

(3) 为每个几何体输入所有参数（如电导率、扩散率等）和函数（如开路电位函数）。

(4) 定义初始条件、限制函数和边界条件。

我们还没有研究边界条件，而这些对于系统仿真是至关重要的。边界条件是在固体电极与电解液交界面以及仿真几何体边界位置的浓度和电位方程。

边界条件方程有3种通用类型。Dirichlet边界条件规定了所研究物理量在边界上的数值。Neumann边界条件规定了所研究物理量在边界外法线方向上的导数值。Cauchy边界条件是Dirichlet边界条件和Neumann边界条件的线性组合。

结果表明，构成微尺度模型的4个偏微分方程的边界条件都是Neumann型。将在本节进行推导，它们在第4章中也很重要。

3.10.1　固体中电荷守恒的边界条件

为找到固体电荷守恒方程的边界条件，从固体电流表达式（3.6）出发：

$$\sigma \nabla \phi_s = -\boldsymbol{i}_s$$

① 这些方程可用于描述任何化学电源，但对于没有插入电极的纯化学电池，不需要描述插层化合物中固体扩散的方程。

注意到上式的左边是一个导数，因此估计这是一个 Neumann 型边界条件。于是，上式两边同时点乘法向量，法向量由固体指向电解液：

$$\begin{cases} \hat{\boldsymbol{n}}_s \cdot \nabla\phi_s = -\dfrac{\boldsymbol{i}_s \cdot \hat{\boldsymbol{n}}_s}{\sigma} \\ \hat{\boldsymbol{n}}_s \cdot \nabla\phi_s = -\dfrac{Fj}{\sigma} \end{cases} \tag{3.47}$$

这是适用于描述固体电荷守恒偏微分方程的 Neumann 型边界条件。

3.10.2 固体中质量守恒的边界条件

用类似的方法可找到固体质量守恒方程的边界条件，从固体中锂通量密度的表达式（3.9）开始：

$$D_s \nabla c_s = -\boldsymbol{N}$$

方程两边同时点乘法向量，法向量由固体指向电解液：

$$\hat{\boldsymbol{n}}_s \cdot \nabla c_s = -\frac{\boldsymbol{N} \cdot \hat{\boldsymbol{n}}_s}{D_s}$$

$$\hat{\boldsymbol{n}}_s \cdot \nabla c_s = -\frac{j}{D_s}$$

这是适用于描述固体质量守恒偏微分方程的 Neumann 型边界条件。

3.10.3 电解液中质量守恒的边界条件

虽然寻找电解液偏微分方程的边界条件有点复杂，但仍然是有规律可循的。进入和离开电极的物质通量在边界两边必须相等。电极与电解液界面处的阳离子、阴离子和溶剂的通量密度为

$$\boldsymbol{N}_+ \cdot \hat{\boldsymbol{n}}_e = c\,\boldsymbol{v}_+ \cdot \hat{\boldsymbol{n}}_e = -j\,, \boldsymbol{N}_0 \cdot \hat{\boldsymbol{n}}_e = c\,\boldsymbol{v}_0 \cdot \hat{\boldsymbol{n}}_e = 0\,, \boldsymbol{N}_- \cdot \hat{\boldsymbol{n}}_e = c\,\boldsymbol{v}_- \cdot \hat{\boldsymbol{n}}_e = 0$$

式中：j 表示从固体电极到电解液的通量密度；$\boldsymbol{N}_+ \cdot \hat{\boldsymbol{n}}_e = -j$，这个符号为负是因为 $\hat{\boldsymbol{n}}_e$ 从电解液向外指向固体电极，即为与 $\hat{\boldsymbol{n}}_s$ 相反的方向。

使用式（3.32）计算 $\boldsymbol{N}_+$ 的方程式（以及 $\boldsymbol{N}_-$ 的相应结果）：

$$\begin{cases} -j = -\nu_+ D_e\left(1 - \dfrac{\mathrm{d}\ln c_0}{\mathrm{d}\ln c_e}\right)\nabla c_e \cdot \hat{\boldsymbol{n}}_e + \dfrac{\boldsymbol{i}_e \cdot \hat{\boldsymbol{n}}_e t_+^0}{z_+ F} + \nu_+ c_e \boldsymbol{v}_0 \cdot \hat{\boldsymbol{n}}_e \\ 0 = -\nu_- D_e\left(1 - \dfrac{\mathrm{d}\ln c_0}{\mathrm{d}\ln c_e}\right)\nabla c_e \cdot \hat{\boldsymbol{n}}_e + \dfrac{\boldsymbol{i}_e \cdot \hat{\boldsymbol{n}}_e t_-^0}{z_- F} + \nu_- c_e \boldsymbol{v}_0 \cdot \hat{\boldsymbol{n}}_e \end{cases}$$

对于锂离子电池，$\nu_+ = \nu_- = 1, z_+ = -z_- = 1$，假设溶剂速度 $\boldsymbol{v}_0 = 0$，则

$$\begin{cases} -j = -D_e\left(1 - \dfrac{\mathrm{dln}c_0}{\mathrm{dln}c_e}\right)\nabla c_e \cdot \hat{\boldsymbol{n}}_e + \dfrac{\boldsymbol{i}_e \cdot \hat{\boldsymbol{n}}_e t_+^0}{F} \\ 0 = -D_e\left(1 - \dfrac{\mathrm{dln}c_0}{\mathrm{dln}c_e}\right)\nabla c_e \cdot \hat{\boldsymbol{n}}_e - \dfrac{\boldsymbol{i}_e \cdot \hat{\boldsymbol{n}}_e t_-^0}{F} \end{cases}$$

为了消去 i_e，将第二个方程乘以 t_+^0 / t_-^0，再与第一个方程相加，有

$$\begin{cases} -j = -D_e\left(1 - \dfrac{\mathrm{dln}c_0}{\mathrm{dln}c_e}\right)\left(1 + \dfrac{t_+^0}{t_-^0}\right)\nabla c_e \cdot \hat{\boldsymbol{n}}_e \\ -t_-^0 j = -D_e\left(1 - \dfrac{\mathrm{dln}c_0}{\mathrm{dln}c_e}\right)\nabla c_e \cdot \hat{\boldsymbol{n}}_e \end{cases}$$

于是得到 ∇c_e 的 Neumann 型边界条件：

$$\hat{\boldsymbol{n}}_e \cdot \nabla c_e = \frac{1 - t_+^0}{D_e\left(1 - \dfrac{\mathrm{dln}c_0}{\mathrm{dln}c_e}\right)} j \tag{3.48}$$

3.10.4　电解液中电荷守恒的边界条件

将 $\hat{\boldsymbol{n}}_e \cdot \nabla c_e$ 的值代入通量密度方程以求解边界处的 $\boldsymbol{i}_e$：

$$-j = -D_e\left(1 - \frac{\mathrm{dln}c_0}{\mathrm{dln}c_e}\right)\frac{(1 - t_+^0)j}{D_e\left(1 - \dfrac{\mathrm{dln}c_0}{\mathrm{dln}c_e}\right)} + \frac{\boldsymbol{i}_e \cdot \hat{\boldsymbol{n}}_e t_+^0}{F}$$

$$0 = -D_e\left(1 - \frac{\mathrm{dln}c_0}{\mathrm{dln}c_e}\right)\frac{t_-^0 j}{D_e\left(1 - \dfrac{\mathrm{dln}c_0}{\mathrm{dln}c_e}\right)} - \frac{\boldsymbol{i}_e \cdot \hat{\boldsymbol{n}}_e t_-^0}{F}$$

上面两个表达式的结果相同：

$$\boldsymbol{i}_e \cdot \hat{\boldsymbol{n}}_e = -jF \tag{3.49}$$

将所有的边界条件代入 i_e 方程，可得到在固体电极和电解液界面上：

$$-\kappa \nabla\phi_e - \kappa_D \nabla \mathrm{ln}c_e = \boldsymbol{i}_e$$

$$\hat{\boldsymbol{n}}_e \cdot \left(-\kappa \nabla\phi_e - \frac{\kappa_D}{c_e}\nabla c_e\right) = \hat{\boldsymbol{n}}_e \cdot \boldsymbol{i}_e$$

$$\nabla\phi_e \cdot \hat{\boldsymbol{n}}_e = \left(\frac{F}{\kappa} - \frac{\kappa_D}{\kappa c_e}\frac{t_-^0}{D_e\left(1 - \dfrac{\mathrm{dln}c_0}{\mathrm{dln}c_e}\right)}\right) j$$

此外，在电池的外边界处，离子通量密度为零。

3.11 电池尺度的量

考虑到目前的计算能力，虽然使用本章提出的方程来仿真整个电池是不可行的，但有一些电池尺度上的变量可以很容易地根据这些较低尺度方程进行理解。

3.11.1 电池开路电压

电池的开路电压是当电池处于静置时的稳态电压。根据现有的模型方程，这种稳态条件意味着锂在两个电极中所有固体颗粒中的浓度分布都是均匀的，并且锂在电解液中的浓度分布也是均匀的。

电池开路电压与两个电极的开路电位有关①：

$$U_{ocv}^{cell} = U_{ocp}^{pos} - U_{ocp}^{neg}$$

为了产生高的电池电压（以获得高能量密度），需要选择具有高电位的正极活性材料（相对于锂金属参考电极），以及具有低电位的负极活性材料。

图 3-17 绘制了 4 种常用负极材料的开路电位关系曲线。目前几乎所有的锂离子电池都含有某种类型的锂化石墨。化学组成为 Li_xC_6，x 是介于 0～1 之间的值，它表示电极中锂的化学计量。$x = c_s^{neg}/c_{s,max}^{neg}$，$c_{s,max}^{neg}$ 是当晶体晶格结构完全充满锂时，电极固体材料的总存储能力。

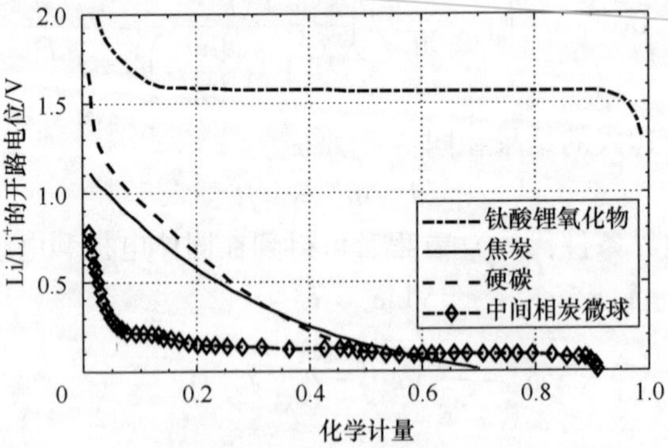

图 3-17 常用负极材料开路电压

① 本书使用“开路电压”来描述两个电位之间的差值，它是电池尺度上的量；用“开路电位”来表示电极尺度上的量。实际上，材料的电极电位是通过构建一个电池来确定的，该电池的负极是锂金属，正极是待研究的电极材料。因此，开路电位是相对于锂金属电极的电位差，而锂金属电极可以是也可以不是最终电池中使用的电极。

图 3-17 中标记为“中间相炭微球（MCMB）”的曲线材料是指非常接近球形的石墨颗粒。然而，不同种类的石墨（天然的、合成的）与具有相同化学成分的硬碳或软碳之间的开路电位关系存在差异，这些差异取决于各层相对的有序或无序程度。为了说明这一点，图 3-17 中还绘制了石油焦炭和硬碳（化学组成也为 Li_xC_6 ）的开路电位曲线。

图 3-17 中所示的另一种材料是钛酸锂氧化物（LTO），其化学组成为 $Li_{4+3x}Ti_5O_{12}$。虽然 LTO 的高电位使其作为负极活性材料的吸引力降低，但它是相对不易破坏的。石墨电极由于形成了 SEI 膜，因此老化速度相对较快；然而，LTO 电极似乎没有发生类似的现象，可以循环使用数万次。

图 3-18 绘制了几种常用正极材料的开路电位关系曲线。磷酸铁锂 LFP 电压低，但是寿命长，化学组成是 Li_yFePO_4， y 是介于 0 ~ 1 之间的值，它表示电极中锂的化学计量，其计算式为 $y = c_s^{pos}/c_{s,max}^{pos}$。

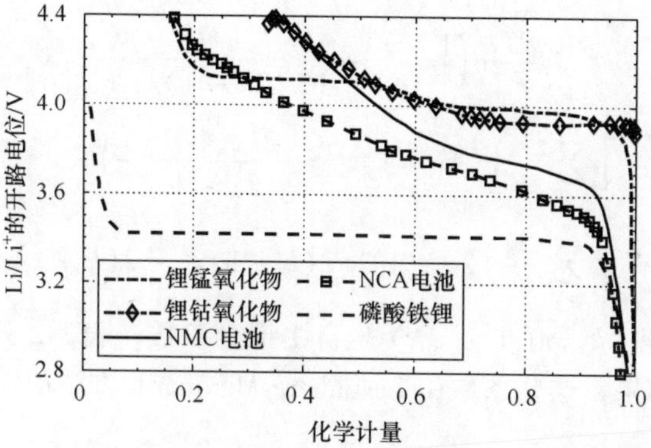

图 3-18 常见正极材料的开路电位

锂锰氧化物（LMO）比 LFP 的电压更高，但由于锰易于溶解到电解液中，因此在高温下会发生容量的快速衰减，其化学组成为 $Li_yMn_2O_4$。

锂钴氧化物（LCO）比 LMO 更坚固，比 LFP 具有更高的能量；但是由于钴的价格昂贵，通常主要用于小型电池，如用于便携式电子设备。LCO 的化学组成为 Li_yCoO_2。

还有其他一些氧化物采用不同的过渡金属代替 LCO 中的一些钴以降低成本，但保持了 LCO 在其他方面的优点。例如，一些钴可以被镍（这会使电池具有更高的电压，但热稳定性较差）、铝或锰取代。所谓的“NCA”电池就是用镍和铝来代替一些钴，常用的化学组成是 $Li_yNi_{0.8}Co_{0.15}Al_{0.05}O_2$。另外，“NMC”电池用镍和锰来代替一些钴，可以使用不同配比的镍和锰，常见的化

学组成是 $Li_y Ni_{1/3} Mn_{1/3} Co_{1/3} O_2$。

为测量电极材料的开路电位，需要构建一个负极为锂金属，正极为待研究材料的测试电池。测试电池的充放电过程非常缓慢，同时根据已知的材料量考虑化学计量，并记录电压。这一过程与第 2 章中描述的测量成品电池开路电压的过程大致相同。

数据可以存储为查找表，但是大多数文献采用闭环的解析曲线拟合方法，并基于不同函数来对数据进行逼近。可以看到有使用指数和双曲正切函数的拟合，其他基于多项式或三次样条函数的拟合也很受欢迎。虽然这些拟合结果可以很好地从数学角度来描述数据，但它们不能解释背后的机理。也许第一篇提出通用拟合函数并给出一定理论解释的文章是由 Karthikeyanetal 等撰写的①。本书采用 Redlich-Kister 展开式来创建拟合函数。这里，通过在展开式中加入一个经验畸变因子 K 来总结他们的方法②。此时，电池的开路电位计算式如下：

$$U(x) = U^0 + \frac{RT}{F}\ln\left(\frac{1-x}{x}\right) + \frac{1}{(K(2x-1)+1)^2} \times \left[\sum_{k=0}^{N}\frac{A_k}{F}\left((2x-1)^{k+1} - \frac{2kx(1-x)}{(2x-1)^{1-k}}\right) + K\sum_{k=0}^{N}\frac{A_k}{F}(2x-1)^k(2(k+1)x^2 - 2(k+1)x + 1)\right]$$

式中：U^0、K、$A_k(k = 0,1,\cdots,N)$ 是自由拟合参数。表 3-2 列出了许多常见电极的曲线拟合结果，这些系数由 Levenberg-Marquardt 方法确定。

3.11.2 电池总容量

另一个可以快速解释的电池尺度量是电池的安时总容量。可以通过一系列步骤来计算这个量，从每个电极的容量表达式开始。

为计算电极的安时容量，必须首先确定用单位体积锂的摩尔数表示的电极容量。在极端情况下，该值可能等于 $c_{s,max}$。然而，为了远离导致电池快速衰退或能量损耗的边界，实际的电池并没有使用整个容量。例如，我们在负极只

① 参考文献：Karthikeyan, D. K., Sikha, G., and White, R. E., "Thermodynamic model development for lithium intercalation electrodes," Journal of Power Sources, 185, 2008, pp. 1, 398-1, 407.

② 参考文献：Prausnitz, J. M., Molecular Thermodynamics of Fluid Phase Equilibria, Prentice Hall, NJ, 3d, 1999.

表 3-2　常见电极材料的改进 Redlich-Kister 展开式系数

	中间相炭微球	石油焦炭	硬碳	钛酸锂氧化物	磷酸铁锂	锂钴氧化物	锂锰氧化物	镍钴铝电池	镍锰钴电池
K	1.000052×10^{0}	1.015189×10^{-5}	9.896854×10^{-1}	1.291628×10^{-1}	3.932999×10^{-2}	-2.369024×10^{-4}	-9.96536×10^{-1}	1.046644×10^{-4}	-6.359610×10^{-1}
U^{0}	-4.894122×10^{-1}	1.737471×10^{1}	5.839445×10^{-1}	1.596152×10^{0}	3.407141×10^{0}	-2.276828×10^{1}	4.004463×10^{0}	-4.419803×10^{0}	3.755472×10^{0}
A_1	1.115732×10^{3}	3.257341×10^{6}	6.433323×10^{2}	-2.730278×10^{3}	-2.244923×10^{3}	5.166082×10^{6}	2.888073×10^{1}	1.545979×10^{6}	-1.306411×10^{3}
A_2	-1.14052×10^{5}	3.324795×10^{6}	9.277734×10^{4}	5.232911×10^{3}	-2.090675×10^{3}	-5.191279×10^{6}	-1.928965×10^{4}	-1.598187×10^{6}	-5.799521×10^{4}
A_3	-9.895551×10^{4}	3.293786×10^{6}	1.208039×10^{5}	-8.075451×10^{3}	-6.045274×10^{3}	5.232986×10^{6}	2.751693×10^{4}	1.595170×10^{6}	1.285906×10^{5}
A_4	-8.472647×10^{4}	3.305070×10^{6}	3.909709×10^{4}	-4.993786×10^{3}	-6.046354×10^{3}	-5.257083×10^{6}	2.599759×10^{4}	-1.605545×10^{6}	-1.418605×10^{5}
A_5	-2.676083×10^{5}	3.341687×10^{6}	7.042733×10^{4}	3.643875×10^{4}	-1.395210×10^{4}	5.010583×10^{6}	4.795929×10^{4}	1.521194×10^{6}	1.281969×10^{5}
A_6	-4.761692×10^{5}	3.286297×10^{6}	4.527821×10^{5}	1.105087×10^{5}	4.928595×10^{4}	-4.520614×10^{6}	-2.773488×10^{5}	-1.645695×10^{6}	-3.281283×10^{5}
A_7	6.032508×10^{5}	2.786389×10^{6}	9.259981×10^{5}	-3.613702×10^{5}	5.768895×10^{4}	7.306952×10^{6}	-3.211625×10^{5}	1.809373×10^{6}	8.176398×10^{2}
A_8	1.867866×10^{6}	2.943793×10^{6}	1.111642×10^{2}	-5.025253×10^{5}	-2.706196×10^{5}	-1.463426×10^{7}	9.984391×10^{5}	-1.578053×10^{6}	1.373879×10^{6}
A_9	-1.698309×10^{6}	6.028857×10^{6}	-1.853447×10^{6}	1.401392×10^{6}	-2.623973×10^{5}	6.705611×10^{6}	1.227530×10^{6}	2.032672×10^{5}	6.511414×10^{5}
A_{10}	-5.707850×10^{6}	8.242393×10^{6}	-3.232663×10^{5}	1.148841×10^{6}	6.954912×10^{5}	3.389416×10^{7}	-2.722189×10^{6}	-2.281842×10^{6}	-7.315831×10^{6}
A_{11}	8.739993×10^{5}	1.365959×10^{6}	3.899277×10^{6}	-2.857197×10^{6}	4.805390×10^{5}	-6.352811×10^{7}	-1.973511×10^{6}	-1.678912×10^{6}	4.983891×10^{6}
A_{12}	7.780654×10^{6}	-1.036909×10^{7}	2.862780×10^{6}	-1.211581×10^{6}	-8.818037×10^{5}	3.048793×10^{7}	4.613775×10^{6}	2.858489×10^{6}	6.925178×10^{6}
A_{13}	1.486486×10^{6}	-1.328733×10^{7}	-2.837527×10^{6}	2.819998×10^{6}	-4.500675×10^{5}	2.144002×10^{7}	8.188394×10^{5}	5.443521×10^{6}	-6.123714×10^{6}
A_{14}	-4.703010×10^{5}	-6.890890×10^{6}	-4.199996×10^{6}	4.791029×10^{5}	4.255778×10^{5}	-2.773199×10^{7}	-4.157314×10^{6}	-9.459781×10^{6}	-3.595215×10^{6}
A_{15}	-2.275145×10^{6}	-1.366119×10^{6}	-1.406372×10^{6}	-1.091785×10^{6}	1.278146×10^{5}	8.206452×10^{6}	1.709075×10^{6}	3.600413×10^{6}	3.340694×10^{6}

使用从 $x_{0\%}$ 到 $x_{100\%}$，在正极只使用从 $y_{0\%}$ 到 $y_{100\%}$，这里 x 是 Li_xC_6 中介于 0~1 之间的值，y 是 Li_yCoO_2 中介于 0~1 之间的值。利用 $c_{s,\max}$ 和 $x_{0\%}$、$x_{100\%}$、$y_{0\%}$ 和 $y_{100\%}$ 的值，可以得出负极和正极的总使用容量，单位为 $mol \cdot m^{-3}$：

$$Q_V^{neg} = c_{s,\max}^{neg} |x_{100\%} - x_{0\%}| \ (mol \cdot m^{-3})$$

$$Q_V^{pos} = c_{s,\max}^{pos} |y_{100\%} - y_{0\%}| \ (mol \cdot m^{-3})$$

接下来，需要确定每个电极中固体活性材料的总体积。从电极的总体积开始，它等于电极板面积 A 乘以电极厚度 L。然而，并不是所有的体积都充满了固体活性材料——有的是电解液，有的是填充物，有的是黏合剂或其他非活性材料。ε_s 是固体活性材料所占电极总体积的比例分数。知道了这一点，现在就可以计算出每个电极的总使用容量，单位为 mol：

$$Q^{neg} = AL^{neg}\varepsilon_s^{neg}c_{s,\max}^{neg} |x_{100\%} - x_{0\%}| \ (mol)$$

$$Q^{pos} = AL^{pos}\varepsilon_s^{pos}c_{s,\max}^{pos} |y_{100\%} - y_{0\%}| \ (mol)$$

最后，利用法拉第常数和 1h = 3600s，可以求出安时容量：

$$Q^{neg} = AFL^{neg}\varepsilon_s^{neg}c_{s,\max}^{neg} |x_{100\%} - x_{0\%}| /3600 (Ah) \tag{3.50}$$

$$Q^{pos} = AFL^{pos}\varepsilon_s^{pos}c_{s,\max}^{pos} |y_{100\%} - y_{0\%}| /3600 (Ah) \tag{3.51}$$

通常，一个电极的容量比另一个电极稍大，这是为了尽量减少导致电池衰退的机制发生。因此，电池总容量是两个电极容量中的最小值：

$$Q = \min(Q^{neg}, Q^{pos}) (Ah) \tag{3.52}$$

3.11.3 电池荷电状态

电池的荷电状态可以与负极中锂的总量相关联，也可以与正极中锂的总量相关联。同样，通过将负、正极中锂的总量除以其所在电极固体活性材料的总体积，还可以将荷电状态与负极中锂的平均浓度或正极中锂的平均浓度联系起来，其中平均值是在整个电极上计算得出的。

当电池充满电时，负极中的锂含量达到其允许的最高水平，正极中锂的含量达到其允许的最低水平。就化学计量数而言，$c_{s,avg}^{neg}/c_{s,\max}^{neg} = x_{100\%}$，$c_{s,avg}^{pos}/c_{s,\max}^{pos} = y_{100\%}$。

同样，当电池完全放电时，负极中的锂含量达到其允许的最低水平，正极中的锂含量达到其允许的最高水平。就化学计量数而言，$c_{s,avg}^{neg}/c_{s,\max}^{neg} = x_{0\%}$，$c_{s,avg}^{pos}/c_{s,\max}^{pos} = y_{0\%}$，$x_{0\%} < x_{100\%}$，$y_{0\%} > y_{100\%}$。

随着负极的化学计量数在 $x_{0\%}$ 和 $x_{100\%}$ 之间变化，荷电状态呈线性变化（或者等效地，由于正极的化学计量数在 $y_{0\%}$ 和 $y_{100\%}$ 之间变化）。因此，可以

将电池尺度的荷电状态计算为

$$z = \frac{c_{s,avg}^{neg}/c_{s,max}^{neg} - x_{0\%}}{x_{100\%} - x_{0\%}} \tag{3.53}$$

$$z = \frac{c_{s,avg}^{pos}/c_{s,max}^{pos} - y_{0\%}}{y_{100\%} - y_{0\%}} \tag{3.54}$$

3.11.4　单粒子模型

微尺度电池模型中有5个耦合方程，这些方程描述了电池内部锂在固体电极和电解液中的移动，固体电极和电解液的电压（电位），以及在固体电极/电解液边界处不同点的反应速率。

研究结果表明，锂在固体电极颗粒中的扩散是最慢的，其对电池整体动态行为的影响占主导地位。因此，可以考虑电池的单粒子模型（Single-Particle Model，SPM），它通过将两个电极分别建模为单个球形活性材料粒子来简化电极。该模型忽略了电解液浓度和电位的动态变化。虽然比较粗糙，但是SPM是一个很好的学习工具，可以帮助理解锂离子电池对不同输入激励的响应，并且可用于控制设计中以实现对荷电状态的良好估计。

仿真锂在单个固体颗粒中扩散的方法有很多种，本文重点介绍离散化扩散方程的有限体积法。单个固体颗粒被分成厚度相等的球壳（像理想化的洋葱）。在每个时间步长中，计算出从一个壳层到另一个壳层的总锂通量，然后更新每个壳层内的锂浓度。锂根据施加的电池电流流入或流出最外层的壳层。

当颗粒处于放电、静置、充电和静置过程时，可考虑使用以下代码来仿真单个颗粒，此代码的输出如图3-19所示。

```
% 用与你的问题相关的值替换下面的常量
R = 10e - 6;     % 颗粒半径 [m]
Cmax = 12000;% [mol/m^3]
c0 = 9500;     % 初始浓度[mol/m^3]
j0 = 5000 * R/3/1800; % 锂通量 [mol/m^2/s]
D = 1e - 14;     % 固相扩散系数[m^2/s]

jk = [j0 * ones(1,1800),zeros(1,3600)];% 放电后静置
jk = [jk - jk]; % 放电后静置,再充电后静置

% 仿真控制
Nr = 20;   % 径向壳层数
dR = R/Nr; % 每个壳层的厚度
```

```
Sa = 4 * pi(R * (1:Nr)/Nr).^2;% 每个壳层的外表面积
dV = (4/3) * pi * ((R * (1:Nr)/Nr).^3 - (R * (0:Nr-1)/Nr).^3);
% 每个壳层的体积
dt = 1;% 时间步长为 1s

c = c0 * ones(1,Nr);     % r 维度的浓度分布
cse = zeros(size(jk));  % 表面浓度
cse(1) = c0;

for timestep = 1:length(jk),
  N = -D * diff(c)/dR;  % 壳层外表面通量密度
  M = N. * Sa(1:end-1); % 通过壳层外表面的总摩尔数
  c = c + ([0 M] - [M 0]) * dt./dV; % 由扩散引起的浓度变化
  c(end) = c(end) - jk(timestep) * Sa(end) * dt/dV(end);
  % 边界处浓度
  cse(timestep+1) = c(end);
end

figure(1);clf;plot((0:length(jk))/3600,cse/1000);
xlabel('时间/h)');ylabel('浓度/kmol m^{-3})')
```

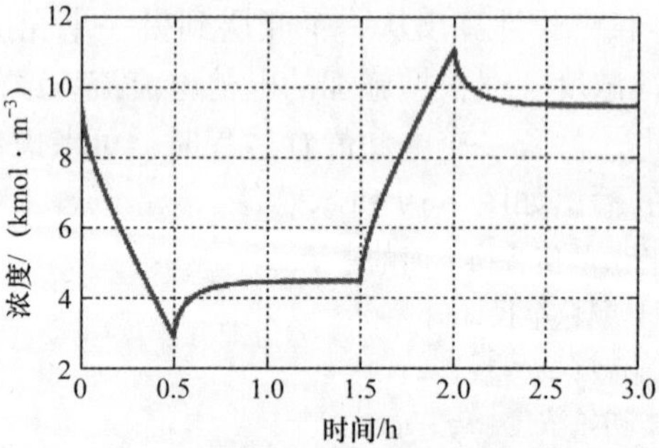

图 3-19　单个颗粒仿真结果

在代码中，假设球形颗粒具有 N_r 个等厚度的洋葱状壳层。因此，任意给定壳层的厚度为 $dR = R_s/N_r$。此外，还需要计算每个壳层的体积和外表面积。

（1）最内层壳层的体积为 $dV_1 = \frac{4}{3}\pi(dR)^3$，外表面积为 $S_{a_1} = 4\pi(dR)^2$。

（2）下一个壳层的体积为 $dV_2 = \frac{4}{3}\pi(2dR)^3 - dV_1$，外表面积为 $S_{a_2} = 4\pi(2dR)^2$。

(3) 通过扩展，第 n 个壳层的体积为 $dV_n = \frac{4}{3}\pi(ndR)^3 - \frac{4}{3}\pi((n-1)dR)^3$，外表面积为 $S_{a_n} = 4\pi(ndR)^2$。

代码中的变量 dV 和 S_a 分别是包含所有外壳体积和外表面积的向量。

现在，考虑将壳层边界的摩尔通量密度从关于距离 r 的连续函数转换为离散函数。

$$N = -D_s \nabla c_s = -D_s \frac{\partial c_s}{\partial r} \approx -D_s \frac{\Delta c_s}{\Delta r}$$

壳层 n 和壳层 $n+1$ 之间第 n 个边界处的通量密度可写为

$$N_n \approx -D_s \frac{c_{n+1} - c_n}{dR}$$

当 N_n 的符号为负时，表示通量从壳层 $n+1$ 进入壳层 n；当符号为正时，表示通量离开壳层 n 进入壳层 $n+1$。代码中的 N 计算所有内部壳层边界处的通量密度，而颗粒外表面处的单独计算。该通量单位为 $\text{mol}\cdot\text{m}^{-2}\cdot\text{s}^{-1}$。

在代码中，我们将 N 乘以通量通过的壳层表面积，可得到物质的转移速率 M，单位为 $\text{mol}\cdot\text{s}^{-1}$。

对于任意壳层，有两个边界可以让通量通过：内表面和外表面。第 n 个壳层中摩尔数的总变化量等于 $S_{a_n}N_n - S_{a_{n-1}}N_{n-1}$，单位为 $\text{mol}\cdot\text{s}^{-1}$。为了得到浓度的变化，必须将摩尔变化量乘以 Δt（单位为 s），再除以第 n 个壳层的体积。浓度更新方程使用该方法来实现扩散。

最外层的情况是什么样呢？首先我们有一个施加通量密度 j，单位为 $\text{mol}\cdot\text{m}^{-2}\cdot\text{s}^{-1}$。由于每 Δts 施加通量，因此将 j 乘以 $S_{a_n}\Delta t/dV_n$，则可以得到最外层壳层的浓度变化。

为了计算给定电池电流（单位为 A）的平均相间锂通量密度（单位为 $\text{mol}\cdot\text{m}^{-2}\cdot\text{s}^{-1}$），必须利用法拉第常数将电池电流单位从 A 转换为 $\text{mol}\cdot\text{s}^{-1}$。

接下来，需要计算以 m^{-2} 为单位的每个电极的相间面积。在此之前，还需计算以 $\text{m}^2\cdot\text{m}^{-3}$ 为单位的比界面面积。假设所有的电极颗粒都是半径为 R_s 的球体，并且固相体积分数 ε_s，那么：

$$a_s = \frac{\text{总颗粒表面积}}{\text{总电极体积}} = \underbrace{\frac{\text{总固体体积}}{\text{总电极体积}}}_{\varepsilon_s}\frac{\text{总颗粒表面积}}{\text{总固体体积}} = \varepsilon_s \frac{4\pi R_s^{\ 2}}{\frac{4}{3}\pi R_s^{\ 3}} = \frac{3\varepsilon_s}{R_s}$$

这个结果计算出每立方米总电极中有多少平方米的颗粒表面积。因此，$a_s AL$ 给出了单位为 m^2 的电极中颗粒总表面积，以及

$$j = \frac{i_{\text{app}}}{a_s FAL}(\text{mol}\cdot\text{m}^{-2}\cdot\text{s}^{-1})$$

最后，尽管荷电状态取决于电极中锂的平均浓度，但电压取决于锂的表面浓度（即固体和电解液之间的交界面）。代码定义了一个变量 cse，用于表示 $c_{s,e}$。当使用单粒子模型仿真整个电池时，一个颗粒模拟负极，第二个颗粒（使用上述代码的副本）模拟正极。电池电压等于正极电位减去负极电位。正极电位是通过 $U_{ocp}^{pos}(y)$ 函数确定的，y 对应于正极颗粒当前的表面锂浓度，$y = c_{s,e}/c_{s,max}$。类似的，负极电位是通过 $U_{ocp}^{neg}(x)$ 函数确定的，x 对应于负极颗粒当前的表面锂浓度，$x = c_{s,e}/c_{s,max}$。

3.12 本章小结及后续工作

我们已经完成了本书中最难的推导！从现在开始，将脱离热力学、物理化学和电化学的主题，从已建立的模型出发，逐步将它的尺度增大，直到得到常差分方程。

但是，微尺度模型是本书中最精确的模型方程组。从现在开始，我们的目标是用更容易实现的模型来近似这些方程。同时，我们试图将这些由近似引入的误差最小化。

3.13 本章附录：OCP 来源

本附录给出了构建表 3-2，以及绘制图 3-17 和图 3-18 的原始数据来源。

（1）MCMB 数据来源于 Santhanagopalan 等①的图 A-1。

（2）石油焦炭数据来源于 Doyle 等②的图 B-2。

（3）硬碳数据来源于 Karthikeyan 等③的图 1。

（4）LTO 数据来源于 Stewart 等④的图 4。

---

① S. Santhanagopalan, Q. Guo, and R. E. White, "Parameter Estimation and Model Discrimination for a Lithium-Ion Cell," Journal of the Electrochemical Society, 154 (3), 2007, pp. A198-A206.

② M. Doyle, J. Newman, A. S. Gozdz, C. N. Schmutz, and J-M Tarascon, "Comparison of Modeling Predictions with Experimental Data from Plastic Lithium Ion Cells," Journal of the Electrochemical Society, 143 (6), 1996, pp. 1, 890-1, 903.

③ D. K. Karthikeyan, G. Sikha, R. E. White, "Thermodynamic Model Development for Lithium Intercalation Electrodes," Journal of Power Sources, 185, 2008, pp. 1, 398-1, 407.

④ S. Stewart, P. Albertus, V. Srinivasan, I. Plitz, N. Pereira, G. Amatucci, and J. Newman, "Optimizing the Performance of Lithium Titanate Spinel Paired with Activated Carbon or Iron Phosphate," Journal of the Electrochemical Society, 155 (3), 2008, pp. A253-A261.

（5）LFP 数据来源于 Safari 等[①]的图 3。但仅根据这些（放电深度）数据，并不能确定化学计量系数 y。因此，根据 Safari 的拟合曲线：

$$U_{ocp}^{LFP} = 3.4323 - 0.8428\exp(-80.2493(1-y)^{1.3198}) - 3.2474\times 10^{-6}\exp(20.2645(1-y)^{3.8003}) + 3.2482\times 10^{-6}\exp(20.2646(1-y)^{3.7995})$$

来标定放电曲线，最终确定与放电曲线相对应的化学计量系数 y 的正确范围。

（6）LCO 数据来源于 Santhanagopalan 等[②]的图 A-2。

（7）LMO 数据来源于 Doyle 等[③]的图 B-1。

（8）NCA 数据来源于 Karthikeyan 等[④]的图 2。

（9）NMC 数据来源于 Stewart 等[⑤]的图 6。但仅根据这些（放电深度）数据，并不能确定化学计量系数 y。因此，根据论文本身的拟合曲线：

$$U_{ocp}^{NMC} = 6.0826 - 6.9922y + 7.1062y^2 - 0.54549\times 10^{-4}\exp(124.23y - 114.2593) - 2.5947y^3$$

来标定放电曲线，最终确定与放电曲线相对应的化学计量系数 y 的正确范围。

3.14　本章部分术语

本节罗列出本章定义的重要变量的术语，及其单位——符号［u/l］代表无单位量。值得注意的是，所有变量至少都是空间和时间的潜在函数。

- α[u/l] 是不对称电荷转移系数，$0 \leqslant \alpha \leqslant 1$。
- a[mol · m^{-3}] 是物质的活度。
- a_s[m^2 · m^{-3}] 是比界面面积。
- A[J] 是亥姆霍兹自由能。

---

① M. Safari and C. Delacourt, "Modeling of a Commercial Graphite LiFePO4 Cell," Journal of the Electrochemical Society, 158 (5), 2011, pp. A562-A571.

② S. Santhanagopalan, Q. Guo, and R. E. White, "Parameter Estimation and Model Discrimination for a Lithium-Ion Cell," Journal of the Electrochemical Society, 154 (3), 2007, pp. A198-A206.

③ M. Doyle, J. Newman, A. S. Gozdz, C. N. Schmutz, and J-M Tarascon, "Comparison of Modeling Predictions with Experimental Data from Plastic Lithium Ion Cells," Journal of the Electrochemical Society, 143 (6), 1996, pp. 1, 890-1, 903.

④ D. K. Karthikeyan, G. Sikha, R. E. White, "Thermodynamic Model Development for Lithium Intercalation Electrodes," Journal of Power Sources, 185, 2008, pp. 1, 398-1, 407.

⑤ S. G. Stewart, V. Srinivasan, and J. Newman, "Modeling the Performance of Lithium-Ion Batteries and Capacitors during Hybrid-Electric-Vehicle Operation," Journal of the Electrochemical Society, 155 (9), 2008, pp. A664-A671.

- $A[m^2]$ 是电池集流体面积。
- $c[mol \cdot m^{-3}]$ 是锂在给定位置附近的浓度。c_s 为固体电极中的浓度，c_e 为电解液中的浓度。c_0 为溶剂的浓度，c_T 为总浓度。$c_{s,e}$ 为表面浓度，$c_{s,max}$ 为理论最大锂浓度。
- c_+、c_- $[mol \cdot m^{-3}]$ 分别是电解液中阳离子和阴离子的浓度。
- $D[m^2 \cdot s^{-1}]$ 是一种与材料有关的扩散系数。D_s 为固体电极中的扩散系数，D_e 为电解液中的扩散系数。
- $\mathscr{D}[m^2 \cdot s^{-1}]$ 是浓溶液的 Maxwell-Stefan 扩散率。
- $\varepsilon_s[u/l]$ 是电极中固体活性材料所占的体积分数。
- $E[V \cdot m^{-1}]$ 是某点的（向量）电场。
- $F = 96485[C \cdot mol^{-1}]$ 是法拉第常数。
- $f_\pm$ $[u/l]$ 是平均摩尔活度系数。
- $G[J]$ 是系统或子系统的吉布斯自由能。
- $\gamma_\pm$ $[u/l]$ 是平均质量摩尔活度系数。
- $H[J]$ 是系统的焓，dH 是通过化学反应系统增加或减少的热量。
- $\eta[V]$ 是反应过电位。
- $\boldsymbol{i}[A \cdot m^{-2}]$ 是流过以给定位置为中心的典型横截面的（向量）电流密度。$\boldsymbol{i}_s$ 为固体电极中的电流密度，$\boldsymbol{i}_e$ 为电解液中的电流密度。
- $i_0[A \cdot m^{-2}]$ 是交换电流密度。
- $j[mol \cdot m^{-2} \cdot s^{-1}]$ 是穿过固体和电解液边界从颗粒中流出的正电荷速率。
- $k_0[mol^{\alpha-1} \cdot m^{4-3\alpha} \cdot s^{-1}]$ 是有效反应速率常数。
- $k_0^{norm}[mol \cdot m^{-2} \cdot s^{-1}]$ 是有效反应速率常数的标准化版本，单位相对更好处理。
- $K_{ab}[J \cdot s \cdot m^{-4}]$ 是物质 a 和 b 之间的 Maxwell-Stefan 摩擦系数。
- $\kappa[S \cdot m^{-1}]$ 是离子电导率。
- $\kappa_D[V]$ 是电解液电位方程中某一部分的缩写，$\kappa_D = 2RT\kappa(t_+^0 - 1)/F$。
- $\lambda[u/l]$ 是物质的绝对活度，可以用摩尔浓度和质量摩尔浓度来表示。
- $L[m]$ 是电极厚度。
- $\mu[J \cdot mol^{-1}]$ 是系统的化学势。
- $\bar{\mu}[J \cdot mol^{-1}]$ 是系统的电化学势。
- $m[kg]$ 是物质的质量。
- $n[u/l]$ 是物质的摩尔数。
- $\hat{\boldsymbol{n}}[u/l]$ 是一个单位向量，方向从表面内指向外，远离待研究的相（曲面的单位外法向量）。

- $\boldsymbol{N}(x,y,z,t)$[$\mathrm{mol}\cdot\mathrm{m}^{-2}\cdot\mathrm{s}^{-1}$] 是流过以给定位置为中心的固体电极典型横截面积的锂矢量摩尔通量密度。
- $N_A=6.02214\times10^{23}$[mol^{-1}] 是阿伏伽德罗常数。
- ν_+、ν_- [u/l] 分别是阳离子和阴离子的无符号化学计量系数。
- $\boldsymbol{p}(t)$[$\mathrm{kg}\cdot\mathrm{m}\cdot\mathrm{s}^{-1}$] 是物体的（向量）动量。
- p[Pa] 是系统的压强。
- ϕ[V] 是给定点的静电势标量场。ϕ_s 为固体电极中的电势，ϕ_e 为电解液中的电势。
- Q[C] 是给定位置附近的电荷。
- Q[Ah] 是电池的总容量。
- q[J] 指热量，通常 $đq$ 是系统增加或减少的热量。
- $R=8.314$[$\mathrm{J}\cdot\mathrm{mol}^{-1}\cdot\mathrm{K}^{-1}$] 是通用气体常数。
- R_s[m] 是电极颗粒平均半径。
- $\rho_V(x,y,z,t)$[$\mathrm{C}\cdot\mathrm{m}^{-3}$] 是给定位置附近的（正电荷的）电荷密度。
- S[$\mathrm{J}\cdot\mathrm{K}^{-1}$] 是系统的熵。
- s_+、s_-、s_0[u/l] 分别是阳离子、阴离子和溶剂的有符号化学计量系数。
- σ[$\mathrm{S}\cdot\mathrm{m}^{-1}$] 是一个与材料有关的参数，称为在给定点附近没有杂质的均质材料的体电导率。
- T[K] 是某一点的温度。
- t_+^0、t_-^0 [u/l] 分别是阳离子和阴离子相对于溶剂的迁移数。
- U[J] 是系统的内能。
- $\boldsymbol{v}$[$\mathrm{m\ s}^{-1}$] 是物质的（向量）速度。
- V[m^3] 是体积。
- w[J] 是功，通常 $đw$ 是系统接受或对外所做的功。
- x[u/l] 是物质的摩尔分数。
- z_+、z_- [u/l] 分别是阳离子和阴离子的带符号电荷数。
- z[u/l] 是电池荷电状态。

第4章　连续介质尺度电池模型

基于物理现象的数学模型在微尺度上最容易表达。在第3章中，基于锂离子电池动力学的微尺度模型在三维空间中分别描述了固体电极颗粒和电解液内的电荷和质量守恒。它们可用于仿真电极内部由小颗粒群组成的小体积，从而获得颗粒的几何大小、几何结构，以及它们之间的相互作用。然而，由于目前技术水平有限，采用微尺度模型来仿真整个单体电池是不可行的。因此对于电池尺度模型，需要能充分体现微观主要物理性能的、降低计算复杂度的宏观模型。

回顾图3-1可以帮助我们衡量目前在模型开发方面所取得的进展。我们已经完成了基于锂离子动态行为的微尺度偏微分方程模型的推导，本章将考虑推导下一个更高尺度——连续介质尺度偏微分方程模型。

一种创建宏观模型的方法是在有限小的体积单元上对微观量进行体积平均，由此建立的模型称为连续介质模型。将对象建模为一个连续体，意味着假设该对象的实体完全填满它所占据的空间。因此，用上述方法建立的电极固体颗粒模型忽略了导致固体电极材料不连续的颗粒之间孔隙，建立的电解液模型忽略了电解液颗粒的几何形状、尺寸等细节。然而，在比颗粒半径大得多的长度尺度上，该模型精确度会非常高。

电极内的任何确定坐标（x,y,z）要么对应于固体颗粒内的某一位置，要么对应于电解液内的某一位置（或对应于一些非活性材料如导电添加剂或黏合剂中的某一位置），但它不能同时对应于固体电极和电解液中的某一点。如图4-1所示，固体电极颗粒被绘制为截短椭球体，电解液填充满颗粒间的所有

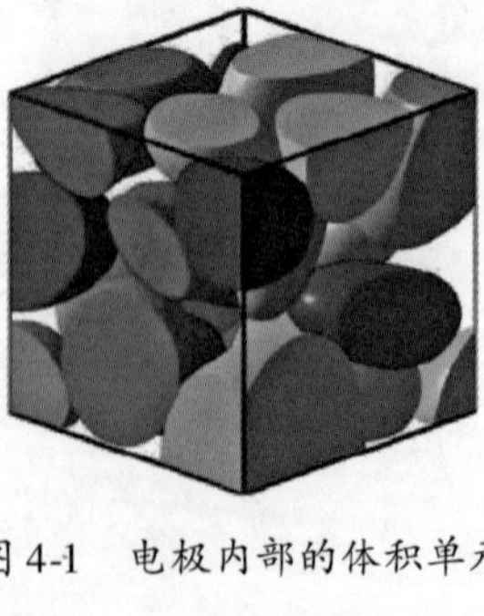

图4-1　电极内部的体积单元

空隙。为了最准确地仿真锂离子电池电极的这一部分，使用第 3 章的微尺度模型进行建模，它需要复杂的电极几何结构图以确定哪些点属于固体电极，哪些点属于电解液。将描述固体电极动态行为的质量守恒和电荷守恒方程应用于固体电极区域，将描述电解液动态行为的质量守恒和电荷守恒方程应用于电解液区域，将 Butler-Volmer 方程应用于区域之间的边界。

连续介质模型的工作原理不同。由于体积平均法是用来建立连续介质尺度模型的，因此得到的方程组假设电极内任意坐标 (x,y,z)，在某种意义上它同时对应于固体电极和电解液中的某一点。也就是说，连续介质尺度模型描述在一个特定点附近，固体电极和电解液内部的典型或平均行为。虽然固体电极相和电解液相仍然是分开考虑的，但它们在体积单元内的相互作用必须考虑在内。该模型将电极假设为平均几何体，不需要知道其内部的微观几何形状。

再次回到图 4-1，定义 $\phi_s(x,y,z,t)$ 的固体电极电位方程不再关心 (x,y,z) 是否对应于固体电极中的一个点，该方程简单地预测了 (x,y,z) 附近颗粒的固体电极电位。同样地，定义固体电极锂浓度、电解液电位、电解液锂浓度、固体电极和电解液之间通量密度的方程，描述了在特定点附近真实变量的平均值。

4.1　本章目标：连续介质尺度电池模型

本章的目标是从已经建立的微尺度模型中推导出连续介质尺度电池模型。要做到这一点，首先需要推导 3 个与体积平均有关的定理①。

（1）适用于标量场 ψ 的体积平均定理 1：

$$\varepsilon_\alpha \overline{\nabla \psi_\alpha} = \nabla(\varepsilon_\alpha \bar{\psi}_\alpha) + \frac{1}{V}\iint_{A_{\alpha\beta}(\boldsymbol{x},t)} \psi_\alpha \hat{\boldsymbol{n}}_\alpha \mathrm{d}A \tag{4.1}$$

（2）适用于向量场 $\boldsymbol{\psi}$ 的体积平均定理 2：

$$\varepsilon_\alpha \overline{\nabla \cdot \boldsymbol{\psi}_\alpha} = \nabla \cdot (\varepsilon_\alpha \bar{\boldsymbol{\psi}}_\alpha) + \frac{1}{V}\iint_{A_{\alpha\beta}(\boldsymbol{x},t)} \boldsymbol{\psi}_\alpha \cdot \hat{\boldsymbol{n}}_\alpha \mathrm{d}A \tag{4.2}$$

（3）适用于标量场 ψ 的体积平均定理 3：

$$\varepsilon_\alpha \overline{\left[\frac{\partial \psi_\alpha}{\partial t}\right]} = \frac{\partial(\varepsilon_\alpha \bar{\psi}_\alpha)}{\partial t} - \frac{1}{V}\iint_{A_{\alpha\beta}(\boldsymbol{x},t)} \psi_\alpha \boldsymbol{v}_{\alpha\beta} \cdot \hat{\boldsymbol{n}}_\alpha \mathrm{d}A \tag{4.3}$$

式中：上画线符号“－”以及下标 α 和 β 的含义将在后续适当位置进行解释。

---

① 参考文献：Gray, W. G., and Lee, P. C. Y., “On the Theorems for Local Volume Averaging of Multiphase Systems,” International Journal on Multiphase Flow, 3, 1977, pp. 333-40.

然后，将这些体积平均定理应用于第 3 章中的微尺度模型方程，以推导以下方程。

（1）多孔电极固相电荷守恒的体积平均近似方程：

$$\nabla \cdot (\sigma_{\mathrm{eff}} \nabla \bar{\phi}_{\mathrm{s}}) = a_{\mathrm{s}} F \bar{j} \tag{4.4}$$

（2）固相质量守恒方程：

$$\frac{\partial c_{\mathrm{s}}}{\partial t} = \frac{1}{r^2}\frac{\partial}{\partial r}\left(D_{\mathrm{s}} r^2 \frac{\partial c_{\mathrm{s}}}{\partial r}\right) \tag{4.5}$$

（3）多孔电极电解液相电荷守恒的体积平均近似方程：

$$\nabla \cdot (\kappa_{\mathrm{eff}} \nabla \bar{\phi}_{\mathrm{e}} + \kappa_{D,\mathrm{eff}} \nabla \ln \bar{c}_{\mathrm{e}}) + a_{\mathrm{s}} F \bar{j} = 0 \tag{4.6}$$

（4）多孔电极电解液相质量守恒的体积平均近似方程：

$$\frac{\partial (\varepsilon_{\mathrm{e}} \bar{c}_{\mathrm{e}})}{\partial t} = \nabla \cdot (D_{\mathrm{e,eff}} \nabla \bar{c}_{\mathrm{e}}) + a_{\mathrm{s}} (1 - t_{+}^{0}) \bar{j} \tag{4.7}$$

（5）微观 Butler-Volmer 动力学关系的体积平均近似方程：

$$\bar{j} = j(\bar{c}_{\mathrm{s,e}}, \bar{c}_{\mathrm{e}}, \bar{\phi}_{\mathrm{s}}, \bar{\phi}_{\mathrm{e}}) \tag{4.8}$$

4.2 准备工作

第一个目标是推导式（4.1）~式（4.3）的体积平均定理。为此，首先介绍一些概念。

4.2.1 α 和 β 相

一种实用的抽象方法是将样本体积单元分为两个相：感兴趣的相用 α 表示，所有其他相都归为 β。当考虑电极固相的质量和电荷守恒方程时，固体颗粒被表示为 α 相，其他都是 β 相。当考虑电解液的质量和电荷守恒方程时，电解液被表示为 α 相，其他都是 β 相。

4.2.2 指示函数

接下来我们试图找到 α 相中一些量的平均值。为了帮助理解，定义 α 相的指示函数为

$$\gamma_{\alpha}(x,y,z,t) = \begin{cases} 1, & \text{如果点}(x,y,z)\text{ 在时间 } t \text{ 处于 } \alpha \text{ 相} \\ 0, & \text{其他情况} \end{cases}$$

我们需要求解这个函数的导数，可以想象，除了 α 相和 β 相间的边界，该函数的导数在其他地方都是零。但是边界上的导数值是多少呢？

4.2.3　Dirac 函数

指示函数的导数称为 Dirac 函数 $\delta(x,y,z,t)$。此函数与众不同，它是根据其属性定义的，而不是通过精确地说明其值定义的。Dirac 函数的属性为

$$\delta(x,y,z,t) = 0,(x,y,z) \neq 0$$

$$\iiint_V \delta(x,y,z,t)\mathrm{d}V = 1$$

可以看到该函数体积为 1，但长度为 0。它是一个广义函数，可用许多不同但等价的方程来描述。

在一维中，一个 Dirac 函数的示例如图 4-2 所示，其定义为

$$\delta(x) = \lim_{\varepsilon\to 0}\begin{cases}\dfrac{1}{\epsilon}, & |x| \leqslant \dfrac{\epsilon}{2}\\ 0, & 其他\end{cases} \tag{4.9}$$

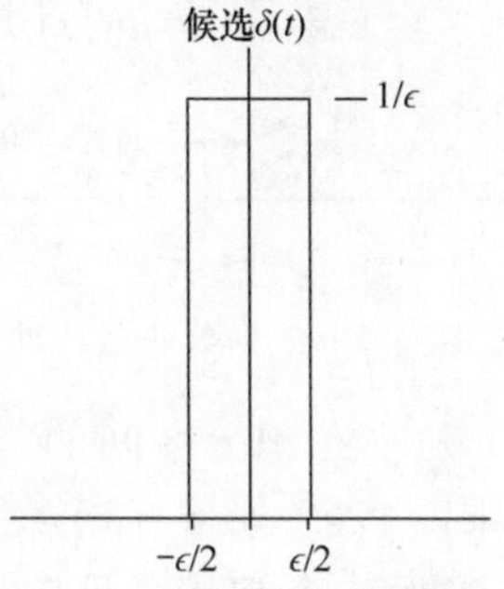

图 4-2　一维候选 Dirac 函数示例

对于所有的 ϵ，其积分值为 1，随着 ϵ 无限接近于 0，其宽度为 0。如果定义脉冲函数：

$$\Pi(x) = \begin{cases}1, & |x| < \dfrac{1}{2}\\ 0, & 其他\end{cases}$$

上式则可以采用更简洁的表示方法：

$$\delta(x) = \lim_{\epsilon\to 0}\frac{1}{\epsilon}\Pi\left(\frac{x}{\epsilon}\right)$$

1. $\delta(x,y,z,t)$ 的筛选性质

Dirac 函数有几个重要性质，首先是筛选性质，它在一维中表示为

$$\int_{-\infty}^{\infty} f(x,t)\delta(x-x_0,t)\mathrm{d}x = f(x_0,t)$$

Dirac 函数位置的函数值被“筛选出来”，函数的积分被该函数在特定点上的函数值所取代。在三维中，使用向量形式，如果 $\boldsymbol{x}=(x,y,z)$，$\boldsymbol{x}_0=(x_0,y_0,z_0)$，我们有

$$\iiint_V f(\boldsymbol{x},t)\delta(\boldsymbol{x}-\boldsymbol{x}_0,t)\,\mathrm{d}V=\begin{cases}f(\boldsymbol{x}_0,t), & \boldsymbol{x}_0\text{ 在 }V\text{ 里面}\\ 0, & \text{其他}\end{cases}$$

我们将在一维条件 $x_0=0$ 时，简单证明上述关系式。考虑使用等式（4.9）作为我们的候选 Dirac 函数，因此有：

$$\int_{-\infty}^{\infty} f(x)\delta(x)\,\mathrm{d}x=\lim_{\epsilon\to 0}\int_{-\infty}^{\infty}\frac{1}{\epsilon}\Pi\left(\frac{x}{\epsilon}\right)f(x)\,\mathrm{d}x$$

其运算过程如图 4-3 所示。

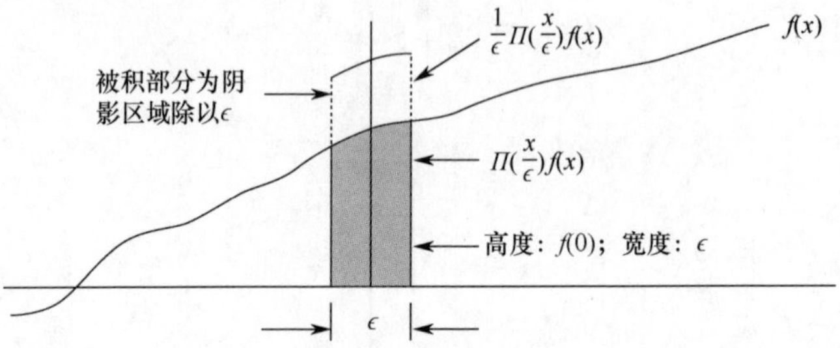

图 4-3 Dirac 函数的筛选过程

从图中可以看到，$f(x)$ 几乎在积分区间的每一点上都被乘以零。然而，在 $x=0$ 的 ϵ 邻域内，它被乘以 $1/\epsilon$。如果 $f(x)$ 在 $x_0=0$ 附近是连续的，那么它将在区间 $-\epsilon/2$ 到 $\epsilon/2$ 内接近一个常量，且该值为 $f(0)$。因此，积分变成 $f(0)$ 乘以 Dirac 函数的宽度 ϵ，再乘以 Dirac 函数的高度 $1/\epsilon$，即

$$\int_{-\infty}^{\infty} f(x)\delta(x)\,\mathrm{d}x=\frac{1}{\epsilon}\epsilon f(0)=f(0)$$

该证明草图可以很容易地推广到 $x_0\neq 0$ 和更高维度的情况下。

2. Dirac 函数的积分

考虑将一维 Dirac 函数从 $-\infty$ 积分到 x。也就是说，我们希望计算：

$$\int_{-\infty}^{x}\delta(\chi)\,\mathrm{d}\chi$$

如图 4-4 所示，图 4-4（a）绘制了 3 个候选 Dirac 函数，从一个短而宽的函数开始，以一个又高又窄的函数结束。越高越窄的近似 Dirac 函数，越接近真正的 Dirac 函数。

在积分中，如果 x 点在矩形的左边，积分就是对许多零值求和，结果是零。如果 x 点在矩形的右边，则该积分在其积分范围内包含整个 Dirac 函数，

因此结果为1。如果 x 点落在矩形的中间，那么结果在0～1之间[1]。图4-4（b）说明上述结果，其中图4-4（b）近似Dirac函数积分的线条类型对应于图4-4（a）中的输入函数。我们发现，近似Dirac函数越接近真正的Dirac函数，其积分越接近阶跃函数。在极限条件下，我们有

$$\int_{-\infty}^{x} \delta(\chi)\,\mathrm{d}\chi = \begin{cases} 0, x < 0 \\ 1, x > 0 \end{cases}$$

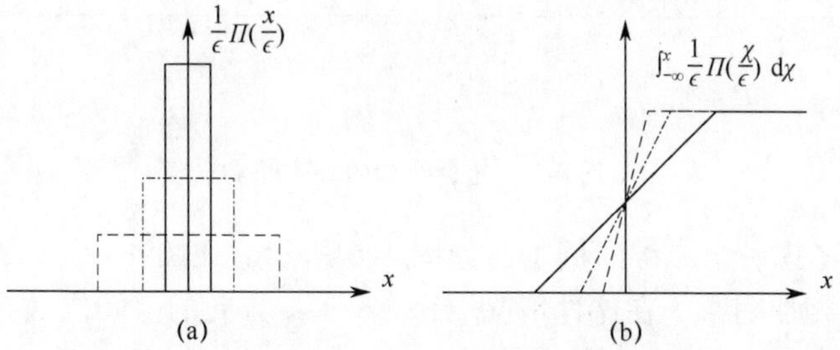

图4-4　不同宽度近似Dirac函数的积分

这说明Dirac函数的积分是阶跃函数。此外，阶跃函数的导数是Dirac函数。

4.2.4　指示函数的梯度

考虑到指示函数是一个阶梯形函数，可以预料到它的梯度包含Dirac函数。

考虑图4-5中绘制的简单一维示例。两子图的顶部都显示了样本体积的分段情况，其中阴影段是 β 相，而透明段是 α 相。当 x_1 对应于 α 相时，指示函数 γ_α 的值为1，否则为0，如图4-5（a）所示。

图4-5（b）是指示函数的梯度。具体来说，空间导数 $\partial\gamma_\alpha/\partial x_1$ 包含Dirac函数，如图4-5中箭头所示，则

$$\frac{\partial\gamma_\alpha(x_1,t)}{\partial x_1} = \delta(x_1 - a_0(t)) - \delta(x_1 - a_1(t)) + \delta(x_1 - a_2(t)) - \delta(x_1 - a_3(t)) + \delta(x_1 - a_4(t))$$

现在定义一个单位法向量 $\hat{\boldsymbol{n}}_\alpha$，它在所有 $\alpha-\beta$ 界面上从 α 相向外指向 β 相。因此，上式可以采用更简洁的表达：

---

[1] 然而，对于其他候选Dirac函数，情况未必如此。$x = 0$ 处的积分值实际上是未定义的，但其值是有限的。

$$\frac{\partial \gamma_\alpha(x_1,t)}{\partial x_1} = -\sum_{k=0}^{4} \hat{\boldsymbol{n}}_\alpha \cdot \hat{\boldsymbol{i}}\delta(x_1 - a_k(t))$$

式中：$\hat{\boldsymbol{i}}$ 为正 x_1 方向的单位向量。

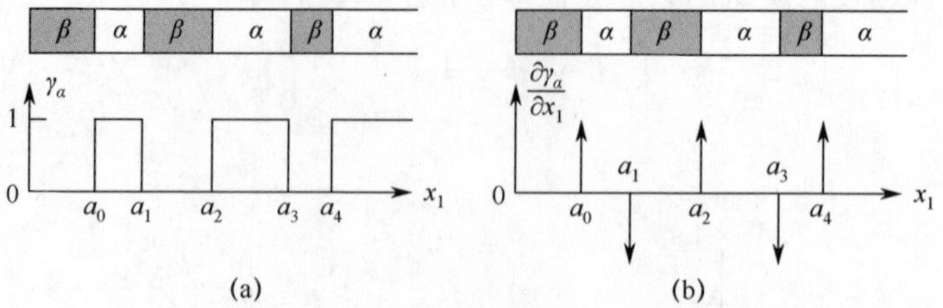

图 4-5 包含两相的样本体积①

现在，考虑一个二维的例子，如图 4-6 所示。在图 4-6（a）中，α 相不加阴影，β 相加阴影。在这种情况下，x_1 和 x_2 方向的空间位置导数为

$$\frac{\partial \gamma_\alpha(x_1,x_2,t)}{\partial x_1} = -\hat{\boldsymbol{n}}_\alpha \cdot \hat{\boldsymbol{i}}\delta(\boldsymbol{x} - \boldsymbol{x}_{\alpha\beta},t)$$

$$\frac{\partial \gamma_\alpha(x_1,x_2,t)}{\partial x_2} = -\hat{\boldsymbol{n}}_\alpha \cdot \hat{\boldsymbol{j}}\delta(\boldsymbol{x} - \boldsymbol{x}_{\alpha\beta},t)$$

式中：$\boldsymbol{x}$ 为位置向量；$\hat{\boldsymbol{j}}$ 为正 x_2 方向的单位向量；$\boldsymbol{x}_{\alpha\beta}$ 为 $\alpha-\beta$ 界面的位置向量。图 4-6（b）和图 4-6（c）分别绘制了 x_1 和 x_2 方向的偏导数。

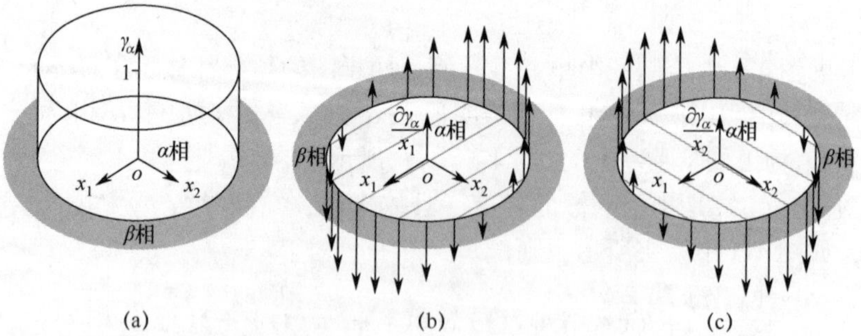

图 4-6 两相样本体积的二维示例②

① 参考文献：Gray, W. G., and Lee, P. C. Y., "On the Theorems for Local Volume Averaging of Multiphase Systems," International Journal on Multiphase Flow, 3, 1977, pp. 333-40.

② 参考文献：Gray, W. G., and Lee, P. C. Y., "On the Theorems for Local Volume Averaging of Multiphase Systems," International Journal on Multiphase Flow, 3, 1977, pp. 333-40.

注意到由于存在 $\hat{\boldsymbol{n}}_\alpha$ 和 $\hat{\boldsymbol{i}}$ 或 $\hat{\boldsymbol{j}}$ 之间的点积，因此脉冲函数的高度不同。根据余弦定律，当这些向量方向一致时，点积为 1；当它们成直角时，点积为 0；否则，点积将介于两者之间。

首先，将标量场 $\psi(x,y,z,t)$ 上的梯度算子定义为

$$\nabla\psi(x,y,z,t) \triangleq \frac{\partial\psi}{\partial x}\hat{\boldsymbol{i}} + \frac{\partial\psi}{\partial y}\hat{\boldsymbol{j}} + \frac{\partial\psi}{\partial z}\hat{\boldsymbol{k}}$$

然后，$\nabla\gamma_\alpha(\boldsymbol{x},t) = -\hat{\boldsymbol{n}}_\alpha\delta(\boldsymbol{x}-\boldsymbol{x}_{\alpha\beta},t)$。

4.2.5　平均的相关定义

当应用平均方法获得多孔介质的连续介质方程时，需要选择一个能产生有意义平均值的平均体积。当平均体积的特征长度远大于介质中颗粒间孔隙开口的尺寸，但远小于介质的特征长度时，可以满足这一点。此外，平均体积的形状、大小和方向应与空间和时间无关。

我们定义了一个局部坐标系 $\zeta_1\zeta_2\zeta_3$，该坐标轴与 $x_1x_2x_3$ 平行，但其原点位于位置 $\boldsymbol{x}$。$x_1\ x_2\ x_3$ 坐标系是目标电极的固定参考坐标系。向量 $\boldsymbol{x}$ 决定了平均体积在目标电极中的位置。局部坐标系移动其原点 $\boldsymbol{x}$，$\zeta_1\zeta_2\zeta_3$ 表示该平均体积内的位置，如图 4-7 所示。

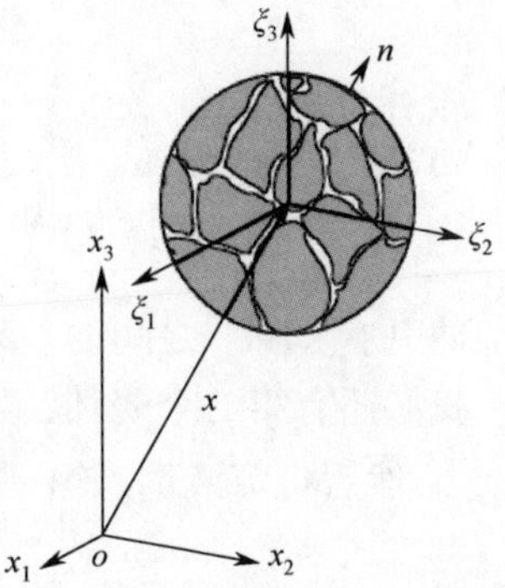

图 4-7　体积平均定理的坐标系①

这种双坐标系表示法允许我们定义平均体积内与 ζ 坐标系有关，与 $\boldsymbol{x}$ 无关的点。例如，可以将平均体积的形心设置为 ζ 坐标系的原点。

考虑到这一点，我们定义了两种不同类型的体积平均。θ 性质在 α 相上的

① 参考文献：Gray, W. C., and Lee, P. C. Y., "On the Theorems for Local Volume Averaging of Multiphase Systems," International Journal on Multiphase Flow, 3, 1977, pp. 333-40.

相平均 $\langle\theta_\alpha\rangle$ 定义为

$$\langle\theta_\alpha(\boldsymbol{x},t)\rangle = \frac{1}{V}\iiint_V \theta(\boldsymbol{x}+\zeta,t)\gamma_\alpha(\boldsymbol{x}+\zeta,t)\,\mathrm{d}V_\zeta$$

式中：体积 $V = V_\alpha + V_\beta$ 与空间和时间无关。然而，如果介质是可变形的（即相边界移动），V_α 和 V_β 本身将依赖于 $\boldsymbol{x}$ 和 t。

从物理上讲，相平均值是在 α 和 β 相占据的整个体积上对 α 相的一个性质取平均值。因此，可以把这个积分写为

$$\langle\theta_\alpha(\boldsymbol{x},t)\rangle = \frac{1}{V}\iiint_{V_\alpha(\boldsymbol{x},t)} \theta(\boldsymbol{x}+\zeta,t)\,\mathrm{d}V_\zeta$$

但这并不是很有用，因为如果介质变形，积分范围取决于空间位置和时间。

关于 α 相中某性质 θ 的相内平均值 $\bar{\theta}_\alpha$ 的定义式为

$$\bar{\theta}_\alpha(\boldsymbol{x},t) = \frac{1}{V_\alpha(\boldsymbol{x},t)}\iiint_{V_\alpha(\boldsymbol{x},t)} \theta(\boldsymbol{x}+\zeta,t)\,\mathrm{d}V_\zeta$$

这种平均值描述了 α 相的性质仅在该相所占体积上的平均值。比较两种类型的平均值，容易得出

$$\langle\theta_\alpha(\boldsymbol{x},t)\rangle = \varepsilon_\alpha(\boldsymbol{x},t)\,\bar{\theta}_\alpha(\boldsymbol{x},t),\ \bar{\theta}_\alpha(\boldsymbol{x},t) = \frac{1}{\varepsilon_\alpha(\boldsymbol{x},t)}\langle\theta_\alpha(\boldsymbol{x},t)\rangle \tag{4.10}$$

其中，介质中 α 相的体积分数定义为

$$\varepsilon_\alpha(\boldsymbol{x},t) = \frac{V_\alpha(\boldsymbol{x},t)}{V} = \frac{1}{V}\iiint_V \gamma_\alpha(\boldsymbol{x}+\zeta,t)\,\mathrm{d}V_\zeta$$

举例说明相平均 $\langle\theta_\alpha\rangle$ 和相内平均 $\bar{\theta}_\alpha$ 之间的差异，考虑一个装满岩石的烧杯，其中孔隙率 $\varepsilon_s = 0.5$。我们还有第二个烧杯，里面装满了电解质溶液，其中盐的浓度是 1000 mol · m^{-3}。然后将溶液倒入第一个烧杯中，直到将其装满，因此 $\varepsilon_e = 0.5$。

在多孔介质中计算盐浓度的相平均值：

$$\langle c_e\rangle = \frac{1}{V}\iiint_{V_e} c_e(\boldsymbol{x}+\zeta,t)\,\mathrm{d}V_\zeta = c_e\frac{V_e}{V} = 0.5c_e = 500\mathrm{mol}\cdot\mathrm{m}^{-3}$$

计算盐浓度的相内平均值：

$$\bar{c}_e = \frac{1}{V_e}\iiint_{V_e} c_e(\boldsymbol{x}+\zeta,t)\,\mathrm{d}V_\zeta = c_e\frac{V_e}{V_e} = c_e = 1000\mathrm{mol}\cdot\mathrm{m}^{-3}$$

相平均值告诉我们，从整个体积单元来看，盐在体积中的浓度是多少，即利用盐的总摩尔数除以总体积。相内平均值告诉我们，从在体积单元内的溶液

本身来看，溶液中盐的浓度是多少，即利用盐的总摩尔数除以溶液的体积。

相内平均值更容易与进行物理测量的微尺度模型相关联，因此我们将使用该概念。但是，我们将首先根据相平均值推导方程（因为这更容易实现），并在完成后将其转换为相内平均值。

4.2.6　梯度算子的两种等价形式

由于定义了两个坐标系，因此我们将有机会对其中任意一个坐标系求梯度。定义 $\nabla_{\boldsymbol{x}}$ 以表示对 $\boldsymbol{x}$ 坐标系求梯度，保持 ζ_1,ζ_2,ζ_3 为常量；定义 ∇_ζ 以表示对 ζ 坐标系求梯度，保持 x_1,x_2,x_3 为常量；并定义 ∇ 以表示 $\nabla_{\boldsymbol{x}}$ 或 ∇_ζ。

我们需要的结果是：如果函数对称地依赖于 $\boldsymbol{x}$ 和 ζ，即它依赖于其和 $\boldsymbol{x}+\zeta$，而不是单独或以其他组合依赖于 $\boldsymbol{x}$ 和 ζ，那么 $\boldsymbol{x}$ 坐标系中的梯度等于 ζ 坐标系中的梯度：

$$\nabla_{\boldsymbol{x}}\theta(\boldsymbol{x}+\zeta,t)=\nabla_\zeta\theta(\boldsymbol{x}+\zeta,t)=\nabla\theta(\boldsymbol{x}+\zeta,t) \tag{4.11}$$

$$\nabla_{\boldsymbol{x}}\gamma_\alpha(\boldsymbol{x}+\zeta,t)=\nabla_\zeta\gamma_\alpha(\boldsymbol{x}+\zeta,t)=\nabla\gamma_\alpha(\boldsymbol{x}+\zeta,t) \tag{4.12}$$

为了证明这个结果，首先考虑相对于 $\boldsymbol{x}$ 坐标系的梯度：

$$\begin{aligned}\nabla_{\boldsymbol{x}}\theta(\boldsymbol{x}+\zeta,t)&=\nabla_{\boldsymbol{x}}\theta(x_1+\zeta_1,x_2+\zeta_2,x_3+\zeta_3,t)\\&=\frac{\partial\theta(x_1+\zeta_1,x_2+\zeta_2,x_3+\zeta_3,t)}{\partial x_1}\hat{\boldsymbol{i}}\\&\quad+\frac{\partial\theta(x_1+\zeta_1,x_2+\zeta_2,x_3+\zeta_3,t)}{\partial x_2}\hat{\boldsymbol{j}}\\&\quad+\frac{\partial\theta(x_1+\zeta_1,x_2+\zeta_2,x_3+\zeta_3,t)}{\partial x_3}\hat{\boldsymbol{k}}\end{aligned}$$

引用微积分链式法则，来研究关于 $(x_1+\zeta_1)$、$(x_2+\zeta_2)$ 和 $(x_3+\zeta_3)$ 的偏微分。

$$\begin{aligned}\nabla_{\boldsymbol{x}}\theta(\boldsymbol{x}+\zeta,t)=&\frac{\partial\theta(x_1+\zeta_1,x_2+\zeta_2,x_3+\zeta_3,t)}{\partial(x_1+\zeta_1)}\underbrace{\frac{\partial(x_1+\zeta_1)}{\partial x_1}}_{1}\hat{\boldsymbol{i}}\\&+\frac{\partial\theta(x_1+\zeta_1,x_2+\zeta_2,x_3+\zeta_3,t)}{\partial(x_2+\zeta_2)}\underbrace{\frac{\partial(x_2+\zeta_2)}{\partial x_2}}_{1}\hat{\boldsymbol{j}}\\&+\frac{\partial\theta(x_1+\zeta_1,x_2+\zeta_2,x_3+\zeta_3,t)}{\partial(x_3+\zeta_3)}\underbrace{\frac{\partial(x_3+\zeta_3)}{\partial x_3}}_{1}\hat{\boldsymbol{k}}\end{aligned}$$

将上式简化为

$$\nabla_x\theta(\boldsymbol{x}+\zeta,t)=\frac{\partial\theta(x_1+\zeta_1,x_2+\zeta_2,x_3+\zeta_3,t)}{\partial(x_1+\zeta_1)}\hat{\boldsymbol{i}}+\frac{\partial\theta(x_1+\zeta_1,x_2+\zeta_2,x_3+\zeta_3,t)}{\partial(x_2+\zeta_2)}\hat{\boldsymbol{j}}+\frac{\partial\theta(x_1+\zeta_1,x_2+\zeta_2,x_3+\zeta_3,t)}{\partial(x_3+\zeta_3)}\hat{\boldsymbol{k}}$$

然后重复这个过程，从关于 ζ 坐标系的梯度开始。再一次，首先考虑关于 ζ 的梯度：

$$\begin{aligned}\nabla_\zeta\theta(\boldsymbol{x}+\zeta,t)&=\nabla_\zeta\theta(x_1+\zeta_1,x_2+\zeta_2,x_3+\zeta_3,t)\\&=\frac{\partial\theta(x_1+\zeta_1,x_2+\zeta_2,x_3+\zeta_3,t)}{\partial\zeta_1}\hat{\boldsymbol{i}}+\frac{\partial\theta(x_1+\zeta_1,x_2+\zeta_2,x_3+\zeta_3,t)}{\partial\zeta_2}\hat{\boldsymbol{j}}+\frac{\partial\theta(x_1+\zeta_1,x_2+\zeta_2,x_3+\zeta_3,t)}{\partial\zeta_3}\hat{\boldsymbol{k}}\end{aligned}$$

可把上式扩展为

$$\begin{aligned}\nabla_\zeta\theta(\boldsymbol{x}+\zeta,t)=&\frac{\partial\theta(x_1+\zeta_1,x_2+\zeta_2,x_3+\zeta_3,t)}{\partial(x_1+\zeta_1)}\frac{\partial(x_1+\zeta_1)}{\partial\zeta_1}\hat{\boldsymbol{i}}\\&+\frac{\partial\theta(x_1+\zeta_1,x_2+\zeta_2,x_3+\zeta_3,t)}{\partial(x_2+\zeta_2)}\frac{\partial(x_2+\zeta_2)}{\partial\zeta_2}\hat{\boldsymbol{j}}\\&+\frac{\partial\theta(x_1+\zeta_1,x_2+\zeta_2,x_3+\zeta_3,t)}{\partial(x_3+\zeta_3)}\frac{\partial(x_3+\zeta_3)}{\partial\zeta_3}\hat{\boldsymbol{k}}\end{aligned}$$

最后，上式简化为

$$\nabla_\zeta\theta(\boldsymbol{x}+\zeta,t)=\frac{\partial\theta(x_1+\zeta_1,x_2+\zeta_2,x_3+\zeta_3,t)}{\partial(x_1+\zeta_1)}\hat{\boldsymbol{i}}+\frac{\partial\theta(x_1+\zeta_1,x_2+\zeta_2,x_3+\zeta_3,t)}{\partial(x_2+\zeta_2)}\hat{\boldsymbol{j}}+\frac{\partial\theta(x_1+\zeta_1,x_2+\zeta_2,x_3+\zeta_3,t)}{\partial(x_3+\zeta_3)}\hat{\boldsymbol{k}}$$

通过比较 $\nabla_x\theta(\boldsymbol{x}+\zeta)$ 和 $\nabla_\zeta\theta(\boldsymbol{x}+\zeta)$ 的最终形式，可以看到两者是相等的。同理，有

$$\begin{aligned}\nabla_x\gamma_\alpha(\boldsymbol{x}+\zeta)=\nabla_\zeta\gamma_\alpha(\boldsymbol{x}+\zeta),\ \nabla_x\cdot\boldsymbol{\psi}(\boldsymbol{x}+\zeta,t)&=\nabla_\zeta\cdot\boldsymbol{\psi}(\boldsymbol{x}+\zeta,t)\\&=\nabla\cdot\boldsymbol{\psi}(\boldsymbol{x}+\zeta,t)\end{aligned}$$

4.3　体积平均定理 1

现在准备证明 3 个体积平均定理。首先推导适用于标量场 ψ 的式（4.1），假设 ψ 在 α 相是连续的，则

$$\varepsilon_\alpha \overline{\nabla\psi_\alpha} = \nabla(\varepsilon_\alpha \bar{\psi}_\alpha) + \frac{1}{V}\iint_{A_{\alpha\beta}(\boldsymbol{x},t)} \psi_\alpha \hat{\boldsymbol{n}}_\alpha \mathrm{d}A$$

从某一般量 θ 的相平均值的定义开始：

$$\langle \theta_\alpha(\boldsymbol{x},t)\rangle = \frac{1}{V}\iiint_V \theta(\boldsymbol{x}+\zeta,t)\gamma_\alpha(\boldsymbol{x}+\zeta,t)\mathrm{d}V_\zeta$$

接着，通过直接替换 $\theta_\alpha = \nabla\psi_\alpha$，梯度的相平均值为

$$\langle \nabla\psi_\alpha(\boldsymbol{x},t)\rangle = \frac{1}{V}\iiint_V [\nabla\psi(\boldsymbol{x}+\zeta,t)]\gamma_\alpha(\boldsymbol{x}+\zeta,t)\mathrm{d}V_\zeta$$

回忆微积分学的乘法法则：$\nabla(AB) = (\nabla A)B + A(\nabla B)$，这里设 $A = \psi(\boldsymbol{x}+\zeta,t)$，$B = \gamma_\alpha(\boldsymbol{x}+\zeta,t)$。注意到被积函数的形式是 $(\nabla A)B$，因此可以得到

$$\langle \nabla\psi_\alpha(\boldsymbol{x},t)\rangle = \frac{1}{V}\iiint_V \nabla[\psi(\boldsymbol{x}+\zeta,t)\gamma_\alpha(\boldsymbol{x}+\zeta,t)]\mathrm{d}V_\zeta - \frac{1}{V}\iiint_V \psi(\boldsymbol{x}+\zeta,t)[\nabla\gamma_\alpha(\boldsymbol{x}+\zeta,t)]\mathrm{d}V_\zeta$$

将已知的指示函数梯度 $\nabla\gamma_\alpha(\boldsymbol{x},t) = -\hat{\boldsymbol{n}}_\alpha\delta(\boldsymbol{x}-\boldsymbol{x}_{\alpha\beta},t)$ 代入，可以得到

$$\langle \nabla\psi_\alpha(\boldsymbol{x},t)\rangle = \frac{1}{V}\iiint_V \nabla[\psi(\boldsymbol{x}+\zeta,t)\gamma_\alpha(\boldsymbol{x}+\zeta,t)]\mathrm{d}V_\zeta + \frac{1}{V}\iiint_V \psi(\boldsymbol{x}+\zeta,t)\hat{\boldsymbol{n}}_\alpha\delta(\boldsymbol{x}+\zeta-\boldsymbol{x}_{\alpha\beta},t)\mathrm{d}V_\zeta$$

上式的第二个积分涉及 Dirac 函数，除 $\alpha-\beta$ 相界面外，该函数处处为零。根据 Dirac 函数的筛选性质，这个体积积分降为 $\alpha-\beta$ 相界面上的表面积分：

$$\frac{1}{V}\iiint_V \psi(\boldsymbol{x}+\zeta,t)\hat{\boldsymbol{n}}_\alpha\delta(\boldsymbol{x}+\zeta-\boldsymbol{x}_{\alpha\beta},t)\mathrm{d}V_\zeta = \frac{1}{V}\iint_{A_{\alpha\beta}(\boldsymbol{x},t)} \psi_\alpha(\boldsymbol{x}+\zeta,t)\hat{\boldsymbol{n}}_\alpha\mathrm{d}A$$

然后，得到

$$\langle \nabla\psi_\alpha(\boldsymbol{x},t)\rangle = \frac{1}{V}\iiint_V \nabla[\psi(\boldsymbol{x}+\zeta,t)\gamma_\alpha(\boldsymbol{x}+\zeta,t)]\mathrm{d}V_\zeta + \frac{1}{V}\iint_{A_{\alpha\beta}(\boldsymbol{x},t)} \psi_\alpha(\boldsymbol{x}+\zeta,t)\hat{\boldsymbol{n}}_\alpha\mathrm{d}A$$

根据式（4.11）和式（4.12），可以把梯度算子自由地看作是 $\nabla = \nabla_x$ 或

$\nabla=\nabla_{\zeta}$。我们选择在方程右边的第一个积分中使用 $\nabla=\nabla_{x}$，由于积分的体积被认为与 $\boldsymbol{x}$ 无关，因此梯度算子可以从积分中去掉，从而可以得到

$$\langle\nabla\psi_{\alpha}\rangle=\nabla\left[\frac{1}{V}\iiint_{V}\psi(\boldsymbol{x}+\zeta,t)\gamma_{\alpha}(\boldsymbol{x}+\zeta,t)\mathrm{d}V_{\zeta}\right]+\frac{1}{V}\iint_{A_{\alpha\beta}(\boldsymbol{x},t)}\psi_{\alpha}(\boldsymbol{x}+\zeta,t)\hat{\boldsymbol{n}}_{\alpha}\mathrm{d}A$$

$$\langle\nabla\psi_{\alpha}\rangle=\nabla\langle\psi_{\alpha}\rangle+\frac{1}{V}\iint_{A_{\alpha\beta}(\boldsymbol{x},t)}\psi_{\alpha}\hat{\boldsymbol{n}}_{\alpha}\mathrm{d}A$$

换句话说，它表示梯度的相平均值等于相平均值的梯度加上一个校正项。对于 $\alpha-\beta$ 界面每个位置上从 α 相向外指向 β 相的向量，校正项首先根据该点 ψ_{α} 场的大小进行缩放，然后再相加。总的来说，该校正项指向最大表面场的方向。

根据式（4.10），可以得到相内平均值：

$$\begin{aligned}\overline{\nabla\psi_{\alpha}}&=\frac{1}{\varepsilon_{\alpha}}\langle\nabla\psi_{\alpha}\rangle\\&=\frac{1}{\varepsilon_{\alpha}}\left[\nabla\langle\psi_{\alpha}\rangle+\frac{1}{V}\iint_{A_{\alpha\beta}(\boldsymbol{x},t)}\psi_{\alpha}\hat{\boldsymbol{n}}_{\alpha}\mathrm{d}A\right]\\&=\frac{1}{\varepsilon_{\alpha}}\left[\nabla(\varepsilon_{\alpha}\bar{\psi}_{\alpha})+\frac{1}{V}\iint_{A_{\alpha\beta}(\boldsymbol{x},t)}\psi_{\alpha}\hat{\boldsymbol{n}}_{\alpha}\mathrm{d}A\right]\end{aligned}$$

重新排列这个表达式，得到

$$\varepsilon_{\alpha}\overline{\nabla\psi_{\alpha}}=\nabla(\varepsilon_{\alpha}\bar{\psi}_{\alpha})+\frac{1}{V}\iint_{A_{\alpha\beta}(\boldsymbol{x},t)}\psi_{\alpha}\hat{\boldsymbol{n}}_{\alpha}\mathrm{d}A$$

这证明了体积平均定理 1，即式（4.1）。注意，上式右侧的 ε_{α} 位于梯度运算符内，当 ε_{α} 是 $\boldsymbol{x}$ 的函数时，这很重要。

4.4 体积平均定理 2

第二个体积平均定理，即式（4.2），与第一个非常相似，但被平均的对象是矢量场的散度，而不是标量场的梯度。本节将证明对于向量场 $\boldsymbol{\psi}$，如果 $\boldsymbol{\psi}$ 在 α 相是连续的，则：

$$\varepsilon_{\alpha}\overline{\nabla\cdot\boldsymbol{\psi}_{\alpha}}=\nabla\cdot(\varepsilon_{\alpha}\bar{\boldsymbol{\psi}}_{\alpha})+\frac{1}{V}\iint_{A_{\alpha\beta}(\boldsymbol{x},t)}\boldsymbol{\psi}_{\alpha}\cdot\hat{\boldsymbol{n}}_{\alpha}\mathrm{d}A$$

证明中的步骤与第一体积平均定理的推导步骤类似。

从相平均值的一般定义开始：

$$\langle\theta_{\alpha}(\boldsymbol{x},t)\rangle=\frac{1}{V}\iiint_{V}\theta(\boldsymbol{x}+\zeta,t)\gamma_{\alpha}(\boldsymbol{x}+\zeta,t)\mathrm{d}V_{\zeta}$$

将 $\theta_{\alpha}=\nabla\cdot\boldsymbol{\psi}_{\alpha}$ 代入上式，散度运算的相平均值为

$$\langle \nabla \cdot \boldsymbol{\psi}_\alpha(\boldsymbol{x},t) \rangle = \frac{1}{V}\iiint_V [\nabla \cdot \boldsymbol{\psi}(\boldsymbol{x}+\zeta,t)]\gamma_\alpha(\boldsymbol{x}+\zeta,t)\mathrm{d}V_\zeta$$

散度算子也满足乘法规则：$\nabla \cdot (\gamma \boldsymbol{F}) = (\nabla\gamma)\cdot \boldsymbol{F} + \gamma(\nabla \cdot \boldsymbol{F})$。令 $\boldsymbol{F} = \boldsymbol{\psi}(\boldsymbol{x}+\zeta,t)$，$\gamma = \gamma_\alpha(\boldsymbol{x}+\zeta,t)$。注意到被积函数的形式是 $\gamma(\nabla \cdot \boldsymbol{F})$，因此可以得到

$$\langle \nabla \cdot \boldsymbol{\psi}_\alpha(\boldsymbol{x},t) \rangle = \frac{1}{V}\iiint_V \nabla \cdot [\boldsymbol{\psi}(\boldsymbol{x}+\zeta,t)\gamma_\alpha(\boldsymbol{x}+\zeta,t)]\mathrm{d}V_\zeta - \frac{1}{V}\iiint_V \boldsymbol{\psi}(\boldsymbol{x}+\zeta,t)\cdot[\nabla\gamma_\alpha(\boldsymbol{x}+\zeta,t)]\mathrm{d}V_\zeta$$

将已知的指示函数梯度 $\nabla\gamma_\alpha(\boldsymbol{x},t) = -\hat{\boldsymbol{n}}_\alpha\delta(\boldsymbol{x}-\boldsymbol{x}_{\alpha\beta},t)$ 代入上式，可以得到

$$\langle \nabla \cdot \boldsymbol{\psi}_\alpha(\boldsymbol{x},t) \rangle = \frac{1}{V}\iiint_V \nabla \cdot [\boldsymbol{\psi}(\boldsymbol{x}+\zeta,t)\gamma_\alpha(\boldsymbol{x}+\zeta,t)]\mathrm{d}V_\zeta + \frac{1}{V}\iiint_V \boldsymbol{\psi}(\boldsymbol{x}+\zeta,t)\cdot\hat{\boldsymbol{n}}_\alpha\delta(x+\zeta-\boldsymbol{x}_{\alpha\beta},t)\mathrm{d}V_\zeta$$

如前所述，第二个体积积分可降为 $\alpha-\beta$ 相界面上的表面积分：

$$\frac{1}{V}\iiint_V \boldsymbol{\psi}(\boldsymbol{x}+\zeta,t)\cdot\hat{\boldsymbol{n}}_\alpha\delta(\boldsymbol{x}+\zeta-\boldsymbol{x}_{\alpha\beta},t)\mathrm{d}V_\zeta = \frac{1}{V}\iint_{A_{\alpha\beta}(\boldsymbol{x},t)} \boldsymbol{\psi}_\alpha(\boldsymbol{x}+\zeta,t)\cdot\hat{\boldsymbol{n}}_\alpha\mathrm{d}A$$

然后，可以得到

$$\langle \nabla \cdot \boldsymbol{\psi}_\alpha(\boldsymbol{x},t) \rangle = \frac{1}{V}\iiint_V \nabla \cdot [\boldsymbol{\psi}(\boldsymbol{x}+\zeta,t)\gamma_\alpha(\boldsymbol{x}+\zeta,t)]\mathrm{d}V_\zeta + \frac{1}{V}\iint_{A_{\alpha\beta}(\boldsymbol{x},t)} \boldsymbol{\psi}_\alpha(\boldsymbol{x}+\zeta,t)\cdot\hat{\boldsymbol{n}}_\alpha\mathrm{d}A$$

通过扩展式（4.11）和式（4.12），可以把散度算子任意看作是 $\nabla\cdot = \nabla_{\boldsymbol{x}}$ 或 $\nabla\cdot = \nabla_\zeta\cdot$。由于积分体积被指定为与 $\boldsymbol{x}$ 无关，我们选择在上式的右边使用 $\nabla\cdot = \nabla_{\boldsymbol{x}}\cdot$，这样就可以从积分中去掉散度运算符。因此，可以得到

$$\langle \nabla \cdot \boldsymbol{\psi}_\alpha \rangle = \nabla \cdot \left[\frac{1}{V}\iiint_V \boldsymbol{\psi}(\boldsymbol{x}+\zeta,t)\gamma_\alpha(\boldsymbol{x}+\zeta,t)\mathrm{d}V_\zeta\right] + \frac{1}{V}\iint_{A_{\alpha\beta}(\boldsymbol{x},t)} \boldsymbol{\psi}_\alpha(\boldsymbol{x}+\zeta,t)\cdot\hat{\boldsymbol{n}}_\alpha\mathrm{d}A$$

$$\langle \nabla \cdot \boldsymbol{\psi}_\alpha \rangle = \nabla \cdot \langle \boldsymbol{\psi}_\alpha \rangle + \frac{1}{V}\iint_{A_{\alpha\beta}(\boldsymbol{x},t)} \boldsymbol{\psi}_\alpha \cdot \hat{\boldsymbol{n}}_\alpha\mathrm{d}A$$

这就是说，散度的相平均值等于相平均值的散度加上一个校正项。校正项是体积 V 内离开 α 相表面进入 β 相的总通量的体积平均值。也就是说，散度代表某个物体在体积内离开 α 相的速率，它不仅需要考虑通过 V 表面流出的通量，还必须考虑 V 内从 α 到 β 的通量，这发生在 V 内 $\alpha-\beta$ 相的交界面。

根据式（4.10），相内平均值为

$$\varepsilon_\alpha \overline{\nabla \cdot \boldsymbol{\psi}_\alpha} = \nabla \cdot (\varepsilon_\alpha \bar{\boldsymbol{\psi}}_\alpha) + \frac{1}{V}\iint_{A_{\alpha\beta}(\boldsymbol{x},t)} \boldsymbol{\psi}_\alpha \cdot \hat{\boldsymbol{n}}_\alpha \mathrm{d}A$$

至此，完成了体积平均定理 2 的证明。

4.5 体积平均定理 3

第三个体积平均定理，即式（4.3）的推导过程在一定程度上与前两个相似，但校正项的处理方式有所不同，需要仔细考虑。

本节将证明对于标量场 ψ，如果 ψ 在 α 相是连续的，则

$$\varepsilon_\alpha \overline{\left[\frac{\partial \psi_\alpha}{\partial t}\right]} = \frac{\partial(\varepsilon_\alpha \bar{\psi}_\alpha)}{\partial t} - \frac{1}{V}\iint_{A_{\alpha\beta}(\boldsymbol{x},t)} \psi_\alpha \boldsymbol{v}_{\alpha\beta} \cdot \hat{\boldsymbol{n}}_\alpha \mathrm{d}A$$

式中：$\boldsymbol{v}_{\alpha\beta}$ 为 $\alpha-\beta$ 交界面的位移速度。

从相平均的定义开始：

$$\langle \theta_\alpha(\boldsymbol{x},t)\rangle = \frac{1}{V}\iiint_V \theta(\boldsymbol{x}+\zeta,t)\gamma_\alpha(\boldsymbol{x}+\zeta,t)\mathrm{d}V_\zeta$$

然后，将想要平均的时间导数 $\theta_\alpha = \partial\psi_\alpha/\partial t$ 代入定义：

$$\left\langle \frac{\partial \psi_\alpha}{\partial t}\right\rangle = \frac{1}{V}\iiint_V [\partial\psi_\alpha(\boldsymbol{x}+\zeta,t)/\partial t]\gamma_\alpha(\boldsymbol{x}+\zeta,t)\mathrm{d}V_\zeta$$

利用微积分乘法法则：$\partial(AB) = (\partial A/\partial t)B + A(\partial B/\partial t)$，这里 $A = \psi(\boldsymbol{x}+\zeta,t), B = \gamma_\alpha(\boldsymbol{x}+\zeta,t)$。注意到被积函数的形式是 $(\partial A/\partial t)B$，因此得到

$$\left\langle \frac{\partial \psi_\alpha}{\partial t}\right\rangle = \frac{1}{V}\iiint_V \partial[\psi_\alpha(\boldsymbol{x}+\zeta,t)\gamma_\alpha(\boldsymbol{x}+\zeta,t)]/\partial t\,\mathrm{d}V_\zeta - \frac{1}{V}\iiint_V \psi_\alpha(\boldsymbol{x}+\zeta,t)[\partial\gamma_\alpha(\boldsymbol{x}+\zeta,t)/\partial t]\,\mathrm{d}V_\zeta$$

因为 V 与时间无关，所以第一项的微分或积分顺序可以颠倒，因此得到

$$\left\langle \frac{\partial \psi_\alpha}{\partial t}\right\rangle = \frac{\partial\langle\psi_\alpha\rangle}{\partial t} - \frac{1}{V}\iiint_V \psi_\alpha(\boldsymbol{x}+\zeta,t)[\partial\gamma_\alpha(\boldsymbol{x}+\zeta,t)/\partial t]\,\mathrm{d}V_\zeta$$

现在考虑校正项，即剩余的积分。首先要注意，如果 α 相不变形，这是我们最感兴趣的情况，则指示函数的偏导数为零，积分项为零。

然而为了完备，我们还考虑了 α 相变形的更一般情况。那么，γ_α 将是时间的函数，积分项一般不为零。

根据链式法，γ_α 的导数为

$$\frac{\mathrm{d}\gamma_\alpha}{\mathrm{d}t} = \frac{\partial\gamma_\alpha}{\partial t} + \frac{\mathrm{d}x_1}{\mathrm{d}t}\frac{\partial\gamma_\alpha}{\partial x_1} + \frac{\mathrm{d}x_2}{\mathrm{d}t}\frac{\partial\gamma_\alpha}{\partial x_2} + \frac{\mathrm{d}x_3}{\mathrm{d}t}\frac{\partial\gamma_\alpha}{\partial x_3}$$

$$= \frac{\partial \gamma_\alpha}{\partial t} + \frac{\mathrm{d}\boldsymbol{x}}{\mathrm{d}t} \cdot \nabla \gamma_\alpha \tag{4.13}$$

在式（4.13）中，$\partial\gamma_\alpha/\partial t$ 说明了指示函数是如何只作为时间的函数变化的。而 $\mathrm{d}\gamma_\alpha/\mathrm{d}t$ 表示观察者对指示函数的测量值，是如何作为所有变量的函数变化的，包括观察者自身的速度 $\mathrm{d}\boldsymbol{x}/\mathrm{d}t$。

为了理解这一点，首先假设 $\mathrm{d}\gamma_\alpha/\mathrm{d}t = 0$，这意味着 γ_α 函数本身并不随时间变化。如果我们作为观察者位于体积 V 内的某个静止点（x_1, x_2, x_3），且速度 $\mathrm{d}\boldsymbol{x}/\mathrm{d}t$ 等于零，此时我们环顾四周，会发现没有任何变化，所以（全）导数也将为零。

但是，如果我们以非零速度 $\mathrm{d}\boldsymbol{x}/\mathrm{d}t$ 绕函数观察，即使函数本身没有变化，我们也将感受到 γ_α 测量值的变化，这仅仅是因为我们在不同的位置来估计 γ_α。因此，通常 $\mathrm{d}\gamma_\alpha/\mathrm{d}t \neq 0$，甚至在 $\partial\gamma_\alpha/\partial t = 0$ 时也是如此。此外，当以不同的速度 $\mathrm{d}\boldsymbol{x}/\mathrm{d}t$ 在空间中移动时，会得到不同的 $\mathrm{d}\gamma_\alpha/\mathrm{d}t$ 值。

这里选择以与 $\alpha-\beta$ 相边界运动相同的速度移动观测点，即 $\mathrm{d}\boldsymbol{x}/\mathrm{d}t = \boldsymbol{v}_{\alpha\beta}$，然后重新排列式（4.13）以求解偏导数：

$$\frac{\partial \gamma_\alpha}{\partial t} = \frac{\mathrm{d}\gamma_\alpha}{\mathrm{d}t} - \boldsymbol{v}_{\alpha\beta} \cdot \nabla \gamma_\alpha$$

对于选择此种 $\mathrm{d}\boldsymbol{x}/\mathrm{d}t$，全导数成为一个与界面一起移动的物质导数。

这种速度选择是一种简化问题的特殊情况。如图4-8所示，在界面边界上骑行（冲浪）的观察者，当其以与边界运动相同的速度移动时，会发现 γ_α 不随时间发生变化，它仍然是一个随运动边界变换的阶跃函数。速度为 $\boldsymbol{v}_{\alpha\beta}$ 的观察者测得的函数值不随时间变化。

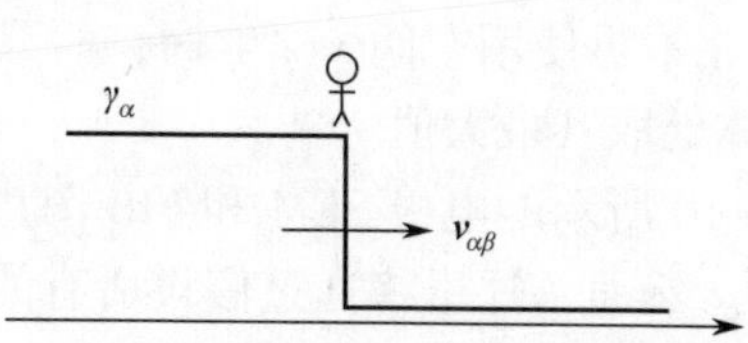

图4-8　观测者与相交界面相对静止

所以，当 $\mathrm{d}\boldsymbol{x}/\mathrm{d}t = \boldsymbol{v}_{\alpha\beta}$ 时，全导数为零，此时有

$$\frac{\partial \gamma_\alpha}{\partial t} = -\boldsymbol{v}_{\alpha\beta} \cdot \nabla \gamma_\alpha$$

当代入 $\partial\gamma_\alpha/\partial t = -\boldsymbol{v}_{\alpha\beta} \cdot \nabla\gamma_\alpha$，有

$$\left\langle \frac{\partial \psi_\alpha}{\partial t} \right\rangle = \frac{\partial \langle \psi_\alpha \rangle}{\partial t} - \frac{1}{V} \iiint_V \psi_\alpha(\boldsymbol{x}+\zeta, t)\left[\partial \gamma_\alpha(\boldsymbol{x}+\zeta, t)/\partial t\right] \mathrm{d}V_\zeta$$

$$= \frac{\partial\langle\psi_\alpha\rangle}{\partial t} + \frac{1}{V}\iiint_V \psi_\alpha(\boldsymbol{x}+\zeta,t)\,\boldsymbol{v}_{\alpha\beta}(\boldsymbol{x}+\zeta,t)\cdot\nabla\gamma_\alpha(\boldsymbol{x}+\zeta,t)\,\mathrm{d}V_\zeta$$

$$= \frac{\partial\langle\psi_\alpha\rangle}{\partial t} + \frac{1}{V}\iiint_V \psi_\alpha(\boldsymbol{x}+\zeta,t)\,\boldsymbol{v}_{\alpha\beta}(\boldsymbol{x}+\zeta,t)\cdot(-\hat{\boldsymbol{n}}_\alpha\delta(\boldsymbol{x}+\zeta-\boldsymbol{x}_{\alpha\beta}))\,\mathrm{d}V_\zeta$$

$$\left\langle\frac{\partial\psi_\alpha}{\partial t}\right\rangle = \frac{\partial\langle\psi_\alpha\rangle}{\partial t} - \frac{1}{V}\iint_{A_{\alpha\beta}(\boldsymbol{x},t)} \psi_\alpha\,\boldsymbol{v}_{\alpha\beta}\cdot\hat{\boldsymbol{n}}_\alpha\,\mathrm{d}A$$

换句话说，时间导数的相平均值等于相平均值的时间导数加上校正项。如果体积发生膨胀（相界面移动方向与 $\hat{\boldsymbol{n}}_\alpha$ 相同），校正项说明场 ψ_α 的净稀释；如果体积发生收缩（相界面的移动方向与 $\hat{\boldsymbol{n}}_\alpha$ 相反），校正项说明场 ψ_α 的浓缩。

根据式（4.10），上式可改写为

$$\varepsilon_\alpha\overline{\left[\frac{\partial\psi_\alpha}{\partial t}\right]} = \frac{\partial(\varepsilon_\alpha\overline{\psi}_\alpha)}{\partial t} - \frac{1}{V}\iint_{A_{\alpha\beta}(\boldsymbol{x},t)} \psi_\alpha\,\boldsymbol{v}_{\alpha\beta}\cdot\hat{\boldsymbol{n}}_\alpha\,\mathrm{d}A$$

至此，证明了体积平均定理 3。可以注意到，如果 $\boldsymbol{v}_{\alpha\beta}\neq 0$，那么 ε_α 是时变的，因此在方程右侧，我们必须非常小心地将其保持在时间导数内。

4.6 固体中的电荷守恒

在这个相当长的介绍之后，现在准备建立锂离子电池的体积平均连续介质尺度模型。该模型可用于三维空间，但是我们将专门研究电池动态过程的一维描述，并增加一个描述固体电极内部锂浓度的“伪维”。因此，该模型在文献中常被称为伪二维模型。

图 4-9 有助于说明这一概念。该图按典型比例大致绘制了锂离子电池横截面的实际几何结构。现在不再使用空间 xyz 坐标，而只使用 x 坐标，负极集流体处 $x=0$，正极集流体处取其最大值。

正如图 1-8 ~ 图 1 – 10 所示的电极 SEM 和 FIB 图片一样，电极颗粒的实际几何图形是非常复杂的。然而，这里将通过假设所有的颗粒都是具有相同半径的完美球体来简化问题。这是一个不完美的抽象，但它有助于我们建立易于理解的模型。在这个抽象中，对应于负极或正极中的每个 x 位置都被建模为半径为 R_s 的球形颗粒的中心。变量 r 是球体内部的坐标，$0\leqslant r\leqslant R_s$，被称为模型的伪维。

注意，图 4-9 显示有一些圆形颗粒并排地分布在负极，同时另一些圆形颗粒并排地分布在正极区域中。这可能会误导读者，使大家误以为正在对一定数量的、互不相关的颗粒进行建模。然而事实并非如此，本模型假设正负电极中每一个实数 x 对应的位置上，都有一个颗粒。圆形颗粒在模型中无限重叠，这符合连续介质建模的思想。其中，每个 x 位置为一个样本体积中心，模型预测该 x 位置样本体积邻域的平均动态行为，而不是该绝对位置的精确动态行为。

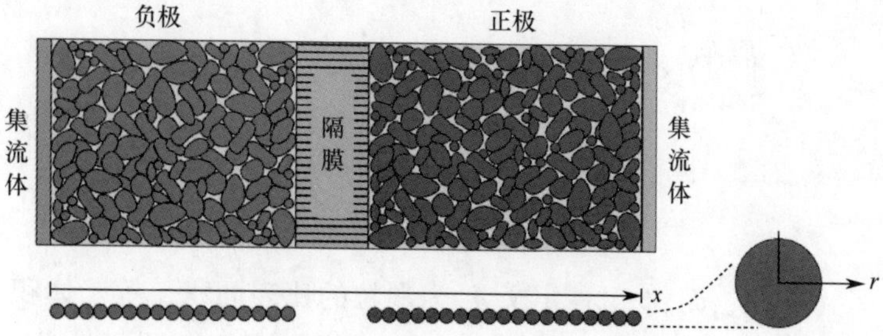

图 4-9　单体电池的连续介质模型示意图①

现在应用体积平均定理来建立与 5 个微尺度模型方程相对应的连续介质尺度模型。从式（3.1）开始，固体电极中电荷守恒的微尺度模型为

$$\nabla\cdot \boldsymbol{i}_s = \nabla\cdot(-\sigma\nabla\phi_s) = 0$$

在 $\nabla\cdot(-\sigma\nabla\phi_s)$ 项上使用相内平均和体积平均定理 2②：

$$\varepsilon_s\overline{\nabla\cdot(-\sigma\nabla\phi_s)} = \nabla\cdot(\varepsilon_s\overline{(-\sigma\nabla\phi_s)}) + \frac{1}{V}\iint_{A_{se}}(-\sigma\nabla\phi_s)\cdot\hat{\boldsymbol{n}}_s\mathrm{d}A$$

由于 $\nabla\cdot\boldsymbol{i}_s = 0$，所以也一定有 $\overline{\nabla\cdot\boldsymbol{i}_s} = 0$，从而得到

$$0 = \nabla\cdot(\varepsilon_s\overline{(-\sigma\nabla\phi_s)}) + \frac{1}{V}\iint_{A_{se}}(-\sigma\nabla\phi_s)\cdot\hat{\boldsymbol{n}}_s\mathrm{d}A$$

首先计算积分项。注意，曲面积分在固体电极颗粒和电解液之间的边界上。然后可以从第 3 章中推导的 ϕ_s 方程的边界条件中找到被积函数。具体来说，我们在式（3.47）中发现

$$\hat{\boldsymbol{n}}_s\cdot\sigma\nabla\phi_s = -Fj$$

Butler-Volmer 通量密度 j 是颗粒表面 c_s、c_e、ϕ_s 和 ϕ_e 的函数。假设样品体积 V 足够小，c_e、ϕ_s 和 ϕ_e 相对均匀，且 V 中颗粒表面的 c_s 相对均匀，则可以得到

$$\frac{1}{V}\iint_{A_{se}}(-\sigma\nabla\phi_s)\cdot\hat{\boldsymbol{n}}_s\mathrm{d}A \approx \frac{1}{V}\iint_{A_{se}}Fj(\bar{c}_{s,e},\bar{c}_e,\bar{\phi}_s,\bar{\phi}_e)\,\mathrm{d}A$$

① 参考文献：Stetzel, K., Aldrich, L., Trimboli, M. S., and Plett, G., "Electrochemical State and Internal Variables Estimation using a Reduced-Order Physics-Based Model of a Lithium-Ion Cell and an Extended Kalman Filter," Journal of Power Sources, 278, 2015, pp. 490-505.

② 注意，这里选择 α 相对应于固体，表示为 s；而 β 相对应于其他所有物质，包括电解液加惰性材料，但这里用 e 表示电解液，因为它是 β 相的主要组成部分。

式中：$c_{s,e}$ 为固体电极中锂的表面浓度（在固体－电解液界面，因此符号为 s，e）。由于 j 现在使用的是体积平均输入，因此它的值在样本体积上是常数，于是有

$$\begin{aligned}\frac{1}{V}\iint_{A_{se}} Fj(\bar{c}_{s,e},\bar{c}_e,\bar{\phi}_s,\bar{\phi}_e)\,\mathrm{d}A &= \frac{A_{se}}{V}Fj(\bar{c}_{s,e},\bar{c}_e,\bar{\phi}_s,\bar{\phi}_e)\\ &= a_s Fj(\bar{c}_{s,e},\bar{c}_e,\bar{\phi}_s,\bar{\phi}_e)\\ &= a_s F\bar{j}\end{aligned}$$

式中，$\bar{j}=j(\bar{c}_{s,e},\bar{c}_e,\bar{\phi}_s,\bar{\phi}_e)$；定义 a_s 为颗粒的比表面积，等于体积 V 内固体颗粒的总表面积除以体积 V，单位为 $m^2\cdot m^{-3}$（虽然可以变化为 m^{-1}，但是简化后的形式失去了变量的直观含义）。

对于半径为 R_s 和体积分数为 ε_s 的球形颗粒，a_s 计算公式为

$$a_s=\frac{\text{总颗粒表面积}}{\text{总电极体积}}=\underbrace{\frac{\text{总固体体积}}{\text{总电极体积}}}_{\varepsilon_s}\frac{\text{总颗粒表面积}}{\text{总固体体积}}=\varepsilon_s\frac{4\pi R_s^2}{\frac{4}{3}\pi R_s^3}=\frac{3\varepsilon_s}{R_s}$$

因此，得到如下结果：

$$0=\nabla\cdot(\varepsilon_s\overline{(-\sigma\nabla\phi_s)})+a_sF\bar{j}$$

$$\nabla\cdot(\varepsilon_s\overline{(-\sigma\nabla\phi_s)})=-a_sF\bar{j}$$

但是，如何处理 $\overline{(-\sigma\nabla\phi_s)}$ 项呢？可以考虑使用体积平均定理 1，但要注意，我们不知道边界处的 $\phi_s\hat{\boldsymbol{n}}_s$ 是什么，因此无法计算式（4.1）中的校正项。

常用的方法是建立 $\varepsilon_s\overline{(-\sigma\nabla\phi_s)}\approx-\sigma_{eff}\nabla\bar{\phi}_s$ 的模型。有效电导率 σ_{eff} 建模为 $\sigma_{eff}=\varepsilon_s\sigma\delta/\tau$，式中，$\delta<1$ 为介质的阻塞率，$\tau\geqslant 1$ 为介质的迂曲度。也就是说，σ 是没有杂质的均质材料的体积电导率，σ_{eff} 是多孔介质中固体基质的有效电导率。

由于电流流动有限制，因此 $\sigma_{eff}<\sigma$。阻塞率 δ 描述了并不是整个体积都可以通过电流的事实。实际上，由于介质的多孔性，某些地方的电流必须通过受限路径，因此与无孔介质相比具有限制因子 δ。迂曲度描述了从体积的一边到另一边的路径不是直的，必须绕着一条弯曲的路径，其长度大于体积尺寸，因子为 τ。

δ 和 τ 的精确值很难获得。根据各种多孔介质的实验结果，通常假定 $\sigma_{eff}=\sigma\varepsilon_s^{brug}$，这里 brug 是 Bruggeman 系数。通常假定该系数为 1.5，尽管有相当多的证据表明，在真正的电极材料中，该值可能不太准确。为了获得更好的

brug 值，我们要么对真实颗粒的几何形状进行微观建模①，要么创建直接测量该值的实验。

根据以上结果，得到了固体电极中电荷守恒的最终连续介质模型：

$$\nabla\cdot(-\sigma_{\text{eff}}\nabla\bar{\phi}_{\text{s}}) = -a_{\text{s}}F\bar{j}$$

以及

$$\varepsilon_{\text{s}}\bar{\boldsymbol{i}}_{\text{s}} = \varepsilon_{\text{s}}\overline{(-\sigma\nabla\phi_{\text{s}})} = -\sigma_{\text{eff}}\nabla\bar{\phi}_{\text{s}} \tag{4.14}$$

4.6.1　Bruggeman 关系式的运行效果

本节将举例说明可以用体积平均方程中的一个有效属性，来代替微尺度方程中的固有属性。我们将使用偏微分方程仿真软件系统 COMSOL 来帮助找到结果，示例改编自 COMSOL 文档。

本示例采用浓度模型，当固体和电解液之间没有通量 j 时，它与式（4.7）很相似（虽然我们还没有证明式（4.7），但很快就会证明这一点）。模拟此微观现象的方程是式（3.3），当电迁移和对流被忽略时，有

$$\frac{\partial c}{\partial t} + \nabla\cdot(-D\nabla c) = 0$$

考虑的几何结构如图 4-10 所示。矩形物体是障碍物，在某种意义上类似于电极中的固体颗粒。矩形物体之间的空间是开放的，材料可以流过这些空隙。该空间在某种意义上类似于电极上可以让电解液通过的孔。

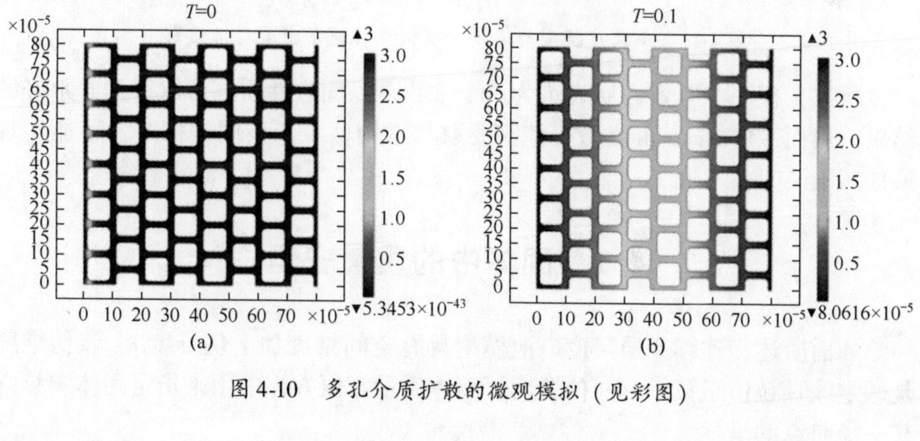

图 4-10　多孔介质扩散的微观模拟（见彩图）

① 参考文献：Gupta, A., Seo, J. H., Zhang, X., Du, W., Sastry, A. M., and Shyy, W., "Effective Transport Properties of LiMn2O4 Electrode via Particle-Scale Modeling," Journal of the Electrochemical Society, 158 (5), 2011, pp. A487-A497.

仿真开始时（图 4-10（a）），在多孔介质的左边界处有高浓度的物质，但其他地方的物质浓度为零。时间为 0.1s 时（图 4-10（b）），在多孔结构中有一个均匀的浓度梯度。

对流出结构右边缘的物质通量密度进行建模，$t=0$ 时为零，随着时间的推移其值会增加到某个稳态值。我们可以在复杂的几何体上建立高保真的偏微分方程模型，也可以通过下式构建一个一维的连续介质模型：

$$\varepsilon\frac{\partial\bar{c}}{\partial t}+\nabla\cdot(-D_{\text{eff}}\nabla\bar{c})=0$$

式中：$D_{\text{eff}}=D\varepsilon^{\text{brug}}$（无反应通量 j 的情况见式（4.17））。

结果如图 4-11 所示，实线表示微尺度解，虚线和点虚线分别表示 brug = 1.58 和 brug = 1.60 的连续介质模型解。可以看到，当正确选择 Bruggeman 常数时，连续介质模型给出的预测将非常接近精确解。当 brug = 1.59 时，这两个模型产生的结果几乎不可区分。

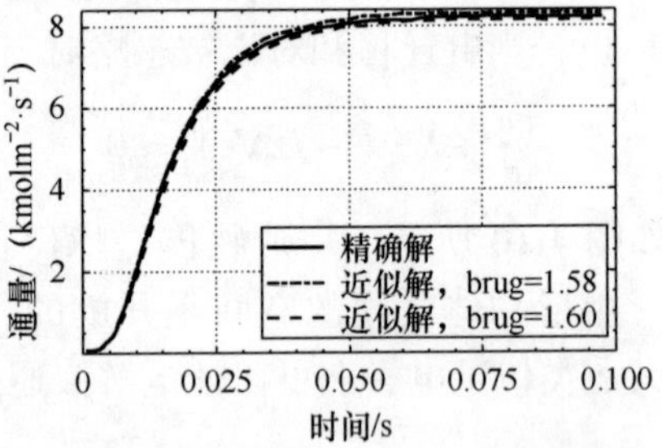

图 4-11　微尺度模型与连续介质模型的通量密度对比结果

所以，把一个有效性质表示为一个常数乘以固有性质，可以得到非常好的结果。然而，Bruggeman 常数可能需要取与常用值 1.5 不同的值时，才能实现最佳匹配。

4.7　固体中的质量守恒

如前所述，连续介质尺度电池模型具有空间维度加上伪维度 r。该伪维度是假定该颗粒位于某一空间位置后，固体质量守恒方程中用来指定固体颗粒内某一径向点的坐标。

我们还可以建立一个具有 3 个空间维度加上 1 个额外伪维度的连续介质模型，从而得到一个伪四维模型。前面的数学基础足以建立伪四维模型，但是本书专注于研究只具有 1 个空间维度再加伪维度的伪二维模型。

假设电极的每个空间位置都有一个颗粒，颗粒是球形的，锂在颗粒内的浓度是球对称的。因此，在固体中建立质量守恒的连续介质方程不需要使用任何体积平均定理。

回忆微尺度模型的式（3.2）：

$$\frac{\partial c_s}{\partial t} = \nabla \cdot (D_s \nabla c_s)$$

而且向量场的散度可以用球坐标表示为

$$\nabla \cdot \boldsymbol{F} = \frac{1}{r^2}\frac{\partial (r^2 F_r)}{\partial r} + \frac{1}{r\sin\theta}\frac{\partial (\sin\theta F_\theta)}{\partial \theta} + \frac{1}{r\sin\theta}\frac{\partial F_\phi}{\partial \phi}$$

如果假设为球形颗粒，θ 和 ϕ 轴对称，上述方程可以简化为

$$\nabla \cdot \boldsymbol{F} = \frac{1}{r^2}\frac{\partial (r^2 F_r)}{\partial r}$$

将其应用于微尺度模型方程的右侧，得出

$$\frac{\partial c_s}{\partial t} = \frac{1}{r^2}\frac{\partial}{\partial r}\left(D_s r^2 \frac{\partial c_s}{\partial r}\right)$$

此时完成式（4.5）的证明。

4.8　电解液中的质量守恒

本节将建立描述电解液中质量守恒的连续介质尺度方程，从相对应的微尺度方程式（3.3）开始，即

$$\frac{\partial c_e}{\partial t} = \nabla \cdot (D_e \nabla c_e) - \frac{\boldsymbol{i}_e \cdot \nabla t_+^0}{F} - \nabla \cdot (c_e \boldsymbol{v}_0) \tag{4.15}$$

按照惯例，假设 $\nabla t_+^0 = 0$、$\boldsymbol{v}_0 = 0$①，同时假设相没有形变，则 $\boldsymbol{v}_{se} = 0$。

利用体积平均定理3计算式（4.15）左侧的相内平均值：

$$\overline{\left[\frac{\partial c_e}{\partial t}\right]} = \frac{1}{\varepsilon_e}\left(\frac{\partial (\varepsilon_e \bar{c}_e)}{\partial t}\right)$$

利用体积平均定理2计算式（4.15）右侧的相内平均值：

$$\overline{\nabla \cdot (D_e \nabla c_e)} = \frac{1}{\varepsilon_e}\left(\nabla \cdot (\varepsilon_e \overline{D_e \nabla c_e}) + \frac{1}{V}\iint_{A_{se}} D_e \nabla c_e \cdot \hat{\boldsymbol{n}}_e \mathrm{d}A\right) \tag{4.16}$$

① 但是，对于高倍率电流工作条件，应考虑这些项，具体参见 Xue, K-H, and Plett, G. L., "A Convective Transport Theory for High Rate Discharge in Lithium Ion Batteries," Electrochimica Acta, 87, 2013, pp. 375-390.

首先计算式（4.16）右侧的积分项。根据边界条件式（3.48），$\hat{\boldsymbol{n}}_e \cdot (D_e \nabla c_e) = (1-t_+^0)j$。使用与固体中电荷守恒相同的方法，假设固体－电解液界面上的通量均匀，因此可以得到

$$\frac{1}{V}\iint_{A_{se}} D_e \nabla c_e \cdot \hat{\boldsymbol{n}}_e \mathrm{d}A = \frac{1}{V}\iint_{A_{se}} (1-t_+^0) j(c_s, c_e, \phi_s, \phi_e) \mathrm{d}A$$

$$= \frac{A_{se}}{V}(1-t_+^0)\bar{j}$$

$$= a_s(1-t_+^0)\bar{j}$$

因此，式（4.15）右侧的相内平均值可改写为

$$\overline{\nabla\cdot(D_e \nabla c_e)} = \frac{1}{\varepsilon_e}(\nabla\cdot(\varepsilon_e \overline{D_e \nabla c_e}) + a_s(1-t_+^0)\bar{j})$$

现在计算 $\nabla\cdot(\varepsilon_e \overline{D_e \nabla c_e})$，按照和之前一样的推理，可以把它写为

$$\nabla\cdot(\varepsilon_e \overline{D_e \nabla c_e}) \approx \nabla\cdot(D_{e,\mathrm{eff}} \nabla \bar{c}_e)$$

式中，有效扩散率定义为 $D_{e,\mathrm{eff}} = \varepsilon_e D_e \delta/\tau$，通常假设 $D_{e,\mathrm{eff}} = D_e \varepsilon_e^{\mathrm{brug}}$，brug 通常取值为 1.5。

所以，结合上述所有计算结果，可得

$$\frac{1}{\varepsilon_e}\left(\frac{\partial(\varepsilon_e \bar{c}_e)}{\partial t}\right) = \frac{1}{\varepsilon_e}(\nabla\cdot(D_{e,\mathrm{eff}} \nabla \bar{c}_e) + a_s(1-t_+^0)\bar{j})$$

整理上式，可得到电解液的质量守恒方程：

$$\frac{\partial(\varepsilon_e \bar{c}_e)}{\partial t} = \nabla\cdot(D_{e,\mathrm{eff}} \nabla \bar{c}_e) + a_s(1-t_+^0)\bar{j} \tag{4.17}$$

现在完成方程式（4.7）的证明。式（4.17）说明，如果有物质流入体积，或者在体积中有局部通量从固体进入电解液，那么电解液中锂的局部体积平均浓度会因浓度梯度而增加。

4.8.1 对 $(1-t_+^0)$ 项的讨论

结果中的 $(1-t_+^0)$ 项可能有点奇怪。为什么从固体到电解液的锂通量中只有一小部分有助于提高电解液中的局部锂浓度？

我们简单地看一下对正在发生事情的直观解释。考虑包含固体颗粒和电解液间界面的体积单元，如图 4-12 所示。锂离子通量密度 j 通过固体－电解液边界从固体颗粒流出，边界表示颗粒的表面。

根据我们的早期假设，从固体电极到电解液的总体积平均锂通量密度为

$$a_s\bar{j} = \frac{1}{V}\iint_{A_{s,e}} j(c_s, c_e, \phi_s, \phi_e)\ \mathrm{d}A$$

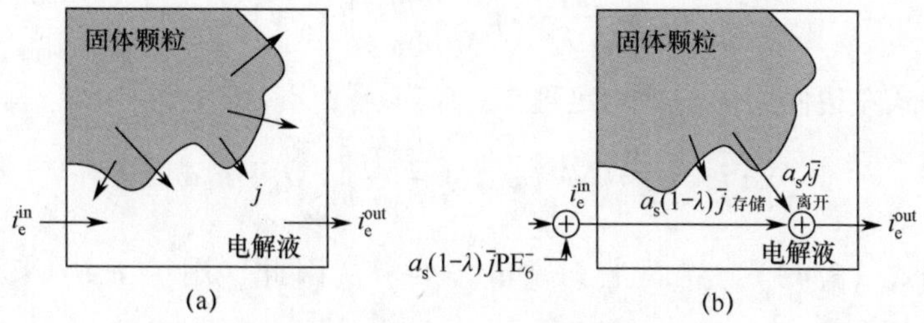

图 4-12　$(1-t_+^0)$ 项示意图

结果表明，并非所有的总通量密度都保留在所考虑的体积单元中（这将导致浓度增加 $a_s\bar{j}$），一些锂会离开到邻近的体积单元中。然而，并不是所有的锂都从这个体积单元中离开（这将使 c_e 保持不变）。

设 λ 为逃离当前体积的通量密度分数，$1-\lambda$ 为剩余的分数，如图 4-12（b）图所示。为确定 λ 值，需要借助电解液必须保持宏观电中性的假设。该假设要求，必须从相邻体积中向当前体积中加入 $a_s(1-\lambda)\bar{j}$ 通量密度的阴离子（如 PF_6^- 离子），以平衡存储在当前体积中的通量密度为 $a_s(1-\lambda)\bar{j}$ 的锂离子，也就是阳离子。

在体积单元中，由维持电荷中性所需的负离子通量密度所添加的电解液电流部分，是 $1-\lambda$ 乘以增加的通量密度；由离开体积单元的阳离子通量密度添加的电解液电流部分，是 λ 乘以增加的通量密度。认识到迁移数 t_+^0 被定义为阳离子携带的电流分数，$t_-^0=1-t_+^0$ 是阴离子携带的电流分数，可得到 $\lambda=t_+^0$。因此，保留在当前体积中并有助于改变该体积内锂浓度的锂通量为 $a_s(1-t_+^0)\bar{j}$。

4.9　电解液中的电荷守恒

考虑的第 4 个连续介质模型方程描述电解液中的电荷守恒。回忆微尺度方程式（3.4）：

$$\nabla\cdot\boldsymbol{i}_e=\nabla\cdot\left(-\kappa\nabla\phi_e-\frac{2\kappa RT}{F}\left(1+\frac{\partial\ln f_\pm}{\partial\ln c_e}\right)(t_+^0-1)\nabla\ln c_e\right)=0$$

为了简单起见，将上式重写为

$$\nabla\cdot\boldsymbol{i}_e=\nabla\cdot(-\kappa\nabla\phi_e-\kappa_D\nabla\ln c_e)=0$$

式中

$$\kappa_D = \frac{2\kappa RT}{F}\left(1 + \frac{\partial \ln f_\pm}{\partial \ln c_e}\right)(t_+^0 - 1)$$

对等式左边使用体积平均定理2，有

$$\overline{\nabla \cdot \boldsymbol{i}_e} = \frac{1}{\varepsilon_e}\left(\nabla \cdot (\varepsilon_e \bar{\boldsymbol{i}}_e) + \frac{1}{V}\iint_{A_{s,e}} \boldsymbol{i}_e \cdot \hat{\boldsymbol{n}}_e \mathrm{d}A\right)$$

根据式（3.49），界面上 $\boldsymbol{i}_e \cdot \hat{\boldsymbol{n}}_e = -jF$。因此，用 $-a_s F\bar{j}$ 来近似积分项，有

$$\overline{\nabla \cdot \boldsymbol{i}_e} = \frac{1}{\varepsilon_e}(\nabla \cdot (\varepsilon_e \bar{\boldsymbol{i}}_e) - a_s F\bar{j}) = 0$$

$$0 = \nabla \cdot (\varepsilon_e \bar{\boldsymbol{i}}_e) - a_s F\bar{j}$$

现在考虑等式右边，注意到

$$\varepsilon_e \bar{\boldsymbol{i}}_e = \varepsilon_e(\overline{-\kappa \nabla \phi_e} + \overline{-\kappa_D \nabla \ln c_e})$$

和以前一样，将其近似为

$$-\varepsilon_e \overline{\kappa \nabla \phi_e} \approx -\kappa_{\text{eff}} \nabla \bar{\phi}_e$$

$$-\varepsilon_e \overline{\kappa_D \nabla \ln c_e} \approx -\kappa_{D,\text{eff}} \nabla \ln \bar{c}_e$$

式中：$\kappa_{\text{eff}} = \kappa \varepsilon_e^{\text{brug}}$；$\kappa_{D,\text{eff}} = \kappa_D \varepsilon_e^{\text{brug}}$。

结合起来，得到两个结果：

$$\varepsilon_e \bar{\boldsymbol{i}}_e = -\kappa_{\text{eff}} \nabla \bar{\phi}_e - \kappa_{D,\text{eff}} \nabla \ln \bar{c}_e \tag{4.18}$$

$$\nabla \cdot (\kappa_{\text{eff}} \nabla \bar{\phi}_e + \kappa_{D,\text{eff}} \nabla \ln \bar{c}_e) + a_s \bar{j} F = 0$$

现在完成方程式（4.7）的证明。

4.10 固－液相之间的锂移动

最后，考虑固体－电解液界面上通量的连续介质尺度方程。我们已经使用了这个结果，但为了完整起见，回忆 Butler-Volmer 方程：

$$j = k_0 c_e^{1-\alpha}(c_{s,\max} - c_{s,e})^{1-\alpha} c_{s,e}^{\alpha}\left\{\exp\left(\frac{(1-\alpha)F}{RT}\eta\right) - \exp\left(-\frac{\alpha F}{RT}\eta\right)\right\} \tag{4.19}$$

其在模型中出现在下式中：

$$\frac{1}{V}\iint_{A_{se}} j(c_s, c_e, \phi_s, \phi_e)\,\mathrm{d}A \approx \frac{A_{se}}{V} j(\bar{c}_{s,e}, \bar{c}_e, \bar{\phi}_s, \bar{\phi}_e) \approx a_s j(\bar{c}_{s,e}, \bar{c}_e, \bar{\phi}_s, \bar{\phi}_e) = a_s \bar{j}$$

如果使用标准化单位表示交换电流密度：

$$\bar{i}_0 = F\underbrace{k_0 c_{e,0}^{1-\alpha} c_{s,\max}}_{k_{0,\text{norm}}}\left(\frac{\bar{c}_e}{c_{e,0}}\right)^{1-\alpha}\left(\frac{c_{s,\max}-\bar{c}_{s,e}}{c_{s,\max}}\right)^{1-\alpha}\left(\frac{\bar{c}_{s,e}}{c_{s,\max}}\right)^{\alpha}$$

$$\bar{j} = \frac{\bar{i}_0}{F}\left\{\exp\left(\frac{(1-\alpha)F}{RT}\bar{\eta}\right) - \exp\left(-\frac{\alpha F}{RT}\bar{\eta}\right)\right\}$$

式中：$\bar{\eta} = \bar{\phi}_s - \bar{\phi}_e - U_{ocp}(\bar{c}_{s,e})$。

注意，在连续介质模型中，对颗粒表面的固体－电解液相间膜层的离子电阻进行建模时，通常会在超电势中添加一个式子，因此得到

$$\bar{\eta} = \bar{\phi}_s - \bar{\phi}_e - U_{ocp}(\bar{c}_{s,e}) - FR_{\text{film}}\bar{j}$$

此时完成了式（4.8）的证明。

4.11　伪二维模型的边界条件

和微尺度偏微分方程一样，我们还必须为连续介质尺度偏微分方程指定边界条件。这些边界条件是根据对每个区域边界处电荷和质量运动的物理理解来定义的。

4.11.1　固体中的电荷守恒

在集流体－电极边界处，电荷通过电子运动实现在集流体和固体颗粒之间的转移；由于电解液只支持离子电流，因此电荷不会在集流体和电解液之间转移。所以，集流体边界处流过固体电极的电流必定等于进入/离开电池的总电流，即

$$\varepsilon_s \bar{i}_s = -\sigma_{\text{eff}} \nabla \bar{\phi}_s = \frac{i_{\text{app}}}{A}$$

式中：i_{app} 为电池施加的总电流，单位为 A；A 为集流体表面积，单位为 m^2。

同理，在电极－隔膜边界的电流由电极区域和隔膜区域之间的离子运动维持。电子电流为零，离子电流等于 i_{app}/A。

总结一下，对于正极有

$$\left.\frac{\partial \bar{\phi}_s}{\partial x}\right|_{x=L^{\text{neg}}+L^{\text{sep}}} = 0, \left.\frac{\partial \bar{\phi}_s}{\partial x}\right|_{x=L^{\text{tot}}} = \frac{-i_{\text{app}}}{A\sigma_{\text{eff}}}$$

对于负极有

$$\left.\frac{\partial \bar{\phi}_s}{\partial x}\right|_{x=L^{\text{neg}}} = 0$$

在负极中也存在 $\left.\frac{\partial \bar{\phi}_s}{\partial x}\right|_{x=0} = \frac{-i_{app}}{A\sigma_{eff}}$，但当电池模型的所有偏微分方程都合并在一起时，这个条件是多余的，因此没有使用它。

由于电压是一个电位差，我们必须定义一个“参考地”点，用于测量电池内部的所有电压。尽管也可以选择其他参考电压，但我们定义

$$\bar{\phi}_s\big|_{x=0} = 0$$

4.11.2 电解液中的电荷守恒

在电极－隔膜边界，离子电流必须等于进入/离开电池的总电流，即

$$\varepsilon_e \bar{\boldsymbol{i}}_e = -\kappa_{eff}\nabla\bar{\phi}_e - \kappa_{D,eff}\nabla\ln\bar{c}_e = \frac{i_{app}}{A}$$

在集流体处离子电流必定为零：

$$\left.\kappa_{eff}\frac{\partial\bar{\phi}_e}{\partial x} + \kappa_{D,eff}\frac{\partial\ln\bar{c}_e}{\partial x}\right|_{x=0} = \left.\kappa_{eff}\frac{\partial\bar{\phi}_e}{\partial x} + \kappa_{D,eff}\frac{\partial\ln\bar{c}_e}{\partial x}\right|_{x=L^{tot}} = 0$$

和以前一样，在隔膜界面也有边界条件，但它们是多余的，没有使用，则

$$\left.-\kappa_{eff}\frac{\partial\bar{\phi}_e}{\partial x} - \kappa_{D,eff}\frac{\partial\ln\bar{c}_e}{\partial x}\right|_{x=L^{neg}} = \left.-\kappa_{eff}\frac{\partial\bar{\phi}_e}{\partial x} - \kappa_{D,eff}\frac{\partial\ln\bar{c}_e}{\partial x}\right|_{x=L^{neg}+L^{sep}} = \frac{i_{app}}{A}$$

4.11.3 固体电极中的质量守恒

在颗粒表面，用 $\bar{j}$ 表示离开颗粒的锂通量。因此，一定有

$$\left.D_s\frac{\partial c_s}{\partial r}\right|_{r=R_s} = -\bar{j}$$

由于我们假设了颗粒中锂浓度的径向对称性，因此不会有净通量通过颗粒中心①，于是得到内部“边界”条件：

$$\left.\frac{\partial c_s}{\partial r}\right|_{r=0} = 0$$

4.11.4 电解液中的质量守恒

在电池的边界处，一定没有锂通量通过电解液，因此有

$$\left.\frac{\partial\bar{c}_e}{\partial x}\right|_{x=0} = \left.\frac{\partial\bar{c}_e}{\partial x}\right|_{x=L^{tot}} = 0$$

① 流经颗粒中心的锂最终会在颗粒的另一侧，但位于相同的径向位置；因此，通过中心的净通量将为零。

4.12 电池尺度的量

正如第3章中对微尺度模型所做的那样，现在想从本章建立的连续介质模型中提取几个电池尺度的量，包括：电池电压、总容量和荷电状态。

4.12.1 电池电压

电池电压等于正集流体的电位减去负集流体的电位。由于固相与集流体有直接电接触，因此可将电池电压计算为

$$v(t) = \bar{\phi}_s(L^{tot},t) - \bar{\phi}_s(0,t)$$

由于已经定义了 $\bar{\phi}_s(0,t) = 0$，因此上式可以进一步简化为

$$v(t) = \bar{\phi}_s(L^{tot},t)$$

4.12.2 电池总容量

电池总容量的确定方法与第三章相同，使用式（3.50）~式（3.52）。为方便查询，在这里重复这些方程：

$$Q^{neg} = AFL^{neg}\varepsilon_s^{neg}c_{s,max}^{neg}\,|x_{100\%} - x_{0\%}|/3600\,\text{Ah}$$
$$Q^{pos} = AFL^{pos}\varepsilon_s^{pos}c_{s,max}^{pos}\,|y_{100\%} - y_{0\%}|/3600\,\text{Ah}$$
$$Q = \min(Q^{neg}, Q^{pos})$$

4.12.3 电池荷电状态

同样，电池荷电状态的计算方法与第3章相同，使用式（3.53）和（3.54）。为方便查询，在这里重复这些方程：

$$z = \frac{c_{s,avg}^{neg}/c_{s,max}^{neg} - x_{0\%}}{x_{100\%} - x_{0\%}} = \frac{c_{s,avg}^{pos}/c_{s,max}^{pos} - y_{0\%}}{y_{100\%} - y_{0\%}}$$

4.13 模型仿真

现在我们已经得到了一整套连续介质尺度模型方程，其最重要的应用是进行仿真，从而帮助我们理解电池是如何工作的，然后再用它来指导应该如何构建一个电池或应该如何使用一个电池。

连续现象的数字模拟需要在时间和空间上把问题离散化，有3种常用的数

值求解方法①。

（1）有限差分法：将空间和时间维度划分为若干小段。使用欧拉法则或类似规则离散方程中的导数（有些离散化方法比其他方法更有效：更稳定，从而减少建模误差等）。写出得出的方程组，并在每个时间步骤使用线性代数求解器进行求解。3.3.3 节中的线性扩散示例介绍了这种方法。

（2）有限体积法：时间分为若干小段，空间分为若干体积。计算体积边界处的通量项，并更新浓度以反映物质的通量。由于进入给定体积的通量与离开相邻体积的通量相同，因此该方法强制质量守恒。有限体积法的另一个优点是，它易于公式化以允许非结构化网格，该方法在许多计算流体动力学的软件包中得到应用。3.11.4 节中的球面扩散示例介绍了这种方法。

（3）有限元法：时间的离散方法与前两种相同。然而，空间维是由 N 个二次或线性基或有限元函数 $\psi_m(x)$ 的和表示的，其中 $1 \leqslant m \leqslant N$。一个示例如图 4-13 所示，首先，采用线性（三角形）基函数，这些 $N = 11$ 函数的总和在每个 x 位置都等于 1；然后，将所研究的变量写为加权和。例如，如果对某个变量 $\theta(x,t)$ 感兴趣，就可以把它写为

$$\theta(x,t) = \sum_{m=1}^{N} \theta_m(t)\psi_m(x)$$

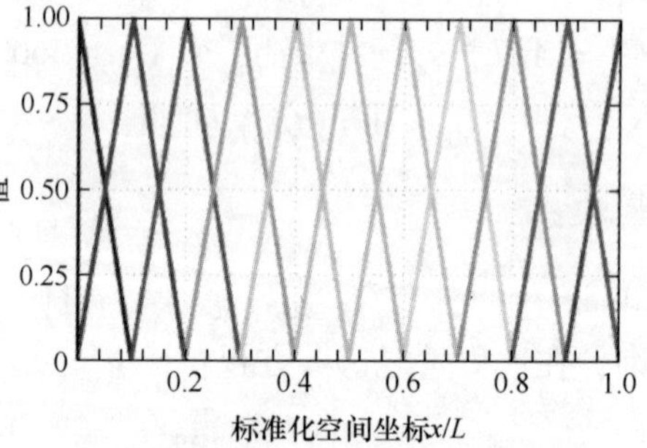

图 4-13　有限元方法的基函数示例

这简化了问题，由于 $\psi_m(x)$ 是固定的——我们将二维问题 $\theta(x,t)$ 转化为 N 个一维问题，通过重写并求解向量形式的偏微分方程来估算 $\theta_m(t)$。可以改变基元的形状和间距，以提高特定区域的仿真精度，只要它们的总和始终为 1。

① 参考文献：Christopher D. Rahn and Chao-Yang Wang, Battery Systems Engineering, Wiley, 2013.

每种方法都有优缺点，都被用于电池模型仿真中①。在这里，我们使用商用有限元多物理量求解程序 COMSOL，主要是因为它由一个图形用户界面驱动，使得实现和修改模型方程变得相对简单，从而可以非常灵活地探索电池动态（以及许多其他应用）。

我们在 COMSOL 中实现了一个"伪二维"电池模型，并在此介绍。这个模型可以从图书网站上下载，但只有当您拥有 COMSOL 软件的许可证时才有用②。

4.13.1 固体中的电荷守恒

在将模型输入到偏微分方程求解器中前，必须首先指定仿真对象的几何形状。连续介质模型主要是一维结构，其中 x 代表电池的横截面尺寸。这个维度本身分为 3 个区域：负极、隔膜和正极。

对于我们来说，指定几何图形和输入具有物理长度的方程是最自然的，负极的范围从 $x=0$ 到 $x=L^{\text{neg}}$，隔膜的范围从 $x=L^{\text{neg}}$ 到 $x=L^{\text{neg}}+L^{\text{sep}}$，正极的范围从 $x=L^{\text{neg}}+L^{\text{sep}}$ 到 $x=L^{\text{tot}}$。但是，如果以这种方式将模型输入到 COMSOL 中，每次想要仿真具有不同尺寸的电池时，都必须从头开始，因为一旦定义了 COMSOL 中的几何图形，就不能调整大小。

所以，在这里我们不使用自然长度，而使用标准化长度。使用符号 $\bar{x}$ 代表在标准化长度中的位置，x 代表物理位置。在负极，有 $\bar{x}=x/L^{\text{neg}}$；在隔膜中，有 $\bar{x}=(x-L^{\text{neg}})/L^{\text{sep}}$；在正极，有 $\bar{x}=(x-L^{\text{neg}}-L^{\text{sep}})/L^{\text{pos}}$。一般来说，$\bar{x}_{\text{region}}=x/L^{\text{region}}+\text{constant}$。

使用标准化变量，每个区域的长度固定为 1.0，与 L^{neg}、L^{sep} 和 L^{pos} 的值无关。我们可以通过改变变量 L^{neg}、L^{sep} 和 L^{pos} 来改变有效尺寸，而不需要改变不同单元区域的 COMSOL 几何形状。

但是，这要求我们修改方程以使用标准化长度，而不是物理长度。从 $\bar{x}_{\text{region}}=x/L^{\text{region}}+\text{constant}$ 开始，有

$$\frac{\partial(\cdot)}{\partial\bar{x}}=\frac{\partial(\cdot)}{\partial x}\frac{\partial x}{\partial\bar{x}}=L^{\text{region}}\frac{\partial(\cdot)}{\partial x}$$

$$\frac{\partial(\cdot)}{\partial x}=\frac{\partial(\cdot)}{\partial\bar{x}}\frac{\partial\bar{x}}{\partial x}=\frac{1}{L^{\text{region}}}\frac{\partial(\cdot)}{\partial\bar{x}}$$

---

① 参考文献：V. Ramadesigan, P. W. C. Northrop, S. De, S. Santhanagopalan, R. D. Braatz, and V. R. Subramanian, "Modeling and Simulation of Lithium-Ion Batteries from a Systems Engineering Perspective," Journal of the Electrochemical Society, 159 (3), 2012, pp. R31-R45.

② 见 http://mocha-java.uccs.edu/BMS1/CH04/LiIon.mph。

对于固体电荷守恒方程，从下式开始：

$$\nabla_x \cdot (\sigma_{\text{eff}} \nabla_x \bar{\phi}_s) = a_s F \bar{j}$$

式中：运算符 ∇上的下标表示对 x 求导。用 $\bar{x}$ 重写这个方程，可以得到

$$\frac{1}{L^{\text{region}}} \nabla_{\bar{x}} \cdot \left(\frac{\sigma_{\text{eff}}}{L^{\text{region}}} \nabla_{\bar{x}} \bar{\phi}_s \right) = a_s F \bar{j}$$

除了将方程重新缩放为标准化几何图形之外，还有一种技术可以使偏微分方程仿真可靠地工作。为了求解耦合的非线性方程，偏微分方程求解器在每一时间步长都使用非线性优化，使所有方程的左、右两边在一定的误差范围内尽可能相匹配。如果耦合方程中一些具有非常大的值，而另一些具有非常小的值，这将会导致问题，因为偏微分方程求解器将更注重使大值方程匹配，而不是使小值方程匹配（以减少总误差）。

注意，a_s 和 F 值较大，L 值较小，如果我们改为使用下式，会得到更精确的结果：

$$\nabla_{\bar{x}} \cdot \left(\frac{\sigma_{\text{eff}}}{L^{\text{region}}} \nabla_{\bar{x}} \bar{\phi}_s \right) = L^{\text{region}} a_s F \bar{j}$$

在 COMSOL 中，将上式输入到一个预先定义的偏微分方程形式中：

```
∇· (sigma_eff/ L * phi_sx) = L * as * F * j
```

其中定义以下变量为

σ_{eff}	a_s	$\bar{j}$	L^{region}	$\bar{\phi}_s$	F
sigma_eff	as	j	L	phi_s	F

注意，在 COMSOL 语法中：

$$\text{phi\_sx} = \frac{\mathrm{d}}{\mathrm{d}x}\text{phi\_s}$$

同时，COMSOL 中的 x 是标准维度 $\bar{x}$。

4.13.2 固体中的质量守恒

固体中的质量守恒可用下式进行描述：

$$\frac{\partial}{\partial t} c_s = \frac{1}{r^2} \frac{\partial}{\partial r} \left(D_s r^2 \frac{\partial c_s}{\partial r} \right)$$

它在伪维度 r 中工作，而不是在线性维度 x 中。也就是说，这个径向方程在每个 x 位置起作用，代表位于 x 位置的典型球形颗粒中锂的径向对称浓度分布。

为了实现这个方程，还需将径向尺寸标准化：令 $\bar{r} = r/R_s$。因此，$r^2 = \bar{r}^2 R_s^2$，$\dfrac{\partial(\cdot)}{\partial t} = \dfrac{1}{R_s}\dfrac{\partial(\cdot)}{\partial_{\bar{r}}}$，偏微分方程可重写为

$$\frac{\partial}{\partial t}c_s = \left(\frac{1}{\bar{r}^2 R_s^2}\right)\frac{1}{R_s}\frac{\partial}{\partial \bar{r}}\left(D_s(\bar{r}^2 R_s^2)\frac{1}{R_s}\frac{\partial c_s}{\partial \bar{r}}\right)$$

再将方程的两边同时乘以 $\bar{r}^2 R_s$，然后重新排列，即可得到在 COMSOL 中实现的实际方程：

$$\bar{r}^2 R_s \frac{\partial}{\partial t}c_s + \frac{\partial}{\partial \bar{r}}\left(-D_s\frac{\bar{r}^2}{R_s}\frac{\partial c_s}{\partial \bar{r}}\right) = 0$$

但在 COMSOL 中实际使用 y 而不是 $\bar{r}$ 作为其径向坐标的名称。

当可视化固体浓度时，会看到如图 4-14 所示的图像。在该图中，水平方向为电池 x 空间尺寸，垂直方向为径向 r 伪尺寸（颗粒表面 $r = R_s$ 在顶部，颗粒中心 $r = 0$ 在底部）；图 4-14（a）表示负极，图 4-14（b）表示正极。任何位置的灰度表示该空间坐标和径向坐标下的锂浓度。在本例中，可以看到长时间放电后电池处于低荷电状态时的浓度情况，此时固体浓度还没有达到平衡。因此，负极颗粒表面浓度较低，而负极颗粒内部浓度仍相对较高。对于这个仿真过程，正极参数使得靠近隔膜的颗粒比靠近集流体的其他颗粒，更容易被通过电解液扩散的锂填充。

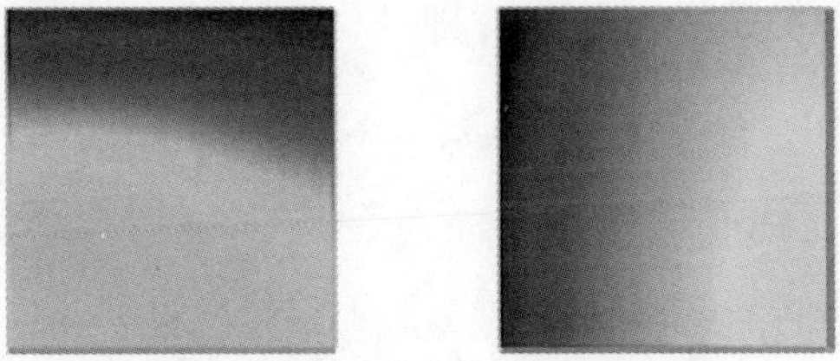

(a)　　　　(b)

图 4-14　可视化固体浓度

注意，固体中的锂在水平 x 维中没有扩散过程。水平方向的锂扩散只发生在电解液中。在固体中，锂只在垂直或径向方向扩散。这在 COMSOL 中通过参数化内置偏微分方程表示为

$$\mathtt{y^\wedge 2*Rs*}\frac{\partial c_s}{\partial t} + \nabla\cdot\left(-\begin{bmatrix}\mathtt{0,} & \mathtt{0}\\ \mathtt{0,} & \mathtt{y^\wedge 2*Ds/Rs}\end{bmatrix} * \nabla c_s\right) = 0$$

式中：$\nabla = \left[\dfrac{\partial}{\partial x}, \dfrac{\partial}{\partial y}\right]$。并定义以下变量：

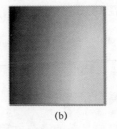

R_s	D_s
RS	DS

4.13.3 电解液中的电荷守恒

为了表示电解液中的电荷守恒，希望实施：

$$\nabla\cdot\left(\kappa_{\mathrm{eff}}\nabla\bar{\phi}_e+\kappa_{D,\mathrm{eff}}\nabla\ln\bar{c}_e\right)+a_sF\bar{j}=0$$

再次使用标准化长度，将公式转换为

$$\frac{1}{L^{\mathrm{region}}}\nabla\cdot\left(\frac{\kappa_{\mathrm{eff}}}{L^{\mathrm{region}}}\nabla\bar{\phi}_e+\frac{\kappa_{D,\mathrm{eff}}}{L^{\mathrm{region}}}\nabla\ln\bar{c}_e\right)=-a_sF\bar{j}$$

将 $\nabla\ln\bar{c}_e$ 表示为 $\frac{1}{\bar{c}_e}\nabla\bar{c}_e$，同时将方程两边乘以 L^{region}（为了更好地收敛），所以实际实现的方程为

∇·(kappa_eff/L*(phi_ex + kappa_D*1/c_e*c_ex)) = - L*as*F*j

其中定义了以下变量：

κ_{eff}	$\kappa_{D,\mathrm{eff}}/\kappa_{\mathrm{eff}}$	a_s	$\bar{j}$	L^{region}	$\bar{\phi}_e$	c_e	F
kappa_eff	kappa_D	as	j	L	phi_e	c_e	F

再次注意，在 COMSOL 语法中，有

$$\mathrm{phi\_ex}=\frac{\mathrm{d}}{\mathrm{d}x}\mathrm{phi\_e}\quad,\quad\mathrm{c\_ex}=\frac{\mathrm{d}}{\mathrm{d}x}\mathrm{c\_e}$$

COMSOL 的 x 是标准尺寸 $\bar{x}$。

4.13.4 电解液中的质量守恒

希望实现的最后一个偏微分方程描述了电解液中的质量守恒：

$$\frac{\partial(\varepsilon_e\bar{c}_e)}{\partial t}=\nabla\cdot\left(D_{e,\mathrm{eff}}\nabla\bar{c}_e\right)+a_s(1-t_+^0)\bar{j}$$

再次标准化长度，将公式转换为

$$\frac{\partial(\varepsilon_e\bar{c}_e)}{\partial t}=\frac{1}{L^{\mathrm{region}}}\nabla\cdot\left(D_{e,\mathrm{eff}}\frac{1}{L^{\mathrm{region}}}\nabla\bar{c}_e\right)+a_s(1-t_+^0)\bar{j}$$

实际实现的为

$$\mathrm{eps\_e}*\mathrm{L}*\frac{\partial c_e}{\partial t}+\nabla\cdot\left(-\mathrm{De\_eff/L}*\nabla c_e\right)=\mathrm{L}*\mathrm{as}*(1-\mathrm{t\_plus})*\mathrm{j}$$

其中定义了以下变量：

$D_{\mathrm{e,eff}}$	t_+^0	a_s	$\bar{j}$	L^{region}	ε_e
De_eff	t_plus	as	j	L	eps_e

4.14　COMSOL 仿真

详细描述如何使用 COMSOL 或任何其他电池求解器超出了本书的范围。但是，我们在图 4-15 中显示了运行 COMSOL 时的屏幕截图。左侧框包含可选择的元素，这些元素定义常量、公式、网格等。当前选定元素的详细信息显示在中框中。右框显示仿真输出：本例输出为电池的电压响应，该电池先经历一个静置，再经历恒流充电脉冲，静置，恒流放电脉冲，静置。

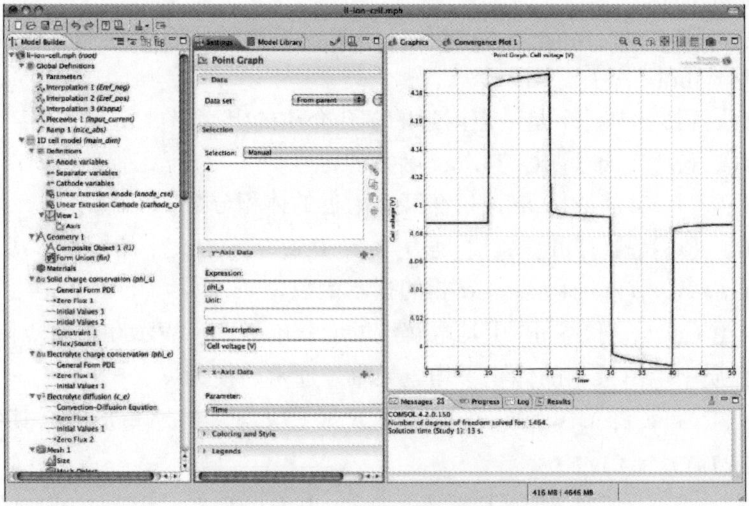

图 4-15　COMSOL 用户界面截图

4.15　本章小结及后续工作

我们已经取得了很好的进展，现在可以相当容易地仿真电池的性能和行为了。但这些方程仍然过于复杂，无法在电池管理所需的实时嵌入式系统中实现。因此，第 5 章第 6 章将寻找降低模型方程复杂度的方法，同时仍然保留其背后的物理原理。

第 5 章将介绍离散时间状态空间模型形式，这也是我们最终方程的表达方式；同时还介绍一种将拉普拉斯域传递函数转换为状态空间模型形式的方法。第6章，我们将本章的偏微分方程转换为传递函数，并创建一个连续介质方程的降阶版本，但能够预测电池的内部动态变化以及电池电压。

4.16 本章部分术语

本节罗列出本章定义的重要变量的术语，及其单位——符号［u/l］代表无单位量。值得注意的是，所有变量至少都是空间和时间的潜在函数。

- $\langle\psi\rangle$ 表示 ψ 的相平均值，单位与 ψ 相同。
- $\bar{\psi}$ 表示 ψ 的相内平均值，单位与 ψ 相同。
- $a_s(x,y,z,t)[\mathrm{m^2 \cdot m^{-3}}]$ 是比界面面积，表示单位体积中固体和电解液边界的面积。
- brug[u/l] 是 Bruggeman 指数，用于计算材料的有效性质。通常，粗略估计 brug = 1.5。
- $\delta(x,y,z,t)$[u/l] 是某点附近的多孔介质的阻塞率，$\delta < 1$。
- $\delta(x,y,z,t)$[u/l] 也是 Dirac 函数的符号。
- $\varepsilon_\alpha(x,y,z,t)$[u/l] 是 α 相在某点附近的体积分数。
- $D_{\mathrm{e,eff}}(x,y,z,t)[\mathrm{m^2 \cdot s^{-1}}]$ 是 $D_{\mathrm{e,eff}} \approx D_{\mathrm{e}}\varepsilon_{\mathrm{e}}^{\mathrm{brug}} = D_{\mathrm{e}}\varepsilon_{\mathrm{e}}^{1.5}$ 的缩写形式。
- $\gamma_\alpha(x,y,z,t)$[u/l] 表示 α 相的指示函数。
- $\kappa_{\mathrm{eff}}(x,y,z,t)[\mathrm{S \cdot m^{-1}}]$ 是电解液的有效电导率，表示在给定点附近多孔介质中电解液相的体积平均电导率。通常建模为 $\kappa_{\mathrm{eff}} \approx \kappa\varepsilon_{\mathrm{e}}^{\mathrm{brug}} = \kappa\varepsilon_{\mathrm{e}}^{1.5}$。
- $\kappa_{D,\mathrm{eff}}(x,y,z,t)$[V] 是 $\kappa_{D,\mathrm{eff}} \approx \kappa_D\varepsilon_{\mathrm{e}}^{\mathrm{brug}} = \kappa_D\varepsilon_{\mathrm{e}}^{1.5}$ 的缩写形式，其中 $\kappa_D = 2RT\kappa(t_+^0 - 1)/F$。
- $\sigma_{\mathrm{eff}}(x,y,z,t)[\mathrm{S \cdot m^{-1}}]$ 是有效电导率，与电极有关，表示在给定点附近多孔介质中固体基质的体积平均电导率。通常建模为 $\sigma_{\mathrm{eff}} \approx \sigma\varepsilon_{\mathrm{s}}^{\mathrm{brug}} = \sigma\varepsilon_{\mathrm{s}}^{1.5}$。
- $\tau(x,y,z,t)$[u/l] 是多孔介质在某点附近的迂曲度，$\tau > 1$。

第 5 章　状态空间模型与离散时间实现算法

前面章节推导的耦合偏微分方程模型有助于理解电池的工作过程，并且通过适当的实验设计，可以探索可能限制电池性能的设计因素。在仿真中，可以改变电池的几何结构、颗粒尺寸和材料特性，以优化电池性能，而无须制作大量的实验电池。

然而，对于实时电池管理而言，这些模型太复杂了。例如，它们是“无限维”。对于时间 t 中的每个点，都有无限多的 x 维和 r 维变量需要求解。也就是说，必须为每个 x 和 r 位置找到 $c_s(x,r,t)$ 、$\bar{c}_e(x,t)$ 、$\bar{\phi}_s(x,t)$ 和 $\bar{\phi}_e(x,t)$。

我们希望创建电池尺度的常差分方程组，其尽可能地保留连续介质尺度偏微分方程组的保真度，同时将无限阶降到一些（小的）有限阶。最终得到的结果是一组紧耦合的常差分方程组，其计算复杂度与第 2 章的等效电路模型相似，可以很容易、快速地仿真。这是图 3-1 中基于机理的建模方法的最后一步。

本章将介绍离散时间状态空间模型，这是基于机理的降阶模型的最终形式。下面，探讨用于从感兴趣变量的偏微分方程组生成状态空间模型的方法：首先为每个偏微分方程生成传递函数；然后，使用离散时间实现算法（DRA）将传递函数转换为状态空间形式。本章提出 DRA 并给出一个重要示例来说明它的运行效果。

5.1　状态空间模型简介

5.1.1　连续时间 LTI 系统模型

线性时不变（Linear Time Invariant，LTI）系统的动态特性可以至少以 3 种不同的方式来获取。

首先，如果已知系统对 Dirac 脉冲函数 $\delta(t)$ 的时间响应 $h(t)$ ，即连续时间脉冲响应，则可以通过卷积计算出与任何输入信号 $u(t)$ 对应的系统输出：

$$y(t) = \int_{-\infty}^{\infty} u(\tau)h(t-\tau)\mathrm{d}\tau \tag{5.1}$$

其次，如果已知系统的传递函数 $H(s)$ 或其频率响应 $H(\mathrm{j}w)$ ，则可以通过拉普拉斯或傅里叶变换技术计算系统输出。

最后，可以把系统动态性能写成状态空间的形式。不过，脉冲响应、传递函数和频率响应仅提供系统的输入－输出映射，然而状态空间模型除了输入－输出映射，还能反映系统内部状态变化。这些内部动态变化可通过系统状态进行描述。

我们将 t_0 时刻系统的内部状态定义为 t_0 时刻的最小信息量，其与输入 $u(t)$ 一起，唯一地确定所有 $t \geqslant t_0$ 时系统的行为[①]。过去的输入不需要像使用式（5.1）计算系统输出时那样进行存储，所有过去输入的总净效应都由当前系统状态获得。

状态空间模型由 2 个耦合方程组成。线性时不变连续时间状态空间模型具有以下形式：

$$\dot{\boldsymbol{x}}(t) = \boldsymbol{A}_c\boldsymbol{x}(t) + \boldsymbol{B}_c\boldsymbol{u}(t) \tag{5.2}$$

$$\boldsymbol{y}(t) = \boldsymbol{C}_c\boldsymbol{x}(t) + \boldsymbol{D}_c\boldsymbol{u}(t) \tag{5.3}$$

式中：$\boldsymbol{u}(t) \in \mathbb{R}^m$ 为输入；$\boldsymbol{y}(t) \in \mathbb{R}^p$ 为输出；$\boldsymbol{x}(t) \in \mathbb{R}^n$ 为状态向量[②]。式（5.2）称为状态方程，描述输入 $u(t)$ 是如何影响状态 $x(t)$ 的。矩阵 $\boldsymbol{A}_c$ 称为状态转移矩阵，矩阵 $\boldsymbol{B}_c$ 称为输入矩阵。式（5.3）称为输出方程，描述了状态和输入是如何直接影响输出的。矩阵 $\boldsymbol{C}_c$ 称为输出矩阵，矩阵 D_c 称为传输矩阵[③]。不同的线性系统有不同的 $\boldsymbol{A}_c$、$\boldsymbol{B}_c$、$\boldsymbol{C}_c$ 和 $\boldsymbol{D}_c$ 矩阵（它们都可能是时变的）和不同的状态维数 n。

5.1.2 离散时间 LTI 系统模型

离散时间状态空间 LTI 系统模型具有非常相似的基本形式：

$$\boldsymbol{x}[k+1] = \boldsymbol{A}\boldsymbol{x}[k] + \boldsymbol{B}\boldsymbol{u}[k] \tag{5.4}$$

$$\boldsymbol{y}[k] = \boldsymbol{C}\boldsymbol{x}[k] + \boldsymbol{D}\boldsymbol{u}[k] \tag{5.5}$$

式中：$\boldsymbol{u}(k) \in \mathbb{R}^m$ 为输入；$\boldsymbol{y}(k) \in \mathbb{R}^p$ 为输出；$\boldsymbol{x}(k) \in \mathbb{R}^n$ 为状态向量。与之前类似，式（5.4）是离散时间模型的状态方程，式（5.5）是输出方程。值得注意的是，即使描述的是同一个系统，连续时间模型和离散时间模型的矩阵 $\boldsymbol{A}$ 和矩阵 $\boldsymbol{B}$ 并不相同。如第 2 章所述，令

$$\boldsymbol{A} = \mathrm{e}^{\boldsymbol{A}_c\Delta t}, \boldsymbol{B} = \boldsymbol{A}_c^{-1}(\mathrm{e}^{\boldsymbol{A}_c\Delta t} - \boldsymbol{I})\boldsymbol{B}_c, \boldsymbol{C} = \boldsymbol{C}_c, \boldsymbol{D} = \boldsymbol{D}_c$$

---

① 我们将看到，状态本身并不一定是唯一的。一般来说，一个状态描述的不同线性组合形成包含相同信息的另一种状态描述。

② 粗体小写字符用于表示可能是向量的量，粗体大写字符用于表示可能是矩阵的量。

③ 下标 c 用于表示连续时间系统，并强调同一系统的连续时间和离散时间表示的矩阵 $\boldsymbol{A}$、$\boldsymbol{B}$、$\boldsymbol{C}$ 和 $\boldsymbol{D}$ 是不同的。

可以将连续时间状态空间模型转换为离散时间模型，这里假设 A_c^{-1} 存在①。注意，A 和 B 等式中的指数运算是矩阵指数，可计算为

$$e^{A_c \Delta t} = \mathcal{L}^{-1}[(sI - A_c)^{-1}]_{t=\Delta t}$$

也就是说，首先计算矩阵函数 $(sI - A_c)^{-1}$；然后在 $t = \Delta t$ 时刻对这个函数取拉普拉斯逆变换。还有其他的方法可用于计算矩阵指数，包括无限级数展开，这在多变量控制系统的入门教材中有很好的描述②。在 MATLAB 中，可使用 expm 命令进行矩阵指数计算。

块图可以帮助可视化信号流，如图 5-1 所示。z^{-1} 表示单位延迟，输入为 $x[k+1] = Ax[k] + Bu[k]$，输出为 $x[k]$，用于计算 $y[k] = Cx[k] + Du[k]$。如果 A、B、C 和 D 是矩阵乘法块，则可以创建与此图完全相同的 MATLAB Simulink 块图，以实现离散时间状态空间系统。

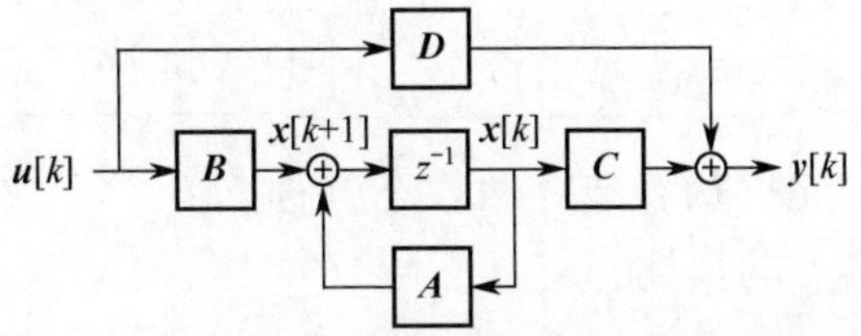

图 5-1　离散时间状态空间系统的实现块图

5.1.3　将传递函数转换为状态空间形式

作为示例，考虑将以下单输入单输出差分方程转换为状态空间形式：

$$y[k] + a_1 y[k-1] + a_2 y[k-2] + a_3 y[k-3] = b_1 u[k-1] + b_2 u[k-2] + b_3 u[k-3]$$

首先假设初始条件为零，对方程两边作 z 变换，从而得到

$$[1 + a_1 z^{-1} + a_2 z^{-2} + a_3 z^{-3}] Y(z) = [b_1 z^{-1} + b_2 z^{-2} + b_3 z^{-3}] U(z)$$

重新排列得到③

$$G(z) = \frac{b_1 z^2 + b_2 z + b_3}{z^3 + a_1 z^2 + a_2 z + a_3} = \frac{Y(z)}{U(z)} \tag{5.6}$$

将传递函数拆分为两部分：

---

① 如果不存在，则 $B = \int_0^{\Delta t} e^{A_c \tau} B_c d\tau$，通常必须手动计算求解。

② 参考文献：Moler, C., and Van Loan, C., "Nineteen Dubious Ways to Compute the Exponential of a Matrix, Twenty - Five Years Later," SIAM Review, 45 (1), 2003, pp. 3-49.

③ 由于该式包含两个多项式的商（变量 z），因此被称为有理多项式形式的传递函数（变量 z）。

$$G(z) = G_z(z)G_p(z)$$

式中：$G_z(z)$ 包含系统“零点”；$G_p(z)$ 包含“极点”。也就是说

$$G_z(z) = b_1z^2 + b_2z + b_3$$

$$G_p(z) = \frac{1}{z^3 + a_1z^2 + a_2z + a_3}$$

令 $V(z) = G_p(z)U(z)$，则

$$\nu[k+3] + a_1\nu[k+2] + a_2\nu[k+1] + a_3\nu[k] = u[k]$$

对于本例，选择 $v[k]$ 的当前值和两个高阶值作为模型的状态向量[①]，即

$$\boldsymbol{x}[k] = [\nu[k+2] \quad \nu[k+1] \quad \nu[k]]^{\mathrm{T}}$$

然后

$$\underbrace{\begin{bmatrix} \nu[k+3] \\ \nu[k+2] \\ \nu[k+1] \end{bmatrix}}_{\boldsymbol{x}[k+1]} = \underbrace{\begin{bmatrix} -a_1 & -a_2 & -a_3 \\ 1 & 0 & 0 \\ 0 & 1 & 0 \end{bmatrix}}_{A} \underbrace{\begin{bmatrix} \nu[k+2] \\ \nu[k+1] \\ \nu[k] \end{bmatrix}}_{\boldsymbol{x}[k]} + \underbrace{\begin{bmatrix} 1 \\ 0 \\ 0 \end{bmatrix}}_{B} u[k]$$

这是该系统对于此种状态选择的状态方程。

现在添加系统零点的描述：

$$Y(z) = G_z(z)V(z) = [b_1z^2 + b_2z + b_3]V(z)$$

或者

$$y[k] = b_1\nu[k+2] + b_2\nu[k+1] + b_3\nu[k] = \underbrace{[b_1 \quad b_2 \quad b_3]}_{C}\boldsymbol{x}[k]$$

总结一下，我们得到状态空间模型：

$$\boldsymbol{x}[k+1] = \begin{bmatrix} -a_1 & -a_2 & -a_3 \\ 1 & 0 & 0 \\ 0 & 1 & 0 \end{bmatrix}\boldsymbol{x}[k] + \begin{bmatrix} 1 \\ 0 \\ 0 \end{bmatrix}u[k]$$

$$y[k] = [b_1 \quad b_2 \quad b_3]\boldsymbol{x}[k] + [0]u[k]$$

注意，这个特殊传递函数还有许多其他同样有效的状态空间模型。我们很快就会看到它们之间的关系。

另外，这个特殊的例子是一个零点比极点少的传递函数。如果传递函数的零点和极点数目相等，我们将使用多项式长除法。例如，考虑：

$$G(z) = \frac{dz^3 + (da_1 + b_1)z^2 + (da_2 + b_2)z + (da_3 + b_3)}{z^3 + a_1z^2 + a_2z + a_3}$$

首先进行多项式长除法，得到

① 这是其中一种选择。我们将看到，还有其他同样有效的选择。

$$G(z) = d + \frac{b_1 z^2 + b_2 z + b_3}{z^3 + a_1 z^2 + a_2 z + a_3} = \frac{Y(z)}{U(z)}$$

基本上遵循与之前相同的步骤，得到

$$\boldsymbol{x}[k+1] = \begin{bmatrix} -a_1 & -a_2 & -a_3 \\ 1 & 0 & 0 \\ 0 & 1 & 0 \end{bmatrix} \boldsymbol{x}[k] + \begin{bmatrix} 1 \\ 0 \\ 0 \end{bmatrix} u[k]$$

$$y[k] = [b_1 \quad b_2 \quad b_3]\boldsymbol{x}[k] + [d]u[k]$$

可以看到，极点和零点数相等的系统有一个非零状态空间矩阵 $\boldsymbol{D}$。在电池模型中，这个传输矩阵项代表等效串联电阻项，正如输出有一个与输入瞬时相关的组成部分。

虽然手工计算可以加深对问题的理解，但是非常烦琐。MATLAB 的 MathWorks 控制系统工具箱提供了命令 $[A, B, C, D]$ = tf2ss（num，den，Ts），可以直接将有理多项式传递函数形式转换为状态空间形式。

5.1.4　状态空间形式转换为传递函数

在前面的例子中，可以看到将差分方程（或传递函数）转换为状态空间形式的过程很简单。现在，我们将看到反向转换也很容易。

从状态空间方程开始：

$$\boldsymbol{x}[k+1] = \boldsymbol{A}\boldsymbol{x}[k] + \boldsymbol{B}\boldsymbol{u}[k]$$
$$\boldsymbol{y}[k] = \boldsymbol{C}\boldsymbol{x}[k] + \boldsymbol{D}\boldsymbol{u}[k]$$

接下来，对两个方程的两边进行 z 变换：

$$z\boldsymbol{X}(z) - z\boldsymbol{x}[0] = \boldsymbol{A}\boldsymbol{X}(z) + \boldsymbol{B}\boldsymbol{U}(z)$$
$$\boldsymbol{Y}(z) = \boldsymbol{C}\boldsymbol{X}(z) + \boldsymbol{D}\boldsymbol{U}(z)$$

重新排列状态方程以求解 $\boldsymbol{X}(z)$，得出①

$$(z\boldsymbol{I} - \boldsymbol{A})\boldsymbol{X}(z) = \boldsymbol{B}\boldsymbol{U}(z) + z\boldsymbol{x}[0]$$
$$\boldsymbol{X}(z) = (z\boldsymbol{I} - \boldsymbol{A})^{-1}\boldsymbol{B}\boldsymbol{U}(z) + (z\boldsymbol{I} - \boldsymbol{A})^{-1}z\boldsymbol{x}[0]$$

将 $\boldsymbol{X}(z)$ 代入输出方程，得出②

$$\boldsymbol{Y}(z) = \underbrace{[\boldsymbol{C}(z\boldsymbol{I} - \boldsymbol{A})^{-1}\boldsymbol{B} + \boldsymbol{D}]}_{\text{系统传递函数}}\boldsymbol{U}(z) + \underbrace{\boldsymbol{C}(z\boldsymbol{I} - \boldsymbol{A})^{-1}z\boldsymbol{x}[0]}_{\text{初始条件响应}}$$

根据定义，系统的传递函数假定初始条件为零。对于这个假设：

---

① 当把 $\boldsymbol{X}(z)$ 从它出现的两个项分解时必须小心，因为 z 为标量，$\boldsymbol{A}$ 为矩阵。我们必须写为 $z\boldsymbol{I} - \boldsymbol{A}$，而不是 $z - \boldsymbol{A}$，这样才能使减法具有相同的维数。

② 整个第一项（包括 $\boldsymbol{U}(z)$）有时称为零状态解，第二项有时称为零输入解。

$$G(z)=\frac{\boldsymbol{Y}(z)}{\boldsymbol{U}(z)}=\boldsymbol{C}(z\boldsymbol{I}-\boldsymbol{A})^{-1}\boldsymbol{B}+\boldsymbol{D}$$

注意到 $(z\boldsymbol{I}-\boldsymbol{A})^{-1}=\frac{\mathrm{adj}(z\boldsymbol{I}-\boldsymbol{A})}{\det(z\boldsymbol{I}-\boldsymbol{A})}$，因此可以把系统的传递函数写为

$$\boldsymbol{G}(z)=\frac{\boldsymbol{C}\mathrm{adj}(z\boldsymbol{I}-\boldsymbol{A})\boldsymbol{B}+\boldsymbol{D}\det(z\boldsymbol{I}-\boldsymbol{A})}{\det(z\boldsymbol{I}-\boldsymbol{A})}$$

由此，可以得出一个非常重要的结论：系统的极点使 $\det(z\boldsymbol{I}-\boldsymbol{A})=0$，根据定义这些极点是矩阵 $\boldsymbol{A}$ 的特征值。由于极点决定了系统的稳定性、响应特性和响应速度，因此我们只从矩阵 $\boldsymbol{A}$ 就能了解系统很多行为。

5.1.5 状态空间模型的转换

正如前面提到的，特定系统动态行为的状态空间描述不是唯一的，状态向量 $\boldsymbol{x}(k)$ 的选择是多样的。为了说明这一点，下面分析式（5.4）和式（5.5）的转换，这里令 $\boldsymbol{x}(k)=\boldsymbol{T}\boldsymbol{w}[k]$，其中 $\boldsymbol{T}$ 是一个常数非奇异线性变换矩阵。然后：

$$(\boldsymbol{T}\boldsymbol{w}[k+1])=\boldsymbol{A}(\boldsymbol{T}\boldsymbol{w}[k])+\boldsymbol{B}\boldsymbol{u}[k]$$
$$\boldsymbol{y}[k]=\boldsymbol{C}(\boldsymbol{T}\boldsymbol{w}[k])+\boldsymbol{D}\boldsymbol{u}[k]$$

将第一个方程乘以 $\boldsymbol{T}^{-1}$：

$$\boldsymbol{w}[k+1]=\underbrace{\boldsymbol{T}^{-1}\boldsymbol{A}\boldsymbol{T}}_{\bar{\boldsymbol{A}}}\boldsymbol{w}[k]+\underbrace{\boldsymbol{T}^{-1}\boldsymbol{B}}_{\bar{\boldsymbol{B}}}\boldsymbol{u}[k]$$

$$\boldsymbol{y}[k]=\underbrace{\boldsymbol{C}\boldsymbol{T}}_{\bar{\boldsymbol{C}}}\boldsymbol{w}[k]+\underbrace{\boldsymbol{D}}_{\bar{\boldsymbol{D}}}\boldsymbol{u}[k]$$

因此，得到一个变换后的离散时间状态空间形式，包含状态 $\boldsymbol{w}[k]$ 和矩阵 $\bar{\boldsymbol{A}}$，$\bar{\boldsymbol{B}}$，$\bar{\boldsymbol{C}}$，$\bar{\boldsymbol{D}}$。

$$\boldsymbol{w}[k+1]=\bar{\boldsymbol{A}}\boldsymbol{w}[k]+\bar{\boldsymbol{B}}u[k] \tag{5.7}$$

$$\boldsymbol{y}[k]=\bar{\boldsymbol{C}}\boldsymbol{w}[k]+\bar{\boldsymbol{D}}u[k] \tag{5.8}$$

式（5.7）的输入-状态行为与式（5.4）不同，但式（5.7）和式（5.8）与式（5.4）和式（5.5）的整个耦合输入-输出行为相同。我们可以通过计算这两种表示的传递函数看到这一点，其中用 $H_1(z)$ 表示 $\boldsymbol{x}$ 状态系统的传递函数，$H_2(z)$ 表示 $\boldsymbol{w}$ 状态系统的传递函数，即

$$\begin{aligned}H_1(z)&=\boldsymbol{C}(z\boldsymbol{I}-\boldsymbol{A})^{-1}\boldsymbol{B}+\boldsymbol{D}\\&=\boldsymbol{C}\boldsymbol{T}\boldsymbol{T}^{-1}(z\boldsymbol{I}-\boldsymbol{A})^{-1}\boldsymbol{T}\boldsymbol{T}^{-1}\boldsymbol{B}+\boldsymbol{D}\end{aligned}$$

$$=(\boldsymbol{CT})[\boldsymbol{T}^{-1}(z\boldsymbol{I}-\boldsymbol{A})\boldsymbol{T}]^{-1}(\boldsymbol{T}^{-1}\boldsymbol{B})+\boldsymbol{D}$$
$$=\overline{\boldsymbol{C}}(z\boldsymbol{I}-\overline{\boldsymbol{A}})^{-1}\overline{\boldsymbol{B}}+\overline{\boldsymbol{D}}=H_2(z)$$

因此，传递函数没有被相似变换所改变。

通过这个示例，我们得出结论：可以得到具有相同输入 - 输出关系但不同矩阵 ($\boldsymbol{A},\boldsymbol{B},\boldsymbol{C},\boldsymbol{D}$) 的多种状态空间表示。例如：

$$\boldsymbol{A}=\begin{bmatrix}-a_1 & -a_2 & -a_3\\ 1 & 0 & 0\\ 0 & 1 & 0\end{bmatrix},\boldsymbol{B}=\begin{bmatrix}1\\0\\0\end{bmatrix},\boldsymbol{C}=[b_1\quad b_2\quad b_3],\boldsymbol{D}=[0]$$

$$\boldsymbol{T}=\boldsymbol{T}^{-1}=\begin{bmatrix}0 & 0 & 1\\ 0 & 1 & 0\\ 1 & 0 & 0\end{bmatrix}$$

注意，矩阵右乘 $\boldsymbol{T}$ 会将其第一列与最后一列对调，矩阵左乘 $\boldsymbol{T}$ 会将其第一行与最后一行对调。

对于上述变换矩阵，首先计算变换后的状态转移矩阵：

$$\overline{\boldsymbol{A}}=\boldsymbol{T}^{-1}\boldsymbol{AT}=\begin{bmatrix}0 & 0 & 1\\ 0 & 1 & 0\\ 1 & 0 & 0\end{bmatrix}\begin{bmatrix}-a_1 & -a_2 & -a_3\\ 1 & 0 & 0\\ 0 & 1 & 0\end{bmatrix}\begin{bmatrix}0 & 0 & 1\\ 0 & 1 & 0\\ 1 & 0 & 0\end{bmatrix}=\begin{bmatrix}0 & 1 & 0\\ 0 & 0 & 1\\ -a_3 & -a_2 & -a_1\end{bmatrix}$$

接下来，计算变换后的输入矩阵：

$$\overline{\boldsymbol{B}}=\boldsymbol{T}^{-1}\boldsymbol{B}=\begin{bmatrix}0 & 0 & 1\\ 0 & 1 & 0\\ 1 & 0 & 0\end{bmatrix}\begin{bmatrix}1\\0\\0\end{bmatrix}=\begin{bmatrix}0\\0\\1\end{bmatrix}$$

输出矩阵：

$$\overline{\boldsymbol{C}}=\boldsymbol{CT}=[b_1\quad b_2\quad b_3]\begin{bmatrix}0 & 0 & 1\\ 0 & 1 & 0\\ 1 & 0 & 0\end{bmatrix}=[b_3\quad b_2\quad b_1]$$

传输矩阵 $\overline{\boldsymbol{D}}=\boldsymbol{D}=0$。

为了验证得到了相同的传递函数，计算：

$$G(z)=\overline{\boldsymbol{C}}(z\boldsymbol{I}-\overline{\boldsymbol{A}})^{-1}\overline{\boldsymbol{B}}+\overline{\boldsymbol{D}}$$
$$=[b_3\quad b_2\quad b_1]\left(\begin{bmatrix}z & 0 & 0\\ 0 & z & 0\\ 0 & 0 & z\end{bmatrix}-\begin{bmatrix}0 & 1 & 0\\ 0 & 0 & 1\\ -a_3 & -a_2 & -a_1\end{bmatrix}\right)^{-1}\begin{bmatrix}0\\0\\1\end{bmatrix}$$

$$= [b_3 \quad b_2 \quad b_1]\left(\begin{bmatrix} z & -1 & 0 \\ 0 & z & -1 \\ a_3 & a_2 & z+a_1 \end{bmatrix}\right)^{-1}\begin{bmatrix} 0 \\ 0 \\ 1 \end{bmatrix}$$

$$= \frac{[b_3 \quad b_2 \quad b_1]\begin{bmatrix} z^2+a_1z+a_2 & a_1+z & 1 \\ -a_3 & z^2+a_1z & z \\ -a_3z & -a_2z-a_3 & z^2 \end{bmatrix}\begin{bmatrix} 0 \\ 0 \\ 1 \end{bmatrix}}{z^3+a_1z^2+a_2z+a_3}$$

$$= \frac{[b_3 \quad b_2 \quad b_1]\begin{bmatrix} 1 \\ z \\ z^2 \end{bmatrix}}{z^3+a_1z^2+a_2z+a_3} = \frac{b_1z^2+b_2z+b_3}{z^3+a_1z^2+a_2z+a_3}$$

它与式（5.6）中的传递函数相同。

5.1.6 离散时间马尔可夫参数

结果表明，状态空间系统的离散单位脉冲响应具有一种特殊的形式，这对以后的研究具有重要意义。例如，让我们来看看单输入状态空间系统的单位脉冲响应①。单位脉冲输入定义为

$$u[k] = \begin{cases} 1, & k=0 \\ 0, & k \neq 0 \end{cases}$$

系统对单位脉冲输入的响应，可以通过循环地计算状态和输出方程得到：

$$\begin{aligned} &\boldsymbol{y}[0] = \boldsymbol{Cx}[0] + \boldsymbol{D}u[0] = \boldsymbol{D}, && \boldsymbol{x}[1] = \boldsymbol{Ax}[0] + \boldsymbol{B}u[0] = \boldsymbol{B} \\ &\boldsymbol{y}[1] = \boldsymbol{Cx}[1] + \boldsymbol{D}u[1] = \boldsymbol{CB}, && \boldsymbol{x}[2] = \boldsymbol{Ax}[1] + \boldsymbol{B}u[1] = \boldsymbol{AB} \\ &\boldsymbol{y}[2] = \boldsymbol{Cx}[2] + \boldsymbol{D}u[2] = \boldsymbol{CAB}, && \boldsymbol{x}[3] = \boldsymbol{Ax}[2] + \boldsymbol{B}u[2] = \boldsymbol{A}^2\boldsymbol{B} \\ &\quad\vdots && \quad\vdots \\ &\boldsymbol{y}[k] = \boldsymbol{CA}^{k-1}\boldsymbol{B}, \quad k \geq 1 \end{aligned}$$

这些脉冲响应值 $\{\boldsymbol{D}, \boldsymbol{CB}, \boldsymbol{CAB}, \boldsymbol{CA}^2\boldsymbol{B}, \boldsymbol{CA}^3\boldsymbol{B}, \cdots\}$ 称为系统的马尔可夫参数，它们对于理解传递函数至关重要。

具体来说，马尔可夫参数定义为

$$\boldsymbol{g}_k = \begin{cases} \boldsymbol{D}, & k=0 \\ \boldsymbol{CA}^{k-1}\boldsymbol{B}, & k>0 \end{cases}$$

要清楚以下问题。

---

① 根据定义，当计算单位脉冲响应时，$\boldsymbol{x}[0] = 0$。

（1）对于单输入单输出（SISO）系统，马尔可夫参数是标量。

（2）对于单输入多输出（SIMO）系统，马尔可夫参数是（列）向量。每个马尔可夫参数的第 i 项（行）为从输入到第 i 个输出的单位脉冲响应。等效地，整个马尔可夫参数向量是从输入到向量输出的单位脉冲响应。

（3）对于 MISO 系统，上述结果可以进行推广，马尔可夫参数是行向量。每个马尔可夫参数的第 j 项（列）是通过从第 j 个输入到输出的单位脉冲响应来计算的。

（4）对于 MIMO 系统，马尔可夫参数是矩阵。(i,j) 项是从第 j 个输入到第 i 个输出的单位脉冲响应。等效地，每个马尔可夫参数的第 j 列是一个向量（与 SIMO 相同），它由从第 j 个输入到向量输出的单位脉冲响应计算得到。

作为一个例子，考虑以下状态空间系统的离散单位脉冲响应：

$$\boldsymbol{A}=\begin{bmatrix}0.5 & 0\\ 0 & 1\end{bmatrix},\quad \boldsymbol{B}=\begin{bmatrix}1\\ 0\end{bmatrix},\quad \boldsymbol{C}=[1 \quad -1],\quad \boldsymbol{D}=0$$

马尔可夫参数由下式得出：

$$\begin{aligned}\boldsymbol{g}_k &= \{\boldsymbol{D},\boldsymbol{CB},\boldsymbol{CAB},\boldsymbol{CA}^2\boldsymbol{B},\boldsymbol{CA}^3\boldsymbol{B},\cdots\}\\ &=\{0,1,0.5,0.25,\cdots\}\end{aligned}$$

如图 5-2 所示，使用 MATLAB 控制系统工具箱的 impluse 命令来验证此结果：

```
A= [0.5 0; 0 1]; B= [1; 0]; C= [1 -1]; D=0;
sys=ss (A, B, C, D, -1);% " -1" = T未知的离散时间模型
[y, k] =inpulse (sys, 0: 15);
stem (k, y,' filled');
```

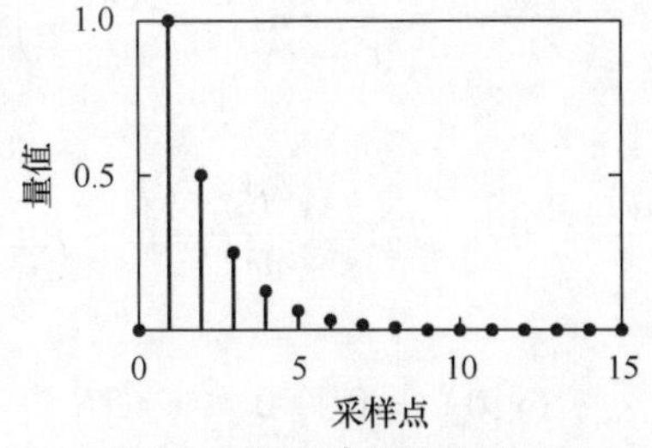

图 5-2 离散单位脉冲响应

5.2 描述固体电极动态过程的方程

我们现在已经快速预览了状态空间模型，而电池模型可以以某种方法表示

为状态空间模型形式，第一步是为感兴趣的变量创建传递函数模型。本章将使用传递函数来表示 c_s，第 6 章将研究模型方程的其余部分。

注意，第 3 章使用了没有上画线的符号来表示感兴趣变量的点态值，即 c_s、c_e、ϕ_s、ϕ_e 和 j。然后，第 4 章使用了带有上画线的符号来表示这些点态变量的体积平均值，即 $\bar{C}_e$、$\bar{\phi}_s$、$\bar{\phi}_e$ 和 $\bar{j}$。本章仍然讨论第 4 章的体积平均量，但不再使用上画线表示法，否则会使公式过度复杂，造成混淆。

5.2.1 寻找传递函数 $\tilde{C}_{s,e}(s)/J(s)$

为了求得 c_s 的传递函数，采用 Jacobsen 和 West 的方法①。从偏微分方程开始：

$$\frac{\partial c_s(r,t)}{\partial t} = \frac{1}{r^2}\frac{\partial}{\partial r}\left(D_s r^2 \frac{\partial c_s(r,t)}{\partial r}\right)$$

其标准边界条件为

$$D_s \frac{\partial c_s(0,t)}{\partial r} = 0, D_s \frac{\partial c_s(R_s,t)}{\partial r} = -j(t), t \geqslant 0$$

其初始平衡浓度为

$$c_s(r,0) = c_{s,0}, 0 \leqslant r \leqslant R_s$$

注意：如果 $c_{s,0} \neq 0$，直接求解这个偏微分方程会遇到问题。为了在后面的步骤中使偏微分方程为齐次方程，定义 $\tilde{c}_s(r,t) = c_s(r,t) - c_{s,0}$。波浪线表示绝对值与其设定平衡值之间的差，从而产生一个去偏变量。

假设 D_s 是常数，因此 $\tilde{c}_s$ 的微分方程变为

$$\frac{\partial \tilde{c}_s(r,t)}{\partial t} = \frac{D_s}{r^2}\frac{\partial}{\partial r}\left(r^2 \frac{\partial \tilde{c}_s(r,t)}{\partial r}\right)$$

边界条件为

$$D_s \frac{\partial \tilde{c}_s(0,t)}{\partial r} = 0, \quad D_s \frac{\partial \tilde{c}_s(R_s,t)}{\partial r} = -j(t), \quad t \geqslant 0$$

初始平衡浓度为

$$\tilde{c}_s(r,0) = 0, \quad 0 \leqslant r \leqslant R_s$$

对微分方程作拉普拉斯变换：

$$s\tilde{C}_s(r,s) - \tilde{c}_s(r,0) = \frac{D_s}{r^2}\frac{\partial}{\partial r}\left(r^2 \frac{\partial}{\partial r}\tilde{C}_s(r,s)\right)$$

---

① 参考文献：Jacobsen, T., and West, K., "Diffusion Impedance in Planar, Cylindrical and Spherical Symmetry," Electrochimica Acta, 40 (2), 1995, pp. 255-62.

$$s\tilde{C}_{\mathrm{s}}(r,s) = \frac{D_{\mathrm{s}}}{r^2}\left(2r\frac{\partial \tilde{C}_{\mathrm{s}}(r,s)}{\partial r} + r^2\frac{\partial^2 \tilde{C}_{\mathrm{s}}(r,s)}{\partial r^2}\right)$$

这是 r 的二阶微分方程，可以写为

$$\frac{\partial^2 \tilde{C}_{\mathrm{s}}(r,s)}{\partial r^2} + \frac{2}{r}\frac{\partial \tilde{C}_{\mathrm{s}}(r,s)}{\partial r} - \frac{s}{D_{\mathrm{s}}}\tilde{C}_{\mathrm{s}}(r,s) = 0$$

这个齐次微分方程的解的形式为

$$\begin{aligned}\tilde{C}_{\mathrm{s}}(r,s) &= \frac{A}{r}\exp\left(r\sqrt{\frac{s}{D_{\mathrm{s}}}}\right) + \frac{B}{r}\exp\left(-r\sqrt{\frac{s}{D_{\mathrm{s}}}}\right)\\ &= \frac{A}{r}\exp(-\beta(r)) + \frac{B}{r}\exp(-\beta(r))\end{aligned}$$

其中，定义 $\beta(r) = r\sqrt{s/D_{\mathrm{s}}}$。注意到 $\beta(r)$ 也是 s 的函数，但是为了简洁在符号表示上忽略了 s。

选择常数 A 和 B 来满足问题的边界条件。首先考虑 $r = R_{\mathrm{s}}$ 时的外部边界条件，即

$$D_{\mathrm{s}}\frac{\partial \tilde{c}_{\mathrm{s}}(r,t)}{\partial r}\bigg|_{r=R_{\mathrm{s}}} = -j(t)$$

等效拉普拉斯域边界条件为

$$D_{\mathrm{s}}\frac{\partial \tilde{C}_{\mathrm{s}}(r,s)}{\partial r}\bigg|_{r=R_{\mathrm{s}}} = -J(s)$$

因此，还需要计算 $\partial\tilde{C}_{\mathrm{s}}(r,s)/\partial r$，即

$$\begin{aligned}\frac{\partial \tilde{C}_{\mathrm{s}}(r,s)}{\partial r} &= \frac{A\sqrt{\frac{s}{D_{\mathrm{s}}}}r\exp(-\beta(r)) - B\exp(-\beta(r))}{r^2}\\ &\quad - \frac{A\exp(-\beta(r)) + B\sqrt{\frac{s}{D_{\mathrm{s}}}}r\exp(-\beta(r))}{r^2}\\ &= \frac{A(\beta(r)-1)\exp(\beta(r)) - B(1+\beta(r))\exp(-\beta(r))}{r^2}\end{aligned}$$

将 $r = R_{\mathrm{s}}$ 和边界条件代入上式，可得

$$\frac{\partial \tilde{C}_{\mathrm{s}}(r,s)}{\partial r}\bigg|_{r=R_{\mathrm{s}}} = \frac{A(\beta(R_{\mathrm{s}})-1)\exp(\beta(R_{\mathrm{s}})) - B(1+\beta(R_{\mathrm{s}}))\exp(-\beta(R_{\mathrm{s}}))}{R_{\mathrm{s}}^2}$$

$$-\frac{J(s)}{D_s}=\frac{A(\beta(R_s)-1)\exp(\beta(R_s))-B(1+\beta(R_s))\exp(-\beta(R_s))}{R_s^2}$$

这给出了 $J(s)$ 的表达式：

$$J(s)=-\frac{D_s}{R_s^2}(A(\beta(R_s)-1)\exp(\beta(R_s))-B(1+\beta(R_s))\exp(-\beta(R_s)))$$

如果直接在 $r=0$ 时替换第二个边界条件，会遇到除以零的问题。因此，用 $r=r_\delta$ 代替，我们认为这是一个很小的值。然后将其取极限 $r_\delta\to 0$，则

$$0=\frac{A(\beta(r_\delta)-1)\exp(\beta(r_\delta))-B(1+\beta(r_\delta))\exp(-\beta(r_\delta))}{r_\delta^2}$$

然后得到

$$\frac{A(\beta(r_\delta)-1)\exp(\beta(r_\delta))}{r_\delta^2}=\frac{B(1+\beta(r_\delta))\exp(-\beta(r_\delta))}{r_\delta^2}$$

$$A=B\frac{(1+\beta(r_\delta))\exp(-\beta(r_\delta))}{(\beta(r_\delta)-1)\exp(\beta(r_\delta))}$$

取极限 $r_\delta\to 0$，得到 $A=-B$。

现在准备构建传递函数 $\tilde{C}_s(r,s)/J(s)$：

$$\begin{aligned}\frac{\tilde{C}_s(r,s)}{J(s)}&=\frac{-R_s^2}{D_s r}\left[\frac{A\exp(\beta(r))+B\exp(-\beta(r))}{A(\beta(R_s)-1)\exp(\beta(R_s))-B(1+\beta(R_s))\exp(-\beta(R_s))}\right]\\&=\frac{-R_s^2}{D_s r}\left[\frac{A}{-A}\right]\left[\frac{\exp(\beta(r))-\exp(-\beta(r))}{(1-\beta(R_s))\exp(\beta(R_s))-(1+\beta(R_s))\exp(-\beta(R_s))}\right]\\&=\frac{R_s^2}{D_s r}\left[\frac{\exp(\beta(r))-\exp(-\beta(r))}{(1-\beta(R_s))\exp(\beta(R_s))-(1+\beta(R_s))\exp(-\beta(R_s))}\right]\end{aligned}$$

该表达式可用于确定颗粒内任意位置的锂浓度。然而，我们最感兴趣的是颗粒表面的浓度，此时 $r=R_s$。所以代入 $r=R_s$，并记 $\tilde{C}_{s,e}(s)=\tilde{C}_s(R_s,s)$：

$$\frac{\tilde{C}_{s,e}(s)}{J(s)}=\frac{R_s}{D_s}\left[\frac{\exp(\beta(R_s))-\exp(-\beta(R_s))}{(1-\beta(R_s))\exp(\beta(R_s))-(1+\beta(R_s))\exp(-\beta(R_s))}\right]$$

再次简化符号，将 $\beta(R_s)$ 简单记为 β，可得到

$$\frac{\tilde{C}_{s,e}(s)}{J(s)}=\frac{R_s}{D_s}\left[\frac{\exp(\beta)-\exp(-\beta)}{(1-\beta)\exp(\beta)-(1+\beta)\exp(-\beta)}\right]$$

$$=\frac{R_s}{D_s}\left[\frac{\dfrac{\exp(\beta)-\exp(-\beta)}{\exp(\beta)-\exp(-\beta)}}{\dfrac{\exp(\beta)-\exp(-\beta)}{\exp(\beta)-\exp(-\beta)}-\beta\dfrac{\exp(\beta)+\exp(-\beta)}{\exp(\beta)-\exp(-\beta)}}\right]$$

$$=\frac{R_s}{D_s}\left[\frac{1}{1-\beta\coth(\beta)}\right]$$

重新展开符号 β，得到①

$$\tilde{C}_{s,e}(s)=\frac{R_s}{D_s}\left[\frac{1}{1-R_s\sqrt{s/D_s}\coth(R_s\sqrt{s/D_s})}\right]J(s) \tag{5.9}$$

5.2.2　移除积分极点

虽然通过观察传递函数并不能立即发现，但事实上 $\tilde{C}_{s,e}(s)/J(s)$ 是不稳定的：它在 $s=0$ 处有一个极点，这与积分动态相对应。这一点很直观，因为锂不断流入一个颗粒会导致该颗粒中锂的浓度不断增加。

当我们研究如何将传递函数转换为状态空间模型时，这一点很重要。为了得到稳定的传递函数，定义 $\Delta\tilde{C}_{s,e}(s)=\tilde{C}_{s,e}(s)-\tilde{C}_{s,\mathrm{avg}}(s)$，其中 $\tilde{C}_{s,\mathrm{avg}}(s)$ 是固体中减去 $c_{s,0}$ 的体积平均浓度。

注意，可以将任意时刻 t_1 的 $\tilde{c}_{s,\mathrm{avg}}(t_1)$ 写为

$$\tilde{c}_{s,\mathrm{avg}}(t_1)=\int_0^{t_1}\frac{\text{锂的流入}[\mathrm{mol}\cdot\mathrm{s}^{-1}]}{\text{颗粒体积}[\mathrm{m}^3]}\mathrm{d}t$$

半径为 R_s 的球体体积为 $\frac{4}{3}\pi R_s^3[\mathrm{m}^3]$，锂的流入量为 $-j(t)[\mathrm{mol}\cdot\mathrm{m}^{-2}\cdot\mathrm{s}^{-1}]$，发生在 $4\pi R_s^2[\mathrm{m}^2]$ 的表面积上。因此，有②

$$\tilde{c}_{s,\mathrm{avg}}(t_1)=\int_0^{t_1}\frac{-j(t)\cdot 4\pi R_s^2}{\frac{4}{3}\pi R_s^3}\mathrm{d}t=-\frac{3}{R_s}\int_0^{t_1}j(t)\,\mathrm{d}t$$

$$\frac{\mathrm{d}}{\mathrm{d}t}\tilde{c}_{s,\mathrm{avg}}(t)=-\frac{3}{R_s}j(t)$$

采用拉普拉斯变换，可以发现：

---

① 我们称 $\tilde{C}_{s,e}(s)/J(s)$ 为 s 的超越传递函数，因为它不由两个多项式（自变量为 s）的商表示。也就是说，它不是有理多项式传递函数。

② 这个结果非常具有普遍性。我们没有假设锂的浓度是如何分布在颗粒内部的。

$$\frac{\tilde{C}_{s,\,avg}(s)}{J(s)}=-\frac{3}{R_s}\frac{1}{s}$$

则

$$\frac{\Delta\,\tilde{C}_{s,e}(s)}{J(s)}=\frac{\tilde{C}_{s,e}(s)}{J(s)}-\frac{\tilde{C}_{s,\,avg}(s)}{J(s)}=\frac{R_s}{D_s}\left[\frac{1}{1-\beta\coth(\beta)}\right]+\frac{3}{R_s s}$$

$$=\frac{R_s}{D_s}\left[\frac{1+\frac{3D_s}{sR_s^2}(1-\beta\coth(\beta))}{1-\beta\coth(\beta)}\right]=\frac{R_s}{D_s}\left[\frac{1+\frac{3}{\beta^2}(1-\beta\coth(\beta))}{1-\beta\coth(\beta)}\right]$$

$$=\frac{R_s}{D_s}\left[\frac{\beta^2+3(1-\beta\coth(\beta))}{\beta^2(1-\beta\coth(\beta))}\right]=\frac{R_s}{D_s}\left[\frac{(\beta^2+3)-3\beta\coth(\beta)}{\beta^2(1-\beta\coth(\beta))}\right]$$

最后，展开符号β，有

$$\frac{\Delta\,\tilde{C}_{s,e}(s)}{J(s)}=\frac{\frac{sR_s^2}{D_s}+3-3R_s\sqrt{\frac{s}{D_s}}\coth\left(R_s\sqrt{\frac{s}{D_s}}\right)}{sR_s\left(1-R_s\sqrt{\frac{s}{D_s}}\coth\left(R_s\sqrt{\frac{s}{D_s}}\right)\right)} \tag{5.10}$$

5.3 状态空间实现

现在已经建立了一个传递函数模型，它将输入通量与锂表面浓度在某个平均值附近的瞬态变化联系起来。对于这种特殊情况，可以用一个简单的数值方法来确定传递函数的所有极点和零点，并利用这些信息建立一个离散时间状态空间模型①。但是，对于第 6 章中的其他传递函数，这是无法做到的。因此，必须选用其他的实现方法。

一种方法是利用非线性优化方法选择有理多项式传递函数的极点和零点，试图将其频率响应与超越传递函数的频率响应相匹配。然后，可以使用将有理多项式传递函数转换为状态空间模型的标准方法。但是，这种方法存在很大问题。特别是非线性优化依赖于初始模型的准确性，收敛速度慢，并且不保证收敛到全局最优。

本章引入另一种方法，该方法直接从传递函数出发，给出离散时间状态空间近似模型。这种状态空间系统的系统辨识问题有时称为“实现问题”。也就

---

① 参考文献：Smith，K.，Electrochemical Modeling，Estimation and Control of Lithium Ion Batteries，Ph. D. dissertation，The Pennsylvania State University，2006.

是说，我们希望找到一个描述系统动态的实现方式，即一组矩阵 $\boldsymbol{A}$，$\boldsymbol{B}$，$\boldsymbol{C}$ 和 $\boldsymbol{D}$。假设能够找到传递函数的马尔可夫参数。

那么现在的问题是：已知一个系统的马尔可夫参数，求出系统的维数 n 和 $(\boldsymbol{A}, \boldsymbol{B}, \boldsymbol{C}, \boldsymbol{D})$，以得到相似的转换。

5.3.1　Ho-Kalman 状态空间实现方法

Ho 和 Kalman 提出了一种早期（可能是第一种）状态空间实现方法①，它是离散时间实现算法的关键。为了推导 Ho-Kalman 方法，请注意当将下列矩阵相乘时会产生：

$$\underbrace{\begin{bmatrix} \boldsymbol{C} \\ \boldsymbol{CA} \\ \boldsymbol{CA}^2 \\ \vdots \\ \boldsymbol{CA}^{n-1} \end{bmatrix}}_{\mathcal{O}} \underbrace{[\boldsymbol{B} \quad \boldsymbol{AB} \quad \boldsymbol{A}^2\boldsymbol{B} \quad \cdots \quad \boldsymbol{A}^{n-1}\boldsymbol{B}]}_{\mathcal{C}} =$$

$$\begin{bmatrix} \boldsymbol{CB} & \boldsymbol{CAB} & \boldsymbol{CA}^2\boldsymbol{B} & \cdots & \boldsymbol{CA}^{n-1}\boldsymbol{B} \\ \boldsymbol{CAB} & \boldsymbol{CA}^2\boldsymbol{B} & \boldsymbol{CA}^3\boldsymbol{B} & \cdots & \vdots \\ \boldsymbol{CA}^2\boldsymbol{B} & \boldsymbol{CA}^3\boldsymbol{B} & \boldsymbol{CA}^4\boldsymbol{B} & \cdots & \vdots \\ \vdots & \vdots & \vdots & & \vdots \\ \boldsymbol{CA}^{n-1}\boldsymbol{B} & \cdots & \cdots & \cdots & \boldsymbol{CA}^{2n-2}\boldsymbol{B} \end{bmatrix}$$

式中：$\mathcal{O}$ 称为状态空间系统的可观测性矩阵；$\mathcal{C}$ 称为状态空间系统的可控性矩阵②。

注意，$\mathcal{O}$ 和 $\mathcal{C}$ 的乘积是分块 Hankel 矩阵——斜对角相同的矩阵（也就是说，它是一个颠倒的分块 Toeplitz 矩阵）。还要注意，斜对角上的值是系统的马尔可夫参数（不包括 $\boldsymbol{g}_0$ 和 $k > 2n - 1$ 时的 $\boldsymbol{g}_k$）。则

$$\mathcal{H} = \mathcal{O}\mathcal{C} = \begin{bmatrix} \boldsymbol{g}_1 & \boldsymbol{g}_2 & \cdots & \boldsymbol{g}_n \\ \boldsymbol{g}_2 & \boldsymbol{g}_3 & \cdots & \vdots \\ \vdots & \vdots & & \vdots \\ \boldsymbol{g}_n & \cdots & \cdots & \boldsymbol{g}_{2n-1} \end{bmatrix}$$

---

① 参考文献：Ho，B. L.，and Kalman，R. E.，"Effective Construction of Linear State Variable Models from Input/Output Functions，" Regelungstechnik，14（12），1966，pp. 545-8.

② 虽然从矩阵方程中可以明显看出，但为了使读者看得更清楚，这里指出可控性矩阵 $\mathcal{C}$ 和输出矩阵 $\boldsymbol{C}$ 是不同的量，尽管符号看起来非常相似。

Ho-Kalman 方法假设马尔可夫参数已知。根据 $\boldsymbol{g}_0$ 可以直接确定 $\boldsymbol{D}$，而根据其余马尔可夫参数，可以最终得到 $\boldsymbol{A}$ 、$\boldsymbol{B}$ 和 $\boldsymbol{C}$。

要使用 Ho-Kalman 方法，必须首先构建 Hankel 矩阵 $\mathcal{H}$。第二步是分解 $\mathcal{H}=\mathcal{O}\mathcal{C}$ 为组分 $\mathcal{O}$ 和 $\mathcal{C}$。第三步是使用 $\mathcal{O}$ 和 $\mathcal{C}$ 来确定 $\boldsymbol{A}$ 、$\boldsymbol{B}$ 和 $\boldsymbol{C}$。

问题Ⅰ： 我们不知道 n，如何构建 $\mathcal{H}$？也就是说，我们什么时候停止向 $\mathcal{H}$ 添加脉冲响应值?

初步答案： $\mathcal{H}$ 的秩等于系统的阶数 n。持续添加数据，直到秩不再增加为止。

问题Ⅱ： 如何从 $\mathcal{O}$ 和 $\mathcal{C}$ 中计算出 $\boldsymbol{A}$、$\boldsymbol{B}$ 和 $\boldsymbol{C}$?

答案： 提取 $\mathcal{O}$ 的第一行为 $\boldsymbol{C}$ 的估计 $\hat{\boldsymbol{C}}$，提取 $\mathcal{C}$ 的第一列为 $\boldsymbol{B}$ 的估计 $\hat{\boldsymbol{B}}$。稍后将介绍如何计算 $\boldsymbol{A}$ 的估计值 $\hat{\boldsymbol{A}}$。

问题Ⅲ： 如何将 $\mathcal{H}$ 分解成 $\mathcal{O}$ 和 $\mathcal{C}$？

答案： 任何满足 $\mathcal{O}\mathcal{C}=\mathcal{H}$ 的矩阵 $\mathcal{O}$ 和 $\mathcal{C}$，都可以。

为了证明这一点，考虑将状态空间模型进行相似转换时，$\mathcal{O}$ 和 $\mathcal{C}$ 会发生什么。回想一下，$\overline{\boldsymbol{A}}=\boldsymbol{T}^{-1}\boldsymbol{A}\boldsymbol{T}$，$\overline{\boldsymbol{B}}=\boldsymbol{T}^{-1}\boldsymbol{B}$ 和 $\overline{\boldsymbol{C}}=\boldsymbol{C}\boldsymbol{T}$。新的可观测性矩阵和可控性矩阵为

$$\overline{\mathcal{O}}=\begin{bmatrix}\overline{\boldsymbol{C}}\\ \overline{\boldsymbol{C}\boldsymbol{A}}\\ \vdots\\ \overline{\boldsymbol{C}\boldsymbol{A}}^{n-1}\end{bmatrix}=\begin{bmatrix}\boldsymbol{C}\boldsymbol{T}\\ \boldsymbol{C}\boldsymbol{T}\boldsymbol{T}^{-1}\boldsymbol{A}\boldsymbol{T}\\ \vdots\\ \boldsymbol{C}\boldsymbol{T}(\boldsymbol{T}^{-1}\boldsymbol{A}\boldsymbol{T})^{n-1}\end{bmatrix}=\mathcal{O}\boldsymbol{T}$$

$$\begin{aligned}\overline{\mathcal{C}}&=[\overline{\boldsymbol{B}}\quad \overline{\boldsymbol{A}}\,\overline{\boldsymbol{B}}\quad \cdots\quad \overline{\boldsymbol{A}}^{n-1}\overline{\boldsymbol{B}}]\\ &=[\boldsymbol{T}^{-1}\boldsymbol{B}\quad \boldsymbol{T}^{-1}\boldsymbol{A}\boldsymbol{T}\boldsymbol{T}^{-1}\boldsymbol{B}\quad \cdots\quad (\boldsymbol{T}^{-1}\boldsymbol{A}\boldsymbol{T})^{n-1}\boldsymbol{T}^{-1}\boldsymbol{B}]=\boldsymbol{T}^{-1}\mathcal{C}\end{aligned}$$

因此，$\overline{\mathcal{O}}\,\overline{\mathcal{C}}=(\mathcal{O}\boldsymbol{T})(\boldsymbol{T}^{-1}\mathcal{C})=\mathcal{O}\mathcal{C}$。如果把 $\mathcal{H}$ 以一种方式分解，最终将得到一组 $\mathcal{O}$ 和 $\mathcal{C}$ 的表示。如果把 $\mathcal{H}$ 以另一种方式分解，又将得到另一组 $\overline{\mathcal{O}}$ 和 $\overline{\mathcal{C}}$ 的表示。但是，这些表示可以通过相似变换矩阵 $\boldsymbol{T}$ 联系起来。

也就是说，不管如何分解 $\mathcal{H}$，最终得到不同的矩阵 $\boldsymbol{A}$、$\boldsymbol{B}$ 和 $\boldsymbol{C}$，但是输入－输出关系相同（传递函数相同，单位脉冲响应相同，但状态描述不同）。例如，我们可以选择 $\mathcal{O}=\boldsymbol{I}$，于是 $\mathcal{C}=\mathcal{H}$，这将使 $\boldsymbol{A}$、$\boldsymbol{B}$ 和 $\boldsymbol{C}$ 为可观测的规范形式。或者，可以选择 $\mathcal{C}=\boldsymbol{I}$，于是 $\mathcal{O}=\mathcal{H}$，这将使 $\boldsymbol{A}$、$\boldsymbol{B}$ 和 $\boldsymbol{C}$ 为可控的规范

形式。

问题Ⅳ：有没有一个最佳的方法来分解 $\mathcal{H}$？

答案：有，使用奇异值分解（Singular Value Decomposition，SVD）。

5.3.2　奇异值分解（SVD）

线性代数的一个重要结论是，任何一个 $\text{rank}(\boldsymbol{A})=r$ 的矩阵 $\boldsymbol{A}\in\mathbb{R}^{m\times n}$，都可以分解成下面的形式：

$$\boldsymbol{A}=\mathcal{U}\boldsymbol{\Sigma}\boldsymbol{V}^{\mathrm{T}} \tag{5.11}$$

式中：$\mathcal{U}=[\boldsymbol{u}_1,\boldsymbol{u}_2,\cdots,\boldsymbol{u}_m]\in\mathbb{R}^{m\times m}$，$\mathcal{U}^{\mathrm{T}}\mathcal{U}=\boldsymbol{I}$，$\boldsymbol{u}_i$ 是 $\boldsymbol{A}$ 的左奇异向量或输出奇异向量；$\boldsymbol{V}=[\boldsymbol{v}_1,\boldsymbol{v}_2,\cdots,\boldsymbol{v}_n]\in\mathbb{R}^{n\times n}$，$\boldsymbol{V}^{\mathrm{T}}\boldsymbol{V}=\boldsymbol{I}$，$\boldsymbol{v}_i$ 是 $\boldsymbol{A}$ 的右奇异向量或输入奇异向量。矩阵 $\boldsymbol{\Sigma}\in\mathbb{R}^{m\times n}$ 是一个（零填充）对角矩阵，包含矩阵 $\boldsymbol{A}$ 的奇异值 σ_i。也就是说，当 $m<n, m=n, m>n$ 时，分别有

$$\boldsymbol{\Sigma}=\begin{bmatrix}\sigma_1 & \cdots & 0 & 0\\ \vdots & & \vdots & 0\\ 0 & \cdots & \sigma_m & 0\end{bmatrix},\boldsymbol{\Sigma}=\begin{bmatrix}\sigma_1 & \cdots & 0\\ \vdots & & \vdots\\ 0 & \cdots & \sigma_n\end{bmatrix},\boldsymbol{\Sigma}=\begin{bmatrix}\sigma_1 & \cdots & 0\\ \vdots & & \vdots\\ 0 & \cdots & \sigma_n\\ 0 & 0 & 0\end{bmatrix}$$

式中：$\sigma_1\geqslant\cdots\geqslant\sigma_r>0$，而当 $i>r$ 时，$\sigma_i=0$。

式（5.11）的因式分解形式称为矩阵 $\boldsymbol{A}$ 的（完全）奇异值分解。在 MATLAB 中，奇异值分解通过 svd 或 svds 进行计算。

通常以分块形式书写完全奇异值分解，矩阵分块基于 $\boldsymbol{A}$ 的秩 $\boldsymbol{r}$：

$$\boldsymbol{A}=[u_1 \mid u_2]\left[\begin{array}{c|c}\boldsymbol{\Sigma}_1 & \boldsymbol{0}_{r\times(n-r)}\\ \hline \boldsymbol{0}_{(m-r)\times r} & \boldsymbol{0}_{(m-r)\times(n-r)}\end{array}\right]\begin{bmatrix}\boldsymbol{V}_1^{\mathrm{T}}\\ \boldsymbol{V}_2^{\mathrm{T}}\end{bmatrix}$$

这里，$\boldsymbol{A}=\mathcal{U}_1\boldsymbol{\Sigma}_1\boldsymbol{V}_1^{\mathrm{T}}$ 称为紧奇异值分解。

可以将 $\boldsymbol{y}=\boldsymbol{A}\boldsymbol{x}$ 视为 $\boldsymbol{y}=(\mathcal{U}\boldsymbol{\Sigma}\boldsymbol{V}^{\mathrm{T}})\boldsymbol{x}$，通过将式子分解为：①计算 $\boldsymbol{x}$ 沿输入方向 $\boldsymbol{v}_1,\boldsymbol{v}_2,\cdots,\boldsymbol{v}_r$ 的系数；②按 σ_i 放大系数（膨胀）；③沿着输出方向 $\boldsymbol{u}_1,\boldsymbol{u}_2,\cdots,\boldsymbol{u}_r$ 重新构建输出。该过程如图 5-3 所示。注意 $\boldsymbol{v}_1$ 是最敏感（最高增益）的输入方向，$\boldsymbol{u}_1$ 是最高增益的输出方向。我们有 $\boldsymbol{A}\boldsymbol{v}_1=\sigma_1\boldsymbol{u}_1$。

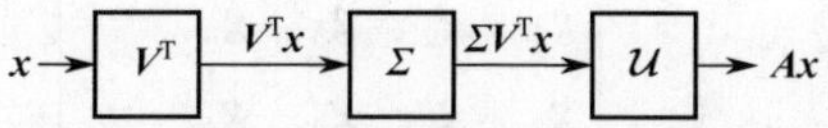

图 5-3　通过矩阵的 SVD 可视化矩阵乘法

一个重要结论是奇异值本身与矩阵范数有关。特别地，矩阵的 2－范数等

于矩阵的最大奇异值：$\|A\|_2=\sigma_1$。因此，SVD 为输入/输出方向提供了增益图。

举一个例子，考虑 $A\in\mathbb{R}^{4\times4}$，其中 $\Sigma=\mathrm{diag}(10,7,0.1,0.05)$。然后，沿着 v_1 和 v_2 方向的输入部分被放大（大约10倍），并主要沿 u_1 和 u_2 生成的平面输出。沿 v_3 和 v_4 方向的输入部分衰减（约为1/10倍）。增益 $\|Ax\|_2/\|x\|_2$ 的范围在10至0.05之间。因为增益总是大于零，我们也可以得出 A 是非奇异的结论。对于一些应用，可以说 A 实际上是秩为2的（这对我们以后很重要）。

5.3.3 通过 SVD 的低阶近似值

假设 $A\in\mathbb{R}^{m\times n}$ 具有 $\mathrm{rank}(A)=r$，通过 SVD，$A=\mathcal{U}\Sigma\mathrm{V}^{\mathrm{T}}=\sum_{i=1}^{r}\sigma_i u_i v_i^{\mathrm{T}}$。我们想用 $\hat{A}$ 来近似 A，其中 $\mathrm{rank}(\hat{A})\leqslant p<r$，$\hat{A}\approx A$ 从某种意义上意味着 $\|A-\hat{A}\|_2$ 最小。然后，A 的秩为 p 的最佳近似矩阵为 $\hat{A}=\sum_{i=1}^{p}\sigma_i u_i v_i^{\mathrm{T}}$，由于 σ_{p+1} 是剩余奇异值的最大值，因此：

$$\|A-\hat{A}\|_2=\left\|\sum_{i=p+1}^{r}\sigma_i u_i v_i^{\mathrm{T}}\right\|_2=\sigma_{p+1}$$

解释：SVD 对 $u_i v_i^{\mathrm{T}}$ 是按“重要性”排序的，从中取 p 个，以近似得到秩为 p 的矩阵。

应用：可以利用这个想法来简化模型。

上述观点非常有用。例如，假设 $y=Ax+w$，其中 $A\in\mathbb{R}^{100\times30}$ 具有奇异值10，7，2，0.5，0.01，…，0.0001。如果 $\|x\|_2$ 近似为1，未知误差或噪声 w 的范数大约为0.1，则 $\sigma_i u_i v_i^{\mathrm{T}}x$ 在 $i=5,\cdots,30$ 时显著小于噪声项 w。因此，可以用简化的模型 $y=\sum_{i=1}^{4}\sigma_i u_i v_i^{\mathrm{T}}x+w$ 来近似 $y=Ax+w$。

5.3.4 实施 Ho-Kalman 方法

回想状态空间实现的“问题 I”：如果不知道系统状态的维数 n，如何构建 Hankel 矩阵 $\mathcal{H}$？为了解决这个问题，考虑无穷大的斜对角矩阵 $\mathcal{H}_\infty$：

$$\mathcal{H}_\infty=\begin{bmatrix} g_1 & g_2 & g_3 & g_4 & \cdots \\ g_2 & g_3 & g_4 & g_5 & \cdots \\ g_3 & g_4 & g_5 & g_6 & \cdots \\ g_4 & g_5 & g_6 & g_7 & \cdots \\ \vdots & \vdots & \vdots & \vdots & \ddots \end{bmatrix}$$

$\boldsymbol{g}_k$ 对应于给定系统的马尔可夫参数。这种形式称为无限 Hankel 矩阵或 Hankel 算子。

也可以定义一个有限 Hankel 矩阵，由 $\mathcal{H}$ 的前 k 行和前 l 列组成：

$$\mathcal{H}_{k,l}=\begin{bmatrix}\boldsymbol{g}_1 & \boldsymbol{g}_2 & \boldsymbol{g}_3 & \cdots & \boldsymbol{g}_l\\ \boldsymbol{g}_2 & \boldsymbol{g}_3 & \boldsymbol{g}_4 & \cdots & \boldsymbol{g}_{l+1}\\ \boldsymbol{g}_3 & \boldsymbol{g}_4 & \boldsymbol{g}_5 & \cdots & \boldsymbol{g}_{l+2}\\ \vdots & \vdots & \vdots & & \vdots\\ \boldsymbol{g}_k & \boldsymbol{g}_{k+1} & \boldsymbol{g}_{k+2} & \cdots & \boldsymbol{g}_{k+l-1}\end{bmatrix}$$

这个有限 Hankel 矩阵可以分解为 $\mathcal{H}_{k,l}=\mathcal{O}_k\mathcal{C}_l$，其中

$$\mathcal{O}_k=\begin{bmatrix}\boldsymbol{C}\\ \boldsymbol{CA}\\ \vdots\\ \boldsymbol{CA}^{k-1}\end{bmatrix},\mathcal{C}_l=[\boldsymbol{B}\quad \boldsymbol{AB}\quad \boldsymbol{A}^2\boldsymbol{B}\quad \cdots\quad \boldsymbol{A}^{l-1}\boldsymbol{B}]$$

将采用的方法是构建一个比 n 的假设值更大的 $\mathcal{H}_{k,l}$，也就是说 $k>n,l>n$。因此即使矩阵具有相同的一般形式，但 $\mathcal{O}_k\neq\mathcal{O}$，$\mathcal{C}_l\neq\mathcal{C}$。我们称 $\mathcal{O}_k$ 为扩展可观测性矩阵，$\mathcal{C}_l$ 为扩展可控性矩阵。

然后将 SVD 应用于 $\mathcal{H}_{k,l}$：

$$\mathcal{H}_{k,l}=\mathcal{U}\boldsymbol{\Sigma}\boldsymbol{V}^{\mathrm{T}}=\mathcal{U}\boldsymbol{\Sigma}^{1/2}\boldsymbol{\Sigma}^{1/2}\boldsymbol{V}^{\mathrm{T}}=\mathcal{U}\boldsymbol{\Sigma}^{1/2}\boldsymbol{T}\boldsymbol{T}^{-1}\boldsymbol{\Sigma}^{1/2}\boldsymbol{V}^{\mathrm{T}}=\underbrace{(\mathcal{U}\boldsymbol{\Sigma}^{1/2}\boldsymbol{T})}_{\mathcal{O}_k}\underbrace{(\boldsymbol{T}^{-1}\boldsymbol{\Sigma}^{1/2}\boldsymbol{V}^{\mathrm{T}})}_{\mathcal{C}_l}$$

将 $\mathcal{H}_{k,l}$ 分解为 $\mathcal{O}_k$ 和 $\mathcal{C}_l$ 取决于变换矩阵 $\boldsymbol{T}$ 的选择，但所得模型的输入－输出行为不依赖 $\boldsymbol{T}$，唯一的限制是 $\boldsymbol{T}$ 必须可逆。为了简单起见，通常选择 $\boldsymbol{T}$ 为单位矩阵 $\boldsymbol{T}=\boldsymbol{I}$。这就解决了“问题Ⅲ”和“问题Ⅳ”。

系统阶数 n 可由非零奇异值的个数确定。然而，构成 $\mathcal{H}_{k,l}$ 的单位脉冲响应值上的“噪声”（甚至是数值舍入噪声）导致 SVD 具有 n 个以上的非零奇异值。因此在实践中，通过观察前几个奇异值，判断奇异值的大小是否有显著下降，最终选择状态数等于显著奇异值数的模型。

现在只剩下最后一个问题：如何进一步分解成 $(\boldsymbol{A},\boldsymbol{B},\boldsymbol{C})$ 来解决“问题Ⅱ”？

注意，Hankel 矩阵的移位性质。如果将 $\mathcal{H}$ 向上移动一行，可以得到 $\mathcal{H}^{\uparrow}_{k+1,l}=\mathcal{O}_k\boldsymbol{A}\mathcal{C}_l$。

$$\mathcal{H}_{k+1,l}^{\uparrow}=\begin{bmatrix} g_2 & g_3 & g_4 & \cdots & g_{l+1} \\ g_3 & g_4 & g_5 & \cdots & g_{l+2} \\ \vdots & \vdots & \vdots & & \vdots \\ g_k & g_{k+1} & g_{k+2} & \cdots & g_{k+l-1} \\ g_{k+1} & g_{k+2} & g_{k+3} & \cdots & g_{k+l} \end{bmatrix}$$

$$=\begin{bmatrix} CAB & CA^2B & CA^3B & \cdots & CA^lB \\ CA^2B & CA^3B & CA^4B & \cdots & CA^{l+1}B \\ \vdots & \vdots & \vdots & & \vdots \\ CA^{k-1}B & CA^kB & CA^{k+1}B & \cdots & CA^{k+l-2}B \\ CA^kB & CA^{k+1}B & CA^{k+2}B & \cdots & CA^{k+l-1}B \end{bmatrix}$$

$$=\mathcal{O}_{k+1}^{\uparrow}\mathcal{C}_l=\mathcal{O}_k\mathcal{C}_{l+1}^{\leftarrow}=\mathcal{O}_k A\mathcal{C}_l$$

可以通过多种方法利用这些关系式来求解 $\boldsymbol{A}$ 的估计 $\hat{\boldsymbol{A}}$，其中一个使用矩阵伪逆运算，给出 $\hat{\boldsymbol{A}}=\mathcal{O}_k^{\dagger}\mathcal{H}_{k+1,l}^{\uparrow}\mathcal{C}_l^{\dagger}$。

在 MATLAB 中，如果 0k 是扩展的可观测性矩阵，$\mathcal{C}_l$是扩展的可控性矩阵，HankelUp 是移位的 Hankel 矩阵 $\mathcal{H}_{k+1,l}^{\uparrow}$，可以通过下式计算 $\hat{\boldsymbol{A}}$：

```
Ahat = pinv(Ok) * HankelUp * pinv(Cl);
```

或者

```
Ahat = (Ok\HankelUp)/Cl;
```

如前所述，我们从扩展可控性矩阵 $\mathcal{C}_l$ 的第一列中提取 $\boldsymbol{B}$ 的估计 $\hat{\boldsymbol{B}}$，从扩展可观测性矩阵 $\mathcal{O}_k$ 的第一行中提取 $\boldsymbol{C}$ 的估计 $\hat{\boldsymbol{C}}$，将 $\boldsymbol{D}$ 的估计 $\hat{\boldsymbol{D}}$ 设为 $\hat{\boldsymbol{D}}=\boldsymbol{g}_0$。

5.3.5 总结：Ho-Kalman 方法的算法步骤

以下步骤包含了将离散单位脉冲响应转换为状态空间表示的 Ho-Kalman 方法。

步骤 1：将离散单位脉冲响应值收集到 2 个 Hankel 矩阵中：原始有限 Hankel 矩阵 $\mathcal{H}_{k,l}$；原始 Hankel 矩阵的移位形式 $\mathcal{H}_{k+1,l}^{\uparrow}$。

步骤 2：计算（非移位）Hankel 矩阵 $\mathcal{H}_{k,l}$ 的 SVD，并将系统阶数 n 确定为“大”奇异值的个数。

步骤 3：使用适当维数的 SVD 分量计算扩展的可观测性矩阵和可控性矩阵，通常使用 $\boldsymbol{T}=\boldsymbol{I}$。

步骤 4：确定系统矩阵 $(\boldsymbol{A},\boldsymbol{B},\boldsymbol{C})$ 的估计值 $(\hat{\boldsymbol{A}},\hat{\boldsymbol{B}},\hat{\boldsymbol{C}})$，将 $\boldsymbol{D}$ 的估计 $\hat{\boldsymbol{D}}$ 设置为 $\hat{\boldsymbol{D}}=\boldsymbol{g}_0$。

例如，假设某个单输入单输出系统的单位脉冲响应为

$$y = (0,1,1,2,3,5,8,13,21,34,55,89,\cdots)$$

该输出为 Fibonacci 序列，由 $g_k = g_{k-1} + g_{k-2}$ 产生，初始条件为 $g_0 = 0$ 和 $g_1 = 1$。

该序列的一个典型状态空间系统实现为

$$\boldsymbol{A} = \begin{bmatrix} 0 & 1 \\ 1 & 1 \end{bmatrix},\quad \boldsymbol{B} = \begin{bmatrix} 1 \\ 1 \end{bmatrix},\quad \boldsymbol{C} = [1 \quad 0],\quad \boldsymbol{D} = 0 \tag{5.12}$$

我们将尝试只基于单位脉冲响应来给出一个等价实现。在 MATLAB 中，可以通过以下代码来定义这个状态空间系统，并找到单位脉冲响应。

```
% 定义真系统,计算马尔可夫参数为 y
A = [0 1;1 1];B = [1;1];C = [1 0];D = 0;dt = 1;
sysTrue = ss(A,B,C,D,dt);       % 典型的 Fibonacci 状态空间模型
y = dt * impulse(sysTrue);      % 乘以 dt 得到单位脉冲响应
```

接下来，建立所需的 Hankel 矩阵：

$$\mathcal{H}_{4,4} = \begin{bmatrix} 1 & 1 & 2 & 3 \\ 1 & 2 & 3 & 5 \\ 2 & 3 & 5 & 8 \\ 3 & 5 & 8 & 13 \end{bmatrix}, \mathcal{H}_{5,4}^{\uparrow} = \begin{bmatrix} 1 & 2 & 3 & 5 \\ 2 & 3 & 5 & 8 \\ 3 & 5 & 8 & 13 \\ 5 & 8 & 13 & 21 \end{bmatrix}$$

这是使用 MATLAB 代码完成的：

```
% 建立 Hankel 矩阵 H{4,4}和移位 Hankel 矩阵 H{5,4}
%  注意:不含 0 位参数(y 的第一个元素),它对应于矩阵 D
bigHankel = hankel(y(2:end));  % 别忘了省略 h(0)项 = y(1)
H = bigHankel(1:4,1:4);        % 对于本例,只保留 4 × 4 的部分
Hup = bigHankel(2:5,1:4);      % 移位 Hankel 矩阵 H{5,4}
```

$\mathcal{H}_{4,4}$ 的 SVD 为

$$\sigma_1 = 54.56, \sigma_2 = 0.43988, \sigma_i = 0, i \geqslant 3$$

这表示 $n = 2$。在 MATLAB 中：

```
% 计算 Hankel 矩阵的奇异值
[U,S,V] = svd(H);

%  根据 S 值离线辨识出系统阶数为 n = 2
n = 2;
```

现在提取出 $\boldsymbol{U}$ 和 $\boldsymbol{V}$ 的左两列：

$$\mathcal{U} = \boldsymbol{V} = \begin{bmatrix} -0.1876 & 0.7947 \\ -0.3035 & -0.4911 \\ -0.4911 & 0.3035 \\ -0.7947 & -0.1876 \end{bmatrix}$$

计算扩展的可控性矩阵和可观测性矩阵：

$$\mathcal{C}_l = \Sigma^{1/2} V^{\mathrm{T}} = \begin{bmatrix} -0.8507 & -1.3764 & -2.2270 & -3.6034 \\ 0.5257 & -0.3249 & 0.2008 & -0.1241 \end{bmatrix}$$

$$\mathcal{O}_k = \mathcal{U}\Sigma^{1/2} = \mathcal{C}_l^{\mathrm{T}}$$

在 MATLAB 中：

```
% 根据由奇异值推断的系统阶数,计算扩展的可控性矩阵和可观测性矩阵
Us = U(:,1:n);Ss = S(1:n,1:n);Vs = V(:,1:n);
Ok = Us * sqrtm(Ss);Cl = sqrtm(Ss) * Vs';
```

最后，通过相似变换得到系统矩阵（$\hat{A},\hat{B},\hat{C}$），并从 g_0 中辨识出 $\hat{D}$：

$$\hat{A} = \mathcal{O}_k^{\dagger}\mathcal{H}_{k+1,l}^{\uparrow}\mathcal{C}_l^{\dagger} = \begin{bmatrix} 1.6180 & 0 \\ 0 & -0.6180 \end{bmatrix}$$

$$\hat{B} = \mathcal{C}_l(1:n,1:m) = \mathcal{C}_l(1:2,1) = \begin{bmatrix} -0.8057 \\ 0.5257 \end{bmatrix}$$

$$\hat{C} = \mathcal{O}_k(1:p,1:n) = \mathcal{O}_k(1,1:2) = [-0.8057 \quad 0.5257]$$

$$\hat{D} = g_0 = 0$$

使用以下 MATLAB 代码可得出上述数值结果：

```
% 假设 p=m=1(SISO),用移位 Hankel 矩阵辨识系统
Ahat = (Ok\Hup)/Cl;Bhat = Cl(:,1);Chat = Ok(1,:);
Dhat = y(1);
sysEst = ss(Ahat,Bhat,Chat,Dhat,dt);
```

现在，比较等式（5.12）的真实系统和辨识（估计）系统。图 5-4 显示了真实和估计系统的极点和零点。两个系统都有两个极点和一个零点，其位置几乎完全一致。在图 5-5 中，可以看到真实和估计系统的单位脉冲响应。同样，这两种响应几乎完全一致。

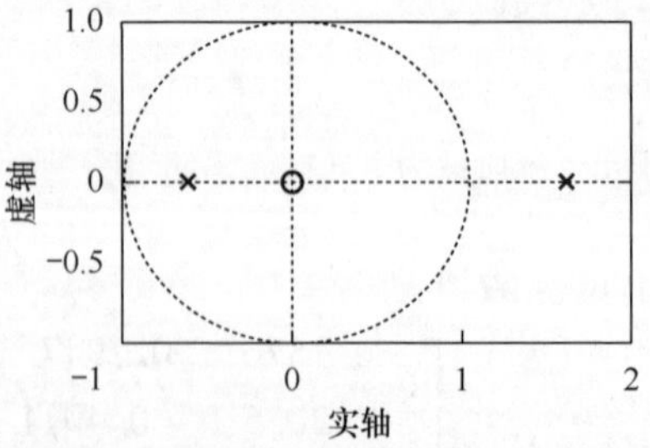

图 5-4　真实和估计系统的零极点图

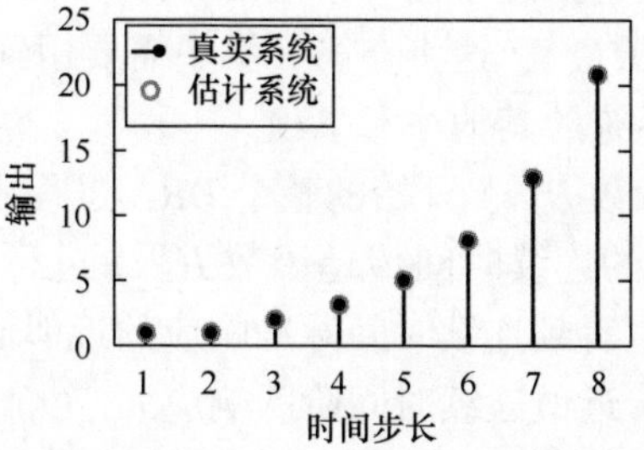

图 5-5　Ho-Kalman 方法的 Fibonacci 序列示例

注释：可能需要迭代来确定合适的输出数据量（需要建立多大的 $\mathcal{H}$？）。一般来说，可以添加数据，直到 $\text{rank}(\mathcal{H}_{k,l}) = \text{rank}(\mathcal{H}_{k-1,l-1})$，或者直到下一个奇异值“微不足道”。

剩余问题：如果从一个一般的连续时间传递函数开始，$\boldsymbol{g}_k$ 是从哪里来的？这个问题的答案是应用 Ho-Kalman 方法来寻找电池传递函数状态空间实现的关键。我们将在下一步进行探索。

5.4　离散时间实现算法（DRA）

给定拉普拉斯域的（可能是多输入多输出）连续时间传递函数 $\boldsymbol{H}(s)$，使得 $\boldsymbol{Y}(s) = \boldsymbol{H}(s)\boldsymbol{U}(s)$，还有采样周期 T_s，我们要导出一个降阶离散状态空间的实现形式：

$$\boldsymbol{x}[k+1] = \boldsymbol{A}\boldsymbol{x}[k] + \boldsymbol{B}\boldsymbol{u}[k]$$
$$\boldsymbol{y}[k] = \boldsymbol{C}\boldsymbol{x}[k] + \boldsymbol{D}\boldsymbol{u}[k]$$

发展的方法称为离散时间实现算法或 DRA①。

DRA 运行的一个充分条件是 $\boldsymbol{H}(s)$ 是 Hardy 空间 $\mathcal{H}_\infty$ 的元素，这意味着它是一个严格稳定和适当的系统。这不是能够找到状态空间实现的必要条件，该方法仍然适用于在 s 平面原点具有孤立极点的系统（即积分器）。

注意，$\boldsymbol{H}(s)$ 不被限制为拉普拉斯变量 s 的多项式的商（对于这种情况，存在着寻找离散时间系统的经典方法）。这对寻找超越传递函数的实现很重要，就像式（5.9）和式（5.10）中那样。

① 参考文献：Lee, J. L., Chemistruck, A., and Plett, G. L., "Discrete-Time Realization of Transcendental Impedance Functions, with Application to Modeling Spherical Solid Diffusion," Journal of Power Sources, 206, 2012, pp. 367-377.

为了简单起见，这里描述单输入单输出 $H(s)$ 的 DRA，但其结果可以推广到多输入和/或多输出 $\boldsymbol{H}(s)$，这将在第 6 章中需要用到。我们将在后续的示例中描述多输入多输出系统的其他注意事项。

从连续时间传递函数 $H(s)$ 开始的整个 DRA 过程是：

步骤 1：对频域中的连续时间传递函数 $H(s)$ 进行高速采样，并采用逆离散傅里叶变换（IDFT）得到连续时间脉冲响应的近似值 $h(t)$。

步骤 2：使用 $h(t)$ 近似连续时间阶跃响应 $h_{\text{step}}(t)$。

步骤 3：假设系统输入端连接到采样保持电路，根据周期 T_s 采样连续时间阶跃响应 $h_{\text{step}}(t)$，计算离散时间单位脉冲响应 g_k。

步骤 4：使用 Ho-Kalman 算法生成离散时间状态空间。该算法返回步骤 3 中离散时间单位脉冲响应序列的降阶矩阵 $\hat{\boldsymbol{A}}$、$\hat{\boldsymbol{B}}$ 和 $\hat{\boldsymbol{C}}$。系统的阶数由该算法中 Hankel 矩阵的显著奇异值数决定。利用初值定理求出矩阵 $\hat{\boldsymbol{D}}$。

注意到在原点有一个极点的传递函数不满足严格稳定的要求。然而，这个问题我们也将轻松化解。

现在接着讨论采样 - 保持流程，Ho-Kalman 方法，以及可能的极点 $s = 0$。

5.4.1 从尾到头建立 DRA

步骤 4：现在以倒序建立离散时间实现算法。首先，如果已知一个系统的单位脉冲响应，可以使用 Ho-Kalman 算法来找到它的状态空间表示。因此，我们主要研究如何寻找单位脉冲响应。

步骤 3：如何找到单位脉冲响应？假设已知系统的连续时间阶跃响应 $h_{\text{step}}(t)$。然后，可以找到单位脉冲响应，如图 5-6 所示。注意，如果单位阶跃输入导致单位阶跃响应，那么（由于时移不变性）时移单位阶跃输入将导致时移单位阶跃响应。这里，考虑时间偏移 T_s，即最终离散时间状态空间系统的期望采样周期。

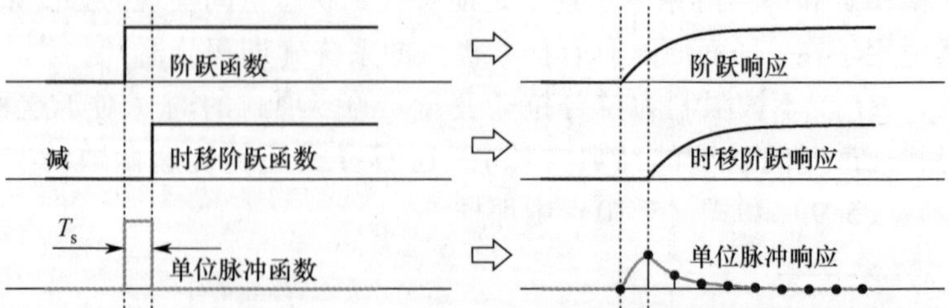

图 5-6 连续时间阶跃响应转换为离散时间单位脉冲响应

如果使用一个等于单位阶跃函数和时移单位阶跃函数之差的输入，那么输出将是单位阶跃响应和时移单位阶跃响应之差（因为线性）。这个修改后的输入是持续时间为 T_s 的单位脉冲函数，所以修改后的输出一定是单位脉冲响应。我们每隔 T_s 对这个连续时间单位脉冲响应进行采样，找出离散时间单位脉冲响应。

也就是说，系统对长度为 T_s 的单位脉冲的连续时间响应为

$$h_{\text{pulse}}(t) = h_{\text{step}}(t) - h_{\text{step}}(t - T_s)$$

那么，离散时间单位脉冲响应为 $g_k = h_{\text{pulse}}(kT_s)$。

步骤 2：如果能够找到系统的连续时间阶跃响应，就可以找到离散时间状态空间实现。但是，如何找到连续时间阶跃响应呢？假设已知连续时间脉冲响应 $h(t)$，则

$$h_{\text{step}}(t) = \int_0^t h(\tau)\mathrm{d}\tau$$

事实上，由于 DRA 是一种数值算法，因此不能直接处理连续时间。作为替代，首先选择快速采样频率 F_1，$T_1 = \frac{1}{F_1} \ll T_s$；然后精细采样的连续时间阶跃响应为

$$h_{\text{step}}(kT_1) = T_1 \sum_{i=0}^{k-1} h(iT_1)$$

步骤 1：如果能找到系统精细采样的连续时间脉冲响应，就能找到其状态空间表示。但是，如何找到精细采样的连续时间脉冲响应呢？

一种方法是通过离散等效方法来近似连续时间脉冲响应①。这里采用双线性变换来计算原始连续时间传递函数的高采样率离散时间近似值：

$$H(z) \approx H(s)\big|_{s=\frac{2}{T_1}\frac{z-1}{z+1}}$$

式中：T_1 是与之前相同的快速采样周期②。

现在认识到，序列的离散傅里叶变换（DFT）通过下式与其 z 变换联系起来：

$$H[f] = H(z)\big|_{z=\exp(\mathrm{j}2\pi f/N)} = H(s)\big|_{s=\frac{2}{T_1}\left[\frac{\mathrm{e}^{\mathrm{j}2\pi f/N-1}}{\mathrm{e}^{\mathrm{j}2\pi f/N+1}}\right]} = H(s)\big|_{s=\frac{2\mathrm{j}}{T_1}\tan(\pi f/N)}, 0 \le f < N$$

---

① 参考文献：Franklin, G. F., Powell, J. D., and Workman, M., Digital Control of Dynamic Systems, 3rd ed., Addison-Wesley, 1998, pp. 187-210.

② 为了得到连续时间传递函数的精确估计，采样频率 $F_1 = 1/T_1$ 必须足够高，以获取系统动态。根据经验法则，采样频率必须至少是系统带宽的 20 倍，才能在频域内得到粗略的近似值。仿真采样频率越高，结果越准确。

式中：N 是为潜在序列选择的点数，为进行有效计算，通常选择为 2 的幂。

$H[f]$ 的逆离散傅里叶变换得出 $h(nT_1)$，这是采样周期为 T_1 的连续时间脉冲响应的近似值：

$$h(nT_1) = \frac{1}{N}\sum_{f=0}^{N-1} H[f]\mathrm{e}^{\mathrm{j}2\pi fn/N}, 0 \leqslant n \leqslant N-1$$

现在可以完成从 $H(s)$ 到状态空间模型的完全转换。注意，虽然最后的离散时间状态空间矩阵 $\boldsymbol{D}$ 是第一个马尔可夫参数，但通常可以用初值定理来更好地确定其值：

$$D = g_0 = h[0] = \lim_{s\to\infty} H(s)$$

5.5 DRA 的详细示例

本节将列举 3 个示例来说明 DRA 的操作过程。前两个示例是有理多项式传递函数，首先可以用其他方法计算其精确解；然后将精确解与 DRA 得到的近似解进行比较。第三个示例没有封闭解，但是可以使用一维抛物椭圆偏微分方程求解器来找到一个精确的近似解，并与 DRA 解进行比较。在上述 3 种情况下，可以发现精确解和 DRA 解之间有很好的一致性。

5.5.1 示例 1：有理多项式传递函数

将 DRA 方法应用于一个简单的二阶系统：

$$H_1(s) = \frac{s^2 + 20s + 80}{s^2 + 2s + 8}$$

需要一个采样周期为 $T_s = 0.1$ s 的离散时间实现。

计算 $H_1(s)$ 的波特图来估计系统带宽，从而选择适当的快速采样率 T_1。在 MATLAB 中，使用以下代码：

```
omega = logspace(-1,3,100);                 % 创建频率轴,单位为 rad·s^-1
s = 1j * omega;                             % 创建 s = j * omega
H = (s.^2 + 20 * s + 80)./(s.^2 + 2 * s + 8);  % 计算频域响应
semilogx(omega,20 * log10(abs(H)));         % 显示幅频响应
```

$H_1(s)$ 的幅频响应如图 5-7 所示，系统带宽大约为 3 rad · s^{-1} 或 0.5 Hz。

步骤 1：选择高采样频率 F_1 = 256Hz，比系统带宽大 20 倍。下面的代码对传递函数进行离散频率下的采样，IDFT 生成一个近似的连续时间脉冲响应。

```
F1 = 256;T1 = 1/F1;                         % 采样频率 256 Hz
minTlen = 6.5;                              % 以单位秒限制 h(t)长度
```

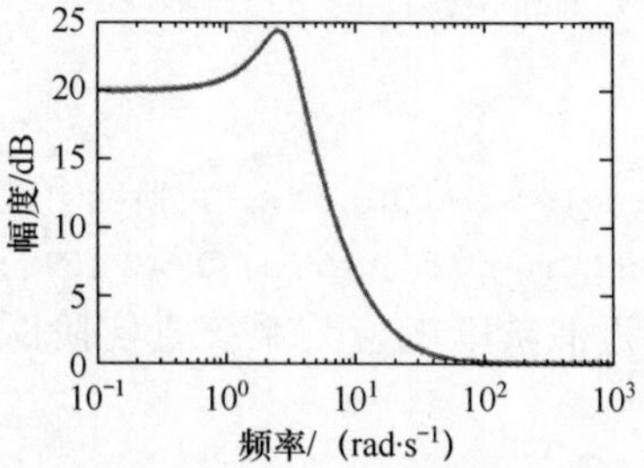

图 5-7　$H_1(s)$ 的波特幅频响应图

```
N = 2^(ceil(log2(minTlen * F1)));                   % 总采样点
f = 0:N -1;                                         % 标准化频率向量
s = (2j/T1) * tan(pi * f/N);                        % 替换得到 Hd[f]
Hd = (s.^2 +20 * s +80)./(s.^2 +2 * s +8);          % Hd[f]
hd = real(ifft(Hd)) * F1;                           % 近似 h(t)
td = T1 * (0:N -1);                                 % h(t)的时间向量
plot(td,hd,'bx','markersize',8);hold on             % 绘制 h(t)

H1 = tf([1 20 80],[1 2 8]);                         % 传递函数真实值
[himpTrue,timpTrue] = impulse(H1,5);                % 脉冲响应真实值
plot(timpTrue,himpTrue,'r');axis([0 5 -8 23]);
```

图 5-8 将通过 IDFT 计算的近似连续时间脉冲响应与 $H_1(s)$ 的精确连续时间脉冲响应进行比较，这两个解是一致的，表明 DFT 方法可以很好地逼近脉冲响应。

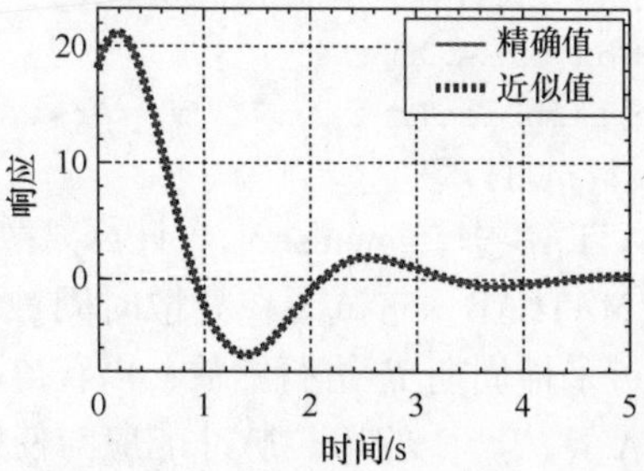

图 5-8　$H_1(s)$ 的连续时间脉冲响应精确值与 DRA 步骤 1 近似值

步骤 2：通过对脉冲响应进行累积求和，得到连续时间阶跃响应的近似值。MATLAB 实现代码如下：

```
hstep = T1 * cumsum(hd), % h_s(t)
```

```
plot(td,hstep,'bx','markersize',8);hold on
% 绘制 h_s(t)

[hstepTrue,tstepTrue] = step(H1,5);    % 阶跃响应真实值
plot(tstepTrue,hstepTrue,'r');axis([0 5 0 15]);在顶部绘图
```

图 5-9 显示了 DRA 近似阶跃响应与系统真实阶跃响应之间的比较，再次看到这两个信号非常一致。

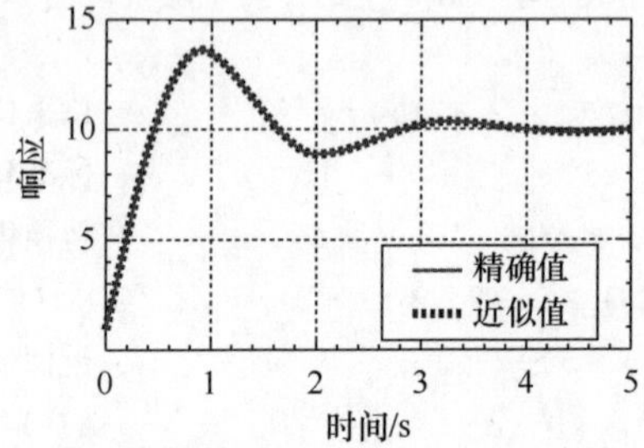

图 5-9 $H_1(s)$ 的连续时间阶跃响应精确值与 DRA 步骤 2 的近似值

步骤 3：现在以最终采样周期 T_s 对连续时间阶跃响应的近似值进行重新采样，并利用 $h_{step}[k]-h_{step}[k-1]$ 式计算离散时间脉冲响应。MATLAB 实现代码如下：

```
Ts = 0.1; tdisc = 0:Ts:6.5;% 最终的时间向量
hdisc = [0 diff(interp1(td,hstep,tdisc))];    % h[k]
stem(tdisc,hdisc,'filled');hold on

[himpDiscTrue,timpDiscTrue] = impulse(c2d(H1,Ts),5);
% 在新版 MATLAB,需要缩放脉冲计算单位脉冲响应
himpDiscTrue = Ts * himpDiscTrue;
plot(timpDiscTrue,himpDiscTrue,'r.','markersize',8);
axis([-0.01 5 -0.8 2.3]);
```

注意，在旧版的 MATLAB 中，impulse 命令计算离散时间系统的单位脉冲响应；而对于较新版本的 MATLAB，它试图在离散时间域中近似连续时间脉冲响应，因此其输出需要通过采样周期 T_s 进行缩放，以获得真正的单位脉冲响应。

图 5-10 显示了 DRA 算法产生的单位脉冲响应与使用 MATLAB 精确方法产生结果的比较。除点 $t=0$ 外，两者有很好的一致性。这通常由 IDFT 的一些性质引起，但由于步骤 3 中的 Ho-Kalman 算法没有使用 $t=0$ 时的单位脉冲响应值，因此这没有问题。矩阵 $\boldsymbol{D}$（等于 $t=0$ 时的单位脉冲响应值）由 $H_1(s)$ 计算得到，即

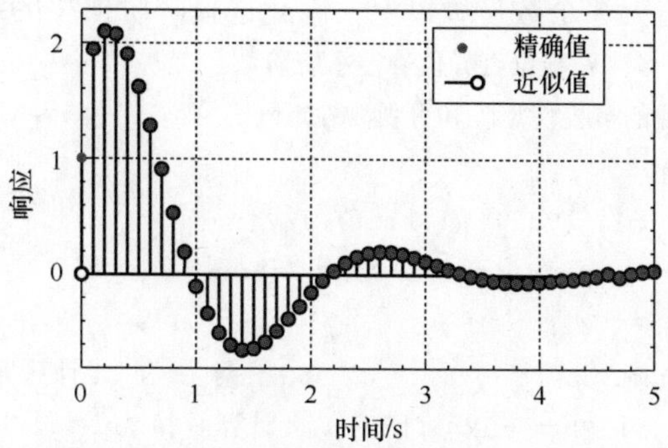

图 5-10　$H_1(s)$ 的离散时间单位脉冲响应精确值与 DRA 步骤 3 近似值

$$\boldsymbol{D} = g_0 = \lim_{s\to\infty} H_1(s) = 1$$

步骤 4：采用 Ho-Kalman 算法，从步骤 2 的离散时间单位脉冲响应近似值中寻找状态空间实现。使用离散时间单位脉冲响应的 65 个点，它允许最大 Hankel 矩阵为 32×32（允许将 Hankel 矩阵向上移动一行）。首先我们构建 $\mathcal{H}_{32,32}$ 和 $\mathcal{H}^{\uparrow}_{33,32}$；然后计算并绘制 Hankel 矩阵 $\mathcal{H}_{32,32}$ 的奇异值。图 5-11 绘制出对数尺度上的奇异值，MATLAB 实现代码如下：

```
bigHankel = hankel(hdisc(2:66));                    % 别忘了省略 h(0)项
% 对于本例,只保留 32 * 32 部分
Hankel = bigHankel(1:32,1:32);
HankelUp = bigHankel(2:33,1:32);                    % 移位 Hankel 矩阵
[U, S, V] = svd(Hankel);                            % 计算奇异值
plot(log10(diag(S)),'bx','markersize',8);
axis([0 33 -20 5]);
```

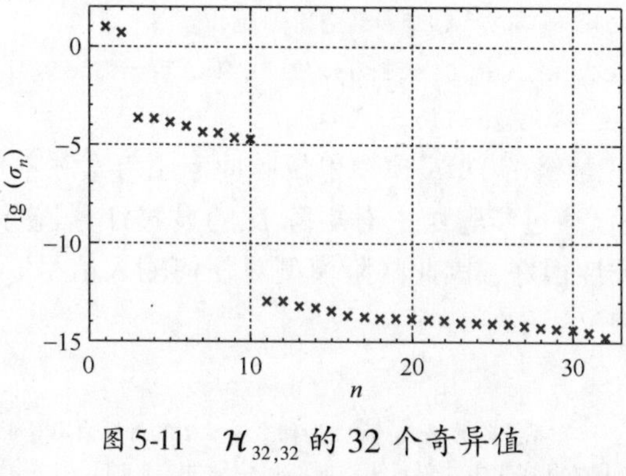

图 5-11　$\mathcal{H}_{32,32}$ 的 32 个奇异值

Hankel 矩阵的 SVD 可用于分析系统阶次。从图中可以看出，前两个奇异

值比第三个奇异值大 3 个数量级以上，因此选择降阶模型的维数为 $n = 2$[①]。

```
n=2;                  % 根据奇异值确定系统阶数
% 然后计算扩展的可控性矩阵和可观测性矩阵
Us =U(:,1:n);
Ss = S(1:n,1:n);  Vs =V(:,1:n);
Ok =Us * sqrtm(Ss);Cl = sqrtm(Ss) * Vs';

Ahat = (Ok\HankelUp)/Cl;              % 根据 Ok 和 Cl 计算 A
Bhat =Cl(1:n,1);Chat =Ok(1,1:n); % 计算 B 和 C
Dhat =1;                              % 手工计算
% 最终的 DRA 状态空间系统
sysDRA= ss(Ahat,Bhat,Chat,Dhat,Ts);
```

Ho-Kalman 算法只截取前两个状态，使用以下估计的 $\hat{A}$、$\hat{B}$ 和 $\hat{C}$ 矩阵给出状态空间实现：

$$\hat{A} = \begin{bmatrix} 0.8529 & -0.2375 \\ 0.2375 & 0.8938 \end{bmatrix}, \hat{B} = \begin{bmatrix} -1.53 \\ 0.6254 \end{bmatrix}, \hat{C} = [-1.53 \quad -0.6254]$$

根据初值定理计算矩阵 D 的估计，对于这个例子，$\hat{D} = \lim_{s\to\infty} H_1(s) = [1]$。通过检查图 5-7 中 $H_1(s)$ 的高频幅度响应来验证这一点，其值为 0 或 1（标准化）。

通过对比真实的离散时间单位脉冲响应和最终的 DRA 模型单位脉冲响应来验证 DRA 模型，结果如图 5-12 所示，MATLAB 实现代码如下：

```
% 在新版 MATLAB 中,需要缩放脉冲计算单位脉冲响应
[himpDRA,timpDRA] = impulse(sysDRA,5);
himpDRA = Ts * himpDRA;
stem(timpDRA,himpDRA,'filled');hold on
plot(timpDiscTrue,himpDiscTrue,'r.','markersize',8);
axis([-0.01 5 -0.8 2.3]);
```

图 5-12 表明，最终的 DRA 模型单位脉冲响应与实际单位脉冲响应非常吻合（注意，$h[0]$ 已通过步骤 4 中对矩阵 $\hat{D}$ 的显式计算进行了修正）。由于单位脉冲响应的一致性很好，因此降阶模型对任何输入信号 $u[k]$ 的响应也将与实际的响应一致。

---

① 对于这个例子，已知系统阶数是 2，那么为什么 $n > 2$ 的奇异值不等于零，就像 Fibonacci 例子一样。这有两个原因：①在用 DFT 方法逼近离散时间单位脉冲响应时，引入了一些噪声；②由于数值精度不高，因此在计算奇异值时，浮点数中的舍入误差，可能会产生“噪声”。在这里，原因①很可能起主导，但当 Hankel 矩阵的维数较大时，原因②可能变得更显著。

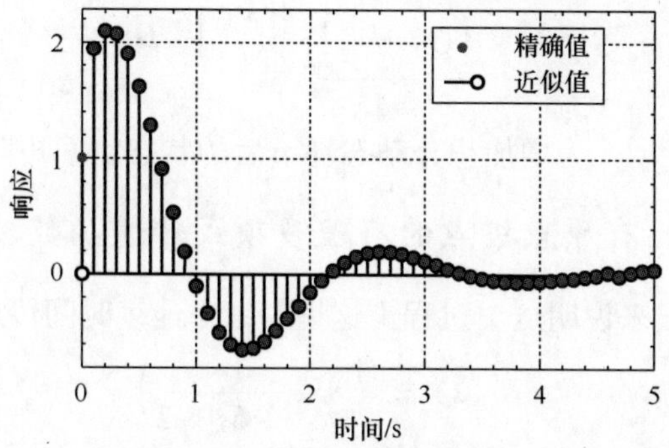

图 5-12　$H_1(s)$ 的离散时间单位脉冲响应精确值与 DRA 步骤 4 近似值

5.5.2　处理 $H(s)$ 在原点的一个或多个极点

对于不稳定系统，如果不进行修改，DRA 将无法工作。问题出现在步骤 1 中，连续时间脉冲响应必须在 NT_1 期间衰减到（非常接近）零，否则 IDFT 会产生严重的混叠。因此，在步骤 1 之前必须通过消除不稳定动态环节来稳定系统，这些不稳定的动态可以在最后重新添加到最终模型中。

这里，考虑一种常见的情况，即 $H(s)$ 在 $s=0$ 处有一个极点。这对应于积分动态环节，它出现在一些电池传递函数中。通过改写 $H(s)$，可以将其稳定部分与积分环节分离开：

$$H(s) = H^*(s) + \frac{\text{res}_0}{s}$$

可以发现 $\text{res}_0 = \lim_{s\to 0} sH(s)$。这个极限通常可以通过分析来求解（由于有传递函数的显式形式，因此对所有传递函数都可以这样做）或者用很小的值来替换 $sH(s)$ 中的 s。

那么，$H^*(s)$ 不再在原点有极点，此时可以执行 DRA，首先把它当作原始传递函数；然后从 DRA 中获取由 $\hat{\boldsymbol{A}}$、$\hat{\boldsymbol{B}}$、$\hat{\boldsymbol{C}}$ 和 $\hat{\boldsymbol{D}}$ 定义的状态空间系统，并用先前被移除的描述积分极点的动态环节来补充它。

等效于积分器的离散时间方程实现为

$$x_i[k+1] = x_i[k] + T_s u[k]$$

将上式与 DRA 产生的状态空间形式结合起来：

$$\underbrace{\begin{bmatrix} \boldsymbol{x}[k+1] \\ x_i[k+1] \end{bmatrix}}_{\boldsymbol{x}_{\text{aug}}[k+1]} = \underbrace{\begin{bmatrix} \hat{\boldsymbol{A}} & \boldsymbol{0} \\ \boldsymbol{0} & \boldsymbol{1} \end{bmatrix}}_{\hat{\boldsymbol{A}}_{\text{aug}}} \underbrace{\begin{bmatrix} \boldsymbol{x}[k] \\ x_i[k] \end{bmatrix}}_{\boldsymbol{x}_{\text{aug}}[k]} + \underbrace{\begin{bmatrix} \hat{\boldsymbol{B}} \\ T_s \end{bmatrix}}_{\hat{\boldsymbol{B}}_{\text{aug}}} \boldsymbol{u}[k]$$

$$\boldsymbol{y}[k]=\underbrace{[\hat{\boldsymbol{C}} \quad \mathrm{res}_0]}_{\hat{c}_{\mathrm{aug}}}\begin{bmatrix}\boldsymbol{x}[k]\\ x_i[k]\end{bmatrix}+\boldsymbol{Du}[k]$$

式中：$\hat{\boldsymbol{A}}_{\mathrm{aug}}$、$\hat{\boldsymbol{B}}_{\mathrm{aug}}$和$\hat{\boldsymbol{C}}_{\mathrm{aug}}$为增加积分动态环节后的状态空间矩阵。

5.5.3 示例 2：有原点极点的有理多项式传递函数

用第二个例子来说明这个过程。这里，考虑连续时间传递函数：

$$H_2(s)=\frac{1}{s}\left(\frac{1}{s^2+6s+2}\right)$$

这个例子与第一个非常相似（因此本例只为明显不同的步骤提供 MATLAB 代码），但它在 $s=0$ 有一个不稳定的积分极点。图 5-13 显示了 $H_2(s)$ 的波特幅频响应图，其中积分动态可以通过低频响应不收敛到一个常数值而观察到。

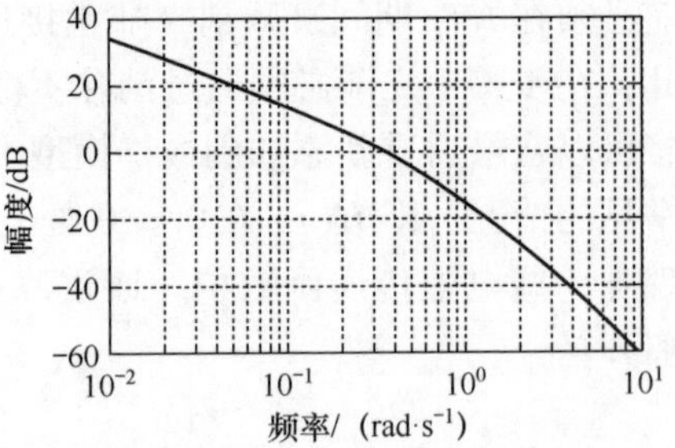

图 5-13 $H_2(s)$ 的波特幅频响应图

我们希望创建一个最终采样周期为 $T_s=0.5$ s 的离散时间状态空间模型。但是，在执行 DRA 步骤 1 之前，必须移除在原点的极点，可通过计算该极点的残数来实现。在本例中，残数值可以通过下式分析计算：

$$\mathrm{res}_0=\lim_{s\to 0}sH(s)=0.5$$

移除原点处极点后的传递函数简化为 $H_2^*(s)$：

$$H_2^*(s)=\frac{1}{s}\left(\frac{1}{s^2+6s+2}\right)-\frac{0.5}{s} \tag{5.13}$$

图 5-14 为 $H_2^*(s)$ 的波特幅频响应，低频响应表明积分环节已经被成功移除。

步骤 1：$H_2^*(s)$ 的采样频率为 256Hz，比系统带宽大 50 多倍。在执行此采样时，可以将其作为等式（5.13）来实现，或者通过分析将其简化为

$$H_2^*(s)=\frac{1}{s}\left(\frac{1}{s^2+6s+2}\right)-\frac{0.5}{s}\left(\frac{s^2+6s+2}{s^2+6s+2}\right)=\frac{-0.5}{s}\left(\frac{s^2+6s}{s^2+6s+2}\right)$$

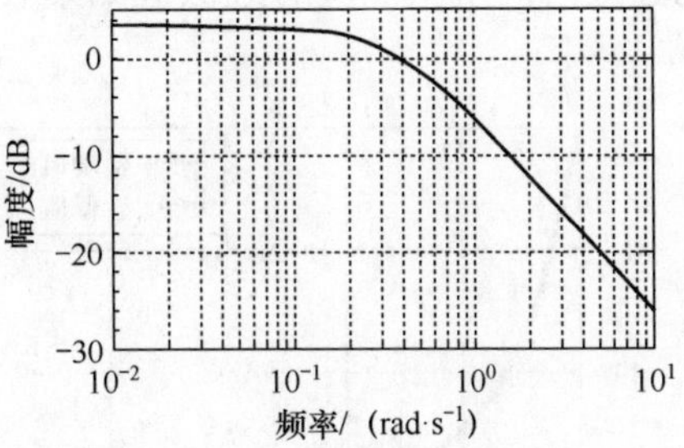

图 5-14　$H_2^*(s)$ 的波特幅频响应图

$$= -0.5\left(\frac{s+6}{s^2+6s+2}\right) \tag{5.14}$$

然后实施式（5.14）。也就是说，在 DRA 步骤 1 中，可以利用以下 MATLAB 代码实现[①]，即

```
Hd=1./(s.^3+6*s.^2+2*s)-0.5./s;          % Hd[f]
Hd(1)=-6/64;                              % 解析解
```

其中，$\lim\limits_{s\to 0}H_2^*(s)=-6/64$，或者

```
Hd=-0.5*(s+6)./(s.^2+6*s+2);              % Hd[f]
```

图 5-15 将通过 IDFT 计算的近似连续时间脉冲响应与 $H_2^*(s)$ 的实际连续时间脉冲响应的精确解进行了比较。除了在时间 $t=0$ 时，这两个解是一致的。该结果表明，DFT 方法能很好地逼近脉冲响应。由于步骤 2 中的积分消除了这种偏差，因此不太关心存在差异的单个点。

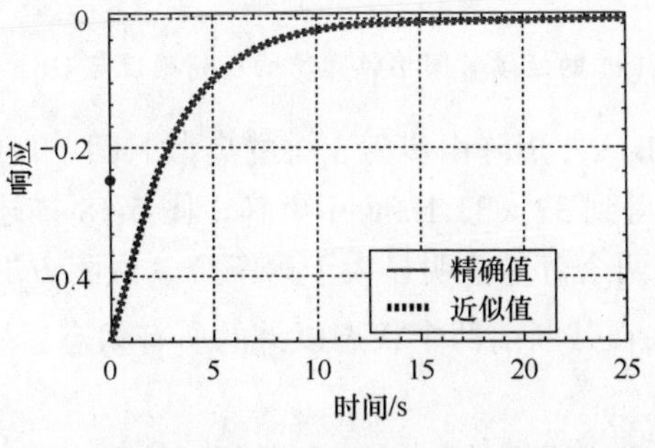

图 5-15　$H_2^*(s)$ 的连续时间脉冲响应精确值与通过 DRA 步骤 1 近似值

① 如果使用第一种方法，会发现向量 **Hd** 中的第一个元素是 NaN（不是一个数字），因为当 $s=0$ 时，除法的分母为 0。这必须通过 **Hd**（1）＝ -6/64 语句来具体地纠正。

步骤2：$H_2^*(s)$ 的连续时间阶跃响应的近似值如第一个示例中所计算，并绘制在图5-16中。

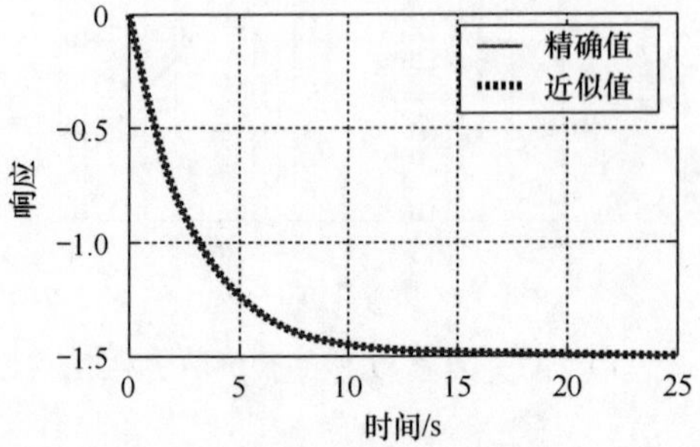

图5-16　$H_2^*(s)$ 的连续时间脉冲响应精确值与DRA步骤2近似值

步骤3：该阶跃响应以 $T_s = 0.1$ s采样，并进行差分处理，以产生离散时间单位脉冲响应，如图5-17所示。

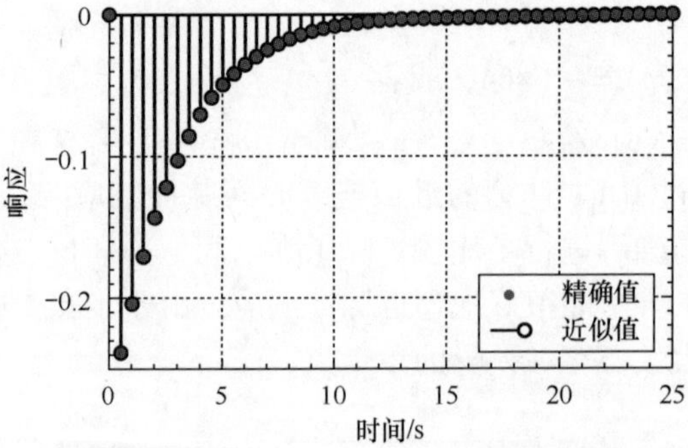

图5-17　$H_2^*(s)$ 的连续时间单位脉冲响应精确值与DRA步骤3近似值

步骤4：系统Hankel矩阵由步骤3中的离散时间单位脉冲响应生成。使用64个离散时间点，得到32×32 Hankel矩阵。图5-18描述了系统Hankel矩阵的32个奇异值。前两个奇异值明显大于第三个，说明 $H_2^*(s)$ 是二阶系统。

Ho-Kalman算法在截断前两个状态以外的所有状态后生成矩阵 $\hat{\boldsymbol{A}}$、$\hat{\boldsymbol{B}}$ 和 $\hat{\boldsymbol{C}}$，得到

$$\hat{\boldsymbol{A}} = \begin{bmatrix} 0.8394 & 0.03663 \\ -0.03663 & 0.05771 \end{bmatrix}, \hat{\boldsymbol{B}} = \begin{bmatrix} 0.4913 \\ -0.05112 \end{bmatrix}, \hat{\boldsymbol{C}} = \begin{bmatrix} -0.4913 & 0.05112 \end{bmatrix}$$

在本例中，还计算了 $\hat{\boldsymbol{D}} = \lim_{s\to\infty} H_2^*(s) = 0$，这在图5-14的高频响应中也很容易看到。

对 $H_2^*(s)$ 状态空间表示进行扩充，以包括原点的极点，其MATLAB实现

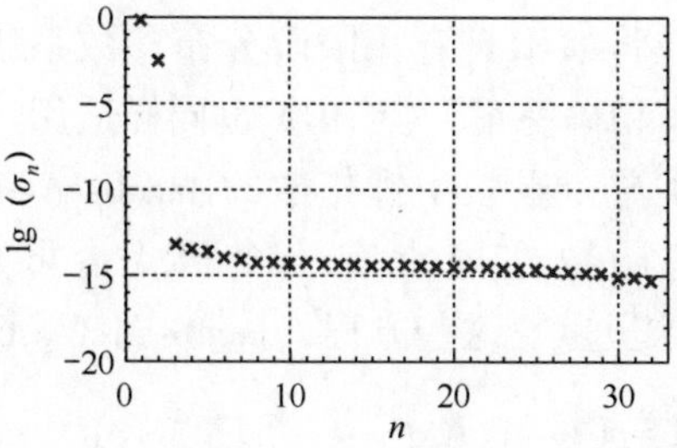

图 5-18　$H_2^*(s)$ Hankel 矩阵的 32 个奇异值

代码为

```
Aaug = [Ahat zeros(n,1);1 zeros(1,n)];
Baug = [Bhat;Ts];
Caug = [Chat,res0];
sysDRA = ss(Aaug,Baug,Caug,Dhat,Ts);% 最终的 DRA 状态空间系统
```

由此得到 $H_2(s)$ 的离散时间实现是

$$\hat{\boldsymbol{A}}_{\text{aug}} = \begin{bmatrix} 0.8394 & 0.03663 & 0 \\ -0.03663 & 0.05771 & 0 \\ 0 & 0 & 1 \end{bmatrix}, \hat{\boldsymbol{B}}_{\text{aug}} = \begin{bmatrix} 0.4913 \\ 0.05112 \\ 0.5 \end{bmatrix}$$

$$\hat{\boldsymbol{C}}_{\text{aug}} = [-0.4913 \quad 0.05112 \quad 0.5], \hat{\boldsymbol{D}} = [0]$$

图 5-19 显示了从 DRA 产生的模型中得到的单位脉冲响应和单位脉冲响应精确解之间的对比。

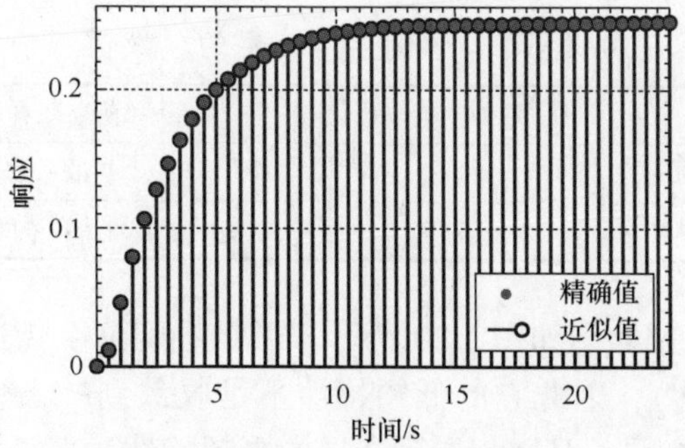

图 5-19　$H_2(s)$ 的离散时间单位脉冲响应精确值与 DRA 步骤 4 最终模型近似值

5.5.4　示例 3：超越传递函数

在前面两个例子中，通过使用 DRA 方法来逼近有理多项式传递函数，以

此来说明它的性能。对于这些例子，系统的阶数是先验值，精确的答案可以通过分析计算得到。现在将演示具有无限阶分布参数系统的 DRA，对于该系统不能用解析方法计算其精确答案，但 DRA 也同样适用。

具体来说，建立了单个颗粒中锂扩散的 Jacobsen-West 传递函数模型，即式（5.9）。这个传递函数在原点有一个极点，可以通过分析去除，如式（5.10）所示。在这里重复这些方程，Jacobsen-West 传递函数是

$$H_3(s) = \frac{\tilde{C}_{s,e}(s)}{J(s)} = \frac{R_s}{D_s}\left[\frac{1}{1 - R_s\sqrt{s/D_s}\coth(R_s\sqrt{s/D_s})}\right]$$

积分移除后的传递函数是

$$H_3^*(s) = \frac{\Delta\tilde{C}_{s,e}(s)}{J(s)} = \frac{\tilde{C}_{s,e}(s)}{J(s)} - \frac{\tilde{C}_{s,avg}(s)}{J(s)}$$

$$= \frac{\dfrac{sR_s{}^2}{D_s} + 3 - 3R_s\sqrt{\dfrac{s}{D_s}}\coth\left(R_s\sqrt{\dfrac{s}{D_s}}\right)}{sR_s\left(1 - R_s\sqrt{\dfrac{s}{D_s}}\coth\left(R_s\sqrt{\dfrac{s}{D_s}}\right)\right)}$$

式中

$$\frac{\tilde{C}_{s,avg}(s)}{J(s)} = \frac{res_0}{s} = \frac{-3/R_s}{s}$$

本例中使用的传递函数的参数值如表 5-1 所列，从中可以计算出 $res_0 = -3\times10^5$。

表 5-1　示例 3 中使用的参数值

参　数	解　释	取　值	参　数	解　释	取　值
T_s	采样周期	1 s	D_s	扩散系数	$10^{-12}\,m^2\cdot s^{-1}$
R_s	颗粒半径	8×10^{-6} m	$c_{s,e}(0)$	初始锂浓度	$10000\ mol\cdot m^{-3}$

$H_3(s)$ 的波特幅频图如图 5-20 所示。可以看到这个传递函数有一个积分环节（极点 $s=0$），因此它的低频特性不是收敛到一条平坦的直线，而是 -20dB/10倍频的斜坡。还可以看到奇怪的高频特性，其斜率是 -10dB/10 倍频。此斜率不能由有限数量的极点（其斜率均为 -20dB/10 倍频）或零点（其斜率均为 +20dB/10 倍频）实现，而是通过一些极点和零点的组合，在阶梯法中相加，以近似 -10dB/10 倍频的斜率。

这种 -10dB/10 倍频的斜率是扩散方程等分布参数系统的特征。当在第 6

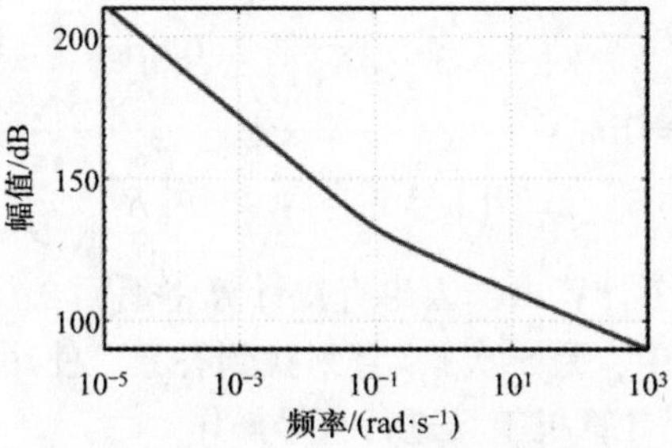

图 5-20　$H_3(s)$ 的波特幅频响应图

章中建立锂离子电池传递函数模型时，会看到其他一些类似例子。

$H_3^*(s)$ 的波特幅频图如图 5-21 所示。可以看到积分环节已成功移除，但高频响应的特征仍然是 -10dB/10 倍频的斜线。

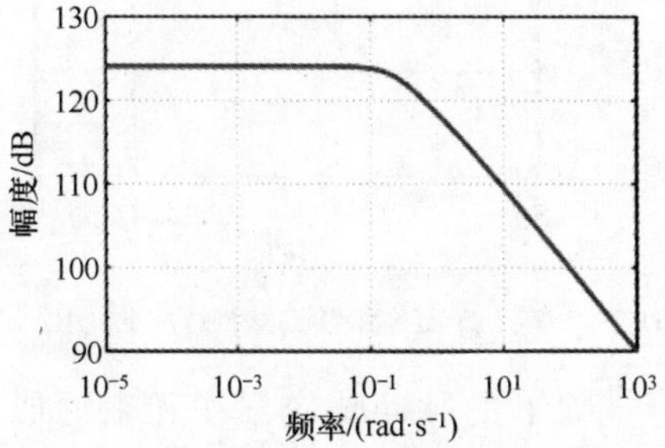

图 5-21　$H_3^*(s)$ 的波特幅频响应图

步骤 1：在 DRA 的第一步中，选择快速采样频率为 256Hz，然后对 $H_3^*(s)$ 进行采样，得到长度为 256 s 的近似连续时间脉冲响应。$H_3^*(s)$ 的频率向量可用式（5.9）进行计算：

```
beta=Rs*sqrt(s/Ds);
Hd=(Rs/Ds)*(1./(1-beta.*coth(beta)))+(3/Rs)./s;
Hd(1)=-Rs/(5*Ds);              % 解析解
```

其中，MATLAB 数值移除积分器极点，或使用式（5.10）：

```
beta=Rs*sqrt(s/Ds);
Hd =(beta.^2+3-3*beta.*coth(beta))./…
     (s.*Rs.*(1-beta.*coth(beta)));
Hd(1)=-Rs/(5*Ds);              % 解析解
```

注意，当 $s=0$ 时，两个 **Hd** 的计算最初都会产生 NaN，这是因为试图计算 0 除以 0 的数值。因此，此项必须手动替换为经分析计算的值：

$$\lim_{s\to 0}H_3^*(s)=\lim_{s\to 0}\frac{\dfrac{sR_s^2}{D_s}+3-3R_s\sqrt{\dfrac{s}{D_s}}\coth\left(R_s\sqrt{\dfrac{s}{D_s}}\right)}{sR_s\left(1-R_s\sqrt{\dfrac{s}{D_s}}\coth\left(R_s\sqrt{\dfrac{s}{D_s}}\right)\right)}=-\frac{R_s}{5D_s}$$

这个极限很难手工计算出，因为直接计算将返回0/0。我们必须反复使用洛必达法则（在本例中，是5次），直到找到答案。使用超越传递函数时，推荐使用 Mathematica 等计算机工具进行符号操作。

这个近似连续时间脉冲响应如图 5-22 所示。注意，由于没有办法精确地求解这个脉冲响应，只能展示 DRA 近似响应。

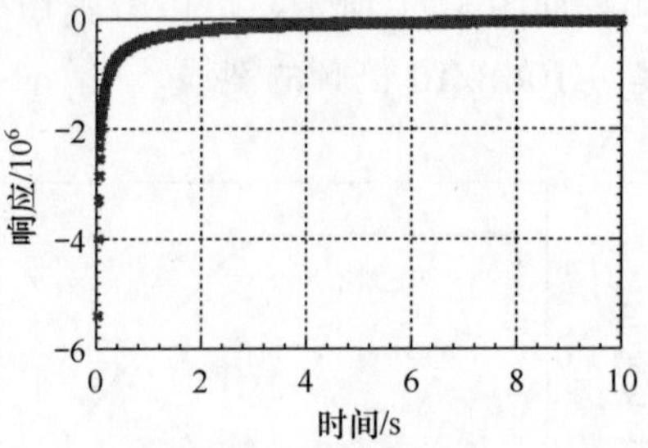

图 5-22 $H_3^*(s)$ 连续时间脉冲响应的 DRA 近似

步骤2：通过执行步骤 1 的脉冲响应累积和来近似计算连续时间阶跃响应。图 5-23 展示出了连续时间阶跃响应的近似值。同样，这个系统的连续时间阶跃响应没有已知的精确解来与这个结果进行比较。

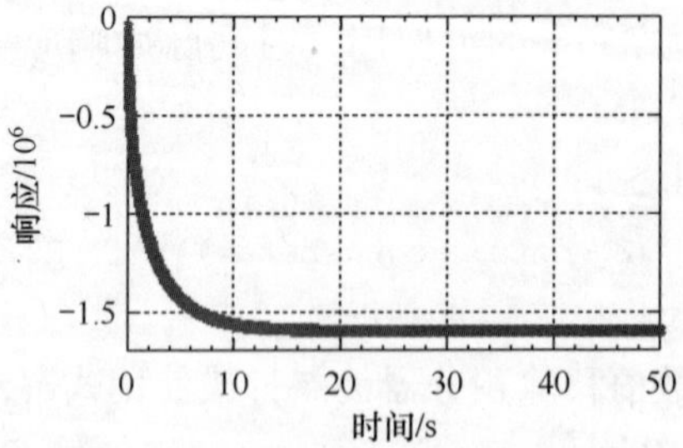

图 5-23 $H_3^*(s)$ 连续时间阶跃响应的 DRA 近似

步骤3：对近似连续时间阶跃响应进行采样，采样周期 $T_s=1$ s，并对其进行差分以产生离散时间单位脉冲响应，如图 5-24 所示。

步骤4：构建 Hankel 矩阵，其奇异值绘制在图 5-25 中。$H_3^*(s)$ 表示实际具有无穷多个极点的分布参数系统。然而从这个图中可以看到，只有少数极点

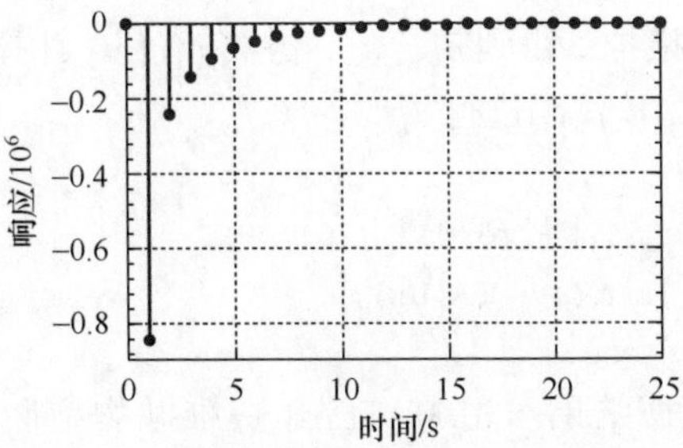

图 5-24　$H_3^*(s)$ 连续时间单位脉冲响应的 DRA 近似

对解有重要意义。特别地，这里选择使用降阶模型维数 $p=2$，这表明在解的复杂性和准确性之间进行了折中。

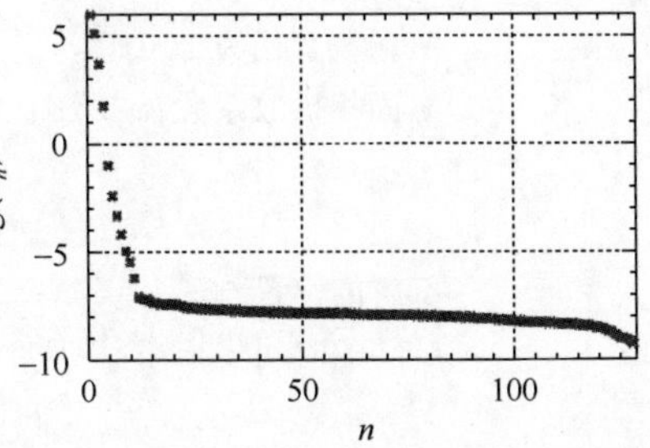

图 5-25　$H_3^*(s)$ Hankel 矩阵的 128 个奇异值 $\mathcal{H}_{128,128}$

Ho-Kalman 算法在截断除前两个状态以外的所有状态后，生成矩阵 $\hat{\boldsymbol{A}}$、$\hat{\boldsymbol{B}}$ 和 $\hat{\boldsymbol{C}}$ 以近似 $H_3^*(s)$。可以发现：

$$\hat{\boldsymbol{A}}=\begin{bmatrix}0.3808 & 0.3073\\0.3073 & 0.4091\end{bmatrix},\hat{\boldsymbol{B}}=\begin{bmatrix}909.4\\-145.3\end{bmatrix},\hat{\boldsymbol{C}}=[-909.4\quad 145.3]$$

在这个例子中，还计算了 $\hat{\boldsymbol{D}}=\lim\limits_{s\to\infty}H_3^*(s)=0$，这在图 5-21 的高频响应中也很容易看到。

用积分器状态扩充该状态空间，得到扩散方程 $H_3(s)$ 的最终三阶状态空间模型，最终实现形式为

$$\hat{\boldsymbol{A}}_{\text{aug}}=\begin{bmatrix}0.3808 & 0.3073 & 0\\0.3073 & 0.4091 & 0\\0 & 0 & 1\end{bmatrix},\hat{\boldsymbol{B}}_{\text{aug}}=\begin{bmatrix}909.4\\-145.3\\1\end{bmatrix}$$

$$\hat{\boldsymbol{C}}_{\text{aug}}=[\quad 909.4\quad 145.3\quad -3.75\times10^5],\boldsymbol{D}=[0]$$

通过模拟 10s 放电脉冲来证明 DRA 产生模型的准确性，其中（离开颗粒）

表面锂通量为 $j = 1 \times 10^{-5}\ \mathrm{mol \cdot m^{-2} \cdot s^{-1}}$，然后是 10s 的静置。利用该输入对增广状态空间模型进行模拟，得到 $\tilde{c}_{s,e}[k]$，并将 $c_{s,e}[k]$ 计算为 $c_{s,e}[k] = \tilde{c}_{s,e}[k] + c_{s,0}$。使用以下 MATLAB 代码进行实现：

```
cs0 =10000;
uk=1e-5 * [ones(1,10),zeros(1,10)];
[cseTilde,tk]=lsim(sysDRA,uk);
cse =cseTilde + cs0;
```

下面，将这个近似结果与用 MATLAB 一维抛物型椭圆形偏微分方程求解器得到的“真”结果进行比较。MATLAB 代码如下：

```
function [cse,t] = simCsePDE
  dr=0.1e-6;                    % 径向分辨率为 0.1μm
  dt=0.001;                     % 仿真时间步长[s]
  Tfinal=20;                    % 仿真长度[s]
  Rp=8e-6;                      % 颗粒直径为 10μm
  Ds=1e-12;                     % 固相扩散系数[m^2/s]
  j=1e-5;                       % mol/m^2/s

  x=0:dr:Rp;                    % 解的位置
  t=0:dt:Tfinal;                % 解的时间步长

  options=odeset('RelTol',1e-8,'AbsTol',1e-10);
  sol=pdepe(2,@ csefun,@ cseic,@ csebc,x,t,options);

  cse=sol(:,end,1);

  function[c,f,s]= csefun(~,~,~,DuDx)
      c=1/Ds;f=DuDx;s=0;
  end
  function u0=cseic(~,~)
      c0=10000;u0=c0;
  end
  function[pl,ql,pr,qr]=csebc(~,~,~,~,t)
    pl=0;ql=1;qr=Ds;pr=0;
    if t<Tfinal/2,pr=j;end
  end

end
```

代码包含嵌套函数、变量初始化，使用指向嵌套辅助函数的指针（函数句柄）调用 MATLAB 求解器，嵌套辅助函数 csefun 加载偏微分方程的参数值，cseic 加载初始条件，csebc 加载边界条件。请注意，只有在高采样率条件下，才能使用偏微分方程求解器获得良好的结果。在这里，我们使用 1ms 的步长，这使得偏微分方程求解器的执行速度比由 DRA 生成的模型慢得多。

图 5-26 比较了精确的偏微分方程解和 DRA 模型解。可以发现三阶 DRA 模型的结果与偏微分方程解非常吻合。通过保留 Hankel 矩阵的更多奇异值，DRA 模型可以获得更高的精度，但代价是最终模型的计算复杂度更高。

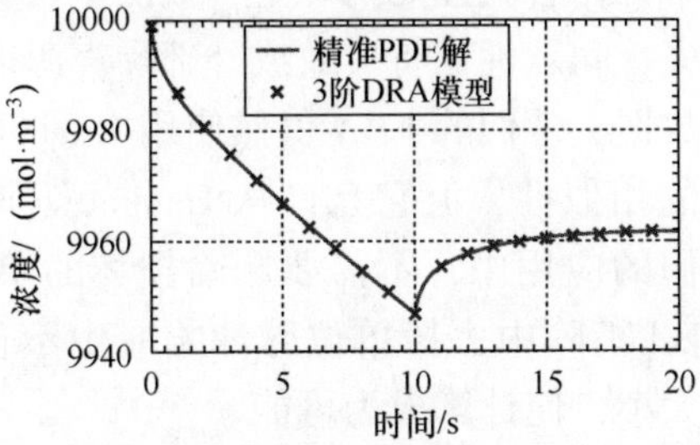

图 5-26　降阶 DRA 最终模型与精确偏微分方程仿真的比较

5.6　特征系统实现算法（ERA）

我们已经看到，DRA 是将连续时间传递函数转化为近似降阶离散时间状态空间模型的一种非常有效的方法。选择适当的 T_1、N、T_s 以及 Ho-Kalman 方法保留的奇异值数目，离散时间模型与原始连续时间模型产生的结果几乎完全相同。

然而，在某些情况下，我们发现所需的最终采样周期 T_s 相对于所建模系统的脉冲响应持续时间而言非常小。这要求 T_1 同样小，以便步骤 3 中的插值精确，并且它要求 N 足够大，以包含脉冲响应的持续时间。这样导致的结果是，在步骤 4 中产生的 Hankel 矩阵可能非常大，同时寻找非移位 Hankel 矩阵奇异值的过程可能很棘手。

用 MATLAB 中的 svds 命令而不是 svd 命令求 Hankel 矩阵的奇异值，可以在一定程度上缓解这一问题。svd 寻找矩阵的所有奇异值（其中大部分最终被丢弃），svds 只寻找 n 个最重要的奇异值，其中 n 是用户指定的参数。当感兴趣模型阶数的上限能预先确定时，这将大大加快操作速度。

这种修改可能仍然不够。也就是说，在计算奇异值时，MATLAB 可能会耗尽内存，或者耗费时间太长。

可以在 Ho-Kalman 的推广中找到该问题的解决方法，该方法首先由 Juang 和 Pappa 应用于对弹性结构的动态辨识上①。在该应用中，他们希望辨识出一个实现 $(\hat{\boldsymbol{A}},\hat{\boldsymbol{B}},\hat{\boldsymbol{C}},\hat{\boldsymbol{D}})$，然后从中确定该实现模式（连续时间矩阵 $\hat{\boldsymbol{A}}$ 的特征值）的连续时间模型。由于过程中将产生一个特征系统（即系统的模态描述），因此他们称其采用的算法为特征系统实现算法（ERA）。在这里，我们只对算法的第一部分——实现部分感兴趣，因此只把第一部分称为 ERA。

ERA 的主要特点是它能够处理故障传感器数据或不完整的单位脉冲响应数据。在最初的应用中，作者关注的情况是，被测单位脉冲响应受到传感器饱和、通信链路数据丢失、间歇性比特失效或外部噪声源的破坏，这些噪声源会暂时影响系统测量的数据。他们的 ERA 仍然使用 Hankel 矩阵方法，这种方法与 Ho-Kalman 有很大的相似性，但它允许从 Hankel 矩阵中删除对应于“坏”数据的行和列。在我们的应用中，不需要删除损坏的单位脉冲响应数据；然而，ERA 允许从 Hankel 矩阵中去掉单位脉冲响应中不包含太多信息的长段，从而大大减小矩阵的大小，使计算成为可能。

为了定义 ERA，首先构造一个 $r \times s$ 广义 Hankel 矩阵：

$$\mathcal{H}_{r,s}[k-1] = \begin{bmatrix} \boldsymbol{g}_k & \boldsymbol{g}_{k+t_1} & \cdots & \boldsymbol{g}_{k+t_{s-1}} \\ \boldsymbol{g}_{j_1+k} & \boldsymbol{g}_{j_1+k+t_1} & \cdots & \boldsymbol{g}_{j_1+k+t_{s-1}} \\ \vdots & \vdots & & \vdots \\ \boldsymbol{g}_{j_{r-1}+k} & \boldsymbol{g}_{j_{r-1}+k+t_1} & \cdots & \boldsymbol{g}_{j_{r-1}+k+t_{s-1}} \end{bmatrix}_{rp\times ms}$$

式中：$j_k(k=1,2,\cdots,r-1)$ 和 $t_k(k=1,2,\cdots,s-1)$ 是任意整数。注意，这与 Ho-Kalman 方法使用的 Hankel 矩阵相同，只是删除了所有包含“坏”数据的行和列。假设 $\mathcal{H}_{r,s}[0]$（以 g_1 开头）和 $\mathcal{H}_{r,s}[1]$（以 g_2 开头）可以获得。

现在定义广义可控性矩阵和可观测性矩阵为

$$\mathcal{C}_s = [\boldsymbol{B} \quad \boldsymbol{A}^{t_1}\boldsymbol{B} \quad \cdots \quad \boldsymbol{A}^{t_{s-1}}\boldsymbol{B}]_{n\times ms}, \quad \mathcal{O}_r = \begin{bmatrix} \boldsymbol{C} \\ \boldsymbol{C}\boldsymbol{A}^{j_1} \\ \vdots \\ \boldsymbol{C}\boldsymbol{A}^{j_{r-1}} \end{bmatrix}_{rp\times n}$$

根据这些定义，注意到 $\mathcal{H}_{r,s}[k] = \mathcal{O}_r\boldsymbol{A}^k\mathcal{C}_s$。特别是，$\mathcal{H}_{r,s}[0] = \mathcal{O}_r\mathcal{C}_s$ 和

① 参考文献：Juang, J. N., and Pappa, R. S., “Eigensystem Realization Algorithm for Modal Parameter Identification and Model Reduction,” Journal of Guidance, Control, and Dynamics, 8 (5), 1985, pp. 620-27.

$\mathcal{H}_{r,s}[1]=\mathcal{O}_r\mathcal{A}\mathcal{C}_s$。

寻找实现的方法与 Ho-Kalman 类似，首先对 $\mathcal{H}_{r,s}[0]$ 采用 SVD：

$$\mathcal{H}_{r,s}[0]=\mathcal{U}\boldsymbol{\Sigma}\boldsymbol{V}^{\mathrm{T}}$$

式中：$\boldsymbol{U}\in\mathbb{R}^{rp\times n}$，$\boldsymbol{V}\in\mathbb{R}^{ms\times n}$，$\boldsymbol{\Sigma}=\mathrm{diag}(\sigma_1,\sigma_2,\cdots,\sigma_n)$。和 Ho-Kalman 一样，令 $\mathcal{O}_r=\mathcal{U}\Sigma^{1/2}$，$\mathcal{C}_s=\Sigma^{1/2}\boldsymbol{V}^{\mathrm{T}}$。

然后将 $\hat{\boldsymbol{B}}$ 设置为 $\mathcal{C}_s$ 的左块列，$\hat{\boldsymbol{C}}$ 设置为 $\mathcal{O}_r$ 的顶块行，$\hat{\boldsymbol{D}}=g_0$。最后，设置：$\hat{\boldsymbol{A}}=\mathcal{O}_r^{\dagger}\mathcal{H}_{r,s}[1]\mathcal{C}_s^{\dagger}$。

作为示例，再一次考虑 Fibonacci 序列。这次，脉冲响应实验产生以下输出：

$$y=(0,1,1,2,32.12,724.1,87.4,13,21,34,55,89,144,233,377,610\cdots)$$

y_4、y_5 和 y_6 中的浮点数是可疑的（其他都是整数），因此将被舍弃（标记为 * ）。

$$y=(0,1,1,2,*,*,*,13,21,34,55,89,144,233,377,610\cdots)$$

可以立即设置 $\hat{\boldsymbol{D}}=g_0=0$。然后可以从 $g_k,k>0$ 中形成一个 7×9 的 Hankel 矩阵：

$$\mathcal{H}_{7,9}=\begin{bmatrix}1&1&2&*&*&*&13&21&34\\1&2&*&*&*&13&21&34&55\\2&*&*&*&13&21&34&55&89\\*&*&*&13&21&34&55&89&144\\*&*&13&21&34&55&89&144&233\\*&13&21&34&55&89&144&233&377\\13&21&34&55&89&144&233&377&610\end{bmatrix}$$

为删除可疑数据，可以删除第 2 行到第 6 行和第 3 列到第 6 列。这对应于索引：$j_k=\{6,7,8\}$ 和 $t_k=\{1,6,7\}$。

这个删除给我们留下了 4×4 Hankel 矩阵①：

$$\mathcal{H}_{r,s}[0]=\begin{bmatrix}g_1&g_2&g_7&g_8\\g_7&g_8&g_{13}&g_{14}\\g_8&g_9&g_{14}&g_{15}\\g_9&g_{10}&g_{15}&g_{16}\end{bmatrix}=\begin{bmatrix}1&1&13&21\\13&21&233&377\\21&34&377&610\\34&55&610&987\end{bmatrix}$$

① 注意 $\mathcal{H}_{r+1,s}^{\uparrow}[0]\neq\mathcal{H}_{r,s}[1]$，这就是为什么需要改变 Hankel 矩阵的表示方式，而不是使用描述 Ho-Kalman 方法时使用的方式。

$$\mathcal{H}_{r,s}[1] = \begin{bmatrix} g_2 & g_3 & g_8 & g_9 \\ g_8 & g_9 & g_{14} & g_{15} \\ g_9 & g_{10} & g_{15} & g_{16} \\ g_{10} & g_{11} & g_{16} & g_{17} \end{bmatrix} = \begin{bmatrix} 1 & 2 & 21 & 34 \\ 21 & 34 & 377 & 610 \\ 34 & 55 & 610 & 987 \\ 55 & 89 & 987 & 1597 \end{bmatrix}$$

下面的 MATLAB 代码也会生成这些矩阵：

```
% 存储马尔可夫参数值
y=[0,1,1,2,32.12,724.1,87.4,13,21,34,55,89,144,233,
   377,610,987,1597];
% 构建修正 Hankel 矩阵
% 注意:不含“零位”参数(y 的第一个元素)
% 在 j 和 t 前面加上 0,以形成循环,从而使 Hankel 矩阵更容易编码
j=[0 6 7 8];t=[0 1 6 7];
H0=zeros(length(j),length(t));H1=H0;
for ind1=1:length(t)
  for ind2=1:length(j)
    H0(ind2,ind1)=y(t(ind1)+j(ind2)+2);
    H1(ind2,ind1)=y(t(ind1)+j(ind2)+3);
  end
end
```

修改后的 Hankel 矩阵形成后，将按如下方式进行处理：

```
% 步骤 1:计算 Hankel 矩阵的奇异值
[U,S,V]=svd(H0);

% 根据 S 值离线辨识系统阶数 n=2
n=2;

% 步骤 2:根据系统阶数计算扩展的可观测性和可控性矩阵
Us=U(:,1:n);Ss=S(1:n,1:n);Vs=V(:,1:n);
Or=Us*sqrtm(Ss);Cs =sqrtm(Ss)*Vs';
% 步骤 3:假设 p=m =1(SISO),根据移位 Hankel 矩阵辨识系统
Ahat=(Or\H1)/Cs;Bhat=Cs(:,1);Chat=Or(1,:);Dhat=y(1);
```

执行此代码时，$\mathcal{H}_{r,s}[0]$ 的 SVD 为

$$\sigma_1 = 1436.6, \sigma_2 = 0.326, \sigma_i = 0, i \geqslant 3$$

这表示 $n = 2$。注意，SVD 分解的奇异值已经发生了巨大变化。

现在提取$\mathcal{U}$和$\mathcal{V}$的左两列：

$$\mathcal{U}=\begin{bmatrix}-0.0172 & 0.9976\\ -0.3090 & 0.0450\\ -0.4999 & -0.0516\\ -0.8089 & -0.0066\end{bmatrix},\boldsymbol{V}=\begin{bmatrix}-0.0293 & 0.8493\\ -0.0473 & -0.5249\\ -0.5249 & 0.0473\\ -0.8493 & -0.0293\end{bmatrix}$$

同样，注意到 $\mathcal{U}$ 不再等于 $\boldsymbol{V}$。

广义的可观测性和可控性矩阵是

$$\mathcal{O}_r=\mathcal{U}\boldsymbol{\Sigma}^{1/2}=\begin{bmatrix}-0.6526 & 0.5696\\ -11.7109 & 0.0257\\ -18.9487 & -0.0294\\ -30.6596 & -0.0037\end{bmatrix}$$

$$\mathcal{C}_s=\boldsymbol{\Sigma}^{1/2}\boldsymbol{V}^{\mathrm{T}}=\begin{bmatrix}-1.1090 & -1.7939 & -19.8959 & -32.1922\\ 0.4849 & -0.2997 & 0.0270 & -0.0167\end{bmatrix}$$

利用这个结果，可以辨识出系统矩阵 $\hat{\boldsymbol{A}}$、$\hat{\boldsymbol{B}}$ 和 $\hat{\boldsymbol{C}}$：

$$\hat{\boldsymbol{A}}=\mathcal{O}_r^{\dagger}\mathcal{H}_{r,s}[1]\,\mathcal{C}_s^{\dagger}=\begin{bmatrix}1.6180 & 0.0012\\ 2.6275\times10^{-7} & -0.6180\end{bmatrix}$$

$$\hat{\boldsymbol{B}}=\mathcal{C}_s(1:n,1:m)=\mathcal{C}_s(1:2,1)=\begin{bmatrix}-1.1090\\ 0.4849\end{bmatrix}$$

$$\hat{\boldsymbol{C}}=\mathcal{O}_r(1:p,1:n)=\mathcal{O}_r(1,1:2)=[-0.6526\quad 0.5696]$$

这些系统矩阵与 Ho-Kalman 示例中计算的系统矩阵有很大不同，但它们给出了相同的传递函数、单位脉冲响应和零极点图。如图 5-27 所示，图中绘制了真实和使用 ERA 估计系统的单位脉冲响应。注意，这个图与图 5-5 几乎完全相同，图 5-5 是使用 Ho-Kalman 算法得到的。

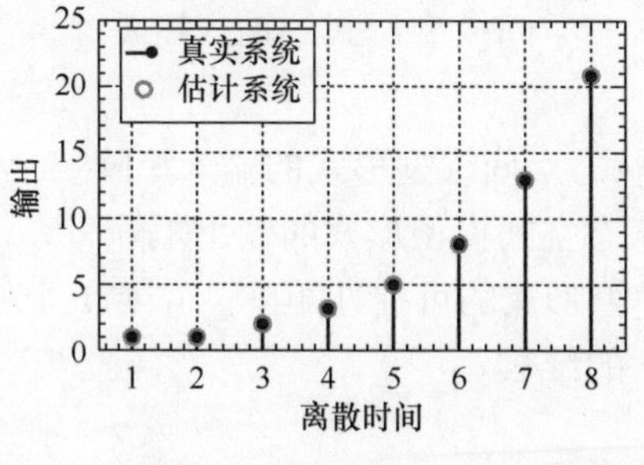

图 5-27　使用 ERA 算法的 Fibonacci 序列示例

当使用 ERA 作为 DRA 的一部分时，唯一的改变是将步骤 4 中的 Ho Kalman 代码用 ERA 实现代码来代替。必须选择索引向量 j_k 和 t_k 来获取单位脉冲响应的本质，而不需要所有样本（马尔可夫序列点）。在我们的经验中，这意味着保留所有的第一个样本，直到响应衰减到接近指数的形状，然后得到响应的片段，直到它变得越来越小。

5.7 本章小结及后续工作

本章介绍了离散时间状态空间模型，这是本书最终电池模型将采取的形式。我们还看到了第一个与电池相关的超越传递函数的例子，提出了一种将连续时间超越传递函数转化为离散时间状态空间形式的离散时间实现算法。第 6 章的扩散方程示例表明，DRA 生成的最终模型非常精确地逼近偏微分方程解，但计算复杂度要低得多。

下一步工作是为所有感兴趣的电池变量建立传递函数；然后使用 DRA 将其转换为锂离子电池模型，该模型可以预测电池电压以及电池内部变量；最后通过仿真验证，说明锂离子电池由 DRA 产生的最终降阶模型与 COMSOL 仿真的全阶模型非常吻合。

5.8 本章部分术语

本节罗列出本章定义的重要变量的术语。

- $\mathbf{0}_{k\times l}$ 是一个包含 k 行和 l 列的矩阵，其中每个矩阵项为零。
- $\boldsymbol{A}$ 是离散时间状态空间模型形式的状态转移矩阵。
- $\hat{\boldsymbol{A}}$ 是 $\boldsymbol{A}$ 的估计。
- $\boldsymbol{A}_{\mathrm{c}}$ 是连续时间状态空间模型形式的状态转移矩阵。
- $\boldsymbol{B}$ 是离散时间状态空间模型形式的输入矩阵。
- $\hat{\boldsymbol{B}}$ 是 $\boldsymbol{B}$ 的估计。
- $\boldsymbol{B}_{\mathrm{c}}$ 是连续时间状态空间模型形式的输入矩阵。
- $\boldsymbol{C}$ 是离散时间状态空间模型形式的输出矩阵。
- $\mathcal{C}$ 是状态空间模型形式的可控性矩阵。它有 1 个块行和 n 个块列，其中 n 是状态向量 $\boldsymbol{x}$ 的维数。
- $\hat{\boldsymbol{C}}$ 是 $\boldsymbol{C}$ 的估计。
- $\boldsymbol{C}_{\mathrm{c}}$ 是连续时间状态空间模型形式的输出矩阵。
- $\mathcal{C}_l$ 是状态空间模型形式的扩展可控性矩阵。它有 1 个块行和 l 个块列，其中 l 通常大于状态向量 $\boldsymbol{x}$ 的维数。
- $c_{\mathrm{s},0}$ 是固体颗粒中锂浓度的初始平衡设定值。

- $\tilde{c}_s(r,t)$ 是去偏锂浓度：$\tilde{c}_s(r,t) = c_s(r,t) - c_{s,0}$。
- $\boldsymbol{D}$ 是离散时间状态空间模型形式的传输矩阵。
- $\hat{\boldsymbol{D}}$ 是 $\boldsymbol{D}$ 的估计。
- $\boldsymbol{D}_c$ 是连续时间状态空间模型形式的传输矩阵。
- g_k 是离散时间状态空间模型形式的马尔可夫参数。对于单输入单输出系统，它们是一组离散时间脉冲响应值。对于多输入和/或多输出系统，它们是脉冲响应值的广义形式。
- $H(s)$ 是连续线性时不变系统的拉普拉斯传递函数。
- $H(z)$ 是离散线性定常系统的 z 域传递函数。
- $\mathcal{H}$ 是状态空间模型形式的 Hankel 矩阵，它有 n 个块行和 n 个块列。
- $\mathcal{H}_{k,l}$ 是状态空间模型形式的扩展 Hankel 矩阵，它有 k 个块行和 l 个块列。
- $\mathcal{H}_{\infty}$ 是状态空间模型形式的无穷 Hankel 矩阵或 Hankel 算子。它有无限数量的块行和块列。
- $h(t)$ 是连续时间系统的脉冲响应。
- $h_{\text{pulse}}(t)$ 是脉冲持续时间为 T_s 的连续时间系统的单位脉冲响应。
- $h_{\text{step}}(t)$ 是连续时间系统的阶跃响应。
- $\boldsymbol{I}$ 是单位矩阵。它总是方阵。
- $\mathcal{O}$ 是状态空间模型形式的可观测性矩阵。它有 n 个块行和 1 个块列，其中 n 是状态向量 $\boldsymbol{x}$ 的维数。
- $\mathcal{O}_k$ 是状态空间模型形式的扩展可观测性矩阵。它有 k 个块行和 1 个块列，其中 k 通常大于状态向量 $\boldsymbol{x}$ 的维数。
- $\boldsymbol{\Sigma}$ 是一个包含矩阵 SVD 奇异值的矩阵。
- σ_i 是矩阵的第 i 个奇异值。
- $\mathcal{U}$ 是包含矩阵 SVD 的左或输出奇异向量的矩阵。
- $\boldsymbol{u}$ 是状态空间模型形式的输入信号。
- $\boldsymbol{V}$ 是包含矩阵 SVD 的右或输入奇异向量的矩阵。
- $\boldsymbol{x}$ 是状态空间模型形式的状态向量。
- $\boldsymbol{y}$ 是状态空间模型形式的输出信号。

第 6 章　降阶模型

回顾图 3-1，研究了基于等效电路的经验模型，它的优点是模型简单，但缺点是无法预测电池的内部行为。对于基于机理的建模方法，我们构建了微观均质材料模型，并使用体积平均技术将其转换为连续介质尺度的耦合偏微分方程模型。

这些模型仍然过于复杂，无法在嵌入式系统中应用，必须简化。我们已经掌握了如何通过寻找传递函数和使用离散时间实现算法，将连续时间偏微分方程转换为离散时间常差分方程的方法。现在将此方法进行扩展，以建立一个简单的耦合常差分方程模型，描述我们感兴趣的电池内部行为。

本章的重点是为相关电池内部变量建立传递函数，然后对这些传递函数运行 DRA，并验证结果。

6.1　$j^{\text{neg}}(z, t)$ 的一维模型

第 5 章推导出了传递函数 $\tilde{C}_{s,e}(s)/J(s)$，如果已知锂通量在某点的局部值 $j(t)$，它允许计算单个颗粒的表面锂浓度 $c_{s,e}(t)$。通过在 DRA 建立的降阶模型中实现该传递函数，可以将模型转化为一个小的有限阶常差分方程。然而，如果要求解电池中每个 x 坐标的表面锂浓度，仍然需要无限多个这样的常差分方程！

本章将探讨如何建立一维降阶电池模型。这个过程的结果将是一个低阶常差分方程，它能够计算在电池中任何期望 x 位置上，所有我们感兴趣的电池变量。为此，我们将首先找到每个变量的传递函数，因为一旦有了传递函数，就可以使用 DRA 将它们转换为离散时间降阶状态空间系统。

遵循由 Lee 等①首先提出的方法，仅对术语进行一些小的修改，以便理解。Lee 的工作是受到 Smith 等开创性工作的启发，Smith 等②为前几个感兴趣

---

① 参考文献：Lee, J. L., Chemistruck, A., and Plett, G. L., "One-Dimensional Physics-Based Reduced-Order Model of Lithium-Ion Dynamics," Journal of Power Sources, 220, 2012, pp. 430-448.

② 参考文献：Smith, K., Rahn, C. D., and Wang, C-Y, "Control Oriented 1D Electrochemical Model of Lithium Ion Battery," Energy Conversion and Management, 48, 2007, pp. 2, 565-78.

的变量推导出了传递函数。Lee 等为 Smith 未考虑的变量建立了传递函数，并展示了如何通过 DRA 实现所有传递函数。

由于现在考虑的是整个电池模型，而不是单个电极或电极上某一点，因此必须非常小心地区分方程和参数值的应用区域。在我们建立的方程中，将用上标“neg”表示负极的量，“sep”表示隔膜的量，“pos”表示正极的量。

首先为负极建立电池内部变量的模型。在得到最终结果之前，将省略上标“neg”，但读者应该要了解，6.2 节中的所有变量和常数都是指负极中的量。稍后将看到，将负极的结果推广到正极是非常简单的。

在创建降阶模型时，有两个基本假设。

（1）假设局部线性。由于实际方程是非线性的，因此用泰勒级数对非线性方程进行线性化处理。

（2）假设电解液电位 $\phi_e(x,t)$ 主要是反应通量密度 $j(x,t)$ 的函数，因此电解液浓度 $c_e(x,t)$ 对 $\phi_e(x,t)$ 的影响很小。

首先将 Butler-Volmer 动态关系线性化。回忆式（4.19）：

$$j = k_0 c_e^{1-\alpha}\left(c_{s,\max} - c_{s,e}\right)^{1-\alpha} c_{s,e}^{\alpha}\left\{\exp\left(\frac{(1-\alpha)F}{RT}\eta\right) - \exp\left(-\frac{\alpha F}{RT}\eta\right)\right\}$$

式中：$\eta = \phi_s - \phi_e - U_{ocp}(c_{s,e}) - FR_{film}j$。注意过电位计算中的新项 $FR_{film}j$，它通过电极表面膜的离子电阻来描述锂通量引起的电压降。

重新排列 Butler-Volmer 方程，扩展过电位项，并定义 $\phi_{s\text{-}e} = \phi_s - \phi_e$，则

$$\begin{aligned}
&\frac{j}{k_0\,(c_e)^{1-\alpha}\,(c_{s,\max} - c_{s,e})^{1-\alpha}\,(c_{s,e})^{\alpha}} \\
&= \exp\left(\frac{(1-\alpha)F}{RT}\left(\phi_{s\text{-}e} - U_{ocp}(c_{s,e}) - FR_{film}j\right)\right) \\
&\quad - \exp\left(-\frac{\alpha F}{RT}\left(\phi_{s\text{-}e} - U_{ocp}(c_{s,e}) - FR_{film}j\right)\right)
\end{aligned} \tag{6.1}$$

可以看到 j 出现在等式两边，由于等式右边的非线性，通常不能求出 j 的显式解。

这里采用的方法是分别求解式（6.1）两边的泰勒级数展开式，然后使它们相等，求其整体线性近似值。线性化设定点 p^* 定义为

$$p^* = \{c_{s,e} = c_{s,0}, c_e = c_{e,0}, \phi_{s\text{-}e} = U_{ocp}(c_{s,0}), j = 0\}$$

式中：$c_{s,0}$ 为锂在固体中的初始平衡体积平均浓度；$c_{e,0}$ 为锂在电解液中的初始平均浓度；U_{ocp} 为给定浓度下电极材料的开路电位。

将式（6.1）的左侧（Left-Hand Side，LHS）线性化，可以得到

$$\text{LHS} \approx \underbrace{\text{LHS}(p^*)}_{0} + \underbrace{\left.\frac{\partial \text{LHS}}{\partial c_{s,e}}\right|_{p^*}}_{0}(c_{s,e} - c_{s,0}) + \underbrace{\left.\frac{\partial \text{LHS}}{\partial c_e}\right|_{p^*}}_{0}(c_e - c_{e,0}) + \left.\frac{\partial \text{LHS}}{\partial j}\right|_{p^*} j$$

$$=\frac{1}{k_0\ (c_{e,0})^{1-\alpha}\ (c_{s,\max}-c_{s,0})^{1-\alpha}\ (c_{s,0})^{\alpha}}j$$

$$=j/j_0$$

在这里定义了常数：

$$j_0=k_0\ (c_{e,0})^{1-\alpha}\ (c_{s,\max}-c_{s,0})^{1-\alpha}\ (c_{s,0})^{\alpha}$$

将式（6.1）的右侧（Right-Hand Side，RHS）线性化，可以得到

$$\mathrm{RHS}\approx\underbrace{\mathrm{RHS}(p^*)}_{0}+\left.\frac{\partial\mathrm{RHS}}{\partial\phi_{s\text{-}e}}\right|_{p^*}(\phi_{s\text{-}e}-U_{ocp}(c_{s,0}))+\left.\frac{\partial\mathrm{RHS}}{\partial c_{s,e}}\right|_{p^*}(c_{s,e}-c_{s,0})+\left.\frac{\partial\mathrm{RHS}}{\partial j}\right|_{p^*}j$$

$$=\frac{F}{RT}(\phi_{s\text{-}e}-U_{ocp}(c_{s,0}))-\frac{F}{RT}\left[\left.\frac{\partial U_{ocp}}{\partial c_{s,e}}\right|_{c_{s,0}}\right](c_{s,e}-c_{s,0})-\frac{F^2R_{film}}{RT}j$$

使线性化的 LHS = RHS，并定义去偏变量 $\tilde{c}_{s,e}=c_{s,e}-c_{s,0}$，$\tilde{\phi}_{s\text{-}e}=\phi_{s\text{-}e}-U_{ocp}(c_{s,0})$，然后得到

$$\frac{j}{j_0}=\frac{F}{RT}\tilde{\phi}_{s\text{-}e}-\frac{F}{RT}\left[\left.\frac{\partial U_{ocp}}{\partial c_{s,e}}\right|_{c_{s,0}}\right]\tilde{c}_{s,e}-\frac{F^2R_{film}}{RT}j$$

整理上式可得

$$\begin{aligned}\tilde{\phi}_{s\text{-}e}&=\left(\frac{RT}{j_0F}+FR_{film}\right)j+\left[\left.\frac{\partial U_{ocp}}{\partial c_{s,e}}\right|_{c_{s,0}}\right]\tilde{c}_{s,e}\\&=F(R_{ct}+R_{film})j+\left[\left.\frac{\partial U_{ocp}}{\partial c_{s,e}}\right|_{c_{s,0}}\right]\tilde{c}_{s,e}\end{aligned}\tag{6.2}$$

式中，定义电荷转移电阻为

$$R_{ct}=\frac{RT}{j_0F^2}\tag{6.3}$$

为使读者对 R_{ct} 有一些了解，在继续推导之前，插入一个简短的介绍。重新排列先前的结果，有

$$F(R_{ct}+R_{film})j=\phi_s-\phi_e-U_{ocp}(c_{s,0})-\left[\left.\frac{\partial U_{ocp}}{\partial c_{s,e}}\right|_{c_{s,0}}\right]\tilde{c}_{s,e}$$

注意，后两项是 $U_{ocp}(c_{s,e})$ 的泰勒级数线性化，因此上式可以重写为

$$F(R_{ct}+R_{film})j=\phi_s-\phi_e-U_{ocp}(c_{s,e})$$

$$\begin{aligned}FR_{ct}j&=\phi_s-\phi_e-U_{ocp}(c_{s,e})-FR_{film}j\\&=\eta\end{aligned}$$

所以，线性化模型为

$$\eta=FR_{ct}j\tag{6.4}$$

这有助于解释术语电荷转移电阻。由于 η 是一个电压，Fj（单位为 $A \cdot m^{-2}$）是电流密度，R_{ct}（单位为 $\Omega \cdot m^2$）是 Butler-Volmer 方程电化学极化的线性化电阻，因此该方程模拟了固体和电解液界面上超过开路电位的电压降。注意，由于 j_0 是 $c_{s,0}$ 的函数，因此这个电阻是荷电状态的函数。

基于这种理解，还可以定义固体－电解液界面的总电阻为

$$R_{s,e} = R_{ct} + R_{film}$$

所以式（6.2）变为

$$\tilde{\phi}_{s\text{-}e} = FR_{s,e}j + \left[\frac{\partial U_{ocp}}{\partial c_{s,e}}\bigg|_{c_{s,0}}\right]\tilde{c}_{s,e} \tag{6.5}$$

暂时把这些结果放在一边，继续研究电池电位 ϕ_s 和 ϕ_e。第一步是定义一个无量纲空间变量 $z = x/L$，其中 L 是电极厚度。位置 $z = 0$ 表示集流体界面，位置 $z = 1$ 表示隔膜界面。

这个无量纲变量使得方程比使用 x 时更加简洁，因为长度尺度标准化为 0 和 1 之间，所以更容易解释方程（也就是说，我们不需要记住 L），最终会使正、负极的方程非常相似。

回忆式（4.4）中的固相电荷守恒方程，考虑一维情况，并将其转化为标准化变量 z①：

$$\frac{\sigma_{eff}}{L^2}\frac{\partial^2}{\partial z^2}\phi_s = a_s Fj \tag{6.6}$$

根据 4.11.1 节的边界条件，有

$$\frac{\sigma_{eff}}{L}\frac{\partial \phi_s}{\partial z}\bigg|_{z=0} = \frac{-i_{app}}{A},\quad \frac{\partial \phi_s}{\partial z}\bigg|_{z=1} = 0$$

式中：i_{app} 为电池上施加的电流（单位为 A）。又回忆式（4.6）中的电解液相电荷守恒方程，同样也考虑一维情况，并且标准化：

$$\frac{\kappa_{eff}}{L^2}\frac{\partial^2}{\partial z^2}\phi_e + \frac{\kappa_{D,eff}}{L^2}\frac{\partial^2}{\partial z^2}\ln c_e = -a_s Fj$$

根据 4.11.2 节的边界条件，有

$$-\kappa_{eff}\frac{\partial \phi_e}{\partial z} - \kappa_{D,eff}\frac{\partial \ln c_e}{\partial z}\bigg|_{z=0} = 0$$

$$-\frac{\kappa_{eff}}{L}\frac{\partial \phi_e}{\partial z} - \frac{\kappa_{D,eff}}{L}\frac{\partial \ln c_e}{\partial z}\bigg|_{z=1} = \frac{i_{app}}{A}$$

根据假设 2，忽略最后方程中的电解液浓度变化，得出

① 在变换过程中，用 $(1/L)\partial(\cdot)/\partial z$ 代替 $\partial(\cdot)/\partial x$，同时假设 σ_{eff} 在整个电极上是均匀的。

$$\frac{\kappa_{\text{eff}}}{L^2}\frac{\partial^2}{\partial z^2}\phi_{\text{e}} = -a_{\text{s}}Fj \tag{6.7}$$

并有边界条件：

$$\left.\frac{\partial\phi_{\text{e}}}{\partial z}\right|_{z=0} = 0 , -\frac{\kappa_{\text{eff}}}{L}\left.\frac{\partial\phi_{\text{e}}}{\partial z}\right|_{z=1} = \frac{i_{\text{app}}}{A}$$

从式（6.6）中减去式（6.7），可得到相间电位差 $\phi_{\text{s-e}} = \phi_{\text{s}} - \phi_{\text{e}}$ 的单个静态偏微分方程：

$$\frac{\partial^2}{\partial z^2}\phi_{\text{s-e}} = a_{\text{s}}FL^2\left(\frac{1}{\sigma_{\text{eff}}} + \frac{1}{\kappa_{\text{eff}}}\right)j \tag{6.8}$$

并有边界条件：

$$\frac{\sigma_{\text{eff}}}{L}\left.\frac{\partial\phi_{\text{s-e}}}{\partial z}\right|_{z=0} = \frac{-\kappa_{\text{eff}}}{L}\left.\frac{\partial\phi_{\text{s-e}}}{\partial z}\right|_{z=1} = \frac{-i_{\text{app}}}{A}$$

这个偏微分方程用 j 表示 $\phi_{\text{s-e}}$。如果能从方程中去掉 j，就可以得到 $\phi_{\text{s-e}}$ 的齐次偏微分方程。同样，可以使用该方法依次求解其他变量。

为了消除 j，对式（6.5）进行拉普拉斯变换，注意此时所有信号都是时间和空间的函数：

$$\tilde{\Phi}_{\text{s-e}}(z,s) = FR_{\text{s,e}}J(z,s) + \left[\left.\frac{\partial U_{\text{ocp}}}{\partial c_{\text{s,e}}}\right|_{c_{\text{s,0}}}\right]\tilde{C}_{\text{s,e}}(z,s)$$

为处理等式右侧最后一项，将其改写为

$$\tilde{C}_{\text{s,e}}(z,s) = \frac{\tilde{C}_{\text{s,e}}(z,s)}{J(z,s)}J(z,s)$$

在第 5 章中，使用从 Jacobsen-West 论文中发展的偏微分方程组确定了单一空间位置的传递函数 $\tilde{C}_{\text{s,e}}(s)/J(s)$（见式（5.9））。但是在固体中，假设扩散只发生在 r 维（而不是 z 维），因此在任何位置 $z = z_1$ 的传递函数具有与任何其他位置 $z = z_2$ 相同的形式，所以可以记 $\tilde{C}_{\text{s,e}}(z,s)/J(z,s) = \tilde{C}_{\text{s,e}}(s)/J(s)$。于是（$\beta = R_{\text{s}}\sqrt{s/D_{\text{s}}}$）：

$$\begin{aligned}\tilde{\Phi}_{\text{s-e}}(z,s) &= \left(FR_{\text{s,e}} + \left[\left.\frac{\partial U_{\text{ocp}}}{\partial c_{\text{s,e}}}\right|_{c_{\text{s,0}}}\right]\frac{\tilde{C}_{\text{s,e}}(s)}{J(s)}\right)J(z,s)\\ &= F\left(R_{\text{s,e}} + \left[\left.\frac{\partial U_{\text{ocp}}}{\partial c_{\text{s,e}}}\right|_{c_{\text{s,0}}}\right]\frac{R_{\text{s}}}{FD_{\text{s}}}\left[\frac{1}{1-\beta\coth(\beta)}\right]\right)J(z,s)\end{aligned}$$

注意，由于 $\tilde{\phi}_{\text{s-e}} = \phi_{\text{s-e}} - U_{\text{ocp}}(c_{\text{s,0}})$，$\frac{\partial^2\tilde{\phi}_{\text{s-e}}}{\partial z^2} = \frac{\partial^2\phi_{\text{s-e}}}{\partial z^2}$，因此可以把式（6.8）

写为

$$\frac{\partial^2 \tilde{\phi}_{\text{s-e}}(z,t)}{\partial z^2} = a_s F L^2 \left(\frac{1}{\sigma_{\text{eff}}} + \frac{1}{\kappa_{\text{eff}}}\right) j(z,t)$$

$$\begin{aligned}\frac{\partial^2 \tilde{\Phi}_{\text{s-e}}(z,s)}{\partial z^2} &= a_s F L^2 \left(\frac{1}{\sigma_{\text{eff}}} + \frac{1}{\kappa_{\text{eff}}}\right) J(z,s) \\ &= \frac{a_s L^2 \left(\frac{1}{\sigma_{\text{eff}}} + \frac{1}{\kappa_{\text{eff}}}\right)}{R_{s,e} + \frac{R_s}{F D_s}\left[\left.\frac{\partial U_{\text{ocp}}}{\partial c_{s,e}}\right|_{c_{s,0}}\right]\left[\frac{1}{1-\beta\coth(\beta)}\right]} \tilde{\Phi}_{\text{s-e}}(z,s)\end{aligned}$$

边界条件为

$$\left.\frac{\sigma_{\text{eff}}}{L}\frac{\partial \tilde{\Phi}_{\text{s-e}}(z,s)}{\partial z}\right|_{z=0} = \left.\frac{-\kappa_{\text{eff}}}{L}\frac{\partial \tilde{\Phi}_{\text{s-e}}(z,s)}{\partial z}\right|_{z=1} = \frac{-I_{\text{app}}(s)}{A}$$

为了便于记号，定义无量纲变量 $\nu^{\text{neg}}(s)$（在描述负极传递函数的剩余部分中，将其简单地记为 $\nu(s)$）[①]：

$$\nu^{\text{neg}}(s) = \frac{L^{\text{neg}}\sqrt{\frac{a_s^{\text{neg}}}{\sigma_{\text{eff}}^{\text{neg}}} + \frac{a_s^{\text{neg}}}{\kappa_{\text{eff}}^{\text{neg}}}}}{\sqrt{R_{s,e}^{\text{neg}} + \frac{R_s^{\text{neg}}}{F D_s^{\text{neg}}}\left[\left.\frac{\partial U_{\text{ocp}}^{\text{neg}}}{\partial c_{s,e}^{\text{neg}}}\right|_{c_{s,0}^{\text{neg}}}\right]\left[\frac{1}{1 - R_s^{\text{neg}}\sqrt{s/D_s^{\text{neg}}}\coth\left(R_s^{\text{neg}}\sqrt{s/D_s^{\text{neg}}}\right)}\right]}} \tag{6.9}$$

这给了我们齐次偏微分方程：

$$\frac{\partial^2 \tilde{\Phi}_{\text{s-e}}(z,s)}{\partial z^2} - \nu^2(s)\,\tilde{\Phi}_{\text{s-e}}(z,s) = 0$$

这个偏微分方程的一般解（通解）为：

$$\tilde{\Phi}_{\text{s-e}}(z,s) = k_1\cosh(\nu(s)z) + k_2\sinh(\nu(s)z)$$

可以从式中选择合适的 k_1 和 k_2 来满足边界条件。由于边界条件是用梯度表示的，所以计算

$$\frac{\partial \tilde{\Phi}_{\text{s-e}}(z,s)}{\partial z} = k_1\nu(s)\sinh(\nu(s)z) + k_2\nu(s)\cosh(\nu(s)z)$$

---

① 这是希腊字母 nu，可以将 $\nu^2(s)$ 理解为与频率有关阻抗和与 SOC 有关阻抗的比值，其中分子表示穿过电极 x 维度的阻抗，分母表示穿过固体－电解液界面并通过扩散进入颗粒 r 维度的阻抗。

根据 $z=0$ 的边界条件，有

$$\frac{\sigma_{\text{eff}}}{L}\frac{\partial\tilde{\Phi}_{\text{s-e}}(z,s)}{\partial z}\bigg|_{z=0}=\frac{\sigma_{\text{eff}}}{L}k_2\nu(s)=\frac{-I_{\text{app}}(s)}{A}$$

$$k_2=\frac{-I_{\text{app}}(s)L}{A\sigma_{\text{eff}}\nu(s)} \tag{6.10}$$

根据 $z=1$ 的边界条件，有

$$\frac{-\kappa_{\text{eff}}}{L}\frac{\partial\tilde{\Phi}_{\text{s-e}}(z,s)}{\partial z}\bigg|_{z=1}=\frac{-\kappa_{\text{eff}}}{L}\left[k_1\nu(s)\sinh(v(s))-\frac{I_{\text{app}}(s)L}{A\sigma_{\text{eff}}}\cosh(\nu(s))\right]$$

$$\frac{-I_{\text{app}}(s)}{A}=\frac{-\kappa_{\text{eff}}}{L}\left[k_1\nu(s)\sinh(\nu(s))-\frac{I_{\text{app}}(s)L}{A\sigma_{\text{eff}}}\cosh(\nu(s))\right]$$

$$k_1\nu(s)\sinh(\nu(s))=\frac{I_{\text{app}}(s)L}{A\kappa_{\text{eff}}}\left[1+\frac{\kappa_{\text{eff}}}{\sigma_{\text{eff}}}\cosh(\nu(s))\right]$$

$$k_1=\frac{I_{\text{app}}(s)L}{A\nu(s)\sinh(\nu(s))}\left[\frac{1}{\kappa_{\text{eff}}}+\frac{1}{\sigma_{\text{eff}}}\cosh(\nu(s))\right] \tag{6.11}$$

将 k_1 和 k_2 的值代入 $\tilde{\Phi}_{\text{s-e}}(z,s)$ 中，得到

$$\tilde{\Phi}_{\text{s-e}}(z,s)=\frac{I_{\text{app}}(s)L}{A\nu(s)\sinh(\nu(s))}\left[\frac{1}{\kappa_{\text{eff}}}+\frac{1}{\sigma_{\text{eff}}}\cosh(\nu(s))\right]\cosh(\nu(s)z)+\frac{-I_{\text{app}}(s)L}{A\sigma_{\text{eff}}v(s)}\sinh(\nu(s)z)$$

$$\frac{\tilde{\Phi}_{\text{s-e}}(z,s)}{I_{\text{app}}(s)}=\frac{L}{A\nu(s)\sinh(\nu(s))}\left[\frac{1}{\kappa_{\text{eff}}}\cosh(\nu(s)z)+\frac{1}{\sigma_{\text{eff}}}(\cosh(\nu(s))\cosh(\nu(s)z)-\sinh(\nu(s))\sinh(\nu(s)z))\right]$$

在进行一些三角运算后，可得出最终形式：

$$\frac{\tilde{\Phi}^{\text{neg}}_{\text{s-e}}(z,s)}{I_{\text{app}}(s)}=\frac{L^{\text{neg}}\left[\sigma^{\text{neg}}_{\text{eff}}\cosh(\nu^{\text{neg}}(s)z)+\kappa^{\text{neg}}_{\text{eff}}\cosh(\nu^{\text{neg}}(s)(z-1))\right]}{A\sigma^{\text{neg}}_{\text{eff}}\kappa^{\text{neg}}_{\text{eff}}\nu^{\text{neg}}(s)\sinh(\nu^{\text{neg}}(s))} \tag{6.12}$$

$\tilde{\Phi}_{\text{s-e}}$ 的上标“neg”提醒我们，该传递函数仅适用于负极区域①。因此现在得出

① 本章中所有复杂三角运算和涉及双曲函数的积分都是借助 Mathematica 完成的。

$$\frac{J(z,s)}{I_{\text{app}}(s)}=\frac{J(z,s)}{\tilde{\Phi}_{\text{s-e}}(z,s)}\frac{\tilde{\Phi}_{\text{s-e}}(z,s)}{I_{\text{app}}(s)}=\frac{\nu^2(s)}{a_sFL^2\left(\dfrac{1}{\kappa_{\text{eff}}}+\dfrac{1}{\sigma_{\text{eff}}}\right)}\frac{\tilde{\Phi}_{\text{s-e}}(z,s)}{I_{\text{app}}(s)}$$

扩展上式得到

$$\frac{J^{\text{neg}}(z,s)}{I_{\text{app}}(s)}=\nu^{\text{neg}}(s)\frac{\sigma_{\text{eff}}^{\text{neg}}\cosh(\nu^{\text{neg}}(s)z)+\kappa_{\text{eff}}^{\text{neg}}\cosh(\nu^{\text{neg}}(s)(z-1))}{a_s^{\text{neg}}FL^{\text{neg}}A(\kappa_{\text{eff}}^{\text{neg}}+\sigma_{\text{eff}}^{\text{neg}})\sinh(\nu^{\text{neg}}(s))} \tag{6.13}$$

总结一下，现在已经建立了一个传递函数，将所施加的电池电流 $I_{\text{app}}(t)$ 与负极中任意 z 位置的反应通量 $j(z,t)$ 关联起来。与第5章的Jacobsen-West传递函数类似，这个结果也涉及 s 的超越函数。然而我们已经看到，DRA能够生成高保真低阶离散时间常差分方程，来近似超越传递函数，这里也同样如此。

在本章的后面，将举例说明基于此传递函数 $J(z,s)/I_{\text{app}}(s)$ 的低阶DRA模型能够准确地预测电极中任意位置的反应通量。为了知道为什么这是可能的，图6-1绘制了负极中几个标准化 z 位置的 $J(z,s)/I_{\text{app}}(s)$ 幅频响应曲线。图中传递函数使用的参数值与本章后面的全电池示例中使用的参数值相同。注意，虽然传递函数在数学上看起来非常复杂，但幅频响应实际上非常简单。因此，用一个低阶状态空间模型来逼近它们的行为是可能的。

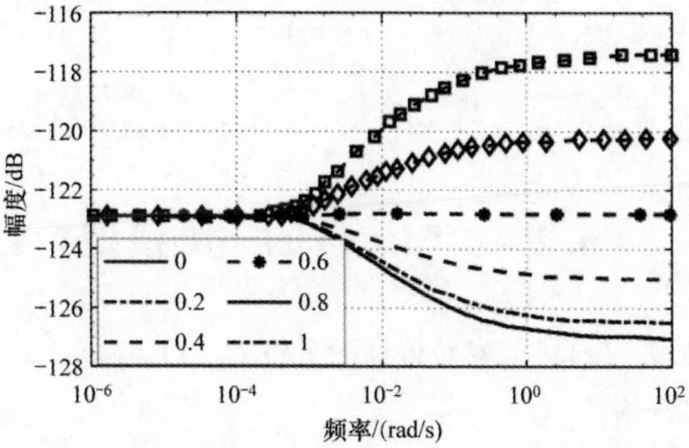

图6-1　$J^{\text{neg}}(z,s)/I_{\text{app}}(s)$ 在负极不同 z 位置的幅频响应①

式（6.12）中的传递函数 $\tilde{\Phi}_{\text{s-e}}^{\text{neg}}(z,s)$ 包含积分动态（极点 $s=0$）。回到

① 参考文献：Lee, J. L., Chemistruck, A., and Plett, G. L., "One-Dimensional Physics-Based Reduced-Order Model of Lithium-Ion Dynamics," Journal of Power Sources, 220, 2012, pp. 430-448.

式（6.2），我们将明白为什么会这样：$\tilde{\phi}_{\text{s-e}}(z,t)$ 有一个基于 $\tilde{c}_{\text{s-e}}(z,t)$ 的项，在第5章的示例3中已经看到它包含一个积分器。当对式（6.12）使用DRA时，必须先减去积分动态，则

$$\frac{[\tilde{\Phi}_{\text{s-e}}^{\text{neg}}(z,s)]^*}{I_{\text{app}}(s)}=\frac{\tilde{\Phi}_{\text{s-e}}^{\text{neg}}(z,s)}{I_{\text{app}}(s)}-\frac{\text{res}_0}{s}$$

$$=\frac{\tilde{\Phi}_{\text{s-e}}^{\text{neg}}(z,s)}{I_{\text{app}}(s)}+\frac{1}{\varepsilon_{\text{s}}^{\text{neg}}AFL^{\text{neg}_s}}\left[\left.\frac{\partial U_{\text{ocp}}}{\partial c_{\text{s,e}}}\right|_{c_{\text{s},0}}\right] \tag{6.14}$$

图6-2绘制了产生的幅频响应。和图6-1一样，尽管式（6.12）很复杂，但图6-2表明传递函数比较简单。

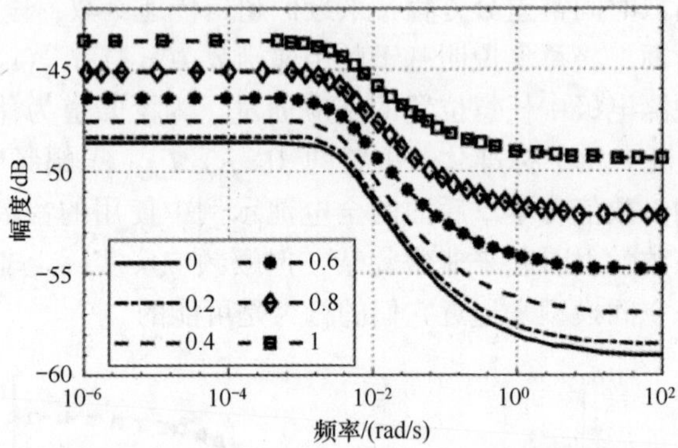

图6-2 $[\tilde{\Phi}_{\text{s-e}}^{\text{neg}}(z,s)]^*/I_{\text{app}}(s)$ 在负极不同 z 位置的幅频响应

6.2 $\tilde{c}_{\text{s,e}}^{\text{neg}}(z,t)$ 的一维模型

利用 $J(z,s)/I_{\text{app}}(s)$，很容易得到一个将 $i_{\text{app}}(t)$ 与 $\tilde{c}_{\text{s,e}}(z,t)$ 联系起来的传递函数。从下式开始：

$$\frac{\tilde{C}_{\text{s,e}}(z,s)}{I_{\text{app}}(s)}=\frac{\tilde{C}_{\text{s,e}}(z,s)}{J(z,s)}\frac{J(z,s)}{I_{\text{app}}(s)}$$

$$=\frac{R_{\text{s}}}{D_{\text{s}}}\left[\frac{1}{1-R_{\text{s}}\sqrt{s/D_{\text{s}}}\coth(R_{\text{s}}\sqrt{s/D_{\text{s}}})}\right]\frac{J(z,s)}{I_{\text{app}}(s)}$$

代入式（6.13），得到最终形式：

$$\frac{\tilde{C}_{\text{s,e}}^{\text{neg}}(z,s)}{I_{\text{app}}(s)}=\left[\frac{\sigma_{\text{eff}}^{\text{neg}}\cosh(\nu^{\text{neg}}(s)z)+\kappa_{\text{eff}}^{\text{neg}}\cosh(\nu^{\text{neg}}(s)(z-1))}{a_{\text{s}}^{\text{neg}}FL^{\text{neg}}AD_{\text{s}}^{\text{neg}}(\kappa_{\text{eff}}^{\text{neg}}+\sigma_{\text{eff}}^{\text{neg}})\sinh(\nu^{\text{neg}}(s))}\right]$$

$$\times\left[\frac{R_s^{neg}\nu^{neg}(s)}{1-R_s^{neg}\sqrt{s/D_s^{neg}}\coth\left(R_s^{neg}\sqrt{s/D_s^{neg}}\right)}\right] \tag{6.15}$$

和以前一样，这是一个超越传递函数，它有无穷多个极点和零点。然而，可以使用 DRA 来产生 $\tilde{c}_{s,e}(z,t)$ 的近似低阶模型。图 6-3 绘制了 $\tilde{C}_{s,e}(z,s)/I_{app}(s)$ 在负极中几个标准化 z 位置的幅频响应。我们又一次看到，虽然传递函数看起来非常复杂，但幅频响应实际上相当简单。

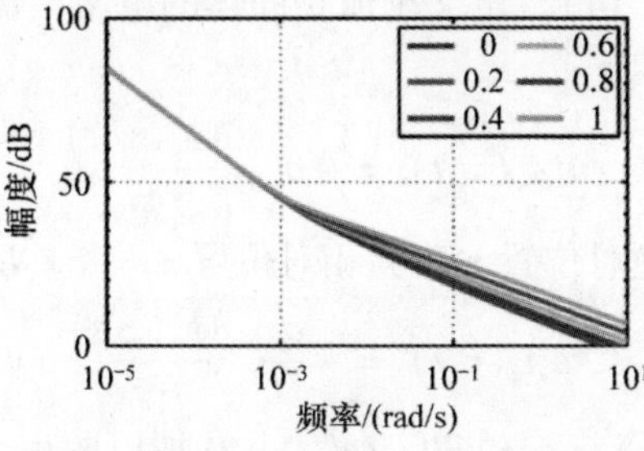

图 6-3　$\tilde{C}_{s,e}^{neg}(z,s)/I_{app}(s)$ 在负极不同 z 位置的幅频响应（见彩图）

从幅频响应中还可以看到，这个传递函数有一个积分极点 $s=0$。图 6-4 绘制了通过下式移除这个极点后的幅频响应：

$$\frac{[\tilde{C}_{s,e}^{neg}(z,s)]^*}{I_{app}(s)}=\frac{\tilde{C}_{s,e}^{neg}(z,s)}{I_{app}(s)}-\frac{res_0}{s}=\frac{\tilde{C}_{s,e}^{neg}(z,s)}{I_{app}(s)}+\frac{1}{\varepsilon_s^{neg}AFL^{neg_s}} \tag{6.16}$$

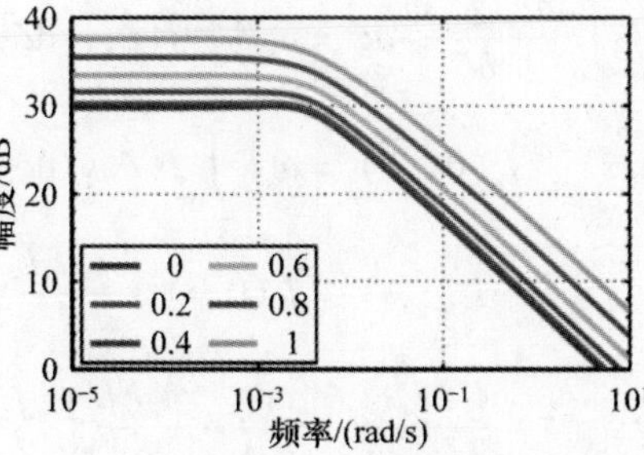

图 6-4　$[\tilde{C}_{s,e}^{neg}(z,s)]^*/I_{app}(s)$ 在负极不同 z 位置的幅频响应①（见彩图）

① 参考文献：Lee，J. L.，Chemistruck，A.，and Plett，G. L.，"One – Dimensional Physics – Based Reduced – Order Model of Lithium – Ion Dynamics，" Journal of Power Sources，220，2012，pp. 430-448.

6.3 $\tilde{\phi}_{s}^{neg}(z,t)$的一维模型

现在为 $\phi_s(z,t)$ 建立一个独立的传递函数。回顾式（6.6）：

$$\frac{\sigma_{eff}}{L^2}\frac{\partial^2}{\partial z^2}\phi_s(z,t) = a_s Fj(z,t) \tag{6.17}$$

通过对这个表达式积分两次，将得到 $\phi_s(z,t)$ 的传递函数。

首先，回顾式（4.14），定义了流经固体的电子电流 i_s：$\varepsilon_s i_s = -\sigma_{eff}\nabla\phi_s$。对于一维情况，有

$$\varepsilon_s i_s(x,t) = -\sigma_{eff}\frac{\partial\phi_s(x,t)}{\partial x} \tag{6.18}$$

然后，将变量从绝对位置 x 改为相对位置 $z = x/L$，得到

$$\varepsilon_s i_s(z,t) = -\frac{\sigma_{eff}}{L}\frac{\partial\phi_s(z,t)}{\partial z}$$

用 $i_s(0,t) = i_{app}(t)/(\varepsilon_s A)$ 和 $i_s(1,t) = 0$ 加以约束，将式（6.17）重写为

$$-\frac{\varepsilon_s}{L}\frac{\partial i_s(z,t)}{\partial z} = a_s Fj(z,t)$$

采用拉普拉斯变换，得到

$$-\frac{\varepsilon_s}{L}\frac{\partial I_s(z,s)}{\partial z} = a_s FJ(z,s)$$

最后，对上式两边从 0 到 z 积分，得到 $I_s(z,s)$ 的表达式为

$$-\frac{\varepsilon_s}{L}\int_0^z\frac{\partial I_s(\zeta,s)}{\partial\zeta}d\zeta = a_s F\int_0^z J(\zeta,s)d\zeta$$

$$-\frac{\varepsilon_s}{L}(I_s(z,s) - I_s(0,s)) = a_s F\int_0^z J(\zeta,s)d\zeta$$

$$I_s(z,s) = I_s(0,s) - \frac{a_s FL}{\varepsilon_s}\int_0^z J(\zeta,s)d\zeta$$

$$\frac{I_s(z,s)}{I_{app}(s)} = \frac{1}{\varepsilon_s A} - \frac{a_s FL}{\varepsilon_s}\int_0^z\frac{J(\zeta,s)}{I_{app}(s)}d\zeta$$

将式（6.13）的 $J(z,s)/I_{app}(s)$ 代入积分项，可以得到

$$\frac{I_s(z,s)}{I_{app}(s)} = \frac{\sigma_{eff}(\sinh(\nu(s)) - \sinh(z\nu(s))) - \kappa_{eff}\sinh((z-1)\nu(s))}{\varepsilon_s A(\kappa_{eff} + \sigma_{eff})\sinh(\nu(s))}$$

现在希望从 $i_s(z,t)$ 中找到 $\phi_s(z,t)$。从式（6.18）的拉普拉斯变换开始：

$$\frac{\partial\Phi_s(z,s)}{\partial z} = -\frac{\varepsilon_s L}{\sigma_{eff}}I_s(z,s)$$

对上式从 0 到 z 积分，从而得到 $\Phi_s(z,s)$ 的表达式，过程如下：

$$\frac{\partial \Phi_s(z,s)}{\partial z} = -\frac{\varepsilon_s L}{\sigma_{eff}} I_s(z,s)$$

$$\int_0^z \frac{\partial \Phi(\zeta,s)}{\partial \zeta} d\zeta = -\frac{\varepsilon_s L}{\sigma_{eff}} \int_0^z I_s(\zeta,s) d\zeta$$

$$\Phi(z,s) - \Phi(0,s) = -\frac{\varepsilon_s L}{\sigma_{eff}} \int_0^z I_s(\zeta,s) d\zeta$$

定义 $\tilde{\phi}_s(z,t) = \phi_s(z,t) - \phi_s(0,t)$，然后在负极中，有

$$\frac{\tilde{\Phi}_s^{neg}(z,s)}{I_{app}(s)} = -L^{neg}\left[\frac{\kappa_{eff}^{neg}(\cosh(\nu^{neg}(s)) - \cosh((z-1)\nu^{neg}(s)))}{A\sigma_{eff}^{neg}(\kappa_{eff}^{neg} + \sigma_{eff}^{neg})\nu^{neg}(s)\sinh(\nu^{neg}(s))} + \frac{\sigma_{eff}^{neg}(1 - \cosh(z\nu^{neg}(s)) + z\nu^{neg}(s)\sinh(\nu^{neg}(s)))}{A\sigma_{eff}^{neg}(\kappa_{eff}^{neg} + \sigma_{eff}^{neg})\nu^{neg}(s)\sinh(\nu^{neg}(s))}\right] \quad (6.19)$$

在负极中，定义了 $\phi_s(0,t) = 0$，因此 $\tilde{\phi}_s(z,t) = \phi_s(z,t)$。在正极中，它比较复杂，将在 6.4 节中看到。图 6-5 绘制了式（6.19）在几个 z 位置的幅频响应。如前所述，尽管传递函数相当复杂，但幅频响应相当简单，因此可以生成一个相对简单的降阶模型。

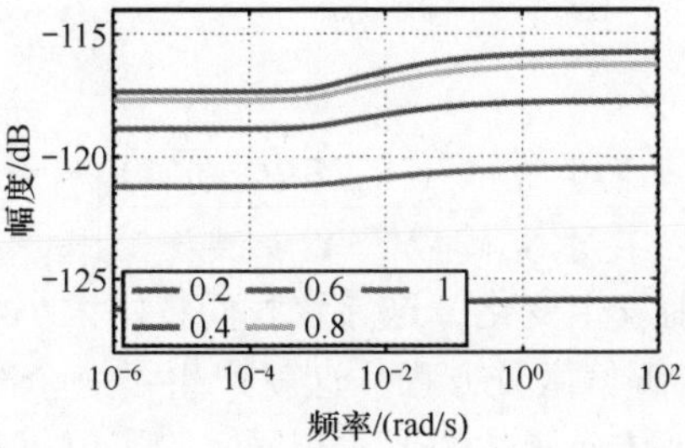

图 6-5　$\tilde{\Phi}_s^{neg}(z,s)/I_{app}(s)$ 在负极不同 z 位置的幅频响应（见彩图）

6.4　正极变量 $j^{pos}(z,t)$、$\tilde{c}_{s,e}^{pos}(z,t)$ 和 $\tilde{\phi}_s^{pos}(z,t)$

到目前为止，我们主要致力于推导负极相关变量 j、$c_{s,e}$ 和 ϕ_s 的传递函数。现在，将推导正极相应变量的传递函数。

从 $\tilde{\Phi}_{s\text{-}e}(z,s)$ 开始，对正极的推导保持不变，则

$$\frac{\partial^2 \tilde{\Phi}_{\text{s-e}}(z,s)}{\partial z^2} - \nu^2(s)\ \tilde{\Phi}_{\text{s-e}}(z,s) = 0$$

在这里用 $\nu(s)$ 描述正极变量，即 $\nu(s) = \nu^{\text{pos}}(s)$，其中

$$v^{\text{pos}}(s) = \frac{L^{\text{pos}}\sqrt{\dfrac{a_s^{\text{pos}}}{\sigma_{\text{eff}}^{\text{pos}}} + \dfrac{a_s^{\text{pos}}}{\kappa_{\text{eff}}^{\text{pos}}}}}{\sqrt{R_{\text{s,e}}^{\text{pos}} + \dfrac{R_s^{\text{pos}}}{FD_s^{\text{pos}}}\left[\left.\dfrac{\partial U_{\text{ocp}}^{\text{pos}}}{\partial c_{\text{s,e}}^{\text{pos}}}\right|_{c_{\text{s,0}}^{\text{pos}}}\right]\left[\dfrac{1}{1 - R_s^{\text{pos}}\sqrt{s/D_s^{\text{pos}}}\coth(R_s^{\text{pos}}\sqrt{s/D_s^{\text{pos}}})}\right]}} \tag{6.20}$$

但是，正极的边界条件与负极不同。为了谨慎起见，用 x 而不是 z 来书写：

$$\sigma_{\text{eff}}\left.\frac{\partial \tilde{\Phi}_{\text{s-e}}(x,s)}{\partial x}\right|_{x=L^{\text{tot}}} = -\kappa_{\text{eff}}\left.\frac{\partial \tilde{\Phi}_{\text{s-e}}(x,s)}{\partial x}\right|_{x=L^{\text{tot}}-L^{\text{pos}}} = \frac{-I_{\text{app}}(s)}{A}$$

对于负极，定义 $z=0$ 为集流体的位置，$z=1$ 为隔膜边界，则

$$x = L^{\text{tot}} - zL^{\text{pos}}$$

为了用 z 重写这些边界条件，注意到

$$\frac{\partial \tilde{\Phi}_{\text{s-e}}}{\partial z} = \frac{\partial \tilde{\Phi}_{\text{s-e}}}{\partial x}\frac{\partial x}{\partial z} = -L^{\text{pos}}\frac{\partial \tilde{\Phi}_{\text{s-e}}}{\partial x}$$

因此，可以得到

$$\frac{\sigma_{\text{eff}}}{L^{\text{pos}}}\left.\frac{\partial \tilde{\Phi}_{\text{s-e}}(z,s)}{\partial z}\right|_{z=0} = \frac{-\kappa_{\text{eff}}}{L^{\text{pos}}}\left.\frac{\partial \tilde{\Phi}_{\text{s-e}}(z,s)}{\partial z}\right|_{z=1} = \frac{+I_{\text{app}}(s)}{A}$$

注意，符号较之前发生变化，这导致我们将用大小与之前相同，但符号相反的常数 k_1 和 k_2 来求解偏微分方程。这就产生了一个净效应，即所有正极传递函数的形式都与负极传递函数的形式相同，除了以下几种情况。

(1) 用 $\nu^{\text{pos}}(s)$ 而不是 $\nu^{\text{neg}}(s)$；

(2) 用 L^{pos}、a_s^{pos}、$\kappa_{\text{eff}}^{\text{pos}}$、$\sigma_{\text{eff}}^{\text{pos}}$ 而不是 L^{neg}、a_s^{neg}、$\kappa_{\text{eff}}^{\text{neg}}$、$\sigma_{\text{eff}}^{\text{eng}}$；

(3) 将传递函数乘以 -1。

因此，对于正极：

$$\frac{\tilde{\Phi}_{\text{s-e}}^{\text{pos}}(z,s)}{I_{\text{app}}(s)} = \frac{-L^{\text{pos}}[\sigma_{\text{eff}}^{\text{pos}}\cosh(\nu^{\text{pos}}(s)z) + \kappa_{\text{eff}}^{\text{pos}}\cosh(\nu^{\text{pos}}(s)(z-1))]}{A\sigma_{\text{eff}}^{\text{pos}}\kappa_{\text{eff}}^{\text{pos}}\nu^{\text{pos}}(s)\sinh(\nu^{\text{pos}}(s))} \tag{6.21}$$

可以计算 $\Phi_{\text{s-e}}^{\text{pos}}(z,s) = \tilde{\Phi}_{\text{s-e}}^{\text{pos}}(z,s) + U_{\text{ocp}}^{\text{pos}}(c_{\text{s,0}}^{\text{pos}})$，这里考虑的是正极材料而不

是负极材料的 OCP 函数，$c_{s,0}$ 是正极的线性化设定点浓度。

同样，目前研究的所有传递函数都依赖于 $\tilde{\Phi}_{\text{s-e}}(z,s)$、式（6.22）和式（6.23）：

$$\frac{J^{\text{pos}}(z,s)}{I_{\text{app}}(s)} = -\nu^{\text{pos}}(s)\frac{\sigma_{\text{eff}}^{\text{pos}}\cosh(\nu^{\text{pos}}(s)z) + \kappa_{\text{eff}}^{\text{pos}}\cosh(\nu^{\text{pos}}(s)(z-1))}{a_s^{\text{pos}}FL^{\text{pos}}A(\kappa_{\text{eff}}^{\text{pos}} + \sigma_{\text{eff}}^{\text{pos}})\sinh(\nu^{\text{pos}}(s))} \tag{6.22}$$

$$\frac{\tilde{C}_{\text{s,e}}^{\text{pos}}(z,s)}{I_{\text{app}}(s)} = -\left[\frac{\sigma_{\text{eff}}^{\text{pos}}\cosh(\nu^{\text{pos}}(s)z) + \kappa_{\text{eff}}^{\text{pos}}\cosh(\nu^{\text{pos}}(s)(z-1))}{a_s^{\text{pos}}FL^{\text{pos}}AD_s^{\text{pos}}(\kappa_{\text{eff}}^{\text{pos}} + \sigma_{\text{eff}}^{\text{pos}})\sinh(\nu^{\text{pos}}(s))}\right] \times\left[\frac{R_s^{\text{pos}}\nu^{\text{pos}}(s)}{1 - R_s^{pos}\sqrt{s/D_s^{\text{pos}}}\coth(R_s^{\text{pos}}\sqrt{s/D_s^{\text{pos}}})}\right] \tag{6.23}$$

下面可以计算 $C_{\text{s,e}}^{\text{pos}}(z,s) = \tilde{C}_{\text{s,e}}^{\text{pos}}(z,s) + c_{\text{s,0}}^{\text{pos}}$，其中 $c_{\text{s,0}}^{\text{pos}}$ 是正极的线性化设定点值。

最后可推导出

$$\frac{\tilde{\Phi}_s^{\text{pos}}(z,s)}{I_{\text{app}}(s)} = L^{pos}\left[\frac{\kappa_{\text{eff}}^{\text{pos}}(\cosh(\nu^{\text{pos}}(s)) - \cosh((z-1)\nu^{\text{pos}}(s)))}{A\sigma_{\text{eff}}^{\text{pos}}(\kappa_{\text{eff}}^{\text{pos}} + \sigma_{\text{eff}}^{\text{pos}})\nu^{\text{pos}}(s)\sinh(\nu^{\text{pos}}(s))} + \frac{\sigma_{\text{eff}}^{\text{pos}}(1 - \cosh(z\nu^{\text{pos}}(s)) + z\nu^{\text{pos}}(s)\sinh(\nu^{\text{pos}}(s)))}{A\sigma_{\text{eff}}^{\text{pos}}(\kappa_{\text{eff}}^{\text{pos}} + \sigma_{\text{eff}}^{\text{pos}})v^{\text{pos}}(s)\sinh(\nu^{\text{pos}}(s))}\right] \tag{6.24}$$

如果已知 $\phi_s^{\text{pos}}(0,t)$，则可以计算 $\phi_s^{\text{pos}}(z,t) = \tilde{\phi}_s^{\text{pos}}(z,t) + \phi_s^{\text{pos}}(0,t)$。然而，$\phi_s^{\text{pos}}(0,t)$ 等于整个电池电压 $v(t)$，其计算方法将在 6.8 节中进行讨论。最后，可以在正极中计算 $\phi_s(z,t) = \tilde{\phi}_s(z,t) + \nu(t)$。

6.5 $c_e(x,t)$的一维模型

6.5.1 方法概述

我们处理的下一个变量是整个电池宽度上的 $c_e(x,t)$，将从推导描述电解液锂浓度的偏微分方程的常微分方程解开始：

$$\frac{\partial\varepsilon_e(x)c_e(x,t)}{\partial t} = \nabla\cdot(D_{\text{e,eff}}(x)\nabla c_e(x,t)) + a_s(x)(1-t_+^0)j \tag{6.25}$$

其初始分布为 $c_e(x,0) = c_{e,0}$，边界条件为

$$\frac{\partial c_e(0,t)}{\partial x}=0,\frac{\partial c_e(L^{tot},t)}{\partial x}=0$$

假设 $D_{e,eff}$ 和 ε_e 在电池的每个区域内是一致的（常数），但在负极、隔膜和正极中可能各不相同。

我们还定义了 $\tilde{c}_e(x,t)=c_e(x,t)-c_{e,0}$，因此可将式（6.25）转换为能通过传递函数求解的形式：

$$\frac{\partial\varepsilon_e(x)\tilde{c}_e(x,t)}{\partial t}=\nabla\cdot(D_{e,eff}(x)\nabla\tilde{c}_e(x,t))+a_s(x)(1-t_+^0)j \quad (6.26)$$

其初始分布为 $\tilde{c}_e(x,0)=0$，边界条件为

$$\frac{\partial\tilde{c}_e(0,t)}{\partial x}=0,\frac{\partial\tilde{c}_e(L^{tot},t)}{\partial x}=0$$

希望展示以下中间结论：降阶解涉及一阶常微分方程"样式"，每一个都有如下形式：

$$\frac{d}{dt}\tilde{c}_{e,n}(t)=-\lambda_n\tilde{c}_{e,n}(t)+j_n(t)$$

这里，电解液浓度是这些微分方程解的加权和，即

$$\tilde{c}_e(x,t)=\sum_{n=0}^{\infty}\tilde{c}_{e,n}(t)\Psi(x;\lambda_n)$$

可以得到基于 $\tilde{c}_e(x,t)$ 的传递函数 $\tilde{C}_e(x,s)/I_{app}(s)$。

6.5.2 Sturm-Liouville 问题和 Green 恒等式

在寻找 $\tilde{c}_e(x,t)$ 的传递函数表达式过程中，可以用 Sturm-Liouville 问题的形式来书写式（6.25），它是常微分方程，在有限闭区间 $[a,b]$ 上具有一般形式：

$$\frac{d}{dx}\left[p(x)\frac{d\Psi(x)}{dx}\right]+q(x)\Psi(x)+\lambda w(x)\Psi(x)=0 \quad (6.27)$$

本节不作证明，但要注意以下几点。

（1）Sturm-Liouville 问题有无穷多个解，每一个解都对应一个不同的实特征值 λ，其排序方式为 $\lambda_0<\lambda_1<\lambda_2<\cdots<\lambda_n<\cdots\to\infty$。

（2）对应于每个特征值 λ_n 的是一个唯一的特征函数 $\Psi(x;\lambda_n)$，在 (a,b) 中正好有 n 个过零点。

（3）标准化特征函数组成与加权函数 $w(x)$ 正交的基：

$$\int_a^b\Psi(x;\lambda_n)\Psi(x;\lambda_m)w(x)dx=\delta_{mn} \quad (6.28)$$

式中：如果 $m \neq n$，则 $\delta_{mn} = 0$；否则，$\delta_{mn} = 1$。

我们还需要 Green 恒等式，其可以很快推导出。

首先，定义一个线性算子 L：

$$L \equiv \frac{\mathrm{d}}{\mathrm{d}x}\left[p(x)\frac{\mathrm{d}}{\mathrm{d}x}\right] + q(x)$$

然后，Sturm-Liouville 问题可以重写为

$$L(\Psi(x)) + \lambda w(x)\Psi(x) = 0$$

对于任意两个函数 v 和 u，可以记为

$$L(\nu) = \frac{\mathrm{d}}{\mathrm{d}x}\left[p(x)\frac{\mathrm{d}\nu}{\mathrm{d}x}\right] + q(x)\nu$$

$$L(u) = \frac{\mathrm{d}}{\mathrm{d}x}\left[p(x)\frac{\mathrm{d}u}{\mathrm{d}x}\right] + q(x)u$$

将第一个方程乘以 u，第二个方程乘以 v，然后两式相减，可得

$$\begin{aligned} uL(\nu) - vL(u) &= u\frac{\mathrm{d}}{\mathrm{d}x}\left(p\frac{\mathrm{d}\nu}{\mathrm{d}x}\right) + uq\nu - \nu\frac{\mathrm{d}}{\mathrm{d}x}\left(p\frac{\mathrm{d}u}{\mathrm{d}x}\right) - \nu qu \\ &= u\frac{\mathrm{d}}{\mathrm{d}x}\left(p\frac{\mathrm{d}\nu}{\mathrm{d}x}\right) - \nu\frac{\mathrm{d}}{\mathrm{d}x}\left(p\frac{\mathrm{d}u}{\mathrm{d}x}\right) \end{aligned}$$

对上式积分，可以得到

$$\begin{aligned} \int_a^b\left[u\frac{\mathrm{d}}{\mathrm{d}x}\left(p\frac{\mathrm{d}\nu}{\mathrm{d}x}\right) - v\frac{\mathrm{d}}{\mathrm{d}x}\left(p\frac{\mathrm{d}u}{\mathrm{d}x}\right)\right]\mathrm{d}x &= \int_a^b u\frac{\mathrm{d}}{\mathrm{d}x}\left(p\frac{\mathrm{d}\nu}{\mathrm{d}x}\right)\mathrm{d}x - \int_a^b \nu\frac{\mathrm{d}}{\mathrm{d}x}\left(p\frac{\mathrm{d}u}{\mathrm{d}x}\right)\mathrm{d}x \\ &= \left[p\frac{\mathrm{d}\nu}{\mathrm{d}x}u\bigg|_a^b - \int_a^b p\left(\frac{\mathrm{d}u}{\mathrm{d}x}\right)\frac{\mathrm{d}\nu}{\mathrm{d}x}\mathrm{d}x\right] \\ &\quad - \left[p\frac{\mathrm{d}u}{\mathrm{d}x}\nu\bigg|_a^b - \int_a^b p\left(\frac{\mathrm{d}u}{\mathrm{d}x}\right)\left(\frac{\mathrm{d}\nu}{\mathrm{d}x}\right)\mathrm{d}x\right] \end{aligned}$$

右边的积分消去后，得到 Green 恒等式：

$$\int_a^b[uL(\nu) - \nu L(u)]\mathrm{d}x = p\left(u\frac{\mathrm{d}\nu}{\mathrm{d}x} - \nu\frac{\mathrm{d}u}{\mathrm{d}x}\right)\bigg|_a^b \tag{6.29}$$

6.5.3 齐次偏微分方程的解

在回顾了这些基本数学结论之后，现在使用分离变量法来求解电解液浓度偏微分方程。要做到这一点：首先要找到具有特征函数无穷级数形式的解；然后将其截断，只使用展开式的前几项。

首先求解齐次偏微分方程，即 $j = 0$，求解齐次边界值问题将得到特征值 λ_n 和特征函数 $\Psi(x;\lambda_n)$，这将用于齐次和非齐次解；然后将此解推广到求非齐次偏微分方程的解。

齐次问题由下式给出：

$$\frac{\partial \tilde{c}_{\mathrm{e}}(x,t)}{\partial t} = \frac{1}{\varepsilon_{\mathrm{e}}(x)} \frac{\partial}{\partial x} D_{\mathrm{e,eff}}(x) \frac{\partial \tilde{c}_{\mathrm{e}}(x,t)}{\partial x} \tag{6.30}$$

其边界条件为

$$\frac{\partial \tilde{c}_{\mathrm{e}}(0,t)}{\partial x} = 0, \quad \frac{\partial \tilde{c}_{\mathrm{e}}(L^{\mathrm{tot}},t)}{\partial x} = 0$$

以及初始条件 $\tilde{c}_{\mathrm{e}}(x,0) = 0$。

在电池的 3 个区域连接处也有内部边界条件。首先，假设锂离子在电解液中的浓度连续：

$$\tilde{c}_{\mathrm{e}}((L^{\mathrm{neg}})^{-},t) = \tilde{c}_{\mathrm{e}}((L^{\mathrm{neg}})^{+},t)$$

$$\tilde{c}_{\mathrm{e}}((L^{\mathrm{neg}} + L^{\mathrm{sep}})^{-},t) = \tilde{c}_{\mathrm{e}}((L^{\mathrm{neg}} + L^{\mathrm{sep}})^{+},t)$$

式中：上标“－”和“＋”分别表示函数的取值稍微偏向边界的左侧或右侧。

我们还需要对内边界两侧浓度函数的斜率做一些说明。注意，当在偏微分方程的右侧使用乘法法则时，有

$$\frac{\partial}{\partial x} D_{\mathrm{e,eff}}(x) \frac{\partial \tilde{c}_{\mathrm{e}}(x,t)}{\partial x} = D_{\mathrm{e,eff}}(x) \frac{\partial^2 \tilde{c}_{\mathrm{e}}(x,t)}{\partial x^2} + \left(\frac{\partial \tilde{c}_{\mathrm{e}}(x,t)}{\partial x}\right)\left(\frac{\partial D_{\mathrm{e,eff}}(x)}{\partial x}\right)$$

这个表达式的第一项没有物理问题，但由于 $D_{\mathrm{e,eff}}(x)$ 的不连续性，第二项通常在区域边界处计算成 Dirac 函数。

这在物理上没有意义，因此在 $x = L^{\mathrm{neg}}$ 或 $x = L^{\mathrm{neg}} + L^{\mathrm{sep}}$ 的边界处，消除这些 delta 函数：

$$\frac{\partial}{\partial x} D_{\mathrm{e,eff}}(x) \frac{\partial \tilde{c}_{\mathrm{e}}(x,t)}{\partial x} = \lim_{x^{+}-x^{-}\to 0} \frac{1}{x^{+} - x^{-}}\left[D_{\mathrm{e,eff}}(x^{+})\left[\left.\frac{\partial \tilde{c}_{\mathrm{e}}(x,t)}{\partial x}\right|_{x=x^{+}}\right]\right.$$
$$\left. - D_{\mathrm{e,eff}}(x^{-})\left[\left.\frac{\partial \tilde{c}_{\mathrm{e}}(x,t)}{\partial x}\right|_{x=x^{-}}\right]\right] = 0$$

从而得到

$$D_{\mathrm{e,eff}}^{\mathrm{neg}} \left.\frac{\partial \tilde{c}_{\mathrm{e}}(x,t)}{\partial x}\right|_{x=(L^{\mathrm{neg}})^{-}} = D_{\mathrm{e,eff}}^{\mathrm{sep}} \left.\frac{\partial \tilde{c}_{\mathrm{e}}(x,t)}{\partial x}\right|_{x=(L^{\mathrm{neg}})^{+}}$$

$$D_{\mathrm{e,eff}}^{sep} \left.\frac{\partial \tilde{c}_{\mathrm{e}}(x,t)}{\partial x}\right|_{x=(L^{\mathrm{neg}}+L^{\mathrm{sep}})^{-}} = D_{\mathrm{e,eff}}^{\mathrm{pos}} \left.\frac{\partial \tilde{c}_{\mathrm{e}}(x,t)}{\partial x}\right|_{x=(L^{\mathrm{neg}}+L^{\mathrm{sep}})^{+}}$$

分离变量法假定解可以分解为时间函数 $h(t)$ 和位置函数 $\Psi(x)$ 的乘积，即

$$\tilde{c}_{\mathrm{e}}(x,t) = h(t)\Psi(x)$$

这还有待于找到 $h(t)$ 和 $\Psi(x)$。将假定形式代入原始偏微分方程，得出

$$\frac{\mathrm{d}h(t)}{\mathrm{d}t}\Psi(x)=\frac{1}{\varepsilon_{\mathrm{e}}(x)}\frac{\partial}{\partial x}D_{\mathrm{e,eff}}(x)h(t)\frac{\partial\Psi(x)}{\partial x}$$

将时间相关变量放一边，位置相关变量放另一边：

$$\frac{1}{h(t)}\frac{\mathrm{d}h(t)}{\mathrm{d}t}=\frac{1}{\varepsilon_{\mathrm{e}}(x)\Psi(x)}\frac{\partial}{\partial x}D_{\mathrm{e,eff}}(x)\frac{\partial\Psi(x)}{\partial x}$$

由于上式左边只是时间的函数，右边只是位置的函数，它们在所有时间和位置上都是相等的，因此它们一定都等于一个常数，将其标记为 $-\lambda$[①]，即

$$\frac{\mathrm{d}h(t)}{\mathrm{d}t}=-\lambda h(t)$$

$$\frac{\partial}{\partial x}D_{\mathrm{e,eff}}\frac{\partial\Psi(x)}{\partial x}=-\lambda\varepsilon_{\mathrm{e}}(x)\Psi(x)$$

注意，有无穷多个 λ，每个不同的 λ 值产生不同的 $h(t)$ 和 $\Psi(x)$。因此改写符号，分别将 $h(t)$ 和 $\Psi(x)$ 改变为 $h(t;\lambda)$ 和 $\Psi(x;\lambda)$，这意味着 h 和 Ψ 都是由一个特定的 λ 值求解的。于是有

$$\frac{\mathrm{d}h(t;\lambda)}{\mathrm{d}t}=-\lambda h(t;\lambda)\tag{6.31}$$

$$\frac{\partial}{\partial x}D_{\mathrm{e,eff}}(x)\frac{\partial\Psi(x;\lambda)}{\partial x}=-\lambda\varepsilon_{\mathrm{e}}(x)\Psi(x;\lambda)\tag{6.32}$$

式（6.31）的解为

$$h(t;\lambda)=h(0;\lambda)\mathrm{e}^{-\lambda t}$$

式（6.32）的解决定了特征函数 $\Psi(x;\lambda)$，每一个可分为 3 个部分：负极、隔膜和正极区域。对于负极区域，我们有（其中 k_1 和 k_2（可能）是 λ 的函数，但为了简洁，省略了这种依赖关系）：

$$\Psi^{\mathrm{neg}}(x;\lambda)=k_1\cos\left(\sqrt{\lambda\varepsilon_{\mathrm{e}}^{\mathrm{neg}}/D_{\mathrm{e,eff}}^{\mathrm{neg}}}\,x\right)+k_2\sin\left(\sqrt{\lambda\varepsilon_{\mathrm{e}}^{\mathrm{neg}}/D_{\mathrm{e,eff}}^{\mathrm{neg}}}\,x\right)$$

$x=0$ 时的边界条件消除了 $\sin(\cdot)$ 项，留给我们：

$$\Psi^{\mathrm{neg}}(x;\lambda)=k_1\cos\left(\sqrt{\lambda\varepsilon_{\mathrm{e}}^{\mathrm{neg}}/D_{\mathrm{e,eff}}^{\mathrm{neg}}}\,x\right)$$

对于隔膜区域，有

$$\Psi^{\mathrm{sep}}(x;\lambda)=k_3\cos\left(\sqrt{\lambda\varepsilon_{\mathrm{e}}^{\mathrm{sep}}/D_{\mathrm{e,eff}}^{\mathrm{sep}}}\,x\right)+k_4\sin\left(\sqrt{\lambda\varepsilon_{\mathrm{e}}^{\mathrm{sep}}/D_{\mathrm{e,eff}}^{\mathrm{sep}}}\,x\right)$$

对于这个区域，$\sin(\cdot)$ 项不会自动消除，这两个函数必须分别乘以某个系数，以便满足内部边界条件。

为了简化符号，首先定义

① λ 的单位是 s^{-1}，可以认为是一种频率。$\lambda=0$ 对应直流，λ 小对应低频，λ 大对应高频。

$$\omega_1 = L^{\mathrm{neg}}\sqrt{\frac{\lambda\varepsilon_{\mathrm{e}}^{\mathrm{neg}}}{D_{\mathrm{e,eff}}^{\mathrm{neg}}}},\ \omega_2 = L^{\mathrm{neg}}\sqrt{\frac{\lambda\varepsilon_{\mathrm{e}}^{\mathrm{sep}}}{D_{\mathrm{e,eff}}^{\mathrm{sep}}}}$$

然后为了满足连续性有

$$k_1\cos(\omega_1) = k_3\cos(\omega_2) + k_4\sin(\omega_2)$$

根据边界条件：

$$D_{\mathrm{e,eff}}^{\mathrm{neg}}\left[-k_1\frac{\omega_1}{L^{\mathrm{neg}}}\sin(\omega_1)\right] = D_{\mathrm{e,eff}}^{\mathrm{sep}}\left[-k_3\frac{\omega_2}{L^{\mathrm{neg}}}\sin(\omega_2) + k_4\frac{\omega_2}{L^{\mathrm{neg}}}\cos(\omega_2)\right]$$

现在有两个方程和两个未知数（k_3 和 k_4），这可以用未知数 k_1 来表示，稍后会确定

$$\begin{bmatrix}\cos(\omega_2) & \sin(\omega_2)\\ -D_{\mathrm{e,eff}}^{\mathrm{sep}}\omega_2\sin(\omega_2) & D_{\mathrm{e,eff}}^{\mathrm{sep}}\omega_2\cos(\omega_2)\end{bmatrix}\begin{bmatrix}k_3\\ k_4\end{bmatrix} = k_1\begin{bmatrix}\cos(\omega_1)\\ -D_{\mathrm{e,ff}}^{\mathrm{neg}}\omega_1\sin(\omega_1)\end{bmatrix}$$

最后，对于正极区域有

$$\Psi^{\mathrm{pos}}(x;\lambda) = k_5\cos\left(\sqrt{\lambda\varepsilon_{\mathrm{e}}^{\mathrm{pos}}/D_{\mathrm{e,eff}}^{\mathrm{pos}}}\,x\right) + k_6\sin\left(\sqrt{\lambda\varepsilon_{\mathrm{e}}^{\mathrm{pos}}/D_{\mathrm{e,eff}}^{\mathrm{pos}}}\,x\right)$$

定义

$$\omega_3 = (L^{\mathrm{neg}} + L^{\mathrm{sep}})\sqrt{\frac{\lambda\varepsilon_{\mathrm{e}}^{\mathrm{sep}}}{D_{\mathrm{e,eff}}^{\mathrm{sep}}}},\ \omega_4 = (L^{\mathrm{neg}} + L^{\mathrm{sep}})\sqrt{\frac{\lambda\varepsilon_{\mathrm{e}}^{\mathrm{pos}}}{D_{\mathrm{e,eff}}^{\mathrm{pos}}}}$$

那么，为了连续性：

$$k_3\cos(\omega_3) + k_4\sin(\omega_3) = k_5\cos(\omega_4) + k_6\sin(\omega_4)$$

根据边界条件：

$$\begin{aligned}&D_{\mathrm{e,eff}}^{\mathrm{sep}}\left[-k_3\frac{\omega_3}{L^{\mathrm{neg}} + L^{\mathrm{sep}}}\sin(\omega_3) + k_4\frac{\omega_3}{L^{\mathrm{neg}} + L^{\mathrm{sep}}}\cos(\omega_3)\right]\\ &= D_{\mathrm{e,eff}}^{\mathrm{pos}}\left[-k_5\frac{\omega_4}{L^{\mathrm{neg}} + L^{\mathrm{sep}}}\sin(\omega_4) + k_6\frac{\omega_4}{L^{\mathrm{neg}} + L^{\mathrm{sep}}}\cos(\omega_4)\right]\end{aligned}$$

又有两个方程和两个未知数（现在是 k_5 和 k_6），可以用 k_3 和 k_4 来表示：

$$\begin{aligned}&\begin{bmatrix}\cos(\omega_4) & \sin(\omega_4)\\ -D_{\mathrm{e,eff}}^{\mathrm{pos}}\omega_4\sin(\omega_4) & D_{\mathrm{e,eff}}^{\mathrm{pos}}\omega_4\cos(\omega_4)\end{bmatrix}\begin{bmatrix}k_5\\ k_6\end{bmatrix}\\ &= \begin{bmatrix}\cos(\omega_3) & \sin(\omega_3)\\ -D_{\mathrm{e,eff}}^{\mathrm{sep}}\omega_3\sin(\omega_3) & D_{\mathrm{e,eff}}^{\mathrm{sep}}\omega_3\cos(\omega_3)\end{bmatrix}\begin{bmatrix}k_3\\ k_4\end{bmatrix}\end{aligned}$$

所以，假设能找到 k_1，则

$$\Psi(x;\lambda) = \begin{cases}\Psi^{\mathrm{neg}}(x;\lambda), & 0 \leqslant x < L^{\mathrm{neg}}\\ \Psi^{\mathrm{sep}}(x;\lambda), & L^{\mathrm{neg}} \leqslant x < (L^{\mathrm{neg}} + L^{\mathrm{sep}})\\ \Psi^{\mathrm{pos}}(x;\lambda), & (L^{\mathrm{neg}} + L^{\mathrm{sep}}) \leqslant x \leqslant L^{\mathrm{tot}}\end{cases} \tag{6.33}$$

通过6.5.2节Sturm – Liouville理论的第三个性质，来寻找k_1。选择它的值来强制特征函数与加权函数$\varepsilon_e(x)$正交。也就是说，选择k_1使得

$$\int_0^{L^{\text{tot}}} \Psi^2(x;\lambda)\varepsilon_e(x)\,\mathrm{d}x = 1$$

施加最终边界条件$\partial\Psi(L^{\text{tot}};\lambda)/\partial x = 0$，求解$\lambda_n$。一般来说，无法求得闭式解。因此，用数值方法来搜索$\mathrm{d}\Psi(L^{\text{tot}};\lambda)/\mathrm{d}x$的过零区间，作为$\lambda$的函数。一个示例如图6-6所示，在本例中，前10个根位于：

$$\{\lambda_n\} = \{0, 0.0039, 0.0106, 0.0298, 0.0538, 0.0782, 0.1151, 0.1620, 0.1936, 0.2676\}$$

式中：将特征值的有序集合表示为$\{\lambda_n\}$。那么，齐次问题的解是

$$\tilde{c}_e(x,t) = \sum_{n=0}^{\infty} h(0;\lambda)\Psi(x;\lambda_n)\mathrm{e}^{-\lambda_n t}$$

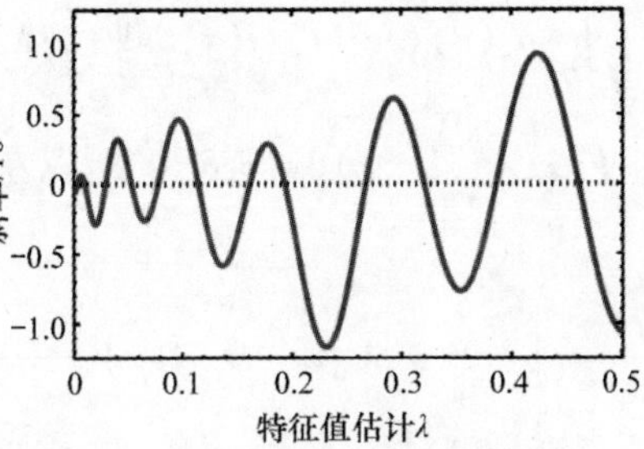

图6-6　根据过零点寻找特征值

6.5.4 非齐次偏微分方程的解

现在把解从齐次推广到非齐次，以求解

$$\frac{\partial \tilde{c}_e(x,t)}{\partial t} = \frac{1}{\varepsilon_e(x)}\frac{\partial}{\partial x}D_{e,\text{eff}}(x)\frac{\partial \tilde{c}_e(x,t)}{\partial x} + \frac{a_s(x)(1-t_+^0)}{\varepsilon_e(x)}j(x,t) \quad (6.34)$$

方法是用齐次解$\Psi(x;\lambda_n)$的特征函数作为基集，将$\tilde{c}_e(x,t)$变换成级数展开式。

我们依赖于这样一个事实：任何分段光滑函数都可以用特征函数展开，即

$$\tilde{c}_e(x,t) = \sum_{n=0}^{\infty} \tilde{c}_{e,n}(t)\Psi(x;\lambda_n) \quad (6.35)$$

式中：$\tilde{c}_{e,n}(t)$为$\tilde{c}_e(x,t)$的广义傅里叶系数。

首先，取式（6.35）关于时间的偏导数，得到

$$\frac{\partial \tilde{c}_e(x,t)}{\partial t} = \sum_{n=0}^{\infty} \frac{\mathrm{d}\tilde{c}_{e,n}(t)}{\mathrm{d}t}\Psi(x;\lambda_n) \quad (6.36)$$

然后，代入原来的偏微分方程，得到

$$\sum_{n=0}^{\infty} \frac{\mathrm{d}\tilde{c}_{\mathrm{e},n}(t)}{\mathrm{d}t} \Psi(x;\lambda_n) = \frac{1}{\varepsilon_{\mathrm{e}}(x)} \frac{\partial}{\partial x} D_{\mathrm{e,eff}}(x) \frac{\partial \tilde{c}_{\mathrm{e}}(x,t)}{\partial x} + \frac{a_{\mathrm{s}}(x)(1-t_+^0)}{\varepsilon_{\mathrm{e}}(x)} j(x,t) \tag{6.37}$$

为简化式（6.37）的左侧，将两边同时乘以 $\Psi(x;\lambda_m)\varepsilon_{\mathrm{e}}(x)$，并从 0 到 L^{tot} 进行积分：

$$\int_0^{L^{\mathrm{tot}}} \sum_{n=0}^{\infty} \frac{\mathrm{d}\tilde{c}_{\mathrm{e},n}(t)}{\mathrm{d}t} \Psi(x;\lambda_n) \Psi(x;\lambda_m) \varepsilon_{\mathrm{e}}(x) \mathrm{d}x$$
$$= \int_0^{L^{\mathrm{tot}}} \Psi(x;\lambda_m) \frac{\partial}{\partial x} D_{\mathrm{e,eff}}(x) \frac{\partial \tilde{c}_{\mathrm{e}}(x,t)}{\partial x} \mathrm{d}x + \int_0^{L^{\mathrm{tot}}} a_{\mathrm{s}}(x)(1-t_+^0) j(x,t) \Psi(x;\lambda_m) \mathrm{d}x$$

由于 $\int_0^{L^{\mathrm{tot}}} \Psi(x;\lambda_n)\Psi(x;\lambda_m)\varepsilon_{\mathrm{e}}(x)\mathrm{d}x = \delta_{mn}$，所以左边积分只在 $m = n$ 时非零，因此：

$$\frac{\mathrm{d}\tilde{c}_{\mathrm{e},n}(t)}{\mathrm{d}t} = \int_0^{L^{\mathrm{tot}}} \Psi(x;\lambda_n) \frac{\partial}{\partial x} D_{\mathrm{e,eff}}(x) \frac{\partial \tilde{c}_{\mathrm{e}}(x,t)}{\partial x} \mathrm{d}x + \int_0^{L^{\mathrm{tot}}} a_{\mathrm{s}}(x)(1-t_+^0) j(x,t) \Psi(x;\lambda_n) \mathrm{d}x \tag{6.38}$$

接下来，用 Green 恒等式简化右边的第一项。注意，在 $p(x)=1$，$q(x)=0$，$w(x)=\varepsilon_{\mathrm{e}}(x)$ 的情况下，$\Psi(x;\lambda)$ 是 Sturm-Liouville 问题的解。

再次关注式（6.38）右侧第一项：

$$\int_0^{L^{\mathrm{tot}}} \Psi(x;\lambda_n) \frac{\partial}{\partial x} D_{\mathrm{e,eff}}(x) \frac{\partial \tilde{c}_{\mathrm{e}}(x,t)}{\partial x} \mathrm{d}x$$

使用 Green 恒等式，其中 $v = \Psi(x)$，$u = \tilde{c}_{\mathrm{e}}(x,t)$，$p = D_{\mathrm{e,eff}}(x)$：

$$\int_0^{L^{\mathrm{tot}}} \left[\tilde{c}_{\mathrm{e}}(x,t) \frac{\partial}{\partial x} D_{\mathrm{e,eff}}(x) \frac{\partial \Psi(x)}{\partial x} - \Psi(x;\lambda_n) \frac{\partial}{\partial x} D_{\mathrm{e,eff}}(x) \frac{\partial \tilde{c}_{\mathrm{e}}(x,t)}{\partial x} \right] \mathrm{d}x$$
$$= D_{\mathrm{e,eff}}(x) \left(\tilde{c}_{\mathrm{e}}(x,t) \frac{\partial \Psi(x;\lambda_n)}{\partial x} - \Psi(x;\lambda_n) \frac{\partial \tilde{c}_{\mathrm{e}}(x,t)}{\partial x} \right) \Bigg|_0^{L^{\mathrm{tot}}} \tag{6.39}$$

在本问题中，由于边界条件限制，等式右边变为零，即

$$\left.\frac{\partial \Psi(x;\lambda_n)}{\partial x}\right|_{x \in \{0, L^{\mathrm{tot}}\}} = \left.\frac{\partial \tilde{c}_{\mathrm{e}}(x,t)}{\partial x}\right|_{x \in \{0, L^{\mathrm{tot}}\}} = 0$$

因此

$$\int_0^{L^{\text{tot}}} \tilde{c}_{\text{e}}(x,t)\ \frac{\partial}{\partial x}D_{\text{e,eff}}(x)\ \frac{\partial \Psi(x)}{\partial x}\text{d}x = \int_0^{L^{\text{tot}}} \Psi(x;\lambda_n)\ \frac{\partial}{\partial x}D_{\text{e,eff}}(x)\ \frac{\partial \tilde{c}_{\text{e}}(x,t)}{\partial x}\text{d}x$$

通过式（6.32），左边可以写为

$$\int_0^{L^{\text{tot}}} \tilde{c}_{\text{e}}(x,t)\ \frac{\partial}{\partial x}D_{\text{e,eff}}(x)\ \frac{\partial \Psi(x)}{\partial x}\text{d}x = -\lambda_n \int_0^{L^{\text{tot}}} \tilde{c}_{\text{e}}(x,t)\Psi(x;\lambda_n)\varepsilon_{\text{e}}(x)\text{d}x \tag{6.40}$$

因此，可以得到

$$\int_0^{L^{\text{tot}}} \Psi(x)\ \frac{\partial}{\partial x}D_{\text{e,eff}}(x)\ \frac{\partial \tilde{c}_{\text{e}}(x,t)}{\partial x}\text{d}x = -\lambda_n \int_0^{L^{\text{tot}}} \tilde{c}_{\text{e}}(x,t)\Psi(x;\lambda_n)\varepsilon_{\text{e}}(x)\text{d}x$$

将上式代入式（6.38），可得

$$\begin{aligned}\frac{\text{d}\tilde{c}_{\text{e},n}(t)}{\text{d}t} &= -\lambda_n \int_0^{L^{\text{tot}}} \tilde{c}_{\text{e}}(x,t)\Psi(x;\lambda_n)\varepsilon_{\text{e}}(x)\text{d}x \\ &\quad + \int_0^{L^{\text{tot}}} a_{\text{s}}(x)(1-t_+^0)j(x,t)\Psi_n(x)\text{d}x \\ &= -\lambda_n \tilde{c}_{\text{e},n}(t) + \underbrace{\int_0^{L^{\text{tot}}} a_{\text{s}}(x)(1-t_+^0)j(x,t)\Psi_n(x)\text{d}x}_{j_n(t)}\end{aligned} \tag{6.41}$$

式中：$j_n(t)$ 为 $\tilde{c}_{\text{e},n}(t)$ 的模态输入。

6.5.5　使用特征函数法的 $\tilde{c}_{\text{e}}(x,t)$ 示例

为演示上述结论，考虑具有以下属性的锂离子电池：

$$L^{\text{neg}} = 128\mu\text{m}, \varepsilon_{\text{e}}^{\text{neg}} = 0.357, D_{\text{e,eff}}^{\text{neg}} = 1.60 \times 10^{-11}\text{m}^2/\text{s}$$

$$L^{\text{sep}} = 76\mu\text{m}, \varepsilon_{\text{e}}^{\text{sep}} = 0.724, D_{\text{e,eff}}^{\text{sep}} = 4.62 \times 10^{-11}\text{m}^2/\text{s}$$

$$L^{\text{pos}} = 190\mu\text{m}, \varepsilon_{\text{e}}^{\text{pos}} = 0.444, D_{\text{e,eff}}^{\text{pos}} = 2.22 \times 10^{-11}\text{m}^2/\text{s}$$

假设 j 在每个电极区域均匀分布、在隔膜中为零，初始电解液浓度均匀为 1000 $\text{mol}\cdot\text{m}^{-3}$，然后在电池上施加3s的10A脉冲电流，寻找电解液浓度与位置的函数关系。

首先，寻找特征函数。前6个为 $\Psi(x;\lambda_0)$ ~ $\Psi(x;\lambda_5)$，如图6-7所示。通过计算每个特征函数的过零点个数，可以快速地检查是否找到了正确的特征值和特征函数（如果待搜索参数值没有进行合适的初始化，λ_n 的查找结果可能有遗漏）。根据6.5.2节Sturm-Liouville理论第（2）条性质，$\Psi(x;\lambda_0)$ 不应该有过零点，$\Psi(x;\lambda_1)$ 应该有一个过零点，以此类推。此外，每个特征函数在电池两个边界处的斜率都应为零。此图表明情况确实如此。

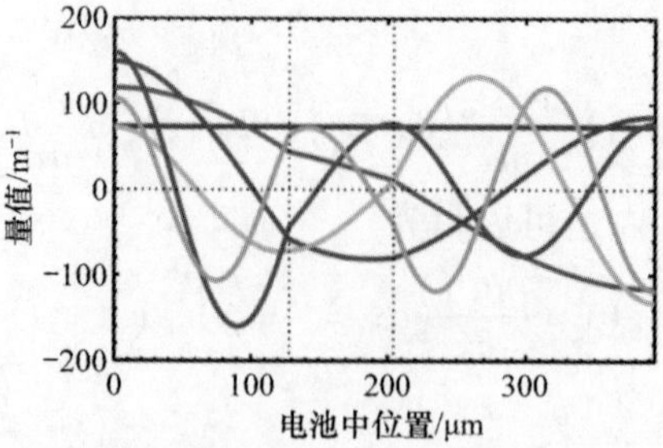

图 6-7 特征函数示例[①]（见彩图）

然后，在确定了特征函数之后，将其与式（6.41）一起用于求解 $0 \leqslant n \leqslant 10$ 的广义傅里叶系数 $\tilde{c}_{e,n}(t)$。最后，使用式（6.35）计算 $\tilde{c}_e(x,t)$。

结果如图 6-8 所示，实线为精确的偏微分方程解，虚线为使用特征函数 0~10 的近似解。通过增加特征函数个数可以改进近似解的精度，但增加了计算成本。本例的 MATLAB 代码将在第 6.15 节给出。

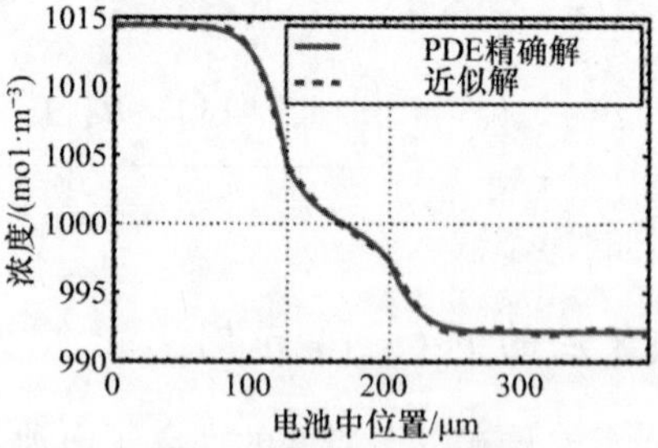

图 6-8 电解液浓度的解

6.5.6 $\tilde{c}_{e,n}(x,t)$的传递函数模型

用传递函数方法计算 $\tilde{c}_e(x,t)$，$\tilde{c}_e(x,t)$ 由 $\tilde{c}_{e,n}(t)$ 之和构成，如果已知 $\tilde{c}_{e,n}(t)$，则可以计算 $\tilde{c}_e(x,t)$。因此，本节的目标是寻找 $\tilde{c}_{e,n}(t)$ 的传递函数。

对式（6.41）进行拉普拉斯变换：

$$\frac{\mathrm{d}}{\mathrm{d}t}\tilde{c}_{e,n}(t) = -\lambda_n \tilde{c}_{e,n}(t) + j_n(t)$$

$$s\tilde{C}_{e,n}(s) - \tilde{c}_{e,n}(0) = -\lambda_n \tilde{C}_{e,n}(s) + J_n(s)$$

---

① 参考文献：Lee, J. L., Chemistruck, A., and Plett, G. L., "One-Dimensional Physics-Based Reduced-Order Model of Lithium-Ion Dynamics," Journal of Power Sources, 220, 2012, pp. 430-448.

因为去偏变量 $\tilde{c}_e(x,t)$ 的初始值为零，所以 $\tilde{c}_{e,n}(t)$ 也一样，并且

$$s\,\tilde{C}_{e,n}(s) = -\lambda_n\,\tilde{C}_{e,n}(s) + J_n(s)$$

$$\frac{\tilde{C}_{e,n}(s)}{I_{app}(s)} = \frac{1}{s+\lambda_n}\frac{J_n(s)}{I_{app}(s)}$$

要求解上述方程，需要先找到 $j_n(t)$ 的传递函数。

从下式开始：

$$\begin{aligned} j_n(t) &= \int_0^{L^{tot}} a_s(x)(1-t_+^0)j(x,t)\Psi(x;\lambda_n)\,\mathrm{d}x \\ &= \int_0^{L^{neg}} a_s^{neg}(1-t_+^0)j^{neg}(x,t)\Psi(x;\lambda_n)\,\mathrm{d}x \\ &\quad + \int_{L^{neg}+L^{sep}}^{L^{tot}} a_s^{pos}(1-t_+^0)j^{pos}(x,t)\Psi(x;\lambda_n)\,\mathrm{d}x \\ &= j_n^{neg}(t) + j_n^{pos}(t) \end{aligned}$$

先看负极：

$$j_n^{neg}(t) = a_s^{neg}(1-t_+^0)\int_0^{L^{neg}} j^{neg}(x,t)\Psi(x;\lambda_n)\,\mathrm{d}x$$

$$\frac{J_n^{neg}(s)}{I_{app}(s)} = a_s^{neg}(1-t_+^0)\int_0^{L^{neg}} \frac{J^{neg}(x/L^{neg},s)}{I_{app}(s)}\Psi(x;\lambda_n)\,\mathrm{d}x$$

由此可根据 $z = x/L^{neg}$ 时的式（6.13），计算 $J^{neg}(z,s)/I_{app}(s)$。

用 Mathematica 计算的传递函数为

$$\begin{aligned} \frac{J_n^{neg}(s)}{I_{app}(s)} &= \frac{k_1(1-t_+^0)\omega_n^{neg}\sin(\omega_n^{neg})(\kappa_{eff}^{neg}+\sigma_{eff}^{neg}\cosh(\nu^{neg}(s)))\nu^{neg}(s)}{AF(\kappa_{eff}^{neg}+\sigma_{eff}^{neg})((\omega_n^{neg})^2+(\nu^{neg}(s))^2)\sinh(\nu^{neg}(s))} \\ &\quad + \frac{k_1(1-t_+^0)(\kappa_{eff}^{neg}+\sigma_{eff}^{neg}\cos(\omega_n^{neg}))(\nu^{neg}(s))^2}{AF(\kappa_{eff}^{neg}+\sigma_{eff}^{neg})((\omega_n^{neg})^2+(\nu^{neg}(s)))} \end{aligned} \tag{6.42}$$

式中：$\omega_n^{neg} = L^{neg}\sqrt{\lambda_n\varepsilon_e^{neg}/D_{e,eff}^{neg}}$。

现在计算正极：

$$j_n^{pos}(t) = a_s^{pos}(1-t_+^0))\int_{L^{tot}-L^{pos}}^{L^{tot}} j^{pos}(x,t)\Psi(x;\lambda_n)\,\mathrm{d}x$$

$$\frac{J_n^{pos}(s)}{I_{app}(s)} = a_s^{pos}(1-t_+^0)\int_{L^{tot}-L^{pos}}^{L^{tot}} \frac{J^{pos}((L^{tot}-x)/L^{pos},s)}{I_{app}(s)}\Psi(x;\lambda_n)\,\mathrm{d}x$$

由此可根据 $z = (L^{tot}-x)/L^{pos}$ 时的式（6.22），计算 $J^{pos}(z,s)/I_{app}(s)$。

用 Mathematica 计算的传递函数为

$$\begin{aligned}\frac{J_n^{\text{pos}}(s)}{I_{\text{app}}(s)} =& \frac{k_5(1-t_+^0)\omega_n^{\text{pos}}\sin(\omega_n^{\text{sep}})(\kappa_{\text{eff}}^{\text{pos}}+\sigma_{\text{eff}}^{\text{pos}}\cosh(\nu^{\text{pos}}(s)))\nu^{\text{pos}}(s)}{AF(\kappa_{\text{eff}}^{\text{pos}}+\sigma_{\text{eff}}^{\text{pos}})((\omega_n^{\text{pos}})^2+(\nu^{\text{pos}}(s))^2)\sinh(\nu^{\text{pos}}(s))} \\ &- \frac{k_5(1-t_+^0)\omega_n^{\text{pos}}\sin(\omega_n^{\text{tot}})(\sigma_{\text{eff}}^{\text{pos}}+\kappa_{\text{eff}}^{\text{pos}}\cosh(\nu^{\text{pos}}(s)))\nu^{\text{pos}}(s)}{AF(\kappa_{\text{eff}}^{\text{pos}}+\sigma_{\text{eff}}^{\text{pos}})((\omega_n^{\text{pos}})^2+(\nu^{\text{pos}}(s))^2)\sinh(\nu^{\text{pos}}(s))} \\ &- \frac{k_5(1-t_+^0)(\sigma_{\text{eff}}^{\text{pos}}\cos(\omega_n^{\text{sep}})+\kappa_{\text{eff}}^{\text{pos}}\cos(\omega_n^{\text{tot}}))(\nu^{\text{pos}}(s))^2}{AF(\kappa_{\text{eff}}^{\text{pos}}+\sigma_{\text{eff}}^{\text{pos}})((\omega_n^{\text{pos}})^2+(\nu^{\text{pos}}(s))^2)} \\ &+ \frac{k_6(1-t_+^0)\omega_n^{\text{pos}}\cos(\omega_n^{\text{tot}})(\sigma_{\text{eff}}^{\text{pos}}+\kappa_{\text{eff}}^{\text{pos}}\cosh(\nu^{\text{pos}}(s)))\nu^{\text{pos}}(s)}{AF(\kappa_{\text{eff}}^{\text{pos}}+\sigma_{\text{eff}}^{\text{pos}})((\omega_n^{\text{pos}})^2+(\nu^{\text{pos}}(s))^2)\sinh(\nu^{\text{pos}}(s))} \\ &- \frac{k_6(1-t_+^0)\omega_n^{\text{pos}}\cos(\omega_n^{\text{sep}})(\kappa_{\text{eff}}^{\text{pos}}+\sigma_{\text{eff}}^{\text{pos}}\cosh(\nu^{\text{pos}}(s)))\nu^{\text{pos}}(s)}{AF(\kappa_{\text{eff}}^{\text{pos}}+\sigma_{\text{eff}}^{\text{pos}})((\omega_n^{\text{pos}})^2+(\nu^{\text{pos}}(s))^2)\sinh(\nu^{\text{pos}}(s))} \\ &- \frac{k_6(1-t_+^0)(\sigma_{\text{eff}}^{\text{pos}}\sin(\omega_n^{\text{sep}})+\kappa_{\text{eff}}^{\text{pos}}\sin(\omega_n^{\text{tot}}))(\nu^{\text{pos}}(s))^2}{AF(\kappa_{\text{eff}}^{\text{pos}}+\sigma_{\text{eff}}^{\text{pos}})((\omega_n^{\text{pos}})^2+(\nu^{\text{pos}}(s))^2)}\end{aligned} \tag{6.43}$$

式中：$\omega_n^{\text{pos}} = L^{\text{pos}}\sqrt{\varepsilon_{\text{e}}^{\text{pos}}\lambda_n/D_{\text{e,eff}}^{\text{pos}}}$；$\omega_n^{\text{tot}} = L^{\text{tot}}\sqrt{\varepsilon_{\text{e}}^{\text{pos}}\lambda_n/D_{\text{e,eff}}^{\text{pos}}}$；$\omega_n^{\text{sep}} = \omega_n^{\text{tot}} - \omega_n^{\text{pos}}$。

综上所述，有

$$\frac{\tilde{C}_{\text{e},n}(s)}{I_{\text{app}}(s)} = \frac{1}{s+\lambda_n}\left[\frac{J_n^{\text{neg}}(s)}{I_{\text{app}}(s)} + \frac{J_n^{\text{pos}}(s)}{I_{\text{app}}(s)}\right] \tag{6.44}$$

6.5.7 $\tilde{c}_{\text{e}}(x,t)$的传递函数模型

最后一步是采用本节已有的结果，将其转化为 $\tilde{c}_{\text{e}}(x,t)$ 的传递函数，则

$$\tilde{c}_{\text{e}}(x,t) = \sum_{n=0}^{\infty}\tilde{c}_{\text{e},n}(t)\Psi(x;\lambda_n)$$

级数的第一项，即 $n=0$ 时，是直流项，由于 $\tilde{c}_{\text{e},0}=0$，因此该项为零。进一步截断级数的前 M 项，作为近似结果：

$$\tilde{c}_{\text{e}}(x,t) \approx \sum_{n=1}^{M}\tilde{c}_{\text{e},n}(t)\Psi(x;\lambda_n)$$

因此，可以得到关于电池内部任何感兴趣位置 x 的传递函数为

$$\frac{\tilde{C}_{\text{e}}(x,s)}{I_{\text{app}}(s)} = \sum_{n=1}^{M}\frac{\tilde{C}_{\text{e},n}(s)}{I_{\text{app}}(s)}\Psi(x;\lambda_n) \tag{6.45}$$

式中：$\tilde{C}_{\text{e},n}(s)/I_{\text{app}}(s)$ 的定义为式（6.44）。综合考虑计算难度与精度，选择 M 值。注意，求和仅在计算 $\tilde{C}_{\text{e}}(x,s)/I_{\text{app}}(s)$ 作为 DRA 过程的一部分时执行，它不会在最终 ODE 的实现过程中执行。因此，相当大的 M 值不会导致 DRA 算法执行上的实质性延迟，也不会在最终的 ODE 中引起任何实时处理延迟。

图6-9所示为传递函数 $\tilde{C}_{\mathrm{e}}(x,s)/I_{\mathrm{app}}(s)$ 在8个不同 x 位置的幅频响应图。再一次注意到，尽管传递函数的推导涉及复杂的数学知识，但其函数本身很简单。

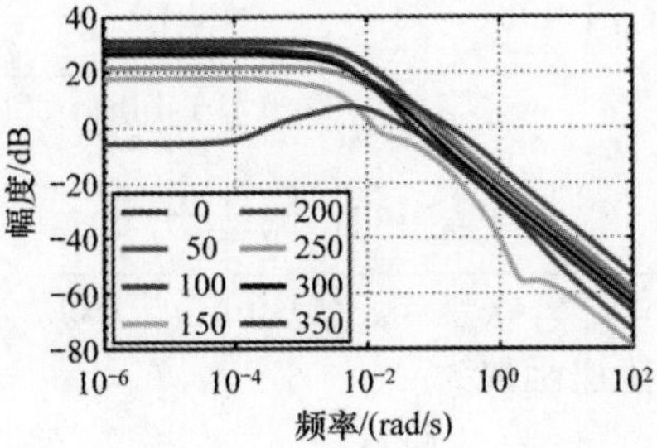

图6-9　$\tilde{C}_{\mathrm{e}}(x,s)/I_{\mathrm{app}}(s)$ 的幅频响应图（见彩图）

6.6　$\tilde{\phi}_{\mathrm{e}}(x,t)$的一维模型

现在希望为 $\tilde{\phi}_{\mathrm{e}}(x,t)$ 建立一个独立的传递函数。首先回顾式（4.6）的一维形式：

$$\kappa_{\mathrm{eff}}\frac{\partial^2}{\partial x^2}\phi_{\mathrm{e}}(x,t)+\kappa_{D,\mathrm{eff}}\frac{\partial^2}{\partial x^2}\ln\tilde{c}_{\mathrm{e}}(x,t)=-a_{\mathrm{s}}Fj(x,t) \tag{6.46}$$

将式（6.46）积分两次，可得到 $\phi_{\mathrm{e}}(x,t)$ 的传递函数。

回忆式（4.18），流经电解液的离子电流 $\boldsymbol{i}_{\mathrm{e}}$ 有定义：$\varepsilon_{\mathrm{e}}\boldsymbol{i}_{\mathrm{e}}=-\kappa_{\mathrm{eff}}\nabla\phi_{\mathrm{e}}-\kappa_{D,\mathrm{eff}}\nabla\ln c_{\mathrm{e}}$。再一次，专门研究一维情况，有

$$\varepsilon_{\mathrm{e}}i_{\mathrm{e}}(x,t)=-\kappa_{\mathrm{eff}}\frac{\partial}{\partial x}\phi_{\mathrm{e}}(x,t)-\kappa_{D,\mathrm{eff}}\frac{\partial}{\partial x}\ln c_{\mathrm{e}}(x,t) \tag{6.47}$$

这允许我们将式（6.46）改写为

$$\varepsilon_{\mathrm{e}}\frac{\partial}{\partial x}i_{\mathrm{e}}(x,t)=a_{\mathrm{s}}Fj(x,t)$$

从0到 x 进行积分，注意 $i_{\mathrm{e}}(0,t)=0$，可得

$$i_{\mathrm{e}}(x,t)=\begin{cases}\displaystyle\int_0^x\frac{a_{\mathrm{s}}^{\mathrm{neg}}F}{\varepsilon_{\mathrm{e}}^{\mathrm{neg}}}j^{\mathrm{neg}}(\xi,t)\,\mathrm{d}\xi, & 0\leqslant x\leqslant L^{\mathrm{neg}}\\[2ex] \displaystyle\frac{i_{\mathrm{app}}(t)}{\varepsilon_{\mathrm{e}}^{\mathrm{sep}}A}, & L^{\mathrm{neg}}\leqslant x\leqslant L^{\mathrm{neg}}+L^{\mathrm{sep}}\\[2ex] \displaystyle\frac{i_{\mathrm{app}}(t)}{\varepsilon_{\mathrm{e}}^{\mathrm{pos}}A}+\int_{L^{\mathrm{neg}}+L^{\mathrm{sep}}}^x\frac{a_{\mathrm{s}}^{\mathrm{pos}}F}{\varepsilon_{\mathrm{e}}^{\mathrm{pos}}}j^{\mathrm{pos}}(\xi,t)\,\mathrm{d}\xi, & L^{\mathrm{neg}}+L^{\mathrm{sep}}\leqslant x\leqslant L^{\mathrm{tot}}\end{cases}$$

负极中 $i_e(x,t)$ 的传递函数为

$$\frac{I_e(x,s)}{I_{app}(s)}=\frac{a_s^{neg}F}{\varepsilon_e^{neg}}\int_0^x\frac{J^{neg}(\xi/L^{neg},s)}{I_{app}(s)}d\xi$$

$$=\frac{\kappa_{eff}^{neg}\left(\sinh(\nu^{neg}(s))-\sinh\left(\frac{(L^{neg}-x)\nu^{neg}(s)}{L^{neg}}\right)\right)}{\varepsilon_e^{neg}A(\kappa_{eff}^{neg}+\sigma_{eff}^{neg})\sinh(\nu^{neg}(s))}+\frac{\sigma_{eff}^{neg}\sinh\left(\frac{x\nu^{neg}(s)}{L^{neg}}\right)}{\varepsilon_e^{neg}A(\kappa_{eff}^{neg}+\sigma_{eff}^{neg})\sinh(\nu^{neg}(s))}$$

隔膜中 $i_e(x,t)$ 的传递函数为

$$\frac{I_e(x,s)}{I_{app}(s)}=\frac{1}{\varepsilon_e^{sep}A}$$

正极中 $i_e(x,t)$ 的传递函数为

$$\frac{I_e(x,s)}{I_{app}(s)}=\frac{1}{\varepsilon_e^{pos}A}+\frac{a_s^{pos}F}{\varepsilon_e^{pos}}\int_{L^{neg}+L^{sep}}^x\frac{J^{pos}((L^{tot}-\xi)/L^{pos},s)}{I_{app}(s)}d\xi$$

$$=\frac{\kappa_{eff}^{pos}\left(\sinh(\nu^{pos}(s))-\sinh\left(\frac{(x-L^{neg}-L^{sep})}{L^{pos}}\nu^{pos}(s)\right)\right)}{\varepsilon_e^{pos}A(\kappa_{eff}^{pos}+\sigma_{eff}^{pos})\sinh(\nu^{pos}(s))}+\frac{\sigma_{eff}^{pos}\sinh\left(\frac{(L^{tot}-x)}{L^{pos}}\nu^{pos}(s)\right)}{\varepsilon_e^{pos}A(\kappa_{eff}^{pos}+\sigma_{eff}^{pos})\sinh(\nu^{pos}(s))}$$

现在将式（6.47）从 0 到 x 积分，得到 ϕ_e：

$$\phi_e(x,t)-\phi_e(0,t)=\int_0^x\frac{-\varepsilon_e i_e(\xi,t)}{\kappa_{eff}}+\frac{2RT}{F}(1-t_+^0)\frac{\partial\ln c_e(\xi,t)}{\partial\xi}d\xi$$

定义 $\tilde{\phi}_e(x,t)=\phi_e(x,t)-\phi_e(0,t)$。然后，$\tilde{\phi}_e(x,t)$ 包括两部分：

$$[\tilde{\phi}_e(x,t)]_1=\int_0^x\frac{-\varepsilon_e i_e(\xi,t)}{\kappa_{eff}}d\xi$$

$$[\tilde{\phi}_e(x,t)]_2=\int_0^x\frac{2RT}{F}(1-t_+^0)\frac{\partial\ln c_e(\xi,t)}{\partial\xi}d\xi$$

第一部分 $[\tilde{\phi}_e(x,t)]_1$ 可通过传递函数确定，第二部分 $[\tilde{\phi}_e(x,t)]_2$ 可通过已知的 $c_e(x,t)$ 确定。

下面继续看第一部分。在负极：

$$\frac{[\tilde{\Phi}_e(x,s)]_1}{I_{app}(s)}=\int_0^x\frac{-\varepsilon_e^{neg}I_e(\xi,s)}{\kappa_{eff}^{neg}I_{app}(s)}d\xi$$

$$= -\frac{L^{\text{neg}}\sigma_{\text{eff}}^{\text{neg}}\left(\cosh\left(\frac{x}{L^{\text{neg}}}\nu^{\text{neg}}(s)\right)-1\right)}{A\kappa_{\text{eff}}^{\text{neg}}(\kappa_{\text{eff}}^{\text{neg}}+\sigma_{\text{eff}}^{\text{neg}})\nu^{\text{neg}}(s)\sinh(\nu^{\text{neg}}(s))} - \frac{x}{A(\kappa_{\text{eff}}^{\text{neg}}+\sigma_{\text{eff}}^{\text{neg}})}$$
$$-\frac{-L^{\text{neg}}\kappa_{\text{eff}}^{\text{neg}}\left(\cosh\left(\frac{(L^{\text{neg}}-x)}{L^{\text{neg}}}\nu^{\text{neg}}(s)\right)-\cosh\nu(v^{\text{neg}}(s))\right)}{A\kappa_{\text{eff}}^{\text{neg}}(\kappa_{\text{eff}}^{\text{neg}}+\sigma_{\text{eff}}^{\text{neg}})\nu^{\text{neg}}(s)\sinh(\nu^{\text{neg}}(s))} \quad (6.48)$$

在负极－隔膜边界有

$$\frac{[\tilde{\Phi}_{\text{e}}(L^{\text{neg}},s)]_1}{I_{\text{app}}(s)} = -\frac{L^{\text{neg}}\left((\sigma_{\text{eff}}^{\text{neg}}-\kappa_{\text{eff}}^{\text{neg}})\tanh\left(\frac{\nu^{\text{neg}}(s)}{2}\right)\right)}{A\kappa_{\text{eff}}^{\text{neg}}(\kappa_{\text{eff}}^{\text{neg}}+\sigma_{\text{eff}}^{\text{neg}})\nu^{\text{neg}}(s)} - \frac{L_{\text{neg}}}{A(\kappa_{\text{eff}}^{\text{neg}}+\sigma_{\text{eff}}^{\text{neg}})}$$

在隔膜里有

$$\frac{[\tilde{\Phi}_{\text{e}}(x,s)]_1}{I_{\text{app}}(s)} = -\frac{L^{\text{neg}}\left((\sigma_{\text{eff}}^{\text{neg}}-\kappa_{\text{eff}}^{\text{neg}})\tanh\left(\frac{\nu^{\text{neg}}(s)}{2}\right)\right)}{A\kappa_{\text{eff}}^{\text{neg}}(\kappa_{\text{eff}}^{\text{neg}}+\sigma_{\text{eff}}^{\text{neg}})\nu^{\text{neg}}(s)}$$
$$-\frac{L_{\text{neg}}}{A(\kappa_{\text{eff}}^{\text{neg}}+\sigma_{\text{eff}}^{\text{neg}})} - \frac{x-L^{\text{neg}}}{A\kappa_{\text{eff}}^{\text{sep}}} \quad (6.49)$$

在隔膜－正极边界有

$$\frac{[\tilde{\Phi}_{\text{e}}(L^{\text{neg}}+L^{\text{sep}},s)]_1}{I_{\text{app}}(s)} = -\frac{L^{\text{neg}}\left((\sigma_{\text{eff}}^{\text{neg}}-\kappa_{\text{eff}}^{\text{neg}})\tanh\left(\frac{\nu^{\text{neg}}(s)}{2}\right)\right)}{A\kappa_{\text{eff}}^{\text{neg}}(\kappa_{\text{eff}}^{\text{neg}}+\sigma_{\text{eff}}^{\text{neg}})\nu^{\text{neg}}(s)}$$
$$-\frac{L_{\text{neg}}}{A(\kappa_{\text{eff}}^{\text{neg}}+\sigma_{\text{eff}}^{\text{neg}})} - \frac{L^{\text{sep}}}{A\kappa_{\text{eff}}^{\text{sep}}}$$

在正极有

$$\frac{[\tilde{\Phi}_{\text{e}}(x,s)]_1}{I_{\text{app}}(s)} = -\frac{L^{\text{neg}}\left((\sigma_{\text{eff}}^{\text{neg}}-\kappa_{\text{eff}}^{\text{neg}})\tanh\left(\frac{\nu^{\text{neg}}(s)}{2}\right)\right)}{A\kappa_{\text{eff}}^{\text{neg}}(\kappa_{\text{eff}}^{\text{neg}}+\sigma_{\text{eff}}^{\text{neg}})\nu^{\text{neg}}(s)} - \frac{L_{\text{neg}}}{A(\kappa_{\text{eff}}^{\text{neg}}+\sigma_{\text{eff}}^{\text{neg}})}$$
$$-\frac{L^{\text{sep}}}{A\kappa_{\text{eff}}^{\text{sep}}} - \frac{L^{\text{pos}}\left(1-\cosh\left(\frac{(L^{\text{neg}}+L^{\text{sep}}-x)}{L^{\text{pos}}}\nu^{\text{pos}}(s)\right)\right)}{A(\kappa_{\text{eff}}^{\text{pos}}+\sigma_{\text{eff}}^{\text{pos}})\sinh(\nu^{\text{pos}}(s))\nu^{\text{pos}}(s)}$$
$$-\frac{L^{\text{pos}}\sigma_{\text{eff}}^{\text{pos}}\left(\cosh(\nu^{\text{pos}}(s))-\cosh\left(\frac{(L^{\text{tot}}-x)}{L^{\text{pos}}}\nu^{\text{pos}}(s)\right)\right)}{A\kappa_{\text{eff}}^{\text{pos}}(\kappa_{\text{eff}}^{\text{pos}}+\sigma_{\text{eff}}^{\text{pos}})\sinh(\nu^{\text{pos}}(s))\nu^{\text{pos}}(s)}$$
$$-\frac{(x-L^{\text{neg}}-L^{\text{sep}})}{A(\kappa_{\text{eff}}^{\text{pos}}+\sigma_{\text{eff}}^{\text{pos}})} \quad (6.50)$$

最后，在电池边界有

$$\frac{[\tilde{\Phi}_e(L^{tot},s)]_1}{I_{app}(s)} = -\frac{L^{neg}\left((\sigma_{eff}^{neg}-\kappa_{eff}^{neg})\tanh\left(\frac{\nu^{neg}(s)}{2}\right)\right)}{A\kappa_{eff}^{neg}(\kappa_{eff}^{neg}+\sigma_{eff}^{neg})\nu^{neg(s)}} - \frac{L_{neg}}{A(\kappa_{eff}^{neg}+\sigma_{eff}^{neg})}$$
$$-\frac{L^{sep}}{A\kappa_{eff}^{sep}} - \frac{L^{pos}\left((\sigma_{eff}^{pos}-\kappa_{eff}^{pos})\tanh\left(\frac{\nu^{pos}(s)}{2}\right)\right)}{A\kappa_{eff}^{pos}(\kappa_{eff}^{pos}+\sigma_{eff}^{pos})\nu^{pos}(s)}$$
$$-\frac{L_{pos}}{A(\kappa_{eff}^{pos}+\sigma_{eff}^{pos})}$$

图 6-10 所示为电池在不同 x 位置处的幅频响应。

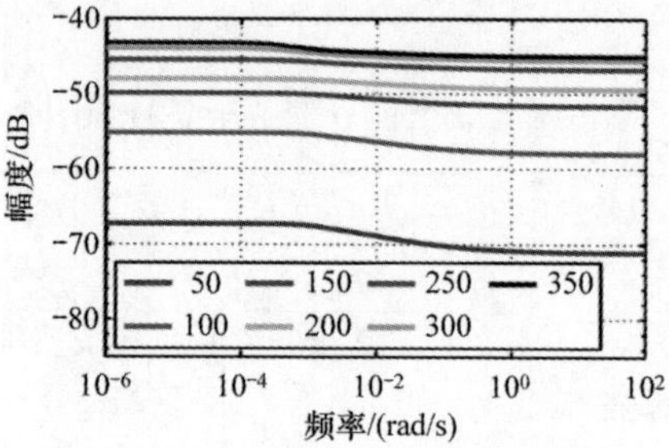

图 6-10 $[\tilde{\Phi}_e(x,s)]_1/I_{app}(s)$ 的幅频响应图（见彩图）

现在，重点讨论 $\tilde{\phi}_e(x,t)$ 的第二项：

$$[\tilde{\phi}_e(x,t)]_2 = \frac{2RT(1-t_+^0)}{F}\int_0^x \frac{\partial \ln c_e(\xi,t)}{\partial \xi}d\xi$$
$$= \frac{2RT(1-t_+^0)}{F}[\ln c_e(x,t) - \ln c_e(0,t)]$$

为计算出 $\tilde{\phi}_e(x,t)$，必须分别计算出它的两个部分并将其相加。然后，为了从 $\tilde{\phi}_e(x,t)$ 中恢复 $\phi_e(x,t)$，必须计算 $\phi_e(0,t)$：

$$\phi_e(0,t) = \phi_s^{neg}(0,t) - \phi_{s-e}^{neg}(0,t) = 0 - (\tilde{\phi}_{s-e}^{neg}(0,t) + U_{ocp}^{neg}(c_{s,0}))$$
$$\phi_e(x,t) = \tilde{\phi}_e(x,t) - \tilde{\phi}_{s-e}^{neg}(0,t) - U_{ocp}^{neg}(c_{s,0})$$

6.7 传递函数概述

现在，已经定义了线性化伪二维多孔电极模型的所有传递函数。其推导过程烦琐，结果复杂。在继续之前，先简单总结一下模型的传递函数。回想一下，z 是电极中的一个标准化无量纲空间变量，在集流体上取0，在电极－隔膜界面上取1；x 是整个电池的空间变量，在负极集流体上取0，在正极集流体上取 L^{tot}。关于电极的传递函数用 z 表示，关于整个电池的传递函数用 x 表示，如图6-11所示。

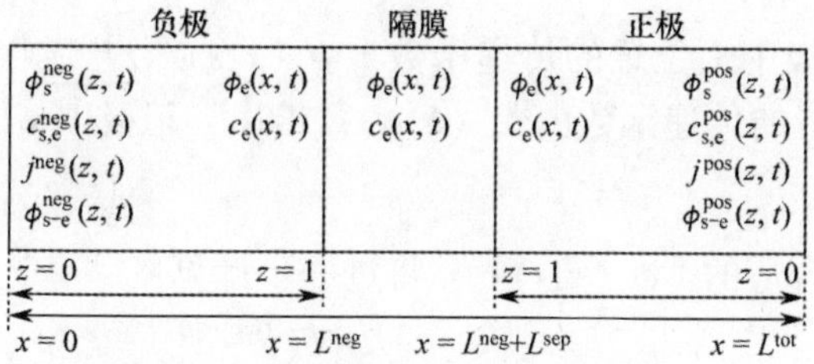

图6-11　降阶模型中电池变量符号①

所有传递函数均包含无量纲函数 $\nu(s)$，其在负极的表达式为式（6.9），在正极的表达式为式（6.20）。接下来，假设使用第5章中的离散时间实现算法，将超越传递函数转换为离散时间多输出状态空间模型，然后可以实时计算相应的时域值。由于大多数传递函数在推导过程中被线性化和去偏化（去掉一个常数偏移量），下面的讨论将介绍如何将偏移量添加回信号中。

（1）反应通量：局部反应通量传递函数 $J(z,s)/I_{app}(s)$ 由式（6.13）（负极）和式（6.22）（正极）给出。

（2）固体表面浓度：固体中锂的浓度记为 $c_s(r,z,t)$。这里，我们只关心颗粒表面的锂浓度 $c_{s,e}(z,t)$，因为它决定了反应速率和电池电压。此外，定义减去平衡浓度的去偏表面浓度为 $\tilde{c}_{s,e}(z,t)=c_{s,e}(z,t)-c_{s,0}$。式（6.15）和式（6.23）分别给出了负极和正极表面浓度的传递函数 $\tilde{C}_{s,e}(z,s)/I_{app}(s)$。一旦计算出去偏表面浓度，则实际表面浓度可通过 $c_{s,e}(z,t)=\tilde{c}_{s,e}(z,t)+c_{s,0}$ 计算。

（3）固体中的电位：电极中的固体电位表示为 $\phi_s(z,t)$。我们定义了一个去偏固体电位，它减去了电极集流体 $z=0$ 的电位，即 $\tilde{\phi}_s(z,t)=\phi_s(z,t)-\phi_s(0,t)$。负极和正极的去偏固体电位传递函数 $\tilde{\Phi}_s(z,s)/I_{app}(s)$ 分别由式（6.19）和式（6.24）给出。同时，由于定义了负极集流体的电势为零，所以在负极中有 $\tilde{\phi}_s(z,t)=\phi_s(z,t)$。在正极中，有 $\phi_s(z,t)=\tilde{\phi}_s(z,t)+\nu(t)$，其

① 参考文献：Lee, J. L., Chemistruck, A., and Plett, G. L., "One-Dimensional Physics-Based Reduced-Order Model of Lithium－Ion Dynamics," Journal of Power Sources, 220, 2012, pp. 430-448.

中 $\nu(t)$ 是电池电压，如 6.8 节所述。

(4) 电解液中的电位：电解液电位表示为 $\phi_e(x,t)$。我们定义了一个去偏电解液电位，它减去了负极集流体 $x=0$ 的电位，即 $\tilde{\phi}_e(x,t)=\phi_e(x,t)-\phi_e(0,t)$。另外，我们将 $\tilde{\phi}_e(x,t)$ 分解为两部分，即 $\tilde{\phi}_e(x,t)=[\tilde{\phi}_e(x,t)]_1+[\tilde{\phi}_e(x,t)]_2$。负极中 x 位置的传递函数 $[\tilde{\Phi}_e(x,s)]_1/I_{app}(s)$ 由式（6.48）给出，隔膜中 x 位置的传递函数由式（6.49）给出，正极中 x 位置的传递函数由式（6.50）给出。

一旦计算出合适的 $[\tilde{\phi}_e(x,t)]_1$，将进一步计算：

$$\tilde{\phi}_e(x,t)=[\tilde{\phi}_e(x,t)]_1+\frac{2RT(1-t_+^0)}{F}\ln\left(\frac{c_e(x,t)}{c_e(0,t)}\right)$$

式中：$c_e(x,t)$ 按“电解液中的浓度”所述计算。最后可得

$$\phi_e(x,t)=\tilde{\phi}_e(x,t)+\phi_e(0,t)=\tilde{\phi}_e(x,t)-\phi_{s\text{-}e}^{neg}(0,t)$$

式中：通过式（6.12）中的传递函数确定 $\tilde{\phi}_{s\text{-}e}(0,t)$。注意，传递函数 $\tilde{\Phi}_{s\text{-}e}^{neg}(z,s)/I_{app}(s)$ 在原点有一个极点，在使用 DRA 得出式（6.14）中的 $[\tilde{\Phi}_{s\text{-}e}^{neg}(z,s)]^*/I_{app}(s)$ 传递函数之前将其移除。积分响应可以后续进行添加，即 $\tilde{\phi}_{s\text{-}e}(t)=\tilde{\phi}_{s\text{-}e}^*(t)+(\tilde{\phi}_{s\text{-}e}^{res0})x_i(t)$，其中 $x_i(t)$ 是 DRA 模型的积分器状态。

回忆：

$$c_{s,avg}(t)=(\tilde{c}_{s,e}^{res0})x_i(t)+c_{s,0}$$

并注意到

$$\tilde{\phi}_{s\text{-}e}^{res0}=\left.\frac{\partial U_{ocp}}{\partial c_{s,e}}\right|_{c_{s,0}}\times\tilde{c}_{s,e}^{res0}$$

因此有

$$\phi_{s\text{-}e}^{neg}=[\tilde{\phi}_{s\text{-}e}^{neg}]^*+\left(U_{ocp}^{neg}(c_{s,0}^{neg})+\left[\left.\frac{\partial U_{ocp}^{neg}}{\partial c_{s,e}^{neg}}\right|_{c_{s,0}^{neg}}\right](\tilde{c}_{s,avg}^{neg}-c_{s,0}^{neg})\right)$$

式中：公式右边的第二项等于 $U_{ocp}^{neg}(c_{s,avg}^{neg})$ 在初始平均浓度 $c_{s,0}^{neg}$ 周围的泰勒级数展开式的前两项。因此，如果我们实施 $[\tilde{\Phi}_{s\text{-}e}^{neg}(z,s)]^*/I_{app}(s)$，然后计算 $\phi_{s\text{-}e}^{neg}(0,t)=[\tilde{\phi}_{s\text{-}e}^{neg}(0,t)]^*+U_{ocp}^{neg}(c_{s,avg}^{neg}(t))$，可以获得更准确的结果。

最后有

$$\phi_e(x,t)=\tilde{\phi}_e(x,t)-[\tilde{\phi}_{s\text{-}e}^{neg}(0,t)]^*-U_{ocp}^{neg}(c_{s,avg}^{neg}(t))$$

(5) 电解液中的浓度：电解液中的锂浓度表示为 $c_e(x,t)$。我们定义了减

去平均浓度的去偏电解液浓度为 $\tilde{c}_e(x,t)=c_e(x,t)-c_{e,0}$。根据式（6.45），使用特征函数展开式，用前 M 项求和来表示 $\tilde{c}_e(x,t)$ 的传递函数，其中 M 至少与预期的降阶模型阶数一样大。特征函数 $\Psi(x;\lambda_k)$ 的详细求解方法见 6.5.3 节。传递函数用式（6.42）~式（6.44）表示。

6.8 计算电池电压

电池模型的一个更重要的应用是能够预测电池电压对输入电流变化的响应。z 坐标下的电池端电压可以写为 $v(t)=\phi_s^{pos}(0,t)-\phi_s^{neg}(0,t)$。然而，实施这个等式将遇到困难：需要计算 $\phi_s^{pos}(0,t)$，这要求我们必须已知 $v(t)$ 和 $\tilde{\phi}_s^{pos}(0,t)$！

解决该难题的办法是把局部超电势记为 $\eta=\phi_s-\phi_e-U_{ocp}-FR_{film}j$。适当地混合 x 坐标和 z 坐标，并将 η 作为 z 坐标的变量进行处理，可以得到

$$\begin{aligned}v(t)=&\eta^{pos}(0,t)+\phi_e^{pos}(L^{tot},t)+U_{ocp}^{pos}(c_{s,e}^{pos}(0,t))+FR_{film}^{pos}j^{pos}(0,t)\\&-\eta^{neg}(0,t)-\phi_e^{neg}(0,t)-U_{ocp}^{neg}(c_{s,e}^{neg}(0,t))-FR_{film}^{neg}j^{neg}(0,t)\end{aligned}$$

这是一个改进，因为我们已经知道如何计算这些项中的大多数。然而，我们还没有讨论 $\eta(z,t)$。计算其值的一种可能的方法是使用式（6.4）：

$$\begin{aligned}\eta^{pos}(z,t)&=FR_{ct}^{pos}j^{pos}(z,t)\\\eta^{neg}(z,t)&=FR_{ct}^{neg}j^{neg}(z,t)\end{aligned}$$

这可以用来描述一个小信号，但通过 Butler-Volmer 方程可以很容易看出超电势实际的非线性性质。回忆：

$$j=k_0c_e^{1-\alpha}(c_{s,max}-c_{s,e})^{1-\alpha}c_{s,e}^{\alpha}\times\left(\exp\left(\frac{(1-\alpha)F}{RT}\eta\right)-\exp\left(-\frac{\alpha F}{RT}\eta\right)\right)$$

如果假设电荷转移系数 $a=0.5$，就像通常的情况一样有

$$j=2k_0\sqrt{c_e(c_{s,max}-c_{s,e})c_{s,e}}\sinh\left(\frac{F}{2RT}\eta\right)$$

这可以反过来求解超电势：

$$\eta=\frac{2RT}{F}\operatorname{asinh}\left(\frac{j}{2k_0\sqrt{c_e(c_{s,max}-c_{s,e})c_{s,e}}}\right)\tag{6.51}$$

线性化式（6.51）可得出式（6.4）。然而，直接使用式（6.51）中的非线性关系计算过电位可以得到更好的电压预测值，有

$$\eta^{pos}(z,t)=\frac{2RT}{F}\operatorname{asinh}\left(\frac{j^{pos}(z,t)}{2k_0^{pos}\sqrt{c_e(z,t)(c_{s,max}^{pos}-c_{s,e}^{pos}(z,t))c_{s,e}^{pos}(z,t)}}\right)$$

$$\eta^{\text{neg}}(z,t)=\frac{2RT}{F}\operatorname{asinh}\left(\frac{j^{\text{neg}}(z,t)}{2k_0^{\text{neg}}\sqrt{c_{\text{e}}(z,t)(c_{\text{s,max}}^{\text{neg}}-c_{\text{s,e}}^{\text{neg}}(z,t))c_{\text{s,e}}^{\text{neg}}(z,t)}}\right)$$

有了这两个定义式，可以把电池电压记为

$$\begin{aligned}v(t)=&F[R_{\text{film}}^{\text{pos}}j^{\text{pos}}(0,t)-R_{\text{film}}^{\text{neg}}j^{\text{neg}}(0,t)]+[\tilde{\phi}_{\text{e}}(L^{\text{tot}},t)]_1\\&+[\eta^{\text{pos}}(0,t)-\eta^{\text{neg}}(0,t)]+[\tilde{\phi}_{\text{e}}(L^{\text{tot}},t)]_2\\&+[U_{\text{ocp}}^{\text{pos}}(c_{\text{s,e}}^{\text{pos}}(0,t))-U_{\text{ocp}}^{\text{neg}}(c_{\text{s,e}}^{\text{neg}}(0,t))]\end{aligned}\tag{6.52}$$

式中：方程的第一行包含电压方程的线性部分，后两行包含计算为线性模型输出的非线性函数的项。

6.9 频率响应和电池阻抗

电压方程也可以改写为电池的线性化小信号频率响应，其为阻抗谱的负值。从式（6.52）开始，使用已经线性化的过电位，剩下的非线性项为

$$[\tilde{\phi}_{\text{e}}(L^{\text{tot}},t)]_2\text{和}[U_{\text{ocp}}^{\text{pos}}(c_{\text{s,e}}^{\text{pos}}(0,t))-U_{\text{ocp}}^{\text{neg}}(c_{\text{s,e}}^{\text{neg}}(0,t))]$$

写出第一个公式：

$$[\tilde{\phi}_{\text{e}}(L^{\text{tot}},t)]_2=\frac{2RT(1-t_+^0)}{F}[\ln(c_{\text{e}}(L^{\text{tot}},t)-\ln(c_{\text{e}}(0,t))]$$

通过泰勒级数展开，线性化处理对数，得到

$$\begin{aligned}\ln(c_{\text{e}})&\approx\ln(c_{\text{e},0})+\left[\frac{\partial\ln c_{\text{e}}}{\partial c_{\text{e}}}\right|_{c_{\text{e},0}}(c_{\text{e}}-c_{\text{e},0})\\&=\ln(c_{\text{e},0})+\left(\frac{c_{\text{e}}-c_{\text{e},0}}{c_{\text{e},0}}\right)=\ln(c_{\text{e},0})+\frac{\tilde{c}_{\text{e}}}{c_{\text{e},0}}\end{aligned}$$

则

$$[\tilde{\phi}_{\text{e}}(L^{\text{tot}},t)]_2\approx\frac{2RT(1-t_+^0)}{F}\left[\frac{\tilde{c}_{\text{e}}(L^{\text{tot}},t)-\tilde{c}_{\text{e}}(0,t)}{c_{\text{e},0}}\right]$$

使用类似的方法，开路电压关系可以线性化为

$$\begin{aligned}U_{\text{ocp}}(c_{\text{s,e}})&\approx U_{\text{ocp}}(c_{\text{s},0})+\left[\frac{\partial U_{\text{ocp}}(c_{\text{s,e}})}{\partial c_{\text{s,e}}}\right|_{c_{\text{s},0}}(c_{\text{s,e}}-c_{\text{s},0})\\&=U_{\text{ocp}}(c_{\text{s},0})+\left[\frac{\partial U_{\text{ocp}}(c_{\text{s,e}})}{\partial c_{\text{s,e}}}\right|_{c_{\text{s},0}}\tilde{c}_{\text{s,e}}\end{aligned}$$

所以，电池电压的线性化模型为

$$v(t)\approx FR_{\text{s,e}}^{\text{pos}}j^{\text{pos}}(0,t)-FR_{\text{s,e}}^{\text{neg}}j^{\text{neg}}(0,t)+[\tilde{\phi}_{\text{e}}(L^{\text{tot}},t)]_1$$

$$+\frac{2RT(1-t_+^0)}{F}\left[\frac{\tilde{c}_{\mathrm{e}}(L^{\mathrm{tot}},t)-\tilde{c}_{\mathrm{e}}(0,t)}{c_{\mathrm{e},0}}\right]$$
$$+\left[U_{\mathrm{ocp}}^{\mathrm{pos}}(c_{\mathrm{s},0}^{\mathrm{pos}})-U_{\mathrm{ocp}}^{\mathrm{neg}}(c_{\mathrm{s},0}^{\mathrm{neg}})\right]$$
$$+\left[\frac{\partial U_{\mathrm{ocp}}^{\mathrm{pos}}(c_{\mathrm{s,e}}^{\mathrm{pos}})}{\partial c_{\mathrm{s,e}}^{\mathrm{pos}}}\right|_{c_{\mathrm{s},0}^{\mathrm{pos}}}\tilde{c}_{\mathrm{s,e}}^{\mathrm{pos}}(0,t)-\left[\frac{\partial U_{\mathrm{ocp}}^{\mathrm{neg}}(c_{\mathrm{s,e}}^{\mathrm{neg}})}{\partial c_{\mathrm{s,e}}^{\mathrm{neg}}}\right|_{c_{\mathrm{s},0}^{\mathrm{neg}}}\tilde{c}_{\mathrm{s,e}}^{\mathrm{neg}}(0,t)$$

首先，定义去偏电压：

$$\tilde{\nu}(t)=\nu(t)-\left[U_{\mathrm{ocp}}^{\mathrm{pos}}(c_{\mathrm{s},0}^{\mathrm{pos}})-U_{\mathrm{ocp}}^{\mathrm{neg}}(c_{\mathrm{s},0}^{\mathrm{neg}})\right]$$

然后，从电流到去偏电压的传递函数为

$$\frac{\tilde{V}(s)}{I_{\mathrm{app}}(s)}=FR_{\mathrm{s,e}}^{\mathrm{pos}}\frac{J^{\mathrm{pos}}(0,s)}{I_{\mathrm{app}}(s)}-FR_{\mathrm{s,e}}^{\mathrm{neg}}\frac{J^{\mathrm{neg}(0,s)}}{I_{\mathrm{app}}(s)}+\frac{[\tilde{\Phi}_e(L^{\mathrm{tot}},s)]_1}{I_{\mathrm{app}}(s)}$$
$$+\frac{2RT(1-t_+^0)}{Fc_{\mathrm{e},0}}\left[\frac{\tilde{C}_{\mathrm{e}}(L^{\mathrm{tot}},s)}{I_{\mathrm{app}}(s)}-\frac{\tilde{C}_{\mathrm{e}}(0,s)}{I_{\mathrm{app}}(s)}\right]$$
$$+\left[\frac{\partial U_{\mathrm{ocp}}^{\mathrm{pos}}(c_{\mathrm{s,e}}^{\mathrm{pos}})}{\partial c_{\mathrm{s,e}}^{\mathrm{pos}}}\right|_{c_{\mathrm{s},0}^{\mathrm{pos}}}\frac{\tilde{C}_{\mathrm{s,e}}^{\mathrm{pos}}(0,s)}{I_{\mathrm{app}}(s)}-\left[\frac{\partial U_{\mathrm{ocp}}^{\mathrm{neg}}(c_{\mathrm{s,e}}^{\mathrm{neg}})}{\partial c_{\mathrm{s,e}}^{\mathrm{neg}}}\right|_{c_{\mathrm{s},0}^{\mathrm{neg}}}\frac{\tilde{C}_{\mathrm{s,e}}^{\mathrm{neg}}(0,s)}{I_{\mathrm{app}}(s)}\tag{6.53}$$

式中：传递函数中各部分如本章前面所定义。

注意，由于电池电压等于开路电压减去电流乘以广义阻抗：

$$\nu(t)=\mathrm{OCV}(z(t))-Zi_{\mathrm{app}}(t)$$

我们有 $\tilde{\nu}(t)=-Zi_{\mathrm{app}}(t)$，则

$$Z(s)=-\frac{\tilde{V}(s)}{I_{\mathrm{app}}(s)}$$

上述关系式得到了阻抗谱，可与实验室电化学阻抗谱（Electrochemical Impedance Spectroscopy，EIS）测试结果进行比较。

6.10　多输出 DRA

我们现在已经推导出锂离子电池内部动态建模所必需的所有连续时间传递函数，接下来的目标是用降阶离散状态空间模型①来近似这些传递函数：

$$\boldsymbol{x}[k+1]=\hat{\boldsymbol{A}}\boldsymbol{x}[k]+\hat{\boldsymbol{B}}i_{\mathrm{app}}[k]$$

① 状态矩阵上的 ∧ 提醒我们，DRA 产生了一个降阶近似系统来描述无限阶理想系统。

$$\boldsymbol{y}[k]=\hat{\boldsymbol{C}}x[k]+\hat{\boldsymbol{D}}\boldsymbol{i}_{\text{app}}[k]$$

我们将使用第 5 章的 DRA，以从本章推导出的传递函数中找到状态空间矩阵。

到目前为止，我们看到的使用 DRA 的唯一例子是单输入单输出系统。但是，DRA 也可以适用于多输入单输出、单输入多输出或多输入多输出传递函数。在这里考虑单输入 $i_{\text{app}}(t)$ 和多输出的情况，其中输出包含用户希望的传递函数集。由 DRA 实现的整体多输出传递函数是所有单输出子传递函数的列向量。例如，如果用户想要确定 $j^{\text{neg}}(0,t)$ 和 $c_{\text{s,e}}^{\text{pos}}(1,t)$，那么整个传递函数为

$$\boldsymbol{H}(s)=\begin{bmatrix}\dfrac{J^{\text{neg}}(0,s)}{I_{\text{app}}(s)}\\[2ex] \dfrac{\tilde{C}_{\text{s,e}}^{\text{pos}}(1,s)}{I_{\text{app}}(s)}\end{bmatrix}$$

在执行 DRA 步骤 1 之前，$\boldsymbol{H}(s)$ 必须严格稳定（例如，它不能包含 $s=0$ 处的极点，这对应于积分动态）。如果 $\boldsymbol{H}(s)$ 在 $s=0$ 有一个极点，则必须首先移除该极点，从而得到 $\boldsymbol{H}^*(s)$ ①。在最终状态空间表示中，考虑到之前移除了 DRA 中的极点 $s=0$，我们把积分环节增加到模型中去。增广离散时间状态空间模型为

$$\underbrace{\begin{bmatrix}\boldsymbol{x}[k+1]\\ x_i[k+1]\end{bmatrix}}_{\boldsymbol{x}_{\text{aug}}[k+1]}=\underbrace{\begin{bmatrix}\hat{\boldsymbol{A}} & \boldsymbol{0}\\ \boldsymbol{0} & 1\end{bmatrix}}_{\hat{\boldsymbol{A}}_{\text{aug}}}\underbrace{\begin{bmatrix}\boldsymbol{x}[k]\\ x_i[k]\end{bmatrix}}_{\boldsymbol{x}_{\text{aug}}[k]}+\underbrace{\begin{bmatrix}\hat{\boldsymbol{B}}\\ T_s\end{bmatrix}}_{\hat{\boldsymbol{B}}_{\text{aug}}}i_{\text{app}}[k]$$

$$\boldsymbol{y}[k]=\underbrace{[\hat{\boldsymbol{C}}\quad \mathbf{res}_0]}_{\hat{C}_{\text{aug}}}\begin{bmatrix}\boldsymbol{x}[k]\\ x_i[k]\end{bmatrix}+\boldsymbol{D}\boldsymbol{i}_{\text{app}}[k]$$

式中：$\mathbf{res}_0$ 是一个列向量，它包含在原点处有一个极点的传递函数的残数。

输出向量的长度取决于由用户选择进行估算的 z 位置（对于电极域的性质）和 x 位置（对于电池尺度的特性）的数量。例如，在 4 个空间位置（如 2 个集流体、2 个电极/隔膜界面），对 6 个变量 $[\tilde{\phi}_{\text{s-e}}]^*$、$j$、$\tilde{c}_{\text{s,e}}$、$\tilde{\phi}_{\text{s}}$、$[\tilde{\phi}_{\text{e}}]_1$ 和 $\tilde{c}_{\text{e}}$ 求解，总共将产生 24 个输出。然后，输出 $\boldsymbol{y}(t)$ 具有以下结构：

① 本章推导的传递函数只有两个，分别是 $c_{\text{s,e}}$ 和 $\phi_{\text{s-e}}$，它们均包含极点 $s=0$。这些传递函数去掉积分器后的形式在其推导部分已经给出。

$$\boldsymbol{y}(t)=\begin{bmatrix}[\tilde{\boldsymbol{\phi}}_{\text{s-e}}(z,t)]^{*}\\ \boldsymbol{j}(z,t)\\ \tilde{\boldsymbol{c}}_{\text{s,e}}(z,t)\\ \tilde{\boldsymbol{\phi}}_{\text{s}}(z,t)\\ [\tilde{\boldsymbol{\phi}}_{\text{e}}(x,t)]_{1}\\ \tilde{\boldsymbol{c}}_{\text{e}}(x,t)\end{bmatrix} \tag{6.54}$$

式中：每个变量是对应于所估计的 4 个空间位置的四维向量。

DRA 步骤 1 要求我们选择一个高速采样频率 F_1 来近似连续时间系统的脉冲响应。研究发现仿真结果对 F_1 不是很敏感，但截断脉冲响应的持续时间要足够长，以包含模型中的慢时间常数。

虽然 DRA 输出向量 $\boldsymbol{y}(t)$ 的元素具有物理意义，但状态向量 $\boldsymbol{x}(t)$ 中唯一具有独立物理意义的状态变量是积分器状态。如果这个状态是 $\boldsymbol{x}_i(t)$，那么固体电极中锂的平均浓度为

$$c_{\text{s,avg}}(t)=c_{\text{s,0}}+(\tilde{c}_{\text{s,e}}^{\text{res0}})x_i(t)$$

在两个电极中，通过式（6.16），上式可变成

$$c_{\text{s,avg}}^{\text{neg}}(t)=c_{\text{s,0}}^{\text{neg}}-\left(\frac{1}{\varepsilon_{\text{s}}^{\text{neg}}\text{AFL}^{\text{neg}}}\right)x_i(t)$$

$$c_{\text{s,avg}}^{\text{pos}}(t)=c_{\text{s,0}}^{\text{pos}}+\left(\frac{1}{\varepsilon_{\text{s}}^{\text{pos}}\text{AFL}^{\text{pos}}}\right)x_i(t)$$

由于锂在电极中的平均浓度与电极的荷电状态有关，因此积分器状态值是估计电池 SOC 的关键。

图 6-12 展示出生成电池动态线性状态空间模型的过程。第 3 章和第 4 章分别推导了偏微分方程模型。本章描述如何线性化模型以创建传递函数。第 5 章中的 DRA 使用这些传递函数来生成状态空间模型。

将此图与创建等效电路模型的图 2-27 进行比较，可以看到显著差异。等效电路模型的建立基于非线性优化和电流 – 电压电池测试数据；而基于机理的降阶模型是通过大量数学推导获得传递函数，然后采用降阶方法进行近似处理。

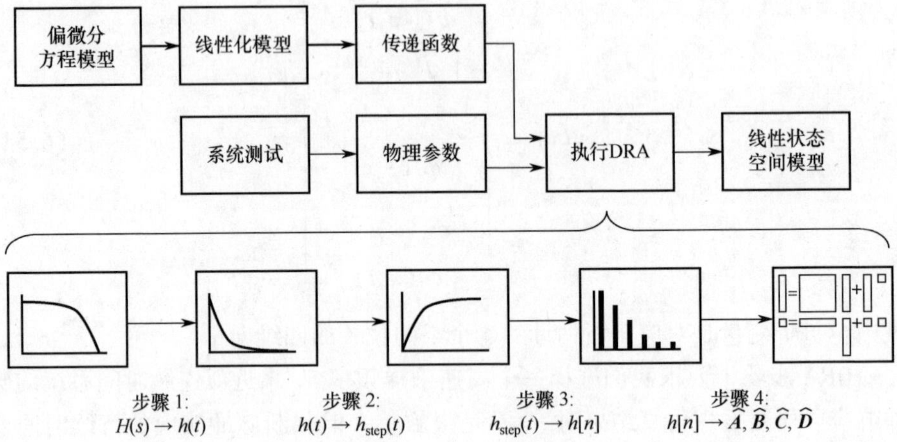

图 6-12 计算线性状态空间模型的过程[①]

6.11 全电池模型

由 DRA 生成的状态空间模型，在进行一些数学转换后可以变为标准形式，具体方法将在 6.13.2 节中进行描述。现在，假设可以将 DRA 输出转换为具有对角矩阵 $\hat{\boldsymbol{A}}$ 和仅包含单位值 1 的矩阵 $\hat{\boldsymbol{B}}$ 的状态空间系统。然后对矩阵 $\hat{\boldsymbol{A}}$ 的对角线进行排序，使得积分器状态是 $x_{aug}[x]$ 向量的底项。通过这些变换，模型状态方程可以可视化，如图 6-13 所示，它显示了一个有 4 个状态和 1 个积分器状态的模型。我们发现这种配置在实践中非常有效，状态更新由 4 个乘法（对于积分器状态不需要乘以 1）和 5 个加法来执行，计算速度非常快。

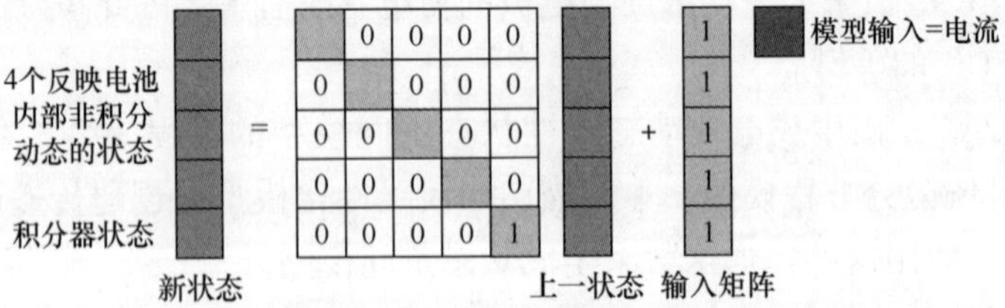

图 6-13 状态方程可视化过程

① 参考文献：Lee, J. L., Aldrich, L., Stetzel, K., and Plett, G. L., “Extended Operating Range for Reduced-Order Model of Lithium-Ion Cells,” Journal of Power Sources, 255, 2014, pp. 85-100.

线性输出方程如图 6-14 所示。$\boldsymbol{y}[k]$ 中的行数取决于用户需要 DRA 生成的传递函数的数量。式（6.54）表示的例子有 24 个输出，所以矩阵 $\hat{\boldsymbol{C}}$ 的大小是 24 × 5。矩阵 $\hat{\boldsymbol{C}}$ 通常是满的，除非知道输出不含积分器部分，那么与积分器状态相关联的列是零，在计算时可以跳过这些乘零运算。矩阵 $\hat{\boldsymbol{D}}$ 通常也是满的，但我们知道对应于计算 $\tilde{c}_{s,e}$ 或 $\tilde{c}_e$ 输出值的行都有零元素，因此可以跳过这些乘零运算。

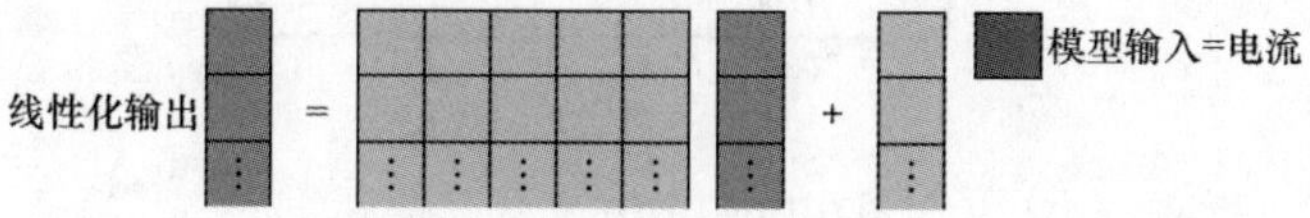

图 6-14　输出方程的可视化过程

总的来说，图 6-15 显示了仿真降阶模型的过程，它比图 2 – 28 中的等效电路模型更复杂，但它最大优点是能够计算除电池电压之外的所有内部电池变量，而等效电路模型只能计算电池电压。

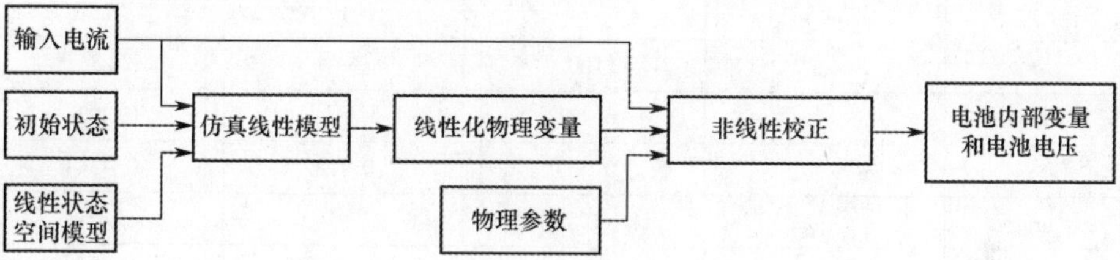

图 6-15　仿真基于机理的降阶模型过程①

6.12 仿真示例

本节将使用仿真来演示降阶模型，并与描述多孔电极模型的全阶偏微分方程模型进行比较。表 6-1 中列出了用于仿真的电池参数②。仿真的电池输入电流基于城市测力计驾驶规程（UDDS），如图 6-16 所示，最大绝对速率对应于

① 参考文献：Lee, J. L., Aldrich, L., Stetzel, K., and Plett, G. L., "Extended Operating Range for Reduced-Order Model of Lithium-Ion Cells," Journal of Power Sources, 255, 2014, pp. 85-100.

② 参考文献：Doyle, M., Newman, J., Gozdz, A. S., Schmutz, C. N., and Tarascon, J M, "Comparison of Modeling Predictions with Experimental Data from Plastic Lithium Ion Cells," Journal of the Electrochemical Society, 143, 1996, pp. 1890-1903.

电流41A。

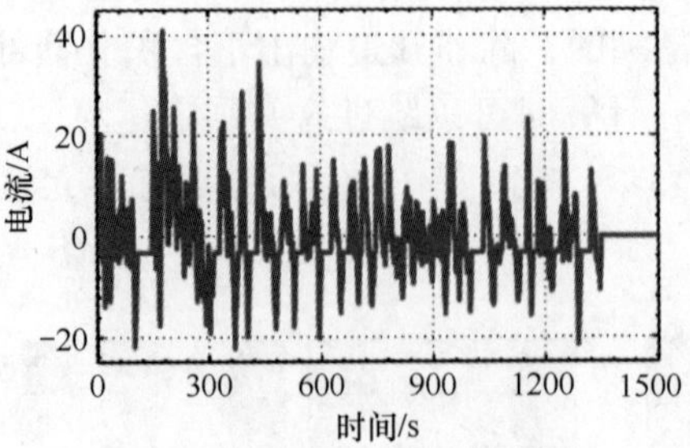

图 6-16　UDDS 电流曲线

表 6-1　仿真电池参数①

参　数	单　位	负　极	隔　膜	正　极
L	μm	128	76	190
R_s	μm	12.5	—	8.5
A	m^2	1	1	1
σ	$S \cdot m^{-1}$	100	—	3.8
ε_s	$m^3 \cdot m^{-3}$	0.471	—	0.297
ε_e	$m^3 \cdot m^{-3}$	0.357	0.724	0.444
brug	—	1.5	—	1.5
$c_{s,max}$	$mol \cdot m^{-3}$	26390	—	22860
$c_{e,0}$	$mol \cdot m^{-3}$	2000	2000	2000
θ_{min}	—	0.05	—	0.78
θ_{max}	—	0.53	—	0.17
D_s	$m^2 \cdot s^{-1}$	3.9×10^{-14}	—	1.0×10^{-13}
D_e	$m^2 \cdot s^{-1}$	7.5×10^{-11}	7.5×10^{-11}	7.5×10^{-11}
t_+^0	—	0.363	0.363	0.363
k	$mol^{-1/2} \cdot m^{5/2} \cdot s^{-1}$	1.94×10^{-11}	—	2.16×10^{-11}
α	—	0.5	—	0.5
R_{film}	$\Omega \cdot m^2$	0.0	—	—

① 参考文献：Doyle, M., Newman, J., Gozdz, A. S., Schmutz, C. N., and Tarascon, J – M, “Comparison of Modeling Predictions with Experimental Data from Plastic Lithium Ion Cells,” Journal of the Electrochemical Society, 143, 1996, pp. 1890-1903.

（续）

$$\sigma_{\text{eff}} = \sigma\varepsilon_{\text{s}}^{\text{brug}},\ \kappa_{\text{eff}} = \kappa\varepsilon_{\text{e}}^{\text{brug}},\ D_{\text{e,eff}} = D_{\text{e}}\varepsilon_{\text{e}}^{\text{brug}}$$
在电解液中，电导率是浓度的函数：
$$\kappa(c_{\text{e}}) = 4.1253\times10^{-2} + 5.007\times10^{-4}c_{\text{e}} - 4.7212\times10^{-7}c_{\text{e}}^2 + 1.5094\times10^{-10}c_{\text{e}}^3 - 1.6018\times10^{-14}c_{\text{e}}^4$$
对于负极，开路电位函数为
$$U_{\text{ocp}}^{\text{neg}}(\theta) = -0.16 + 1.32\exp(-3.0\theta) + 10.0\exp(-2{,}000.0\theta)$$
对于正极，开路电位函数为
$$U_{\text{ocp}}^{\text{pos}}(\theta) = 4.19829 + 0.0565661\tanh(-14.5546\theta + 8.60942) - 0.0275479\left[\frac{1}{(0.998432-\theta)^{0.4924656}} - 1.90111\right] - 0.157123\exp(-0.04738\theta^6) + 0.810239\exp[-40(\theta - 0.133875)]$$

将降阶模型 ROM 与伪二维多孔电极的全阶模型 FOM 仿真结果进行比较，其中 FOM 在 COMSOL 中实现。在所有情况下，仿真电池初始 SOC 均为 60%。我们计算 5 个主要电池变量（$j, c_{\text{s,e}}, c_{\text{e}}, \phi_{\text{s}}, \phi_{\text{e}}$）在电池内 4 个不同空间位置（2 个集流体和 2 个电极/隔膜界面）的 DRA 输出和偏微分方程输出。因此，降阶状态空间模型有 1 个输入（电池电流），18 个线性输出。

当近似电解液浓度时，使用特征值/特征函数对 λ_k 和 $\Psi(x;\lambda_k)$，$k = 1,2,\cdots,10$。对于本仿真，DRA 高速采样频率为 $F_1 = 2\text{Hz}$，计算得到的离散降阶模型的采样周期为 $T_{\text{s}} = 1\text{s}$。运行 DRA 的计算复杂度和所得到的降阶模型预测精度对这些参数都不敏感。我们使用的 ROM，其状态向量 $x_{\text{aug}}(t)$ 中正好有 5 个状态变量。

在 DRA 的步骤 4 中使用了 ERA（替换 Ho-Kalman 算法），j_k 包括

$$j_k = \{0\cdots4000,\ 5000\cdots5100,\ 6000\cdots6050,\ 7000\cdots7050,\ 8000\cdots8050,\ 10000\cdots10050,\ 12000\cdots12050,\ 14000\cdots14050,\ 16000\cdots16050,\ 18000\cdots18050,\ 19000\cdots19050,\ 20000\cdots20050\}$$

$t_k = j_k$。采样点选择未优化，但突出早期采样，并包括一些后期采样，以获取较慢的时间常数。对于如此大的 j_k，DRA 需要大量的内存资源（以计算 SVD），和相当长的计算时间。较短的 j_k 可以用来减少内存和时间需求，但影响精度。

图 6-17 给出了该 ROM 与电极－隔膜界面处 FOM 的通量密度预测结果比较。电极－隔膜界面处的电化学反应比集流体处的电化学反应更为活跃，因此 ROM 更难跟踪其变化。但尽管如此，ROM 和 FOM 的结果仍非常吻合。

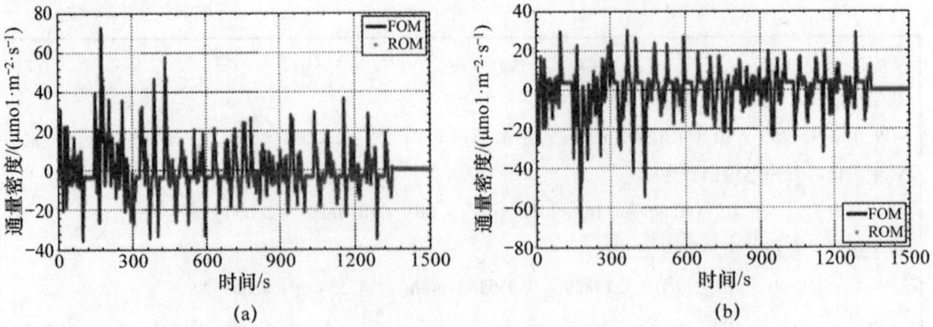

图 6-17　电极 – 隔膜边界处的 Butler-Volmer 通量①（见彩图）

（a）负极 – 隔膜界面 j；（b）正极 – 隔膜界面 j。

同样，电池内部电位的 ROM 与 FOM 预测结果对比，如图 6-18 所示，它们也很吻合。

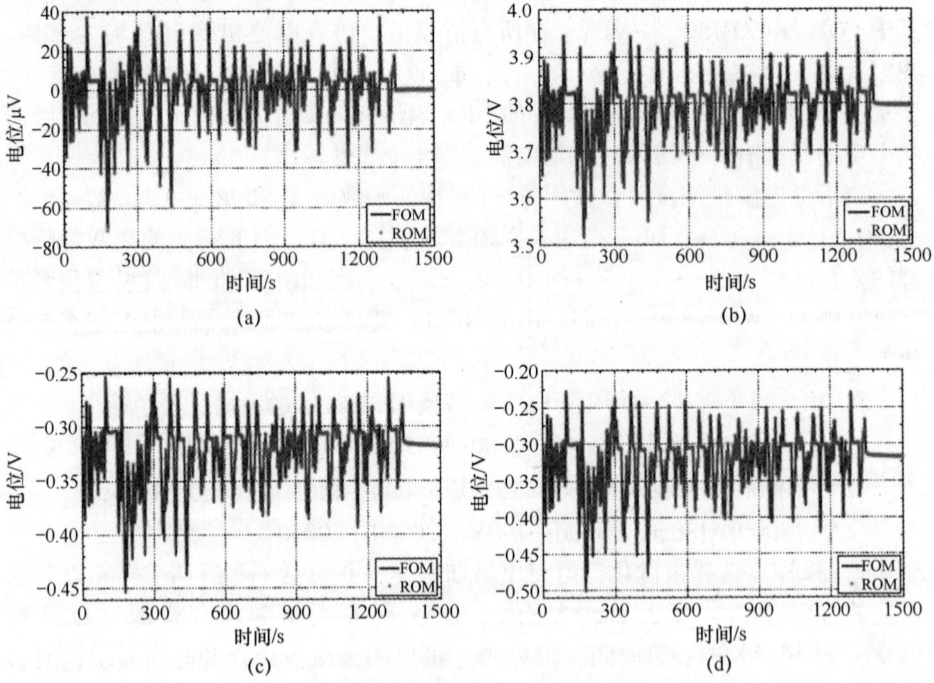

图 6-18　固相和电解液中电位（见彩图）

（a）负极 – 隔膜界面 ϕ_s；（b）正极 – 隔膜界面 ϕ_s；

（c）负极 – 隔膜界面 ϕ_e；（d）正极 – 隔膜界面 ϕ_e。

① 参考文献：Lee et al.，Journal of Power Sources，220，2012，pp. 430-448.

最后，内部浓度的 ROM 与 FOM 结果比较如图 6-19 所示。这些变量与其他变量相比，吻合程度要低，但也足以使用了。

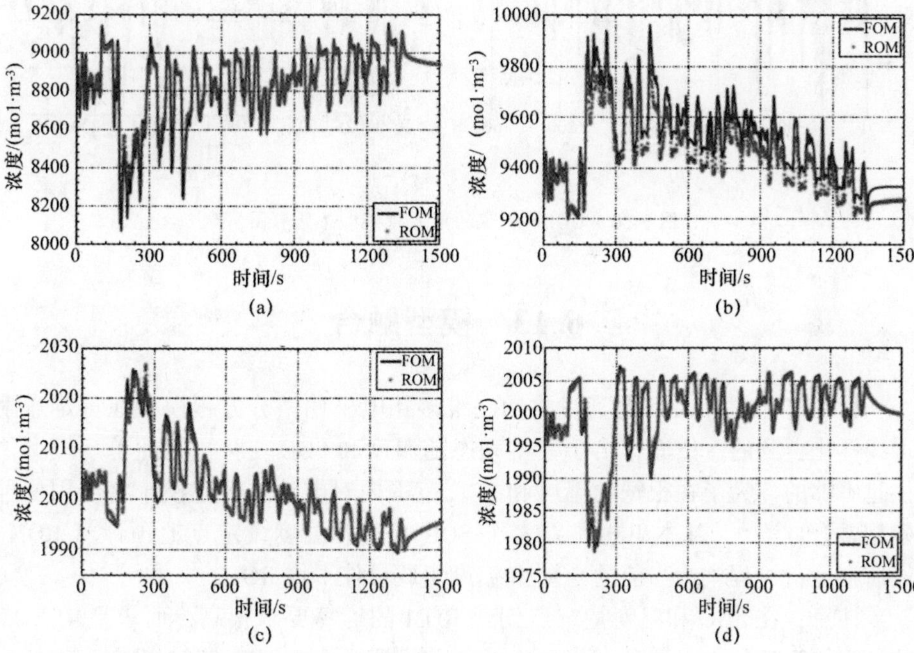

图 6-19　固体表面和电解液相锂浓度①（见彩图）

（a）负极 – 隔膜界面 $c_{s,e}$；（b）正极 – 隔膜界面 $c_{s,e}$；

（c）负极 – 隔膜界面 c_e；（d）正极 – 隔膜界面 c_e。

ROM 的输出电池电压使用式（6.52）计算。5 阶 ROM 和精确偏微分方程模型的结果如图 6-20 所示，FOM 和 ROM 之间的电池电压均方根误差为 1mV，右图为误差最大期间的局部放大。

① 参考文献：Lee，J. L.，Chemistruck，A.，and Plett，G. L.，“One-Dimensional Physics-Based Reduced-Order Model of Lithium-Ion Dynamics，” Journal of Power Sources，220，2012，pp. 430-448.

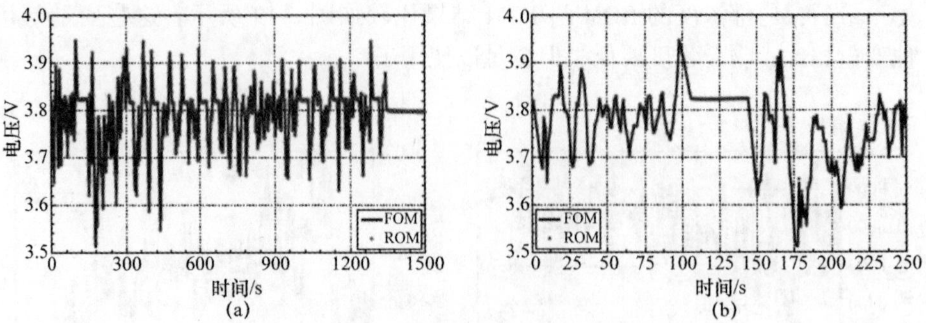

图 6-20 UDDS 测试的电池电压① (见彩图)

6.13 模型融合

目前建立的 ROM，是通过将伪二维多孔电极偏微分方程模型在特定点附近线性化得到的。然而，由于模型动态随温度和 SOC 变化，因此单一模型往往是不够的。为了在很宽的温度和 SOC 范围内对电池进行建模，将使用一种模型融合方法②。基本思想是在多个 SOC 状态和温度设定点上预计算 ROM，然后在运行过程中为当前的 SOC 和温度生成最佳平均 ROM。

注意，在 SOC 和温度特定点创建 ROM 的计算要求很高，而求平均 ROM 的计算要求较低——这种方法避免了在运行期间通过 DRA 实时生成 ROM。本章我们希望使用模型融合来扩展 ROM 的 SOC 应用范围，第 7 章将研究模型如何随温度变化。目前可以假设，在 SOC 和温度的线性化设定点附近生成 ROM 是可行的。

模型融合是非线性系统建模中最常用的方法之一。当变量在运行过程中变化缓慢（如电池 SOC 和温度）或模型参数值变化平滑时，这种方法通常能取得很好的效果。

6.13.1 融合模型

在温度和 SOC 的期望工作范围内，先验地使用 DRA 生成单个降阶模型。

---

① 参考文献：Lee, J. L., Chemistruck, A., and Plett, G. L., "One-Dimensional Physics-Based Reduced-Order Model of Lithium-Ion Dynamics," Journal of Power Sources, 220, 2012, pp. 430-448.

② 参考文献：Lee, J. L., Aldrich, L., Stetzel, K., and Plett, G. L., "Extended Operating Range for Reduced-Order Model of Lithium-Ion Cells," Journal of Power Sources, 255, 2014, pp. 85-100.

为简单起见，假设设定点是通过温度向量和 SOC 向量的笛卡儿积生成的，因此可以表示在矩形网格上。

如图 6-21 所示，使用双线性插值法实时融合这些预计算模型以生成时变状态空间模型。将 SOC_0 定义为预计算模型中，小于或等于电池当前运行 SOC 值、最接近的 SOC 设定值；SOC_1 是大于电池当前运行 SOC 值，且最接近的 SOC 设定值。类似地，将 T_0 定义为预计算模型中小于或等于电池当前工作温度的、最接近的温度设定值，T_1 是大于电池当前工作温度的最近的温度设定值。然后定义融合因子 θ_z 和 θ_T 为

$$\theta_z = \frac{SOC - SOC_0}{SOC_1 - SOC_0}, \theta_T = \frac{T - T_0}{T_1 - T_0}$$

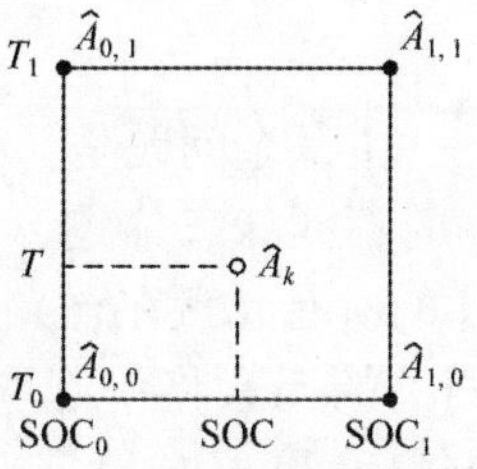

图 6-21　$\hat{A}$ 的双线性插值[①]

时变融合矩阵 $\hat{\boldsymbol{A}}_k$ 的值可以由下式计算[②]：

$$\hat{\boldsymbol{A}}_k = (1 - \theta_T)((1 - \theta_z)\hat{\boldsymbol{A}}_{0,0} + \theta_z \hat{\boldsymbol{A}}_{1,0}) + \theta_T((1 - \theta_z)\hat{\boldsymbol{A}}_{0,1} + \theta_z \hat{\boldsymbol{A}}_{1,1})$$

式中：$\hat{\boldsymbol{A}}_{0,0}$ 为预计算模型在 SOC_0 和 T_0 处的矩阵 $\hat{\boldsymbol{A}}$；$\hat{\boldsymbol{A}}_{0,1}$ 为在 SOC_0 和 T_1 处的矩阵 $\hat{\boldsymbol{A}}$；$\hat{\boldsymbol{A}}_{1,0}$ 为在 SOC_1 和 T_0 处的矩阵 $\hat{\boldsymbol{A}}$；$\hat{\boldsymbol{A}}_{1,1}$ 为在 SOC_1 和 T_1 处的矩阵 $\hat{\boldsymbol{A}}$。时变融合矩阵 $\hat{\boldsymbol{B}}_k$、$\hat{\boldsymbol{C}}_k$ 和 $\hat{\boldsymbol{D}}_k$ 可以用同样的方式找到（将在下一节中看到一些简化方法，使得不必融合 $\hat{\boldsymbol{B}}_k$）。然后用这些时变融合矩阵修改状态空间方程，可以得到

$$\boldsymbol{x}[k+1] = \hat{\boldsymbol{A}}_k \boldsymbol{x}[k] + \hat{\boldsymbol{B}}_k i_{app}[k] \tag{6.55}$$

$$\boldsymbol{y}[k] = \hat{\boldsymbol{C}}_k \boldsymbol{x}[k] + \hat{\boldsymbol{D}}_k i_{app}[k] \tag{6.56}$$

图 6-22 展示了整个模型融合方法的实现过程。在运行过程中，首先利用当前的电池 SOC 和温度值生成融合状态空间矩阵。然后使用这些时变矩阵更

---

① 参考文献，Lee, J. L., Aldrich, L., Stetzel, K., and Plett, G. L., "Extended Operating Range for Reduced-Order Model of Lithium-Ion Cells," Journal of Power Sources, 255, 2014, pp. 85-100

② 下式省略了下标"aug"，假设当需要积分器状态时，所有的矩阵和向量都对应于增广系统。

新模型状态向量 $\boldsymbol{x}[k]$，最后根据更新后的状态向量计算线性化输出 $\boldsymbol{y}[k]$。每个时间步长根据内部状态计算出的SOC，将作为融合过程的输入反馈到线性模型中。

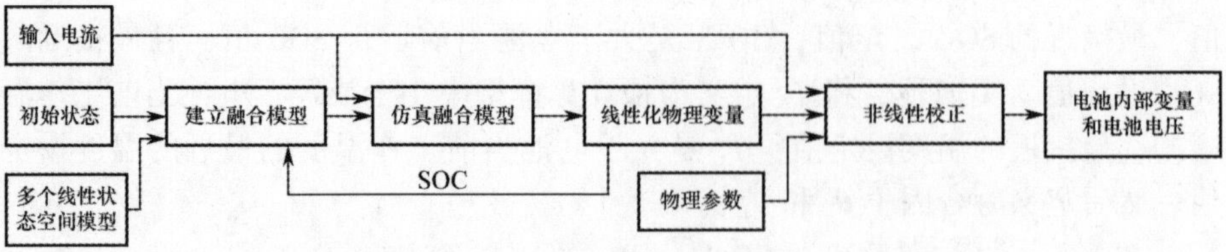

图 6-22　使用模型融合方法仿真电池①

6.13.2　模型排序

实施模型融合方案面临的一个复杂问题是：状态空间模型不是唯一的。无穷多个具有相应 $\{\hat{\boldsymbol{A}},\hat{\boldsymbol{B}},\hat{\boldsymbol{C}},\hat{\boldsymbol{D}}\}$ 的不同状态描述，表示相同的输入－输出关系。因此在模型融合时，矩阵 $\hat{\boldsymbol{A}}_{0,0}$ 的所有元素在含义上必须与矩阵 $\hat{\boldsymbol{A}}_{1,0}$、$\hat{\boldsymbol{A}}_{0,1}$ 和 $\hat{\boldsymbol{A}}_{1,1}$ 的相应元素一致。否则，不相关的元素将一起取平均，从而产生无意义的结果。DRA 本身并不保证在不同温度和 SOC 设定点下生成的模型将展现一致的状态空间描述。

不过，有一个简单的补救办法——将所有预计算模型转换为通用结构。具体做法如下：首先假设由 DRA 生成的线性离散时间状态空间模型为

$$\boldsymbol{x}^{(0)}[k+1] = \hat{\boldsymbol{A}}^{(0)}\boldsymbol{x}^{(0)}[k] + \hat{\boldsymbol{B}}^{(0)} i_{\text{app}}[k]$$

$$\boldsymbol{y}[k] = \hat{\boldsymbol{C}}^{(0)}\boldsymbol{x}^{(0)}[k] + \hat{\boldsymbol{D}} i_{\text{app}}[k]$$

模型上标“(0)”表明，这些矩阵和信号来自直接由 DRA 生成的未转换模型。后续将使用上标“(1)、(2)、(3)”来分别表示模型转换的不同阶段。

对于第一次转换，定义新的状态向量 $\boldsymbol{x}^{(1)}[k]$，使得 $\boldsymbol{x}^{(0)}[k] = \boldsymbol{T}^{(1)}\boldsymbol{x}^{(1)}[k]$，$\boldsymbol{T}^{(1)}$ 是某可逆方阵。当我们记为下式时，在 $i_{\text{app}}[k]$ 和 $\boldsymbol{y}[k]$ 之间有一个等价的输入－输出关系。

$$\boldsymbol{x}^{(1)}[k+1] = \underbrace{(\boldsymbol{T}^{(1)})^{-1}\hat{\boldsymbol{A}}^{(0)}\boldsymbol{T}^{(1)}}_{\hat{\boldsymbol{A}}^{(1)}}\boldsymbol{x}^{(1)}[k] + \underbrace{(\boldsymbol{T}^{(1)})^{-1}\hat{\boldsymbol{B}}^{(0)}}_{\hat{\boldsymbol{B}}^{(1)}} i_{\text{app}}[k][k+1]$$

$$\boldsymbol{y}[k] = \underbrace{\hat{\boldsymbol{C}}^{(0)}\boldsymbol{T}^{(1)}}_{\hat{\boldsymbol{C}}^{(1)}}\boldsymbol{x}^{(1)}[k] + \hat{\boldsymbol{D}} i_{\text{app}}[k]$$

① 参考文献：Lee, J. L., Aldrich, L., Stetzel, K., and Plett, G. L., “Extended Operating Range for Reduced-Order Model of Lithium-Ion Cells,” Journal of Power Sources, 255, 2014, pp. 85-100.

我们可以自由地选择可逆变换矩阵 $\boldsymbol{T}^{(1)}$。

首先考虑选择 $\boldsymbol{T}^{(1)}=\boldsymbol{V}$，其中矩阵 $\boldsymbol{V}$ 的列是 $\hat{\boldsymbol{A}}^{(0)}$ 的特征向量。得到的矩阵 $\hat{\boldsymbol{A}}^{(1)}$ 是对角矩阵①。$\hat{\boldsymbol{A}}^{(1)}$ 中的对角元素称为系统的极点，表示动态时间常数。第一次转换就揭示了模型中的一些物理意义。同时，由于 $n \times n$ 维矩阵 $\hat{\boldsymbol{A}}^{(1)}$ 只包含（在其对角线上的）n 个非零值，因此减少了转换模型的存储需求。另外，由于只需要融合矩阵 $\hat{\boldsymbol{A}}$ 的对角线元素，因此计算要求也降低了，实施 $\hat{\boldsymbol{A}}^{(1)}\boldsymbol{x}^{(1)}[k]$ 所需的乘法比实施 $\hat{\boldsymbol{A}}^{(0)}\boldsymbol{x}^{(0)}[k]$ 所需的乘法少。

由于特征向量只有在一个比例因子下是唯一的，因此可以利用这个剩余的自由度来进一步简化矩阵。在这里，选择将矩阵 $\hat{\boldsymbol{B}}$ 标准化，使其具有单位值元素。当然，这是以 $\hat{\boldsymbol{B}}$ 中没有零元素为前提的，如果系统是完全可控的，这是可以得到保证的。DRA 中使用的 Ho-Kalman 算法总是产生最小的状态空间描述，因此我们有了此项保证。

然后实施第二次转换，选择 $\boldsymbol{T}^{(2)}=\operatorname{diag}(\hat{\boldsymbol{B}}^{(1)})$。在得到的转换模型中，$\hat{\boldsymbol{B}}^{(2)}$ 只包含 1，$\hat{\boldsymbol{A}}^{(2)}$ 等于 $\hat{\boldsymbol{A}}^{(1)}$。这种转换导致矩阵 $\hat{\boldsymbol{B}}^{(2)}$ 和 $\hat{\boldsymbol{C}}^{(2)}$ 都以相同的方式进行缩放。由于我们知道 $\hat{\boldsymbol{B}}^{(2)}$ 只包含元素 1，因此它不需要存储，从而减少了存储需求。由于矩阵 $\hat{\boldsymbol{B}}$ 不需要融合（它们都是相同的），且乘法 $\hat{\boldsymbol{B}}_k i_{\text{app}}[k]$ 只是 $i_{\text{app}}[k]$ 元素的重复，不需要计算，因此计算量也减少了。

最后，选择第三个转换矩阵 $\boldsymbol{T}^{(3)}$ 来重新排列 $\hat{\boldsymbol{A}}^{(2)}$ 的元素，使 $\hat{\boldsymbol{A}}^{(3)}$ 仍然是对角矩阵，但其元素按递增的顺序排列。矩阵 $\hat{\boldsymbol{B}}^{(3)}$ 的元素仍然全为 1。对于任何特定的温度和 SOC 设定值，将最终缩放和排序后的预计算模型定义为 $\boldsymbol{A}=\boldsymbol{A}^{(3)}$、$\boldsymbol{B}=\boldsymbol{B}^{(3)}=\boldsymbol{B}_{n\times 1}$、$\boldsymbol{C}=\boldsymbol{C}^{(3)}$。模型矩阵 $\boldsymbol{D}$ 与 DRA 生成的矩阵相同。

6.13.3　融合模型的稳定性

另一个需要解决的问题是，模型融合方法是否能保证得到一个稳定的时变模型。直观地说，稳定时不变系统的线性时变组合应该是稳定的，但情况并不总是这样，其取决于系统的连接方式。

使用我们提出的方法，模型融合总是会得到一个稳定的系统。为明白这一点，请考虑以下内容。融合模型是用双线性插值法计算的，4 个最近 DRA 矩阵的加权和。状态空间模型可以写为

$$\boldsymbol{x}[k+1]=\hat{\boldsymbol{A}}_k\boldsymbol{x}[k]+\hat{\boldsymbol{B}}_k i_{\text{app}}[k]$$

---

① 为了实现这一点，矩阵 $\hat{\boldsymbol{A}}^{(0)}$ 必须是可对角化的，同时要求 V 中的特征向量是线性无关的。在我们的经验中，DRA 的输出总是产生一个可对角化矩阵 $\hat{\boldsymbol{A}}^{(0)}$，但这是无法完全保证的。替代方法是：在特征向量线性相关的情况下，总是可以将矩阵 $\hat{\boldsymbol{A}}^{(1)}$ 转换成 Jordan 形式。

$$\boldsymbol{y}[k]=\hat{\boldsymbol{C}}_k\boldsymbol{x}[k]+\hat{\boldsymbol{D}}_k i_{\text{app}}[k]$$

式中：$\hat{\boldsymbol{A}}_k$ 为对角矩阵，除积分极点 $a_{ii}=1$ 外，其余对角线元素 $0\leqslant a_{ii}\leqslant 1$。每个 ROM 的矩阵 $\hat{\boldsymbol{B}}_k$ 是 $[1\quad 1\quad \cdots\quad 1]^{\text{T}}$。状态向量 $\boldsymbol{x}[k]$ 可以由下式得到

$$\boldsymbol{x}[k]=\left(\prod_{j=0}^{k-1}\hat{\boldsymbol{A}}_{k-1-j}\right)\boldsymbol{x}[0]+\sum_{i=0}^{k-1}\left(\prod_{j=0}^{k-i-2}\hat{\boldsymbol{A}}_{k-1-j}\right)\hat{\boldsymbol{B}}_i i_{\text{app}}[i]$$

对于 $k<0$，$\hat{\boldsymbol{A}}_k\equiv\boldsymbol{I}$。利用三角不等式，状态向量的无穷范数为

$$\|\boldsymbol{x}[k]\|_\infty\leqslant\left\|\left(\prod_{j=0}^{k-1}\hat{\boldsymbol{A}}_{k-1-j}\right)\boldsymbol{x}[0]\right\|_\infty+\left\|\sum_{i=0}^{k-1}\left(\prod_{j=0}^{k-i-2}\hat{\boldsymbol{A}}_{k-1-j}\right)\hat{\boldsymbol{B}}_i i_{\text{app}}[i]\right\|_\infty \tag{6.57}$$

为证明有界输入有界输出（Bounded - Input Bounded - Output，BIBO）稳定性，要求输入有界，即 $\|i_{\text{app}}[k]\|_\infty<\gamma<\infty$，其中 γ 是任意某有限边界值。

请注意，通过在 6.13.2 节中执行的操作，矩阵 $\hat{\boldsymbol{A}}_k$ 的对角化导致了各个状态的解耦。特别是每个模型都有相同的积分极点值，此时 $a_{ii}=1$，这样就不需要进行模型融合。为了确保时变模型是稳定的，只需要关注非积分动态，这里 $0<a_{ii}<1$。

为了证明有界输入总是产生有界输出，观察式（6.57）的右边项。利用已经对角化所有矩阵 $\hat{\boldsymbol{A}}_k$ 的事实，第一项的边界为

$$\left\|\left(\prod_{j=0}^{k-1}\hat{\boldsymbol{A}}_{k-1-j}\right)\boldsymbol{x}[0]\right\|_\infty\leqslant(\max{}_{\text{a}})^k\|\boldsymbol{x}[0]\|_\infty$$

式中：$\max{}_{\text{a}}=\max_{i,k}(a_{k,ii})<1$。因此，如果 $\|\boldsymbol{x}_0\|_\infty<\infty$，则该项始终是有限的。对于式（6.57）右边的第二项，有

$$\left\|\sum_{i=0}^{k-1}\left(\prod_{j=0}^{k-i-2}\hat{\boldsymbol{A}}_{k-1-j}\right)\hat{\boldsymbol{B}}_i i_{\text{app}}[i]\right\|_\infty\leqslant\sum_{i=0}^{k-1}\left\|\left(\prod_{j=0}^{k-i-2}\hat{\boldsymbol{A}}_{k-1-j}\right)\right\|_\infty\left\|\hat{\boldsymbol{B}}_i i_{\text{app}}[i]\right\|_\infty \tag{6.58}$$

由于矩阵 $\hat{\boldsymbol{A}}$ 中的所有值都小于 1，因此可以得到

$$\left\|\left(\prod_{j=0}^{k-i-2}\hat{A}_{k-1-j}\right)\right\|_\infty\leqslant(\max{}_{\text{a}})^{k-i-1}$$

式（6.58）简化为

$$\left\|\sum_{i=0}^{k-1}\left(\prod_{j=0}^{k-i-2}\hat{\boldsymbol{A}}_{k-1-j}\right)\hat{\boldsymbol{B}}_i i_{\text{app}}[i]\right\|_\infty\leqslant\gamma(\max{}_{\text{a}})^{k-1}\sum_{i=0}^{k-1}\left(\frac{1}{\max{}_{\text{a}}}\right)^i$$

使用级数公式，可得到

$$\left\| \sum_{i=0}^{k-1} \left(\prod_{j=0}^{k-i-2} \hat{\boldsymbol{A}}_{k-1-j} \right) \hat{\boldsymbol{B}}_i i_{\text{app}}[i] \right\|_\infty \leqslant \gamma\,(\max{}_\text{a})^{k-1} \left[\frac{1 - \left(\dfrac{1}{\max_\text{a}} \right)^k}{1 - \left(\dfrac{1}{\max_\text{a}} \right)} \right]$$

$$\leqslant \gamma \left[\frac{(\max{}_\text{a})^{k-1} - \left(\dfrac{1}{\max_\text{a}} \right)}{1 - \dfrac{1}{\max_\text{a}}} \right] < \infty$$

式（6.57）右边的两项都是有限的。因此，$\| \boldsymbol{x}[k] \|_\infty < \infty$。

输出方程的无穷范数定义为

$$\| \boldsymbol{y}[k] \|_\infty = \| \hat{\boldsymbol{C}}_k \boldsymbol{x}[k] + \hat{\boldsymbol{D}}_k i_{\text{app}}[k] \|_\infty$$

为了体现BIBO稳定性，这个范数必须是有限的。使用三角不等式：

$$\begin{aligned} \| \boldsymbol{y}[k] \|_\infty &\leqslant \| \hat{\boldsymbol{C}}_k \boldsymbol{x}[k] \|_\infty + \| \hat{\boldsymbol{D}}_k i_{\text{app}}[k] \|_\infty \\ &\leqslant \| \hat{\boldsymbol{C}}_k \|_\infty \| \boldsymbol{x}[k] \|_\infty + \| \hat{\boldsymbol{D}}_k \|_\infty \| i_{\text{app}}[k] \|_\infty \end{aligned}$$

由于 $\| \boldsymbol{x}[k] \|_\infty \leqslant \infty$，且矩阵 $\hat{\boldsymbol{C}}_k$ 和 $\hat{\boldsymbol{D}}_k$ 是有限的，因此 $\| \boldsymbol{y}[k] \|_\infty \leqslant \infty$，这表明BIBO稳定。

6.13.4　模型矩阵关于SOC的平滑度

为了使模型融合方法有效，降阶状态空间模型矩阵首先必须在期望的SOC范围内具有平滑的参数变化；然后通过在SOC特定点之间插值来融合模型值，从而计算出一个数值结果，该数值结果与通过DRA在该SOC上预计算得到的专用ROM接近。实际上，模型参数的平滑度决定了使用融合模型准确跟踪系统动态变化所需的预计算特定点ROM的数量。

设定点模型矩阵的变化确实足够平滑。图6-23描绘了表6-1所列的电池。对于每个设定点ROM，对角矩阵 $\hat{\boldsymbol{A}}$ 有1个积分项（在任何情况下极点等于1.0），其余4个极点位置作为SOC的函数绘制在图6-23（a）中。可以看到所有都表现出平滑的变化，因此我们期望模型融合在存储的预计算模型之间产生良好的中间模型。模型矩阵 $\hat{\boldsymbol{C}}$ 和 $\hat{\boldsymbol{D}}$ 值的类似结果也绘制在图中①。

6.13.5　融合模型的结果

本节介绍仿真结果，以深入了解改变SOC的影响②。对于这种情况，我们

① 注意，有两个矩阵 $\hat{\boldsymbol{D}}$ 值在低SOC处明显较大。融合模型包含了等效串联电阻项对SOC的依赖关系。

② 为产生这些结果，见 http：//mocha - java. uccs. edu/BMS1/CH06/ROM. zip。

使用消耗电荷的 UDDS 循环，该工况下电池 SOC 降低约 5.5%。电池连续运行 10 次消耗电量的 UDDS 循环，该输入绘制在图 6-24（a）中。

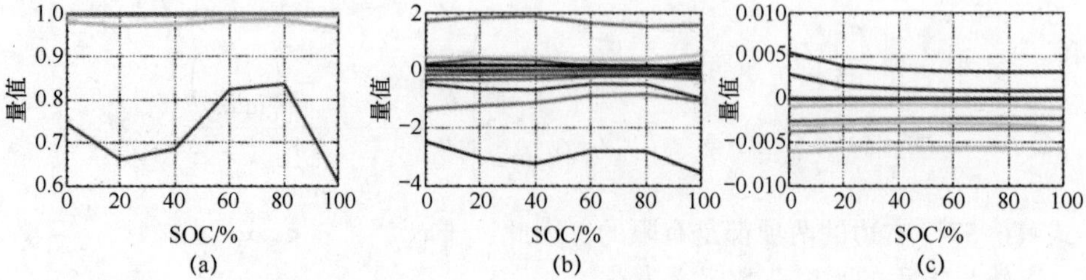

图 6-23　依赖于 SOC 的模型值（见彩图）

（a）矩阵 $\hat{\boldsymbol{A}}$ 的极点位置；（b）矩阵 $\hat{\boldsymbol{C}}$ 的值；（c）矩阵 $\hat{\boldsymbol{D}}$ 的值。

在仿真过程中，电池 SOC 从 80% 放电至大约 25%。图 6-24（b）① 绘制了电池电压的 ROM 和 FOM 预测，均方根误差为 2.47mV。

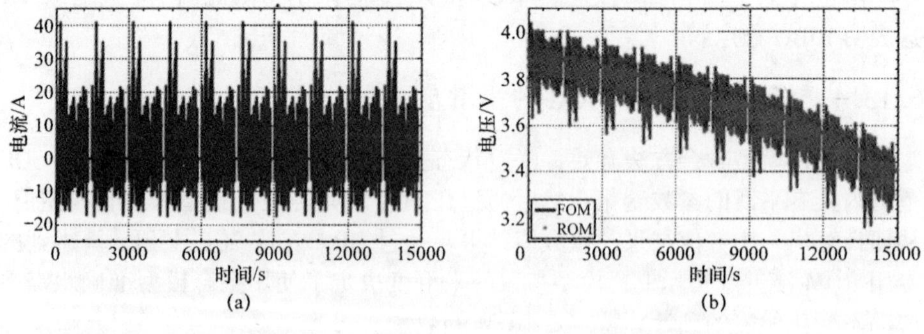

图 6-24　UDDS 测试的电池电压（见彩图）

我们还绘制出仿真电池的内部变量。电极 – 隔膜界面的反应通量密度如图 6-25 所示。电极 – 隔膜界面处的电化学反应比集流体处的电化学反应更为活跃，因此 ROM 更难匹配。尽管如此，ROM 和 FOM 的结果非常吻合。

同样，图 6-26 给出了电池内部电位的 ROM 与 FOM 比较，它们也很吻合。

内部浓度的 ROM 与 FOM 比较如图 6-27 所示。这些变量与其他变量相比，吻合程度要差一些，但也足以使用了。

在降阶模型中加入更多的状态（从 5 个状态增加到 10 个状态）对除电解液浓度外的任何结果都没有显著影响。图 6-28 显示了这些变量的仿真结果，

① 参考文献：Lee, J. L., Aldrich, L., Stetzel, K., and Plett, G. L., “Extended Operating Range for Reduced-Order Model of Lithium-Ion Cells,” Journal of Power Sources, 255, 2014, pp. 85-100.

仿真的中间部分有了很大的改进。然而，尽管如此，电池电压预测（以及误差）几乎保持不变，因为它对电解液浓度不是很敏感。

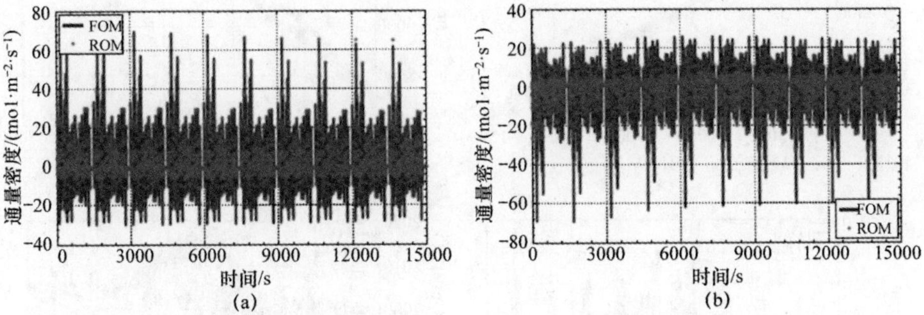

图 6-25　电极 – 隔膜界面的 Butler-Volmer 通量密度（见彩图）

（a）负极 – 隔膜界面 j；（b）正极 – 隔膜界面 j。

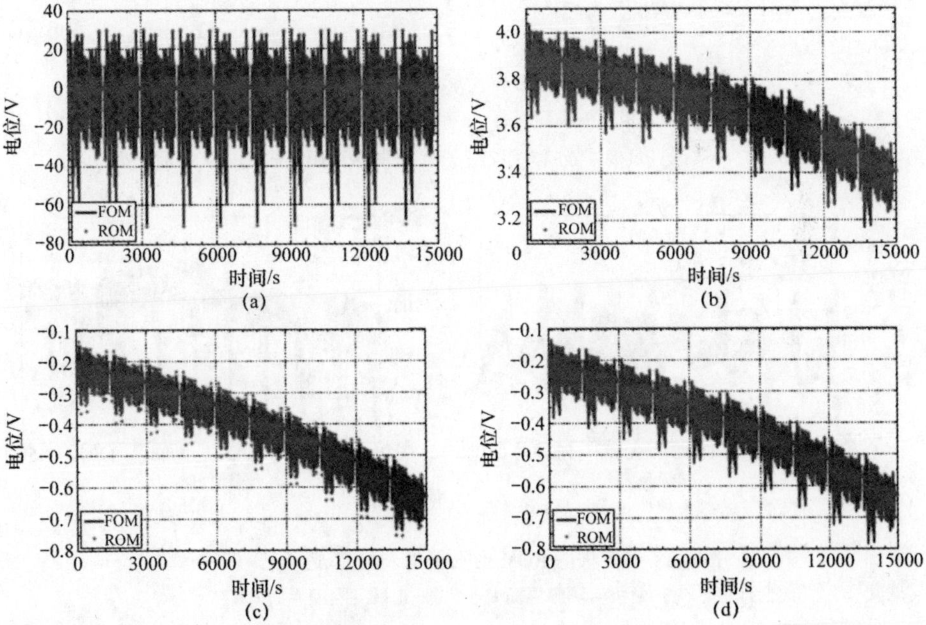

图 6-26　固相和电解液相电位（见彩图）

（a）负极 – 隔膜界面 ϕ_s；（b）正极 – 隔膜界面 ϕ_s；

（c）负极 – 隔膜界面 ϕ_e；（d）正极 – 隔膜界面 ϕ_e。

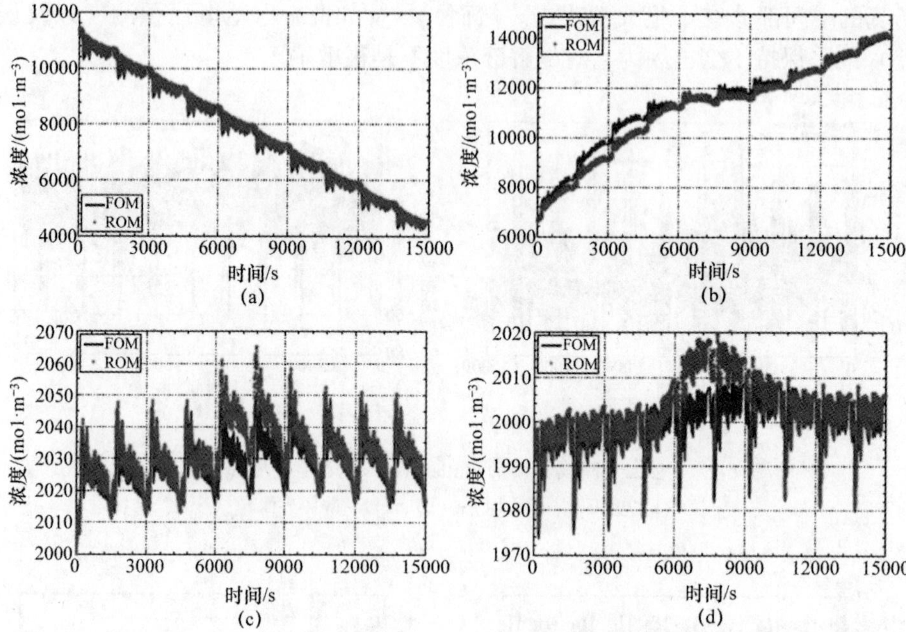

图 6-27　固体表面和电解液相锂浓度（见彩图）

（a）负极 – 隔膜界面 $c_{s,e}$；（b）正极 – 隔膜界面 $c_{s,e}$；

（c）负极 – 隔膜界面 c_e；（d）正极 – 隔膜界面 c_e。

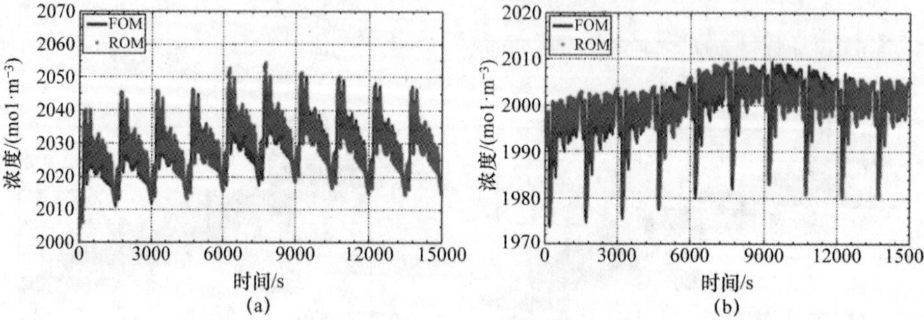

图 6-28　10 状态 ROM 的电解液相锂浓度（见彩图）

（a）负极 – 隔膜界面 c_e；（b）正极 – 隔膜界面 c_e。

6.14　本章小结及后续工作

现在有了一个基于机理的电池降阶动态模型，它与连续介质尺度模型的预测结果非常接近。降阶模型只含 5 个状态，运行时间合理。

然而，该模型仅在温度设定点附近运行，因此还需要一个锂离子电池的热模型。这就是第 7 章所要研究的内容。

6.15　模态解算代码

在传递函数的建立与理解中最具挑战性的可能是电解液中锂浓度。本节包含用于寻找特征值（产生图 6-6）、特征函数（产生图 6-7）以及假设反应通量密度均匀后的解（产生图 6-8）的 MATLAB 代码。虽然我们没有花时间来解释代码，但希望读者将此代码与本章中的方程式进行比较，以充分理解代码。

```
function eigenFunctions
% 仿真电解液浓度方程

  % 声明仿真参数
  Tfinal = 10;  % 电流脉冲总长度[s]
  dt = 0.001;   % PDE 解的时间步长[s]
  i_app = 10;   % 电池施加电流[A]
  modes = 10;   % 模态解中特征值项的个数

  % 声明电池参数
  La = 128;Ls = 76;Lc = 190;L = La + Ls + Lc; % 宽度[μm]
  dx = 1e - 6;     % 1μm
  La_abs = La * dx;Lc_abs = Lc * dx;Ls_abs = Ls * dx;L_abs = L * dx;
  L1 = La_abs;L2 = La_abs + Ls_abs;
  A = 1; % 电池面积 1 m^2
  % 每个区域的体积分数、D
  eps1 = 0.357;eps2 = 0.724;eps3 = 0.444;
  D = 7.5e - 1;D1 = D * eps1^1.5;D2 = D * eps2^1.5;D3 = D * eps3^1.5;
  tplus = 0.363;   % 迁移数[u/l]
  c0 = 1000;     % 初始电解液浓度[mol/m3]
  Far = 96485;   % 法拉第常数

  % -------------------------------------------------------------
  % 首先,使用内置的 MATLAB 求解器进行 PDE 求解
  x = 0:dx:L_abs;t = 0:dt:Tfinal;
  ce = pdepe(0,@ pdepde,@ pdeic,@ pdebc,x,t);
```

```
% --------------------------------------------------------
% 现在,求特征函数
lambda = 0:1e - 4:0.5;
y3prime = lambdaFn(lambda); % 得到 x = L 处 y3prime 的导数

% 寻找 y3prime = = 0 的根:
% 初始化'theRoots'为已知的特征值 0,寻找 k = 2 及之后的特征值
theRoots = 0;k = 2;dL = 0.0001;
while 1,
  if lambdaFn((k - 1) * dL) * lambdaFn(k * dL) < 0, % 改变符号
    theRoots = [theRoots,fzero(@ lambdaFn,…
                [(k - 1) * dL k * dL])]; %  #ok < AGROW >
    if length(theRoots) > modes,break;end
  end
  k = k + 1;
end

% 计算这些特征值的特征函数,然后标准化
Psi = eigenFunction(theRoots(1:modes + 1)');
epsX = zeros(1,L + 1);epsX((0:La) + 1) = eps1;
epsX((La:La + Ls) + 1) = eps2;epsX((La + Ls:L) + 1) = eps3;
for k = 1:modes + 1,% 标准化
  Psi(k,:) = Psi(k,:)/sqrt(trapz((0:L) * dx,…
              Psi(k,:).^2. * epsx));
end

%  -------------------------------------------------------
% 接下来,求模态解
c_en = zeros([modes + 1 Tfinal/dt + 1]);
Afact = theRoots(1:modes + 1)';Bfact = 0 * Afact;
for k = 1:length(Afact),
  v1 = zeros(size(epsX));
  v1((0:La) + 1) = (1 - tplus)/(Far * A * La_abs);
  v1((La + Ls:L) + 1) = - (1 - tplus)/(Far * A * Lc_abs);
  Bfact(k) = trapz((0:L) * dx,Psi(k,:). * v1);
end
```

```
c_en(1,1) = c0 * trapz((0:L) * dx,Psi(1,:).* epsX);

% 用前向欧拉法仿真 c_{e,n}常差分方程
for t = 2:size(c_en,2),
  c_en(:,t) = c_en(:,t - 1) + dt * ( - Afact. * c_en(:,t - 1))…
                 + dt * i_app * Bfact;
end

tstep = size(c_en,2);  % 检查解的时间步长
modeApprox = c0 + c_en(2:end,tstep)' * Psi(2:modes + 1,:);

% -----------------------------------------------------
% 绘制结果
figure(1);clf;
plot(lambda,y3prime/1e5,' - ',[0 0.5],[0 0],'k:');
title('Slope of PSI(Ltot,L)');
xlabel('Eigenvalue guess L');ylabel('Slope(xle5)');

figure(2);clf;
plot(0:L,c0 + ce(tstep,:),'r',0:L,modeApprox,'b - - ');
yl = ylim;xlim([0 L]);hold on;
title('Final concentration profile');
xlabel('Position across cell (um)');
ylabel('Conc.(mol/m3)');
legend('PDE solution',sprintf('Solution for modes…
          0:% d',modes));
plot([0 L],[1000 1000],'k:',[La La],yl,'k:',…
        [La + Ls La + Ls],yl,'k:');

if modes > 5,
  figure(3);clf;plot(0:L,Psi(1:6,:)');
  yl = ylim;xlim([0 L]);
  title('Eigenfunctions 0 through 5');hold on;
  xlabel('Position across cell (um)');
  ylabel('Value (m^{ - 1})');
  plot([La La],yl,'k:',[La + Ls La + Ls],yl,'k:',…
         [0 L],[0 0],'k:');
```

```
  end

  % ------------------------------------------------------
  % 特征函数求解辅助函数
  function y3prime = lambdaFn(lambda)
    % k 值是基于标准化常数 k1 求解的
    k1 = 1;sle1 = sqrt(lambda * eps1/D1);
    sle2 = sqrt(lambda * eps2/D2);
    sle3 = sqrt(Lambda * eps3/D3);
    k3 = k1.* (cos(sle1 * L1).* cos(sle2 * L1) + D1 * sle1.*…
          sin(sle1 * L1).* sin(sle2 * L1)./(D2 * sle2));
    k4 = k1.* (cos(sle1 * L1).* sin(sle2 * L1) - D1 * sle1.*…
          cos(sle2 * L1).* sin(sle1 * L1)./(D2 * sle2));
    k5 = k3.* (cos(sle2 * L2).* cos(sle3 * L2) + D2 * sle2.*…
          sin(sle2 * L2).* sin(sle3 * L2)./(D3 * sle3)) + k4.*…
         (sin(sle2 * L2).* cos(sle3 * L2) - D2 * sle2.*…
          cos(sle2 * L2).* sin(sle3 * L2)./(D3 * sle3));
   k6 = k3.* (cos(sle2 * L2).* sin(sle3 * L2) - D2 * sle2.*…
     sin(sle2 * L2).* cos(sle3 * L2)./(D3 * sle3)) + k4.*…
     (sin(sle2 * L2).* sin(sle3 * L2) + D2 * sle2.*…
     cos(sle2 * L2).* cos(sle3 * L2)./(D3 * sle3));
   y3prime = - k5.* sle3.* sin(sle3 * L_abs) + k6.* sle3.*…
             cos(sle3 * L_abs);
  y3prime(lambda == 0) = 0;
end

function Psi = eigenFunction(lambda)
% k 值是基于标准化常数 k1 求解的
k1 = 1;sle1 = sqrt(lambda * eps1/D1);
sle2 = sqrt(lambda * eps2/D2);
sle3 = sqrt(lambda * eps3/D3);
k3 = k1.* (cos(sle1 * L1).* cos(sle2 * L1) + D1 * sle1.*…
    sin(sle1 * L1).* sin(sle2 * L1)./(D2 * sle2));
k4 = k1.* (cos(sle1 * L1).* sin(sle2 * L1) - D1 * sle1.*…
    cos(sle2 * L1).* sin(sle1 * L1)./(D2 * sle2));
k5 = k3.* (cos(sle2 * L2).* cos(sle3 * L2) + D2 * sle2.*…
    sin(sle2 * L2).* sin(sle3 * L2)./(D3 * sle3)) + k4.*…
```

```
   (sin(sle2 * L2). * cos(sle3 * L2) - D2 * sle2. * …
    cos(sle2 * L2). * sin(sle3 * L2)./(D3 * sle3));
k6 = k3. * (cos(sle2 + L2). * sin(sle3 * L2) - D2 * sle2. * …
    sin(sle2 * L2). * cos(sle3 * L2)./(D3 * sle3)) + k4. * …
    (sin(sle2 * L2). * sin(sle3 * L2) + D2 * sle2. * …
    cos(sle2 * L2). * cos(sle3 * L2)./(D3 * sle3));
Psi = zeros(length(lambda),L+1);
  x = 0:La;
Psi(:,x+1) = k1. * cos(sle1 * x * dx);
x = La:La + Ls;
Psi(:,x+1) = k3(:,ones(size(x))). * cos(sle2 * x * dx) + …
                k4(:,ones(size(x))). * sin(sle2 * xdx);
  x = La + Ls:L;
  Psi(:,x+1) = k5(:,ones(size(x))). * cos(sle3 * x * dx) + …
                k6(:,ones(size(x))). * sin(sle3 * x * dx);
  Psi(lambda = = 0,:) = k1;
end

% ------------------------------------------------------------
% PDE求解辅助函数
function [c,f,s] = pdepde(x, ~ , ~ ,DuDx)
  if x < = La_abs,
    c = epsl;f = D1* DuDx;
    s = (1 - tplus)* i_app/(Far* A* La_abs);
  elseif x < = La_abs + Ls_abs,
    c = eps2;f = D2* DuDx;s = 0;
  else
    c = eps3;f = D3* DuDx;
    s = - (1 - tplus)* i_app/(Far* A* Lc_abs);
  end
end

function u0 = pdeic( ~ )  % 初始条件
  u0 = 0; % 初始化为0,然后添加c0以获得更好的数值
end

function [pl,ql,pr,qr] = pdebc( ~ , ~ , ~ , ~ , ~ )% 边界条件
```

```
    pl=0;ql=1;pr=0;qr=1;
  end
end
```

6.16 本章部分术语

下面列出本章定义的重要变量的术语。

- $c_{e,0}$[mol · m^3] 是电池静置时电解液中锂的稳态浓度。
- $\tilde{c}_e$[mol · m^3] 是电解液中锂的去偏移浓度，即 $\tilde{c}_e = c_e - c_{e,0}$。
- $c_{s,avg}(t)$[mol · m^3] 是电极中锂的平均浓度。
- $c_{s,0}$[mol · m^3] 是特定荷电状态下锂在电极固体颗粒中的稳态浓度。
- $\tilde{c}_{s,e}(x,t)$ [mol · m^3] 是电极颗粒的去偏固体表面浓度，即 $\tilde{c}_{s,e} = c_{s,e} - c_{s,0}$。
- $[\tilde{c}_{s,e}(x,t)]^*$[mol · m^3] 是去除积分项后的电极颗粒去偏固体表面浓度。
- $h(t;\lambda)$[mol · m^{-2}] 是分离变量偏微分方程解的时变部分。
- $i_{app}(t)$[A] 是电池施加电流。
- j_0[mol · m^2 · s^{-1}] 是电池静置时锂在固体和电解液之间的稳态交换通量密度。
- $j_n(t)$[mol · m^{-3} · s^{-1}] 是 $\tilde{c}_{e,n}(t)$ 的模态输入。
- λ[s^{-1}] 是与 Sturm-Liouville 问题的一个解有关的特征值，用于变量分离偏微分方程解。
- $\nu(s)$[u/l] 是所有电化学变量传递函数共用的平方根阻抗比。
- $\tilde{\phi}_e(x,t)$[V] 是去偏电解液电位：$\tilde{\phi}_e(x,t) = \phi_e(x,t) - \phi_e(0,t)$。
- $[\tilde{\phi}_e(x,t)]_1$[V] 是 $\tilde{\phi}_e(x,t)$ 的线性项。
- $[\tilde{\phi}_e(x,t)]_2$[V] 是 $\tilde{\phi}_e(x,t)$ 的非线性项。
- $\tilde{\phi}_s(x,t)$[V] 是去偏固体电极电位：$\tilde{\phi}_s = \phi - \phi_s(0)$，$\phi_s(0)$ 是固体电极-集流体界面的电位，$\phi_s^{neg}(0) = 0$，$\phi_s^{pos}(0) = \nu(t)$。
- $\phi_{s\text{-}e}(x,t)$[V] 是固体电极与电解液的电位差。
- $\tilde{\phi}_{s\text{-}e}(x,t)$[V] 是去偏的固体电极与电解液电位差：$\tilde{\phi}_{s\text{-}e} = \phi_{s\text{-}e} - U_{ocp}(c_{s,0})$。
- $[\tilde{\phi}_{s\text{-}e}(x,t)]^*$[V] 是去除积分项后，去偏的固体电极与电解液电位差。

- $\Psi(x;\lambda)$ [m^{-1}] 是分离变量偏微分方程解的随空间变化部分。
- R_{ct} [$\Omega \cdot m^2$] 是电极颗粒的电荷转移电阻。
- R_{film} [$\Omega \cdot m^2$] 是电极颗粒表面薄膜的电阻。
- $R_{s,e}$ [$\Omega \cdot m^2$] 是固体电极颗粒总的固体 – 电解液界面电阻。
- z [u/l] 是介于 0 ~ 1 之间的无量纲值，表示电极中的空间位置。$z = 0$ 在集流体处，$z = 1$ 在电极 – 隔膜界面。

第7章　热模型

到目前为止，我们一直假设被建模的电池处于恒定的温度，但这种情况在现实中很少见。当考虑实际电池热效应时，必须研究电池如何产生（或吸收）热量，以及热量产生/消耗、内部热流动、边界处电池与环境间的热流动如何引起电池内局部温度发生改变，电池使用参数如何随温度变化等。

本章研究电池的热性能，从一些重要术语定义开始，最终将建立一个低阶电化学－热耦合模型。本章不会像第3章一样，从热力学第一定律开始讨论，但会给读者提供一些有帮助的热物理基础知识作为参考。

本章将首先推导在微观尺度上描述单相 k 内部热运动的方程，即

$$\rho_k c_{P,k} \frac{\partial T_k}{\partial t} = \nabla \cdot (\lambda_k \nabla T_k) - \boldsymbol{i}_k \cdot \nabla \phi_k \tag{7.1}$$

然后使用体积平均方法在连续介质尺度上描述热运动：

$$\frac{\partial(\rho c_p T)}{\partial t} = \nabla \cdot (\lambda \nabla T) + q \tag{7.2}$$

同时对热产生项也作了较详细的讨论。

在推导出这些偏微分方程模型之后，首先，将使用与第5章和第6章中相同的方法，建立热产生项的降阶模型，以及以 q 为输入建立式（7.2）的降阶模型。然后，讨论如何在更广泛的温度范围内应用电池动态模型。

7.1　基本定义

根据热力学理论，温度是物体自发向周围环境释放能量趋势的度量。当两个物体处于热接触时，自发地向另一个物体释放热量的物体温度更高①。为精确表示，在颗粒的数目和体积保持不变的条件下，可将温度 T 与熵 S 、内能 U 联系起来，记为

$$\frac{1}{T} = \left(\frac{\mathrm{d}S}{\mathrm{d}U}\right)_{n,V}$$

一个更简单但不那么精确的温度定义与平动动能有关，而平动动能又与系

① 参考文献：Schroeder，D.，An Introduction to Thermal Physics，AddisonWesley，Chap. 1，2000.

统中原子或分子的微观无序平动相关联（它没有考虑系统的势能）。根据此动力学温度的定义，温度可表示为

$$\left[\frac{1}{2}mv^2\right]_{\text{average}} = \frac{3}{2}kT$$

式中：k 为玻耳兹曼常数。虽然这个关于温度的定义有一些问题，但已足够理解这一章。

热量可以定义为转移的热能①。热流意味着热能从一个地方移动到另一个地方，会改变两者温度。生热意味着热能添加到系统中，会增加其温度。散热意味着热能从系统中移除，会降低其温度。

热传递有多种机制：传导、对流和辐射。传导是系统内分子间的热传递，分子将能量传递给相邻分子。如果你拿着一个金属锅放在火上，它会通过辐射吸收火焰中的能量。吸收能量的分子加速振动，并撞击旁边的分子增加其能量，以此类推。随着这个过程的继续，热量从正对火上的部分传递到整个金属锅。

材料的导热能力取决于它的宏观和微观结构。泡沫塑料杯和双层玻璃窗户是很好的隔热材料，这是因为聚苯乙烯泡沫塑料颗粒之间的气囊和窗玻璃之间的气孔导热效果不好。另一方面，金属是良好的导体，这得益于其原子间的紧密键合。当你触摸金属板时，它会将热量从你的手上迅速导出，这也就是为什么你会感觉金属很冷。

对流是由于压力梯度引起流体（液体或气体）的宏观移动，从而导致热能发生转移。自然对流是密度的函数：热流体的密度小于冷流体，因此热流体上升，而冷流体下降。强迫对流通过风扇或泵来增加自然压力梯度，从而加速流体运动。扩展前面的例子，放在有火加热的金属锅里的水，会通过对流开始运动，传递热量。

当与物体接触的流体薄层首先通过传导加热时，物体会通过对流冷却。由于流体的导热性能通常较差，单独的传导并不能解释冷却的原因。通过传导加热的流体薄层，又通过对流把热量从系统中带走，直至新的较冷流体层取而代之，该过程不断重复。不同的流体移除热量的能力不同，液体通常比气体能力强。

辐射通过电磁波传递热能②。辐射不依赖于热源和被加热物体之间的任何接触，这与传导和对流不同。辐射过程中不需要质量交换，也不需要介质：热

---

① 参考文献：Blundell, S. J., and Blundell, K. M., Concepts in Thermal Physics, Oxford University Press, 2d, Chap. 2, 2010.

② 在低于红热的一般温度下，辐射处于电磁波谱的红外区域。

量甚至在真空中也能传播。当这些电磁波遇到物体时，能量会被吸收。例如，能量从太阳传递到你的皮肤：当能量被吸收时，你可以感觉到皮肤变暖。

7.2 微尺度热模型

7.2.1 焓

在推导微尺度热模型之前，需要进一步介绍焓。焓在第 3 章已经介绍过，它是热力学系统中热力学势的 4 个量之一。焓在这里特别有用，它被认为是系统中储存的，可以以热的形式释放的总能量。

例如：如果焓 H 增加，则 $\Delta H > 0$，即系统吸收到可以以热的形式释放出来的能量；如果焓下降，$\Delta H < 0$，系统以热的形式释放能量。因此，ΔH 必然与由热量 Δq 引起的内能变化成正比。

根据热力学第一定律，焓与内能有关，但不等于内能，即

$$\Delta U = \Delta q + \Delta w \neq \Delta q$$

为移除 Δw 项，定义焓 $H \equiv U + pV$，其对于恒压计算很有用。这不是一个主要的约束条件，因为很多化学反应都可以认为是在恒定气压下发生的，因此我们可以把它们看作恒压过程。

由化学反应引起的焓的变化是反应热的释放：

$$\begin{aligned} \mathrm{d}H &= \mathrm{d}U + \mathrm{d}(pV) = \mathrm{d}U + p\mathrm{d}V + V\mathrm{d}p = \mathrm{d}U + p\mathrm{d}V \\ &= \text{đ}q + \text{đ}w + p\mathrm{d}V = \text{đ}q - p\mathrm{d}V + p\mathrm{d}V = \text{đ}q \end{aligned}$$

7.2.2 一般热能方程

有了上述介绍之后，本节将在 Gu 和 Wang① 论文的基础上进行推导。从描述多相多组分能量守恒的微分方程开始（电池中包含固相和电解液相，电子和离子组分）②：

$$\rho_k c_{P,k}\left(\frac{\partial T_k}{\partial t} + \boldsymbol{v}_k \cdot \nabla T_k\right) = \nabla \cdot (\lambda_k \nabla T_k) - \sum_{组分 i} \boldsymbol{j}_{k,i} \cdot \nabla H_{k,i} \tag{7.3}$$

上述偏微分方程中显然没有热量产生项，因为它是在两相边界处由于化学

① 参考文献：Gu, W. B., and Wang, C. Y., "Thermal-Electrochemical Modeling of Battery Systems," Journal of the Electrochemical Society, 147 (8), 2000, pp. 2910-2922.

② 参考文献：Bird, R. B., Stewart, W. E., and Lightfoot, E. N., Transport Phenomena, 2d, John Wiley and Sons, 2002.

反应发生而出现的一种现象。我们将在考虑连续介质尺度模型的边界条件时，介绍它的影响。

式（7.3）左边的第一项描述 k 相中以温度增加形式存储的能量，其中 ρ_k 是 k 相的密度，$c_{P,k}$ 是 k 相的比热容，T_k 是 k 相的温度。

式（7.3）左边的第二项是对流项——由于更热或更冷的物质流入感兴趣区域，从而引起局部能量变化，$\boldsymbol{v}_k$ 是混合物的平均速度。

式（7.3）右边的第一项描述由于热扩散引起的热通量，其中 λ_k 是 k 相的导热系数。某些材料的导热性如图 7-1 所示。电池材料的热导率一般为 $5\mathrm{W}\cdot\mathrm{m}^{-1}\cdot\mathrm{K}^{-1}$。

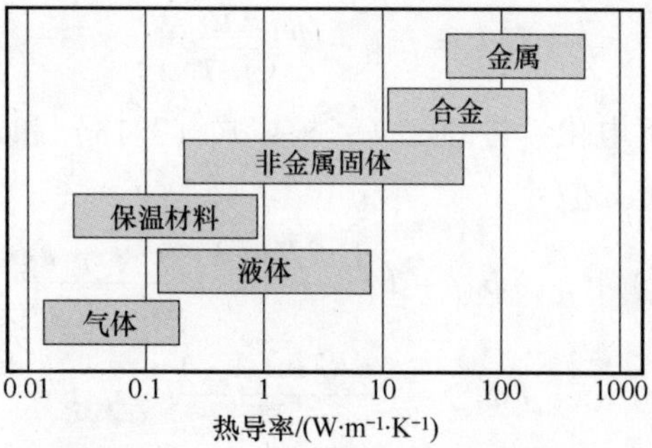

图 7-1　不同材料的热导率范围

式（7.3）右边的第二项描述由于物质流动引起的热通量，其中 $\boldsymbol{j}_{k,i}$ 是组分 i 在 k 相扩散和迁移的摩尔通量密度，与混合物的平均速度 $\boldsymbol{v}_k$ 成比例，H_k 是组分 i 在 k 相中的偏摩尔焓，$H_k = U_k + pV_k$。

假设相内的对流可忽略，将对流项从等式中去掉，可得①

$$\rho_k c_{P,k} \frac{\partial T_k}{\partial t} = \nabla\cdot(\lambda_k \nabla T_k) - \sum_{\text{组分}i} \boldsymbol{j}_{k,i} \cdot \nabla H_{k,i}$$

7.2.3　计算偏摩尔焓项

为了继续推导，需要处理 H_k 项。首先，根据偏摩尔焓的定义（见表3-1）：

$$H_{k,i} = \left(\frac{\mathrm{d}H}{\mathrm{d}n_{k,i}}\right)_{T,p,n_{j\neq k,i}} = \left(\frac{\mathrm{d}(G+TS)}{\mathrm{d}n_{k,i}}\right)_{T,p,n_{j\neq k,i}}$$

$$= \left(\frac{\mathrm{d}G}{\mathrm{d}n_{k,i}}\right)_{T,p,n_{j\neq k,i}} + T\left(\frac{\mathrm{d}S}{\mathrm{d}n_{k,i}}\right)_{T,p,n_{j\neq k,i}}$$

① 这里所考虑的对流类型是由于压力梯度在电池内部某一特定相中某 组分的移动。这与对流换热不同，对流换热发生在电池的边界处，将在后面讨论。

回想一下，第一项等于电化学势 $\bar{\mu}_i$。要计算第二项，需要式（3.15）的吉布斯－杜赫姆公式：

$$S\mathrm{d}T - V\mathrm{d}p = -\sum_{i=1}^{r} n_i \mathrm{d}\bar{\mu}_i$$

$$S = V\frac{\mathrm{d}p}{\mathrm{d}T} - \sum_{i=1}^{r} n_i \frac{\mathrm{d}\bar{\mu}_i}{\mathrm{d}T}$$

$$\left(\frac{\mathrm{d}S}{\mathrm{d}n_{k,i}}\right)_{T,p,n_{j\neq k,i}} = -\frac{\mathrm{d}\bar{\mu}_{k,i}}{\mathrm{d}T}$$

结合起来，得到

$$H_{k,i} = \bar{\mu}_{k,i} - T\left(\frac{\mathrm{d}\bar{\mu}_{k,i}}{\mathrm{d}T}\right)_{p,n_j}$$

现在，回想一下电化学势的定义，根据式（3.13）和式（3.17），有得 $\bar{\mu}_k = RT\ln(\lambda_k) + z_k F\phi_k$

$$\begin{aligned}
H_{k,i} &= RT\ln(\lambda_{k,i}) + z_{k,i}F\phi_{k,i} - T\frac{\mathrm{d}(RT\ln(\lambda_{k,i}) + z_{k,i}F\phi_{k,i})}{\mathrm{d}T} \\
&= RT\ln(\lambda_{k,i}) + z_{k,i}F\phi_{k,i} - T\frac{\mathrm{d}RT\ln(\lambda_{k,i})}{\mathrm{d}T} - z_{k,i}FT\frac{\mathrm{d}\phi_{k,i}}{\mathrm{d}T} \\
&= RT\ln(\lambda_{k,i}) - T\left(R\ln(\lambda_{k,i}) + RT\frac{\mathrm{d}\ln(\lambda_{k,i})}{\mathrm{d}T}\right) + z_{k,i}F\left(\phi_{k,i} - T\frac{\mathrm{d}\phi_{k,i}}{\mathrm{d}T}\right) \\
&= -RT^2\frac{\mathrm{d}\ln(\lambda_{k,i})}{\mathrm{d}T} + z_{k,i}F\left(\phi_{k,i} - T\frac{\mathrm{d}\phi_{k,i}}{\mathrm{d}T}\right)
\end{aligned}$$

然后求其梯度项：

$$\nabla H_{k,i} = -R\nabla\left(T^2\frac{\mathrm{d}\ln(\lambda_{k,i})}{\mathrm{d}T}\right) + z_{k,i}F\nabla\left(\phi_{k,i} - T\frac{\mathrm{d}\phi_{k,i}}{\mathrm{d}T}\right)$$

第一项与混合焓密切相关，在实践中通常被忽略。同时，我们还忽略相电位随温度的变化。所以，上式近似为

$$\nabla H_{k,i} = z_{k,i}F\nabla\phi_k$$

将上式代入之前的关系式，可以得到

$$\rho c_{P,k}\frac{\partial T_k}{\partial t} = \nabla\cdot(\lambda_k\nabla T_k) - \sum_{\text{组分}i} z_{k,i}F\boldsymbol{j}_{k,i}\cdot\nabla\phi_k$$

注意，在电中性假设下，流经 k 相的电流来自于离子在 k 相中的迁移和扩散，即

$$\boldsymbol{i}_k = \sum_{\text{组分}i} z_{k,i}F\boldsymbol{j}_{k,i}$$

因此

$$\rho_k c_{P,k} \frac{\partial T_k}{\partial t} = \nabla \cdot (\lambda_k \nabla T_k) - \boldsymbol{i}_k \cdot \nabla \phi_k$$

至此，完成式（7.1）的推导。

7.2.4　边界条件

正如之前看到的，为进行动态仿真，所有偏微分方程都必须伴有合适的边界条件。在这里，我们关心电解液相和固相之间的边界。

边界条件可以表示为①

$$\lambda_e \nabla T_e \cdot \hat{\boldsymbol{n}}_e + \lambda_s \nabla T_s \cdot \hat{\boldsymbol{n}}_s = Fj\eta + Fj\Pi \tag{7.4}$$

式中：$\hat{\boldsymbol{n}}_e$ 为边界处从电解液相指向固相的单位法向量；$\hat{\boldsymbol{n}}_s$ 为边界处从固相指向电解液相的单位法向量；j 和 η 分别为 Butler-Volmer 通量密度和 Butler-Volmer 过电位；Π 为 Peltier 系数，且

$$\Pi_j = T \frac{\partial U_{\text{ocp},j}}{\partial T}$$

偏摩尔熵项 $\partial U_{\text{ocp},j}/\partial T$ 与开路电压随温度的变化有关。在锂化的不同阶段，这种变化趋势不同，因此可能生热也可能散热。一些材料的代表性曲线如图 7-2所示。

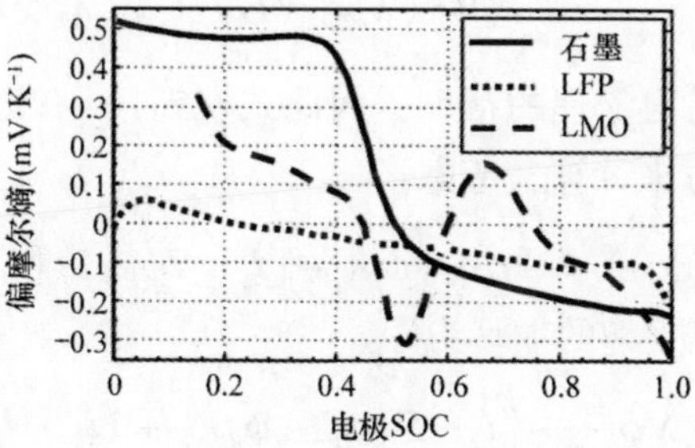

图 7-2　常用电极材料的偏摩尔熵

式（7.4）的左边是流入固体和电解液的热通量之和。这些热量一定是在固体－电解液边界处产生。$j\eta$ 项表示由边界处化学反应产生的不可逆热，总是正值。$j\Pi$ 项表示产生的可逆热，可正可负。我们将在下一节中介绍如何估算这些项。

① 参考文献：Newman, J., "Thermoelectric Effects in Electrochemical Systems," Industrial & Engineering Chemical Research, 24, 1995, pp. 3208-3216.

7.3 连续介质热模型

现在我们已经建立了微尺度热模型，下一个目标是使用各种体积平均公式来建立连续介质尺度模型。从式（7.1）开始，对等式左边使用体积平均定理3。假设固/电解液相边界没有发生运动，因此有

$$\rho_k c_{P,k}\overline{\left[\frac{\partial T_k}{\partial t}\right]}=\frac{1}{\varepsilon_k}\rho_k c_{P,k}\frac{\partial(\varepsilon_k\bar{T}_k)}{\partial t}$$

然后对等式右边的第一项使用体积平均定理2：

$$\overline{\nabla\cdot(\lambda_k\nabla T_k)}=\frac{1}{\varepsilon_k}\left[\nabla\cdot(\varepsilon_k\overline{\lambda_k\nabla T_k})+\frac{1}{V}\int_{A_{se}}(\lambda_k\nabla T)\cdot\hat{\boldsymbol{n}}_k\mathrm{d}A\right]$$

近似认为$\varepsilon_k\overline{\lambda_k\nabla T_k}\approx\lambda_{\mathrm{eff},k}\nabla\bar{T}_k,\lambda_{\mathrm{eff},k}=\lambda_k\varepsilon_k^{\mathrm{brug}}$，并假设在小体积$V$内被积函数是常数，从而可以得到

$$\begin{aligned}\overline{\nabla\cdot(\lambda_k\nabla T_k)}&\approx\frac{1}{\varepsilon_k}\left[\nabla\cdot(\lambda_{\mathrm{eff},k}\nabla\bar{T}_k)+\frac{A_{se}(\lambda_k\nabla T)\cdot\hat{\boldsymbol{n}}_k}{V}\right]\\&=\frac{1}{\varepsilon_k}\left[\nabla\cdot(\lambda_{\mathrm{eff},k}\nabla\bar{T}_k)+a_s(\lambda_k\nabla T_k)\cdot\hat{\boldsymbol{n}}_k\right]\end{aligned}$$

由于缺少体积平均定理的帮助，因此式（7.1）右边的第二项很难处理。Gu 和 Wang 通过配方来计算，考虑：

$$(\boldsymbol{i}_k-\bar{\boldsymbol{i}}_k)\cdot(\nabla(\phi_k-\bar{\phi}_k))=[\boldsymbol{i}_k\cdot\nabla\phi_k]-[\boldsymbol{i}_k\cdot\nabla\bar{\phi}_k]-[\bar{\boldsymbol{i}}_k\cdot\nabla\phi_k]+[\bar{\boldsymbol{i}}_k\cdot\nabla\bar{\phi}_k]$$

这允许我们将感兴趣的项写为

$$[\boldsymbol{i}_k\cdot\nabla\phi_k]=[\boldsymbol{i}_k\cdot\nabla\bar{\phi}_k]+[\bar{\boldsymbol{i}}_k\cdot\nabla(\phi_k-\bar{\phi}_k)]+(\boldsymbol{i}_k-\bar{\boldsymbol{i}}_k)\cdot(\nabla(\phi_k-\bar{\phi}_k))$$

逐项取上述方程的体积平均值。因为$\nabla\bar{\phi}_k$是常数，所以第一项的体积平均为

$$\overline{[\boldsymbol{i}_k\cdot\nabla\bar{\phi}_k]}=\frac{1}{V_k}\int_{V_k}[\boldsymbol{i}_k\cdot\nabla\bar{\phi}_k]\mathrm{d}V=\left(\frac{1}{V_k}\int_{V_k}\boldsymbol{i}_k\mathrm{d}V\right)\cdot\nabla\bar{\phi}_k=\bar{\boldsymbol{i}}_k\cdot\nabla\bar{\phi}_k$$

对于第二项，使用体积平均定理1：

$$\overline{[\bar{\boldsymbol{i}}_k\cdot\nabla(\phi_k-\bar{\phi}_k)]}=\underbrace{\bar{\boldsymbol{i}}_k\cdot\nabla(\bar{\phi}_k-\bar{\phi}_k)}_{0}+\bar{\boldsymbol{i}}_k\cdot\frac{1}{V}\int_{A_{se}}(\phi_k-\bar{\phi}_k)\hat{\boldsymbol{n}}_k\mathrm{d}A$$

这里，Gu 和 Wang 指出积分项比其他项小，因此整个表达式被省略。

对于第三项，使用体积平均的定义：

$$\overline{[(\boldsymbol{i}-\bar{\boldsymbol{i}}_k)\cdot(\nabla(\phi_k-\bar{\phi}_k))]}=\frac{1}{V_k}\int_{V_k}(\boldsymbol{i}-\bar{\boldsymbol{i}}_k)\cdot(\nabla(\phi_k-\bar{\phi}_k))\mathrm{d}V$$

Gu 和 Wang 没有就如何计算这一项给出任何建议，但在最终结果中假设它忽略不计，省略了该项。

综合到目前为止的所有结果：

$$\frac{1}{\varepsilon_k}\rho_k c_{P,k}\frac{\partial(\varepsilon_k\overline{T_k})}{\partial t}=\frac{1}{\varepsilon_k}[\nabla\cdot(\boldsymbol{\lambda}_{\mathrm{eff},k}\nabla\overline{T}_k)+a_{\mathrm{s}}(\boldsymbol{\lambda}_k\nabla T_k)\cdot\hat{\boldsymbol{n}}_k]-\bar{\boldsymbol{i}}_k\cdot\nabla\overline{\boldsymbol{\phi}}_k$$

现在假设系统中存在局部热平衡，这意味着 $\overline{T}_{\mathrm{s}}=\overline{T}_{\mathrm{e}}=T$；然后将固相和电解液相中的上述方程求和，得到式（7.2）：

$$\frac{\partial(\rho c_p T)}{\partial t}=\nabla\cdot(\lambda\nabla T)+q$$

这里，$\rho c_p=\sum_{k\in\{s,e\}}\varepsilon_k\rho_k c_{p,k}$，$\lambda=\sum_{k\in\{s,e\}}\lambda_{\mathrm{eff},k}$，生热项为

$$q=\sum_{\text{反应}j}a_{\mathrm{s}}F\bar{j}\left(\bar{\eta}_j+\overline{\prod}_j\right)-\sum_{\text{组分}k}\varepsilon_k\bar{\boldsymbol{i}}_k\cdot\nabla\overline{\phi}_k$$

根据式（4.18），流经电解液相的体积平均电流密度为

$$\varepsilon_{\mathrm{e}}\bar{\boldsymbol{i}}_{\mathrm{e}}=-\kappa_{\mathrm{eff}}\nabla\overline{\phi}_{\mathrm{e}}-\kappa_{D,\mathrm{eff}}\nabla\ln\bar{c}_{\mathrm{e}}$$

同样，根据式（4.14），流经固相的体积平均电流密度为

$$\varepsilon_{\mathrm{s}}\bar{\boldsymbol{i}}_{\mathrm{s}}=-\sigma_{\mathrm{eff}}\nabla\overline{\phi}_{\mathrm{s}}$$

总结一下（去掉体积平均量上的横线以简化符号），模型中可考虑的生热项（单位为 $\mathrm{W\cdot m^{-3}}$）如下。

（1）由化学反应产生的不可逆热：对于界面处发生的每个化学反应 j，$q_i=a_{\mathrm{s}}Fj_j\eta_j$。

（2）由熵变产生的可逆热：对于界面处发生的每个化学反应 j，$q_r=a_{\mathrm{s}}Fj_jT\frac{\partial U_{\mathrm{OCP},j}}{\partial T}$。

（3）由固体中电势梯度产生的热量，即 $q_{\mathrm{s}}=\sigma_{\mathrm{eff}}(\nabla\phi_{\mathrm{s}}\cdot\nabla\phi_{\mathrm{s}})$。

（4）由电解液中电化学势梯度产生的热量，即

$$q_{\mathrm{e}}=\kappa_{\mathrm{eff}}(\nabla\phi_{\mathrm{e}}\cdot\nabla\phi_{\mathrm{e}})+\kappa_{D,\mathrm{eff}}(\nabla\ln c_{\mathrm{e}}\cdot\nabla\phi_{\mathrm{e}})$$

有时，还包括由接触电阻产生的热量，$q_{\mathrm{c}}=i_{\mathrm{app}}{}^2R_{\mathrm{contact}}$①。集流体内部由铝

① 注意不同的单位，q_{c} 的单位为 $\mathrm{W\cdot m^{-2}}$。这个发热项仅适用于与电极接触的集流体区域，并且是按单位面积而不是单位体积规定的。

或铜的电阻产生的热量很小，可以简单地将其与接触电阻集中在一起进行处理。

7.3.1 边界处的热传递

在电池边界，有 3 种方式可以将热量导入或导出电池：传导、对流和辐射。传导可以建模为各边界具有固定温度，一维中可以表示为

$$T(x,t)|_{x=0} = T_0,\ T(x,t)|_{x=L} = T_L$$

也可建模为有固定热通量流过边界，即

$$-\lambda \frac{\partial T(x,t)}{\partial x}\bigg|_{x=0} = \boldsymbol{q}_0,\ \lambda \frac{\partial T(x,t)}{\partial x}\bigg|_{x=L} = \boldsymbol{q}_L$$

其中，导数的符号在 $x=L$ 处翻转，以表示进入表面的热通量为正。一种特殊情况是绝热（或绝缘）表面，即

$$\frac{\partial T(x,t)}{\partial x}\bigg|_{x=0} = 0,\ \frac{\partial T(x,t)}{\partial x}\bigg|_{x=L} = 0$$

第二个边界条件是对流，从表面流入或流出的热通量，与电池表面与环境流体的温度差成正比，其中环境温度表示为 T_∞，即

$$-\lambda \frac{\partial T(x,t)}{\partial x}\bigg|_{x=0} = h(T_\infty - T(0,t))$$

$$\lambda \frac{\partial T(x,t)}{\partial x}\bigg|_{x=L} = h(T_\infty - T(L,t))$$

式中：h 为热交换（或对流传热）系数，其值是与边界接触的流体流动条件的性质，而不是边界本身的性质。

第三个边界条件是辐射。当表面温度相对较高时，辐射会变得显著。通过辐射到达表面的热传递可以表示为

$$-\lambda^{\text{eff}} \frac{\partial T(x,t)}{\partial x}\bigg|_{x=0} = \varepsilon\sigma(T_\infty^4 - T^4(0,t))$$

$$\lambda^{\text{eff}} \frac{\partial T(x,t)}{\partial x}\bigg|_{x=L} = \varepsilon\sigma(T_\infty^4 - T^4(L,t))$$

式中：ε 为表面辐射率；$\sigma = 5.670373\times10^{-8}\ \text{W}\cdot\text{m}^{-2}\cdot\text{K}^{-4}$ 为 Stefan-Boltzmann 常数。

该边界条件出现温度的 4 次方，这使得问题变得非线性，很难找到解析解。解决该问题的一种方法是通过一阶泰勒级数展开，即

$$T_\infty^4 - T_s^4 \approx 4T_\infty^3(T_\infty - T_s)$$

式中：T_s 为某表面温度。$4\varepsilon\sigma T_\infty^3$ 可以看作线性化的辐射传热系数，记为 h_{rad}。

7.4 参数随温度的变化

目前所建立电池模型中的许多参数都与温度有关，通常用（经验的）Arrhenius 公式进行建模，该公式通过活化能 E_0 的指数函数，将当前温度 T 下电池的某些特性 $\Phi(T)$ 与参考温度 T_{ref} 下的特性 $\Phi(T_{\text{ref}})$ 联系起来：

$$\Phi(T)=\Phi_{\text{ref}}\exp\left[\frac{E_0}{R}\left(\frac{1}{T_{\text{ref}}}-\frac{1}{T}\right)\right] \tag{7.5}$$

7.5 降阶模型

要建立降阶热模型，必须做到以下3项工作①。

（1）对7.3节中所列4个生热项进行精确近似，最后得出总生热项 q。

（2）用式（7.2）中 q 的预测值近似模拟电池平均温度的变化。

（3）为近似真实模型，在多个温度设定点下创建融合模型，其参数由式（7.5）确定。

接下来，将对上述进行详细说明。

7.6 梯度传递函数

找到生热项降阶模型的第一种方法，可能是试图找到施加电流和期望量之间的传递函数，然后就可以用 DRA 生成状态空间模型。然而，该方法存在一个根本问题：这4个生热项都是非线性的，不存在传递函数。此外，它们是 $i_{\text{app}}(t)$ 函数项的乘积，因此本质上它们是 $i_{\text{app}}^2(t)$ 的函数，截取泰勒级数展开时不会得出非常有用的线性化模型。

一种行之有效的方法是单独计算最终相乘的量，以预测生热项。我们已经知道如何计算 $j(z,t)$ 和 $\eta(z,t)$ 的降阶估计，现在还需要计算 $\nabla\phi(z,t)$、$\nabla\ln c_{\text{e}}(x,t)$ 和 $\nabla\phi_{\text{e}}(x,t)$。

7.6.1 $\phi(z,t)$ 的梯度

在第6章中，定义了 $\tilde{\phi}_{\text{s}}(z,t)=\phi_{\text{s}}(z,t)-\phi_{\text{s}}(0,t)$。由于 $\phi_{\text{s}}(0,t)$ 不是空间

① 特别感谢 Matt Aldrich 帮助我们推导、验证降阶模型公式，并提供示例数据。

维的函数，因此关于空间坐标 z 的梯度可以写为

$$\nabla_z \tilde{\phi}_s(z,t) = \nabla_z \phi_s(z,t) - \nabla_z \phi_s(0,t)$$

$$\nabla_z \phi_s(z,t) = \nabla_z \tilde{\phi}_s(z,t)$$

那么，如果能找到 $\nabla_z \tilde{\phi}_s(z,t)$ 的传递函数，就能计算出用于计算固体中焦耳热生成所需的梯度。

回顾第 6 章负极 $\tilde{\Phi}_s(z,s)$ 的传递函数：

$$\frac{\tilde{\Phi}_s^{neg}(z,s)}{I_{app}(s)} = -\frac{L^{neg}\kappa_{eff}^{neg}(\cosh(\nu^{neg}(s)) - \cosh((z-1)\nu^{neg}(s)))}{A\sigma_{eff}^{neg}(\kappa_{eff}^{neg} + \sigma_{eff}^{neg})\nu^{neg}(s)\sinh(\nu^{neg}(s))} - \frac{L^{neg}\sigma_{eff}^{neg}(1 - \cosh(z\nu^{neg}(s)) + z\nu^{neg}(s)\sinh(\nu^{neg}(s)))}{A\sigma_{eff}^{neg}(\kappa_{eff}^{neg} + \sigma_{eff}^{neg})\nu^{neg}(s)\sinh(\nu^{neg}(s)))}$$

对 z 求导，有

$$\frac{\nabla_z \tilde{\Phi}_s^{neg}(z,s)}{I_{app}(s)} = \frac{L^{neg}\sigma_{eff}^{neg}(\sinh(z\nu^{neg}(s)) - \sinh(\nu^{neg}(s)))}{A\sigma_{eff}^{neg}(\kappa_{eff}^{neg} + \sigma_{eff}^{neg})\sinh(\nu^{neg}(s)))} + \frac{L^{neg}\kappa_{eff}^{neg}((z-1)\nu^{neg}(s))}{A\sigma_{eff}^{neg}(\kappa_{eff}^{neg} + \sigma_{eff}^{neg})\sinh(\nu^{neg}(s))}$$

上式关于 x 的梯度可以表示为

$$\left.\frac{\nabla_x \tilde{\Phi}_s^{neg}(z,s)}{I_{app}(s)}\right|_{\frac{x}{L}} = \left(\frac{\partial z}{\partial x}\right)\left(\frac{\nabla_z \tilde{\Phi}_s^{neg}(x/L^{neg},s)}{I_{app}(s)}\right) = \frac{1}{L^{neg}}\left(\frac{\nabla_z \tilde{\Phi}_s^{neg}(x/L^{neg},s)}{I_{app}(s)}\right)$$
$$= \left[\frac{\sigma_{eff}^{neg}(\sinh(z\nu^{neg}(s)) - \sinh(\nu^{neg}(s)))}{A\sigma_{eff}^{neg}(\kappa_{eff}^{neg} + \sigma_{eff}^{neg})\sinh(\nu^{neg}(s))} + \frac{\kappa_{eff}^{neg}\sinh((z-1)\nu^{neg}(s))}{A\sigma_{eff}^{neg}(\kappa_{eff}^{neg} + \sigma_{eff}^{neg})\sinh(\nu^{neg}(s))}\right]\Bigg|_{\frac{x}{L^{neg}}}$$

在正极中，$\tilde{\Phi}_s(z,s)$ 的传递函数要乘以 -1，关于 x 的梯度也要乘以 -1，因此，净效应为零。对两个电极使用相同的基本传递函数，替换适用于每个电极的常数，并在正电极中做 $z = (L^{tot} - x)/L^{pos}$ 替换。

7.6.2 $\ln c_e(x,t)$ 的梯度

为找到 q_e，需要计算出 $\nabla \ln c_e(x,t)$。注意：

$$\nabla \ln c_e(x,t) = \frac{\nabla c_e(x,t)}{c_e(x,t)}$$

由于已经将 $c_e(x,t)$ 作为 ROM 的输出进行计算，因此这里只需要计算 $\nabla c_e(x,t)$ 。

回顾 $c_e(x,t)=\tilde{c}_e(x,t)+c_{e,0}$，因此 $\nabla c_e(x,t)=\nabla\tilde{c}_e(x,t)$。我们已经推导出 $\tilde{c}_e(x,t)$ 的传递函数：

$$\frac{\tilde{C}_e(x,s)}{I_{app}(s)}=\sum_{n=1}^{M}\frac{\tilde{C}_{e,n}(s)}{I_{app}(s)}\Psi(x;\lambda_n)$$

因为这个求和中只有特征函数是 x 的函数，所以梯度可表示为

$$\frac{\nabla\tilde{C}_e(x,s)}{I_{app}(s)}=\sum_{n=1}^{M}\frac{\tilde{C}_{e,n}(s)}{I_{app}(s)}(\nabla\Psi(x;\lambda_n))$$

重复 $\tilde{C}_e(x,s)$ 的计算步骤，唯一的变化是必须将求和中这些项乘以原始特征函数的梯度，而不是特征函数本身。

回顾由式（6.33）定义的特征函数：

$$\Psi(x;\lambda)=\begin{cases}\Psi^{neg}(x;\lambda),\ 0\leqslant x\leqslant L^{neg}\\ \Psi^{sep}(x;\lambda),\ L^{neg}\leqslant x\leqslant(L^{neg}+L^{sep})\\ \Psi^{pos}(x;\lambda),\ (L^{neg}+L^{sep})\leqslant x\leqslant L^{tot}\end{cases}$$

式中

$$\Psi^{neg}(x;\lambda)=k_1\cos\left(\sqrt{\lambda\varepsilon_e^{neg}/D_{e,eff}^{neg}}x\right)$$
$$\Psi^{sep}(x;\lambda)=k_3\cos\left(\sqrt{\lambda\varepsilon_e^{sep}/D_{e,eff}^{sep}}x\right)+k_4\sin\left(\sqrt{\lambda\varepsilon_e^{sep}/D_{e,eff}^{sep}}x\right)$$
$$\Psi^{pos}(x;\lambda)=k_5\cos\left(\sqrt{\lambda\varepsilon_e^{pos}/D_{e,eff}^{pos}}x\right)+k_6\sin\left(\sqrt{\lambda\varepsilon_e^{pos}/D_{e,eff}^{pos}}x\right)$$

因此，有

$$\nabla\Psi^{neg}(x;\lambda)=-k_1\sqrt{\frac{\lambda\varepsilon_e^{neg}}{D_{e,eff}^{neg}}}\sin\left(\sqrt{\frac{\lambda\varepsilon_e^{neg}}{D_{e,eff}^{neg}}}x\right)$$

$$\nabla\Psi^{sep}(x;\lambda)=k_4\sqrt{\frac{\lambda\varepsilon_e^{sep}}{D_{e,eff}^{sep}}}\cos\left(\sqrt{\frac{\lambda\varepsilon_e^{sep}}{D_{e,eff}^{sep}}}x\right)-k_3\sqrt{\frac{\lambda\varepsilon_e^{sep}}{D_{e,eff}^{sep}}}\sin\left(\sqrt{\frac{\lambda\varepsilon_e^{sep}}{D_{e,eff}^{sep}}}x\right)$$

$$\nabla\Psi^{pos}(x;\lambda)=k_6\sqrt{\frac{\lambda\varepsilon_e^{pos}}{D_{e,eff}^{pos}}}\cos\left(\sqrt{\frac{\lambda\varepsilon_e^{sep}}{D_{e,eff}^{sep}}}x\right)-k_5\sqrt{\frac{\lambda\varepsilon_e^{sep}}{D_{e,eff}^{sep}}}\sin\left(\sqrt{\frac{\lambda\varepsilon_e^{sep}}{D_{e,eff}^{sep}}}x\right)$$

7.6.3　$\phi_e(x,t)$的梯度

回顾 $\tilde{\phi}_e(x,t)=\phi_e(x,t)-\phi_e(0,t)$，因此 $\nabla\tilde{\phi}_e(x,t)=\nabla\phi_e(x,t)-\nabla\phi_e(0,t)$，

或 $\nabla\phi_e(x,t)=\nabla\tilde{\phi}_e(x,t)$。

$\tilde{\phi}_e(x,t)$ 包含两部分：

$$\tilde{\phi}_e(x,t)=[\tilde{\phi}_e(x,t)]_1+[\tilde{\phi}_e(x,t)]_2$$

第一部分可由传递函数确定，第二部分可由已知的 $c_e(x,t)$ 确定。同样，第一部分的梯度也可以通过传递函数得到，而第二部分的梯度还需通过 $c_e(x,t)$ 得到。

首先讨论第一部分。在负极上，有式（6.48）：

$$\frac{[\tilde{\Phi}_e(x,s)]_1}{I_{\text{app}}(s)}=-\frac{L^{\text{neg}}\sigma_{\text{eff}}^{\text{neg}}\left(\cosh\left(\frac{x}{L^{\text{neg}}}\nu^{\text{neg}}(s)\right)-1\right)}{A\kappa_{\text{eff}}^{\text{neg}}(\kappa_{\text{eff}}^{\text{neg}}+\sigma_{\text{eff}}^{\text{neg}})\nu^{\text{neg}}(s)\sinh(\nu^{\text{neg}}(s))}-\frac{x}{A(\kappa_{\text{eff}}^{\text{neg}}+\sigma_{\text{eff}}^{\text{neg}})}$$
$$-\frac{L^{\text{neg}}\kappa_{\text{eff}}^{\text{neg}}\left(\cosh\left(\frac{(L^{\text{neg}}-x)}{L^{\text{neg}}}\nu^{\text{neg}}(s)\right)-\cosh(\nu^{\text{neg}}(s))\right)}{A\kappa_{\text{eff}}^{\text{neg}}(\kappa_{\text{eff}}^{\text{neg}}+\sigma_{\text{eff}}^{\text{neg}})\nu^{\text{neg}}(s)\sinh(\nu^{\text{neg}}(s))}$$

借助 Mathematica 计算其梯度为

$$\frac{\nabla[\tilde{\Phi}_e(x,s)]_1}{I_{\text{app}}(s)}=\frac{\kappa_{\text{eff}}^{\text{neg}}\left(\sinh\left(\frac{(L^{\text{neg}}-x)}{L^{\text{neg}}}\nu^{\text{neg}}(s)\right)-\sinh(\nu^{\text{neg}}(s))\right)}{A\kappa_{\text{eff}}^{\text{neg}}(\kappa_{\text{eff}}^{\text{neg}}+\sigma_{\text{eff}}^{\text{neg}})\sinh(\nu^{\text{neg}}(s))}$$
$$-\frac{\sigma_{\text{eff}}^{\text{neg}}\sinh\left(\frac{x\nu^{\text{neg}}(s)}{L^{\text{neg}}}\right)}{A\kappa_{\text{eff}}^{\text{neg}}(\kappa_{\text{eff}}^{\text{neg}}+\sigma_{\text{eff}}^{\text{neg}})\sinh(\nu^{\text{neg}}(s))}$$

在隔膜上，有式（6.49）：

$$\frac{[\tilde{\Phi}_e(x,s)]_1}{I_{\text{app}}(s)}=-\frac{L^{\text{neg}}\left((\sigma_{\text{eff}}^{\text{neg}}-\kappa_{\text{eff}}^{\text{neg}})\tanh\left(\frac{\nu^{\text{neg}}(s)}{2}\right)\right)}{A\kappa_{\text{eff}}^{\text{neg}}(\kappa_{\text{eff}}^{\text{neg}}+\sigma_{\text{eff}}^{\text{neg}})\nu^{\text{neg}}(s)}$$
$$-\frac{L^{\text{neg}}}{A(\kappa_{\text{eff}}^{\text{neg}}+\sigma_{\text{eff}}^{\text{neg}})}-\frac{x-L^{\text{neg}}}{A\kappa_{\text{eff}}^{\text{sep}}}$$

其梯度为

$$\frac{\nabla[\tilde{\Phi}_e(x,s)]_1}{I_{\text{app}}(s)}=-\frac{1}{A\kappa_{\text{eff}}^{\text{sep}}}$$

在正极，有式（6.50）：

$$\frac{[\tilde{\Phi}_e(x,s)]_1}{I_{\text{app}}(s)}=-\frac{L^{\text{neg}}\left((\sigma_{\text{eff}}^{\text{neg}}-\kappa_{\text{eff}}^{\text{neg}})\tanh\left(\frac{\nu^{\text{neg}}(s)}{2}\right)\right)}{A\kappa_{\text{eff}}^{\text{neg}}(\kappa_{\text{eff}}^{\text{neg}}+\sigma_{\text{eff}}^{\text{neg}})\nu^{\text{neg}}(s)}-\frac{L_{\text{neg}}}{A(\kappa_{\text{eff}}^{\text{neg}}+\sigma_{\text{eff}}^{\text{neg}})}$$

$$
-\frac{L^{\mathrm{sep}}}{A\kappa_{\mathrm{eff}}^{\mathrm{sep}}}-\frac{L^{\mathrm{pos}}\left(1-\cosh\left(\frac{(L^{\mathrm{neg}}+L^{\mathrm{sep}}-x)}{L^{\mathrm{pos}}}\nu^{\mathrm{pos}}(s)\right)\right)}{A(\kappa_{\mathrm{eff}}^{\mathrm{pos}}+\sigma_{\mathrm{eff}}^{\mathrm{pos}})\sinh(\nu^{\mathrm{pos}}(s))\nu^{\mathrm{pos}}(s)}
$$

$$
-\frac{L^{\mathrm{pos}}\sigma_{\mathrm{eff}}^{\mathrm{pos}}\left(\cosh(\nu^{\mathrm{pos}}(s))-\cosh\left(\frac{(L^{\mathrm{tot}}-x)}{L^{\mathrm{pos}}}\nu^{\mathrm{pos}}(s)\right)\right)}{A\kappa_{\mathrm{eff}}^{\mathrm{pos}}(\kappa_{\mathrm{eff}}^{\mathrm{pos}}+\sigma_{\mathrm{eff}}^{\mathrm{pos}})\sinh(\nu^{\mathrm{pos}}(s))\nu^{\mathrm{pos}}(s)}
$$

$$
-\frac{(x-L^{\mathrm{neg}}-L^{\mathrm{sep}})}{A(\kappa_{\mathrm{eff}}^{\mathrm{pos}}+\sigma_{\mathrm{eff}}^{\mathrm{pos}})}
$$

其梯度为

$$
\begin{aligned}
\frac{\nabla[\tilde{\Phi}_{\mathrm{e}}(x,s)]_1}{I_{\mathrm{app}}(s)}&=\frac{\kappa_{\mathrm{eff}}^{\mathrm{pos}}\left(\sinh\left(\frac{\nu^{\mathrm{pos}}(s)(L^{\mathrm{pos}}-L^{\mathrm{tot}}+x)}{L^{\mathrm{pos}}}\right)-\sinh(\nu^{\mathrm{pos}}(s))\right)}{A\kappa_{\mathrm{eff}}^{\mathrm{pos}}(\kappa_{\mathrm{eff}}^{\mathrm{pos}}+\sigma_{\mathrm{eff}}^{\mathrm{pos}})\sinh(\nu^{\mathrm{pos}}(s))}\\
&\quad-\frac{\sigma_{\mathrm{eff}}^{\mathrm{pos}}\sinh\left(\frac{(L^{\mathrm{tot}}-x)\nu^{\mathrm{pos}}(s)}{L^{\mathrm{pos}}}\right)}{A\kappa_{\mathrm{eff}}^{\mathrm{pos}}(\kappa_{\mathrm{eff}}^{\mathrm{pos}}+\sigma_{\mathrm{eff}}^{\mathrm{pos}})\sinh(\nu^{\mathrm{pos}}(s))}
\end{aligned}
$$

接下来讨论 $\tilde{\phi}_{\mathrm{e}}(x,t)$ 的第二部分：

$$
[\tilde{\phi}_{\mathrm{e}}(x,t)]_2=\frac{2RT(1-t_+^0)}{F}[\ln c_{\mathrm{e}}(x,t)-\ln c_{\mathrm{e}}(0,t)]
$$

$$
\begin{aligned}
\nabla[\tilde{\phi}_{\mathrm{e}}(x,t)]_2&=\frac{2RT(1-t_+^0)}{F}\left[\frac{\nabla c_{\mathrm{e}}(x,t)}{c_{\mathrm{e}}(x,t)}-\frac{\nabla c_{\mathrm{e}}(0,t)}{c_{\mathrm{e}}(0,t)}\right]\\
&=\frac{2RT(1-t_+^0)}{F}\frac{\nabla c_{\mathrm{e}}(x,t)}{c_{\mathrm{e}}(x,t)}
\end{aligned}
$$

由于已经将 $c_{\mathrm{e}}(x,t)$ 计算为 ROM 的输出，并且了解了如何计算 $\nabla c_{\mathrm{e}}(x,t)$，所以我们有计算 $\nabla[\tilde{\phi}_{\mathrm{e}}(x,t)]_2$ 所需的所有条件，因此可以计算 $\nabla\phi_{\mathrm{e}}(x,t)$。

7.7　生热项

现在准备研究关于 7.3 节生热项的不同降阶方法。根据不同应用场景的精度要求和计算要求，可以采用不同的方法。为说明各方法的优缺点，将使用几个示例来比较不同方法预测的结果。不同降阶模型标注为 ROM_1 ~ ROM_4，其基础方程列于表 7-1，以供参考。

使用与第 6 章示例相同的单体电池，其电池参数见表 6-1。为计算生热项，还必须知道偏摩尔熵关系。负极使用图 7-2 中的石墨曲线，正极使用 LMO 曲

线，其关系式为[1]

表 7-1 定义不同生热降阶模型的方程

生热项	$\bar{q}_r$	$\bar{q}_i$	$\bar{q}_s$	$\bar{q}_e$
ROM_1	式 (7.6)	式 (7.8)	式 (7.11)	式 (7.13)
ROM_2	式 (7.6)	式 (7.9)	式 (7.11)	式 (7.14)
ROM_3	式 (7.6)	式 (7.10)	式 (7.12)	式 (7.15)
ROM_4	式 (7.7)	式 (7.10)	式 (7.12)	式 (7.15)

$$\frac{\partial U_{ocp}^{neg}(\theta)}{\partial \theta} = \frac{344.1347148\exp(-32.9633287\theta + 8.316711484)}{1 + 749.0756003\exp(-34.790099646\theta + 8.887143624)}$$
$$- 0.85202788805\theta + 0.362299929\theta^2 + 0.2698001697$$

$$\frac{\partial U_{ocp}^{pos}(\theta)}{\partial \theta} = 4.31274309\exp(0.5715365223\theta) - 4.14532933$$
$$+ 1.281681122\sin(-4.99167339\theta)$$
$$- 0.090453431\sin(-20.9669665\theta + 12.5788250)$$
$$- 0.0313472974\sin(31.7663338\theta - 22.4295664)$$
$$+ 8.1471134334\theta - 26.064581\theta^2 + 12.76601580\theta^3$$
$$- 0.184274863\exp\left(-\left(\frac{\theta - 0.5169435168}{0.04628266783}\right)^2\right)$$

考虑的三个示例分别为：①SOC 约 50%，一个放电脉冲后接一个充电脉冲；②从 SOC 为 100% 开始，1C 恒流放电；③一个充放电电量相同的 UDDS 曲线，SOC 约 60%（与第 6 章中使用的曲线相同）。各示例的电流曲线如图 7-3 所示。

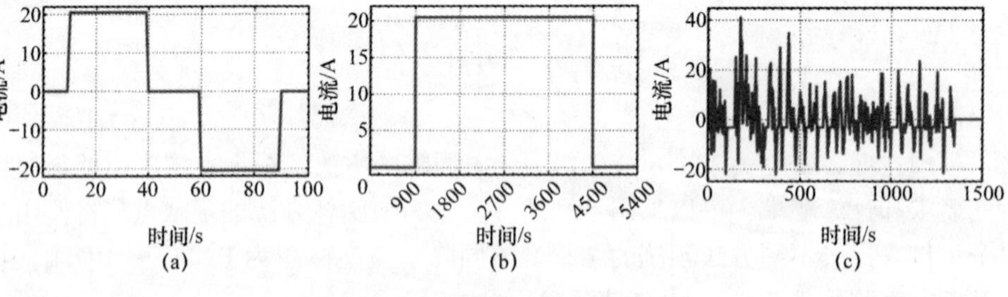

图 7-3 电池输入电流曲线

---

[1] 参考文献：Srinivasan, V., and Wang, C. Y., "Analysis of Electrochemical and Thermal Behavior of Li-Ion Cells," Journal of The Electrochemical Society, 150 (1), 2003, pp. A98-A106.

7.7.1　可逆生热项 $q_r[z,k]$

首先考虑可逆生热项，针对在固体－电解液边界发生的单一化学反应，假设电极上的温度相对恒定，有

$$q_r[z,k] = a_s FTj[z,k]\frac{\partial U_{ocp}(c_{s,e}[z,k])}{\partial T}$$

在第6章中，已经找到了 $j[z,k]$ 和 $c_{s,e}[z,k]$ 的传递函数，因此可以在电极上近似估计平均可逆生热为

$$\begin{aligned}\bar{q}_r[k] &= \int_0^1 a_s FTj[z,k]\frac{\partial U_{ocp}(c_{s,e}[z,k])}{\partial T}dz \\ &\approx a_s FT\sum_i j[z_i,k]\frac{\partial U_{ocp}(c_{s,e}[z_i,k])}{\partial T}\Delta z_i \end{aligned} \tag{7.6}$$

也就是说，$j[z,k]$ 和 $c_{s,e}[z,k]$ 在电极上的 z 个位置取值，熵函数在每个 $c_{s,e}$ 点处取值，使用矩形积分求和来近似积分计算的平均生热量。为得到更精确的近似值，也可用梯形积分，这相当于对每一个 z_i 点使用不同的加权系数。在接下来的仿真中，将使用 $z_i \in \{0,0.25,0.5,0.75,1\}$，对结果进行梯形积分，各结果标记为 $ROM_1 \sim ROM_3$。

在多个 z 位置计算 $j[z,k]$ 和 $c_{s,e}[z,k]$，会导致 $\boldsymbol{C}\boldsymbol{x}_k + \boldsymbol{D}i_{app}$ 步骤引入相当数量的实时计算。对 $\bar{q}_r$ 作粗略近似，并减少所需的计算量，这是可能的。假设在整个电极上 $c_{s,e} \approx c_{avg}$，可得

$$\begin{aligned}\bar{q}_r &= \int_0^1 a_s FTj[z,k]\frac{\partial U_{ocp}(c_{avg}[k])}{\partial T}dz \\ &= a_s FT\frac{\partial U_{ocp}(c_{avg}[k])}{\partial T}\int_0^1 j[z,k]\,dz \\ &= \frac{i_{app}[k]T}{A}\frac{\partial U_{ocp}(c_{avg}[k])}{\partial T}\end{aligned} \tag{7.7}$$

在接下来的仿真中，将用此法得出 ROM_4 的结果。

图7-4绘制出电池输入电流为放电、充电脉冲序列下的可逆热生成项仿真结果。实线表示全阶模型的结果，虚线表示不同降阶模型的结果。在此仿真情况下，ROM_1 和 ROM_4 得出了相似的结果，预测都很接近真实曲线，这主要是因为模型仿真时间不够长，不足以引起固体表面浓度梯度的显著上升。之后将看到，ROM_1 明显优于 ROM_4。因此选择何种ROM取决于应用条件。

7.7.2　不可逆生热项 $q_i[z,k]$

接下来考虑不可逆生热项，针对在固体－电解液边界发生的单一化学反应，有

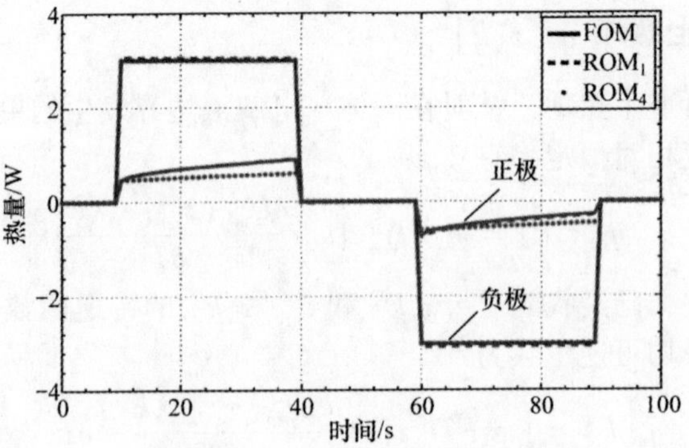

图 7-4 脉冲产生的可逆热

$$q_i[z,k] = a_s F j[z,k] \eta[z,k]$$

在第 6 章中，已经找到了 $j[z,k]$ 的传递函数，并且知道如何通过非线性关系计算 $\eta[z,k]$。因此，可以近似认为电极上的平均不可逆生热为

$$\begin{aligned}\bar{q}_i[k] &= \int_0^1 a_s FTj[z,k]\boldsymbol{\eta}[z,k]\mathrm{d}z \\ &\approx a_s FT\sum_i j[z_i,k]\boldsymbol{\eta}[z_i,k]\triangle z_i \end{aligned} \tag{7.8}$$

和 7.7.1 节一样，也可以用梯形积分近似。在接下来的仿真中，将使用 $z_i \in \{0, 0.25, 0.5, 0.75, 1\}$，对标记结果进行梯形积分，记为 ROM_1。

为了减少仅带来适量精度损耗的计算复杂度，可以线性化 $\boldsymbol{\eta}(z,t)$ 项，$\boldsymbol{\eta}(z,t) \approx R_{ct} j[z,k]$。因此，可以得到

$$\bar{q}_i[k] \approx a_s FTR_{ct}\sum_i j^2[z_i,k]\triangle z_i$$

这种形式的优点是，它是由线性传递函数得到的两项之积。其他的生热项也具有相同形式，所以这里将讨论它的一般形式。

考虑离散时间下的一般生热项：

$$q[z,k] = y_1[z,k]y_2[z,k]$$

式中：$y_1[z,k]$ 和 $y_2[z,k]$ 都是作为状态空间降阶模型输出计算的纯线性项，即该项不作非线性修正，则

$$\bar{q}[k] = \int_0^1 y_1[z,k]y_2[z,k]\mathrm{d}z = \int_0^1 [\boldsymbol{C}_1\boldsymbol{x}[k] + \boldsymbol{D}_1\boldsymbol{u}[k]][\boldsymbol{C}_2\boldsymbol{x}[k] + \boldsymbol{D}_2\boldsymbol{u}[k]]\mathrm{d}z$$

方括号内的项是标量，等于它们自身的转置，则

$$\begin{aligned}\bar{q}[k] &= \int_0^1 [\boldsymbol{x}^{\mathrm{T}}[k]\boldsymbol{C}_1^{\mathrm{T}} + \boldsymbol{u}^{\mathrm{T}}[k]\boldsymbol{D}_1^{\mathrm{T}}][\boldsymbol{C}_2\boldsymbol{x}[k] + \boldsymbol{D}_2\boldsymbol{u}[k]]\mathrm{d}z \\ &= \boldsymbol{x}^{\mathrm{T}}[k]\underbrace{\left\{\int_0^1 \boldsymbol{C}_1^{\mathrm{T}}\boldsymbol{C}_2\mathrm{d}z\right\}}_{\{\boldsymbol{CC}\}}\boldsymbol{x}[k] + \boldsymbol{u}^{\mathrm{T}}[k]\underbrace{\left\{\int_0^1 \boldsymbol{D}_1^{\mathrm{T}}\boldsymbol{D}_2\mathrm{d}z\right\}}_{\{\boldsymbol{DD}\}}\boldsymbol{u}[k]\end{aligned}$$

$$+\boldsymbol{x}^{\mathrm{T}}[k]\underbrace{\left\{\int_0^1 \boldsymbol{C}_1^{\mathrm{T}}\boldsymbol{D}_2+\boldsymbol{C}_2^{\mathrm{T}}\boldsymbol{D}_1\mathrm{d}z\right\}}_{\{\boldsymbol{CD}\}}\boldsymbol{u}[k]$$

$$=\boldsymbol{x}^{\mathrm{T}}[k]\{\boldsymbol{CC}\}\boldsymbol{x}[k]+\boldsymbol{x}^{\mathrm{T}}[k]\{\boldsymbol{CD}\}\boldsymbol{u}[k]+\boldsymbol{u}^{\mathrm{T}}[k]\{\boldsymbol{DD}\}\boldsymbol{u}[k]$$

矩阵 $\boldsymbol{C}$ 、$\boldsymbol{D}$ 由适当传递函数的 DRA 产生，其积分采用一次性计算近似，结果为预先计算的 $\{\boldsymbol{CC}\}$ 、$\{\boldsymbol{CD}\}$ 和 $\{\boldsymbol{DD}\}$ 常数矩阵。

用这种形式表示的生热项，使我们可以考虑在不同复杂程度上，对原始结果进行不同的近似。涉及 $\boldsymbol{C}_1^{\mathrm{T}}\boldsymbol{C}_2$ 的积分项需要进行的计算最多，其结果是在每个 z 值上产生一个 $n\times n$ 的矩阵。涉及 $\boldsymbol{C}_i^{\mathrm{T}}\boldsymbol{D}_j$ 的积分项所需的计算较少，其结果是在每 z 值上产生一个 $n\times 1$ 的向量。涉及 $\boldsymbol{D}_1^{\mathrm{T}}\boldsymbol{D}_2$ 的积分项所需的计算最小，其结果是在每个 z 值上产生一个 1×1 的标量。如果能够在不损失太多保真度的情况下，从近似值中去掉这些项，就可以减少计算生热项的实时计算量。

在接下来的仿真中，标记为 ROM_2 的结果使用完整表达式：

$$\bar{q}_{\mathrm{i}}[k]=\boldsymbol{x}^{\mathrm{T}}[k]\{\boldsymbol{CC}\}\boldsymbol{x}[k]+\boldsymbol{x}^{\mathrm{T}}[k]\{\boldsymbol{CD}\}i_{\mathrm{app}}[k]+\{\boldsymbol{DD}\}i_{\mathrm{app}}^2[k] \quad (7.9)$$

标记为 ROM_3 和 ROM_4 的结果使用更简单的计算：

$$\bar{q}_{\mathrm{i}}[k]=\{DD\}i_{\mathrm{app}}^2[k] \quad (7.10)$$

注意，这符合我们所期望的从一个集总电阻得到的 $i^2\times R$ 型生热。其他情况更接近分散电极内的生热。

在不可逆生热项的 ROM_2 至 ROM_4 结果中，选择 $y_1[z,k]=y_2[z,k]=j[z,k]$，并使用上述 3 种不同方法计算：

$$\bar{q}_{\mathrm{i}}[k]\approx a_{\mathrm{s}}FTR_{\mathrm{ct}}\int_0^1 y_1[z,k]y_2[z,k]\mathrm{d}z$$

图 7-5 绘制出电池输入电流为放电、充电脉冲序列下的可逆热生成项仿真

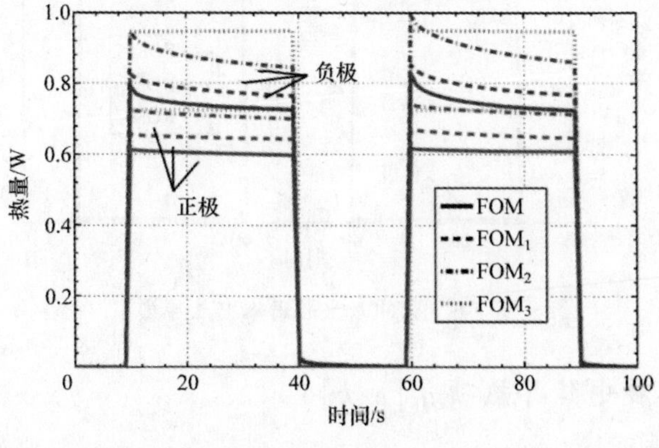

图 7-5　脉冲产生的不可逆热

结果。与前面一样，实线表示全阶模型的结果，虚线表示不同降阶模型的结果。在此仿真情况下，ROM_1 明显好于 ROM_2，ROM_2 明显好于 ROM_3。应用场景所要求的预测精度将决定使用哪一种 ROM 模型。

7.7.3 固体中焦耳热项 $q_s[z,k]$

现在考虑对应固体中热量的生热项，$q_s = \sigma_{eff}(\nabla\phi_s \cdot \nabla\phi_s)$。由于 $\nabla\phi_s$ 可以用一个纯线性传递函数表示，因此可以用与不可逆生热相同的方法。

在接下来的仿真中，选择 $y_1[z,k] = y_2[z,k] = \sqrt{\sigma_{eff}}\,\nabla\phi_s[z,k]$，计算：

$$\bar{q}_s[k] = \int_0^1 y_1[z,k]y_2[z,k]\,dz$$

标记为 ROM_1 或 ROM_2 的结果使用完整表达式：

$$\bar{q}_s[k] = \boldsymbol{x}^T[k]\{\boldsymbol{CC}\}x[k] + \boldsymbol{x}^T[k]\{\boldsymbol{CD}\}i_{app}[k] + \{\boldsymbol{DD}\}i_{app}^2[k] \quad (7.11)$$

标记为 ROM_3 或 ROM_4 使用简单计算公式：

$$\bar{q}_s[k] = \{\boldsymbol{DD}\}i_{app}^2[k] \quad (7.12)$$

图 7-6 绘制出电池输入电流为放电、充电脉冲序列下的固体中焦耳热生成项仿真结果。实线表示全阶模型的结果，虚线表示不同降阶模型的结果。在此仿真情况下，所有的降阶模型产生几乎无法分辨的结果。仔细观察发现 $q_s[k]$ 是目前为止最小的生热项，所以即使有较大的相对误差在计算总热量时也不显著。因此，ROM_3 模型适用于大多数应用。

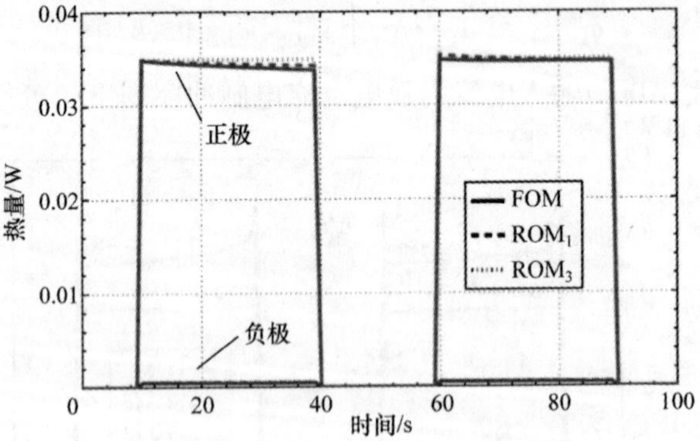

图 7-6 脉冲产生的固体中焦耳热

7.7.4 电解液中焦耳热项 $q_e[x,k]$

最后，考虑对应电解液中焦耳热的生热项。我们采取一些步骤将其转换成可以处理的信号组合：

$$\begin{aligned}q_e &= \kappa_{\text{eff}}(\nabla\phi_e\cdot\nabla\phi_e)+\kappa_{D,\text{eff}}(\nabla\ln c_e\cdot\nabla\phi_e)\\ &=\kappa_{\text{eff}}((\nabla[\tilde{\phi}_e]_1)^2)+2(\nabla[\tilde{\phi}_e]_1\nabla[\tilde{\phi}_e]_2+(\nabla[\tilde{\phi}_e]_2)^2)\\ &\quad+\kappa_{D,\text{eff}}\left(\frac{\nabla\tilde{c}_e}{c_e}(\nabla[\tilde{\phi}_e]_1+\nabla[\tilde{\phi}_e]_2)\right)\\ &=\kappa_{\text{eff}}\left((\nabla[\tilde{\phi}_e]_1)^2+\frac{4RT(1-t_+^0)}{Fc_e}(\nabla[\tilde{\phi}_e]_1\nabla\tilde{c}_e)+\left(\frac{2RT(1-t_+^0)\nabla\tilde{c}_e}{Fc_e}\right)^2\right)\\ &\quad+\kappa_{\text{eff}}\left(\frac{2RT(t_+^0-1)}{F}\frac{\nabla\tilde{c}_e}{c_e}\left(\nabla[\tilde{\phi}_e]_1+\frac{2RT(1-t_+^0)\nabla\tilde{c}_e}{Fc_e}\right)\right)\\ &=\kappa_{\text{eff}}(\nabla[\tilde{\phi}_e]_1)^2-\frac{\kappa_{D,\text{eff}}}{c_e}\nabla[\tilde{\phi}_e]_1\nabla\tilde{c}_e\end{aligned}$$

为了计算这个结果，需要用 DRA 创建降阶模型来产生适当的平均值，该 ROM 可以在整个电池的不同位置生成 $\nabla[\tilde{\phi}_e]_1$、$\tilde{c}_e$ 和 $\nabla\tilde{c}_e$。为了获得最好的效果，采用 $\kappa_{\text{eff}}(c_e(x,t))$ 而不是通常使用的 $\kappa_{\text{eff}}(c_{e,0})$。此外，我们认识到电池所有区域的传递函数 $\nabla[\tilde{\phi}_e]_1$ 的分母包含 κ_{eff} 项，DRA 创建的 ROM 模型在线性化传递函数时使用 $\kappa_{\text{eff}}(c_{e,0})$。然而，由于 κ_{eff} 是 c_e 的强函数，同时 $\nabla[\tilde{\phi}_e]_1$ 是 κ_{eff} 的强函数，为了得到最好的结果，ROM 的输出应该乘以 $\kappa_{\text{eff}}(c_{e,0})/\kappa_{\text{eff}}(c_e(x,t))$。因此，$\text{ROM}_1$ 结果中使用的生热项为

$$q_e[x,k]=\kappa_{\text{eff}}(c_e[x,k])\left(\frac{\kappa_{\text{eff}}(c_{e,0})}{\kappa_{\text{eff}}(c_e[x,k])}\nabla[\tilde{\phi}_e]_1\right)^2-\frac{\kappa_{D,\text{eff}}}{c_e[x,k]}\nabla[\tilde{\phi}_e]_1\nabla\tilde{c}_e \tag{7.13}$$

简单版本假设 $c_e[x,k]\approx c_{e,0}$。ROM_2 ~ ROM_4 结果中使用的生热项为

$$q_e[x,k]=\kappa_{\text{eff}}(\nabla[\tilde{\phi}_e]_1)^2-\frac{\kappa_{D,\text{eff}}}{c_{e,0}}\nabla[\tilde{\phi}_e]_1\nabla\tilde{c}_e$$

然后，采用 7.7.2 节中的方法计算上述表达式。ROM_2 的结果采用完全线性化表达式，ROM_3 和 ROM_4 的结果仅保留 $\{\boldsymbol{DD}\}$ 项。

也就是说，第一项选择 $y_1[x,k]=y_2[x,k]=\sqrt{\kappa_{\text{eff}}/L^{\text{tot}}}\,\nabla[\tilde{\phi}_e[x,k]]_1$，第二项选择 $y_3[x,k]=\sqrt{\kappa_{D,\text{eff}}/(c_{e,0}L^{\text{tot}})}\,\nabla[\tilde{\phi}_e[x,k]]_1$，$y_4[x,k]=\nabla\tilde{c}_e[x,k]$，计算：

$$\bar{q}_e[k]=\frac{\kappa_{\text{eff}}}{L^{\text{tot}}}\int_0^{L^{\text{tot}}}y_1[x,k]y_2[x,k]\mathrm{d}x-\frac{\kappa_{D,\text{eff}}}{c_{e,0}L^{\text{tot}}}\int_0^{L^{\text{tot}}}y_3[x,k]y_4[x,k]\mathrm{d}x$$

标记为 ROM_1 和 ROM_2 的结果使用完整表达式：

$$\bar{q}_e[k] = \boldsymbol{x}^T[k]\{\boldsymbol{CC}_1 - \boldsymbol{CC}_2\}\boldsymbol{x}[k] + \boldsymbol{x}^T[k]\{\boldsymbol{CD}_1 - \boldsymbol{CD}_2\}i_{app}[k] + \{\boldsymbol{DD}_1 - \boldsymbol{DD}_2\}i_{app}^2[k] \quad (7.14)$$

其中的矩阵下标表示它由哪个积分计算得到。标记为 ROM_3 和 ROM_4 的结果使用更简单的方法计算：

$$\bar{q}_e[k] = \{\boldsymbol{DD}_1 - \boldsymbol{DD}_2\}i_{app}^2[k] \quad (7.15)$$

图 7-7 绘制出电池输入电流为放电、充电脉冲序列下的电解液中焦耳热生成项仿真结果。实线表示全阶模型的结果，虚线表示不同降阶模型的结果。在此仿真情况下，所有的降阶模型产生相同的预测结果，但 ROM_1 在多种仿真场景下更具鲁棒性。

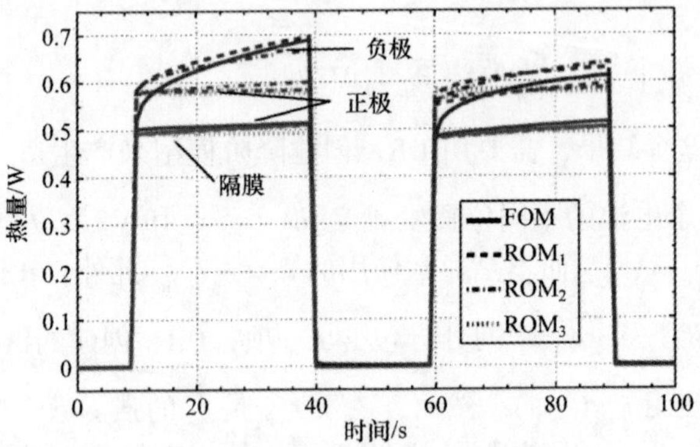

图 7-7 脉冲产生的电解液中焦耳热

作为一个比较点，在脉冲放电和 1C 放电①的情况下，总生热量仿真结果如图 7-8 所示。可以看到，各降阶模型的预测是相当类似的。唯一的误差出现

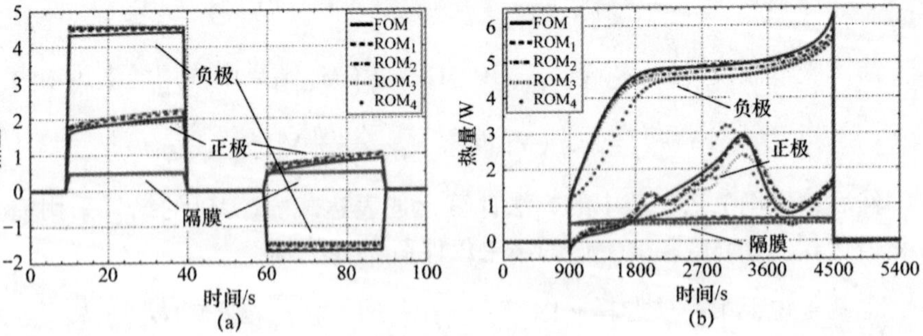

图 7-8 1C 脉冲放电和 1C 放电的总生热

（a）1C 脉冲放电；（b）1C 放电。

① 1C 放电仿真使用如 7.10 节所述的混合模型。由于数据点变化太剧烈，因此未展示出 UDDS 仿真结果，但所有的 ROM 都与 FOM 匹配得很好。

在 ROM_4 的1C放电情况下，此误差产生归因于原始模型 $\bar{q}_r(t)$。

7.8　热流项

我们已经知道如何近似热模型的各种生热项，现在将注意力转向热流关系建模，从而得到电池平均温度的表达式。从下面的偏微分方程开始：

$$\rho c_p \frac{\partial T(x,t)}{\partial t} = \nabla \cdot (\lambda \nabla T(x,t)) + q(x,t) \tag{7.16}$$

其对流边界条件为

$$-\lambda \frac{\partial T(x,t)}{\partial x}\Big|_{x=0} = h(T_\infty - T(0,t)) \tag{7.17}$$

$$-\lambda \frac{\partial T(x,t)}{\partial x}\Big|_{x=L} = h(T_\infty - T(L,t)) \tag{7.18}$$

常数 ρ、c_p 和 λ 在电池3个区域的取值可能不同，但假设在每个区域内都是均匀的。同样，其辐射边界条件可以用下式近似：

$$T_\infty^4 - T_s^4 \approx 4T_\infty^3(T_\infty - T_s)$$

为了求解这个偏微分方程，可以考虑使用分离变量法。然而，由于电池在 x 方向上的温度趋向于一致，因此这里可以使用一个更简单的方法，如果只想获取电池平均温度而不是精确到各表面的 $T(x,t)$，该方法就足够了。

假设 $T(x,t)$ 近似为

$$T(x,t) \approx T_\infty + a(t) + b(t)\sin\left(\frac{\pi x}{L^{\text{tot}}}\right)$$

这允许电池在交界部分有一个相当平坦的温度剖面（在全阶模型仿真中观察到的部分），但仍要保留一些曲率，以满足式（7.17）和式（7.18）中的边界条件。$a(t)$ 项主要模拟电池整体温度对环境温度 T_∞ 的偏差，$b(t)$ 项主要模拟相对截面位置 x 的温度不均匀性。

对于这个假设的模型，求解偏微分方程所需的导数可以写为

$$\frac{\partial T(x,t)}{\partial t} = \frac{\mathrm{d}a(t)}{\mathrm{d}t} + \frac{\mathrm{d}b(t)}{\mathrm{d}t}\sin\left(\frac{\pi x}{L^{\text{tot}}}\right)$$

$$\frac{\partial T(x,t)}{\partial x} = \frac{\pi}{L^{\text{tot}}}b(t)\cos\left(\frac{\pi x}{L^{\text{tot}}}\right)$$

$$\frac{\partial^2 T(x,t)}{\partial x^2} = -\left(\frac{\pi}{L^{\text{tot}}}\right)^2 b(t)\sin\left(\frac{\pi x}{L^{\text{tot}}}\right)$$

将解的假设形式代入边界条件式（7.17）中，在 $x=0$ 处，有

$$-\lambda \frac{\pi}{L^{\text{tot}}}b(t)\cos\left(\frac{\pi x}{L^{\text{tot}}}\right)\Big|_{x=0} = h(T_\infty - (T_\infty + a(t)))$$

$$-\lambda \frac{\pi}{L^{tot}} b(t) = -ha(t)$$

$$b(t) = \frac{hL^{tot}}{\lambda \pi} a(t)$$

用解的假设形式求解偏微分方程式（7.16）：

$$\rho c_p \left[\frac{da(t)}{dt} + \frac{hL^{tot}}{\lambda \pi} \frac{da(t)}{dt} \sin\left(\frac{\pi x}{L^{tot}}\right)\right] = -\lambda \left(\frac{\pi}{L^{tot}}\right)^2 \left(\frac{hL^{tot}}{\lambda \pi}\right) a(t) \sin\left(\frac{\pi x}{L^{tot}}\right) + q(x,t)$$

$$\rho c_p \left[1 + \frac{hL^{tot}}{\lambda \pi} \sin\left(\frac{\pi x}{L^{tot}}\right)\right] \frac{da(t)}{dt} = -\left(\frac{\pi h}{L^{tot}}\right) a(t) \sin\left(\frac{\pi x}{L^{tot}}\right) + q(x,t) \quad (7.19)$$

将此函数形式作为找到电池平均温度的基础，对等式两边取平均值：

$$\frac{1}{L^{tot}} \int_0^{L^{tot}} \rho c_p \left[1 + \frac{hL^{tot}}{\lambda \pi} \sin\left(\frac{\pi x}{L^{tot}}\right)\right] dx \frac{da(t)}{dt} = -\left(\frac{\pi h}{L^{tot}} \frac{2}{\pi}\right) a(t) + \bar{q}(t)$$

式中：$\bar{q}(t) = \frac{1}{L^{tot}} \int_0^{L^{tot}} q(x,t)\,dx$；$\frac{1}{L^{tot}} \int_0^{L^{tot}} \sin\left(\frac{\pi x}{L^{tot}}\right) dx = \frac{2}{\pi}$。

因此，上式可改写为

$$\frac{da(t)}{dt} = -\left(\frac{2h}{k_q L^{tot}}\right) a(t) + \frac{1}{k_q} \bar{q}(t)$$

式中的常数为

$$\begin{aligned} k_q &= \frac{1}{L^{tot}} \int_0^{L^{tot}} \rho c_p \left[1 + \frac{hL^{tot}}{\lambda \pi} \sin\left(\frac{\pi x}{L^{tot}}\right)\right] dx \\ &= \frac{1}{L^{tot}} \left[\rho^{neg} c_P^{neg} \left(\frac{h (L^{tot})^2}{\lambda^{neg} \pi^2} \left(1 - \cos\left(\frac{\pi L^{neg}}{L^{tot}}\right)\right)\right)\right. \\ &\quad + \rho^{sep} c_P^{sep} \left(\frac{h (L^{tot})^2}{\lambda^{sep} \pi^2} \left(\cos\left(\frac{\pi L^{neg}}{L^{tot}}\right) - \cos\left(\frac{\pi (L^{neg} + L^{sep})}{L^{tot}}\right)\right)\right) \\ &\quad + \rho^{pos} c_P^{pos} \left(\frac{h (L^{tot})^2}{\lambda^{pos} \pi^2} \left(1 + \cos\left(\frac{\pi (L^{neg} + L^{sep})}{L^{tot}}\right)\right)\right) \\ &\quad \left. + \rho^{neg} c_P^{neg} L^{neg} + \rho^{sep} c_P^{sep} L^{sep} + \rho^{pos} c_P^{pos} L^{pos} \right] \end{aligned}$$

又由于

$$T(x,t) \approx T_\infty + a(t) + b(t) \sin\left(\frac{\pi x}{L^{tot}}\right) = T_\infty + a(t) \left[1 + \frac{hL^{tot}}{\lambda \pi} \sin\left(\frac{\pi x}{L^{tot}}\right)\right]$$

因此，平均温度可计算为

$$T_{avg}(t) = T_\infty + \frac{a(t)}{L^{tot}} \int_0^{L^{tot}} \left[1 + \frac{hL^{tot}}{\lambda \pi} \sin\left(\frac{\pi x}{L^{tot}}\right)\right] dx = T_\infty + C_q a(t)$$

式中常数为

$$
\begin{aligned}
C_q &= \frac{1}{L^{\text{tot}}}\int_0^{L^{\text{tot}}} 1 + \frac{hL^{\text{tot}}}{\lambda\pi}\sin\left(\frac{\pi x}{L^{\text{tot}}}\right)\mathrm{d}x \\
&= \frac{1}{L^{\text{tot}}}\left[\left(L^{\text{neg}} + \frac{h\,(L^{\text{tot}})^2}{\lambda^{\text{neg}}\pi^2}\left(1 - \cos\left(\frac{\pi L^{\text{neg}}}{L^{\text{tot}}}\right)\right)\right)\right. \\
&\quad + \left(L^{\text{sep}} + \frac{h\,(L^{\text{tot}})^2}{\lambda^{\text{sep}}\pi^2}\left(\cos\left(\frac{\pi L^{\text{neg}}}{L^{\text{tot}}}\right) - \cos\left(\frac{\pi(L^{\text{neg}} + L^{\text{sep}})}{L^{\text{tot}}}\right)\right)\right) \\
&\quad \left.+ \left(L^{\text{pos}} + \frac{h\,(L^{\text{tot}})^2}{\lambda^{\text{pos}}\pi^2}\left(1 + \cos\left(\frac{\pi(L^{\text{neg}} + L^{\text{sep}})}{L^{\text{tot}}}\right)\right)\right)\right] \\
&= 1 + \frac{hL^{\text{tot}}}{\lambda\pi}\left[\frac{1}{\lambda^{\text{neg}}}\left(1 - \cos\left(\frac{\pi L^{\text{neg}}}{L^{\text{tot}}}\right)\right)\right. \\
&\quad + \frac{1}{\lambda^{\text{sep}}}\left(\cos\left(\frac{\pi L^{\text{neg}}}{L^{\text{tot}}}\right) - \cos\left(\frac{\pi(L^{\text{neg}} + L^{\text{sep}})}{L^{\text{tot}}}\right)\right) \\
&\quad \left.+ \frac{1}{\lambda^{\text{pos}}}\left(1 + \cos\left(\frac{\pi(L^{\text{neg}} + L^{\text{sep}})}{L^{\text{tot}}}\right)\right)\right]
\end{aligned}
$$

利用2.4节的结论将其转换成离散时间，因此电池平均温度的单状态常差分方程模型为

$$
\begin{aligned}
a[k+1] &= A_q a[k] + B_q \bar{q}[k] \\
T_{\text{avg}}[k] &= C_q a[k] + T_\infty
\end{aligned}
$$

式中

$$
A_q = \exp\left(-\frac{2h}{k_q L^{\text{tot}}}\Delta t\right)
$$

$$
B_q = \begin{cases} -\dfrac{L^{\text{tot}}}{2h}(A_q - 1), & h \neq 0 \\ \dfrac{\Delta t}{k_q}, & h = 0 \end{cases}
$$

7.9 非耦合模型结果

首先用非耦合电化学－热模型来证明热流模型。在这种情况下，电化学模型（人为地）工作在298.15K（25℃），与热模型无关。热模型计算生热项和预测温度变化，但是温度变化不作为电化学仿真的输入。我们将在7.10节中展示耦合电化学热模型的结果。

图7-9～图7-11所示为热流降阶模型的仿真测试结果。每幅图均包含3种不同仿真情景：一种是对流系数 $h = 0$ 的情形（模拟完全绝缘或绝热的情况，

与外界没有热交换)，一种是 $h=5$ 的情形（模拟自然对流)，一种是 $h=25$（模拟强迫空气对流)。

图 7-9 所示为脉冲测试结果，所有 ROM 都与 FOM 结果相吻合，在整个仿真条件下误差均在 1K 内变化。ROM_1 比其他降阶模型稍微好一些，但都差不多。

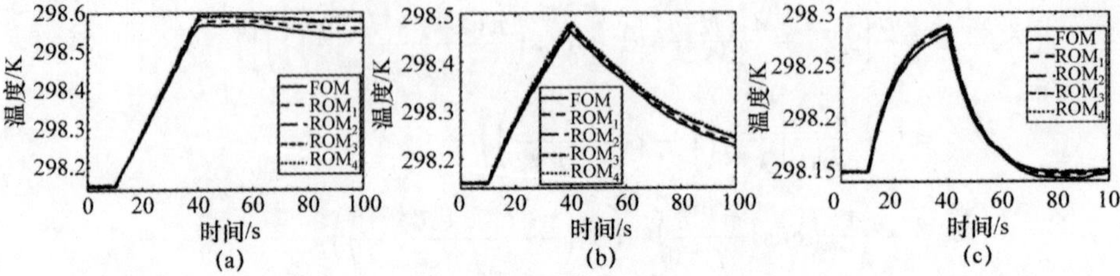

图 7-9　脉冲条件下的电池平均温度

（a）$h=0$；（b）$h=5$；（c）$h=25$。

图 7-10 所示为 1C 放电实验结果，所有降阶模型的仿真效果都较好，但 ROM_4 明显比其他模型差，这是由 $\bar{q}_r(t)$ 的粗略近似导致的。

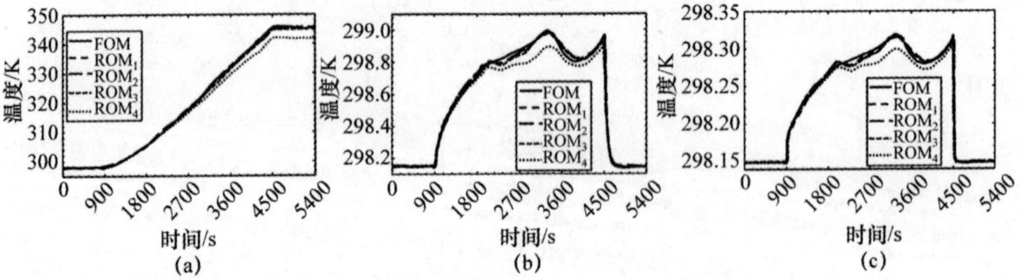

图 7-10　1C 放电条件下的电池平均温度

（a）$h=0$；（b）$h=5$；（c）$h=25$。

最后，图 7-11 所示为充放电电荷平衡的 UDDS 测试结果。同样，所有的 ROM 都很好，ROM_1 稍微优于其他。

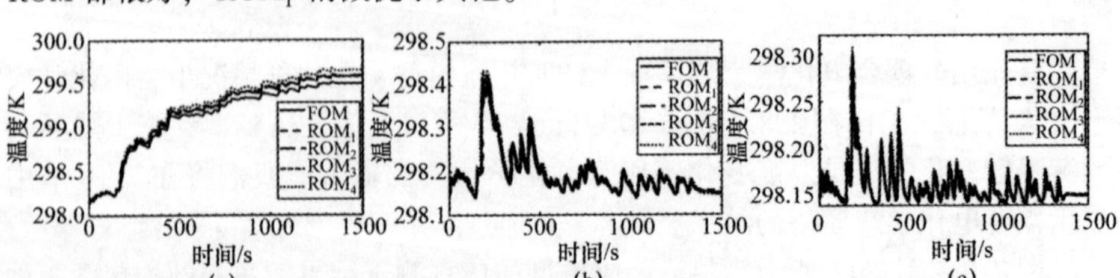

图 7-11　UDDS 条件下的电池平均温度

（a）$h=0$；（b）$h=5$；（c）$h=25$。

7.10　耦合模型结果

本节考虑耦合的电化学－热模型，热模型中的温度反馈回电化学模型上。在电化学模型中，参数值根据式（7.5）建立的 Arrhenius 关系变化。所有参数值的参考温度均为25℃，随温度变化参数的参考值是表6-1 中标准值，这些参数的活化能见表 7-2。

表 7-2　耦合电化学热模型仿真的 Arrhenius 关系的活化能

参数	k^{neg}	k^{pos}	D_s^{neg}	D_s^{pos}	D_e	κ
活化能/(kJ · mol^{-1})	30	30	4	20	10	20

全阶模型结果来自于在 COMSOL 中实现的耦合电化学－热模型。降阶模型结果由多个温度和 SOC 设定点下创建的融合 ROM 模型得到。也就是说，首先 Arrhenius 方程式（7.5）被用于寻找不同温度设定值下的参数值，并离线执行 DRA 生成不同 SOC 和温度设定值下的降阶模型。然后，当电池模型工作时，电化学模型更新 SOC，而热模型更新温度。模型融合连续更新实时使用的矩阵 $\boldsymbol{A}$ 、$\boldsymbol{B}$ 、$\boldsymbol{C}$ 和 $\boldsymbol{D}$。

对于本章仿真中使用的参数和应用场景，大多数非耦合和耦合结果之间的差别非常小。最大的不同发生在 $h=0$ 完全绝热 1C 放电情形下，如图 7-12 所示。

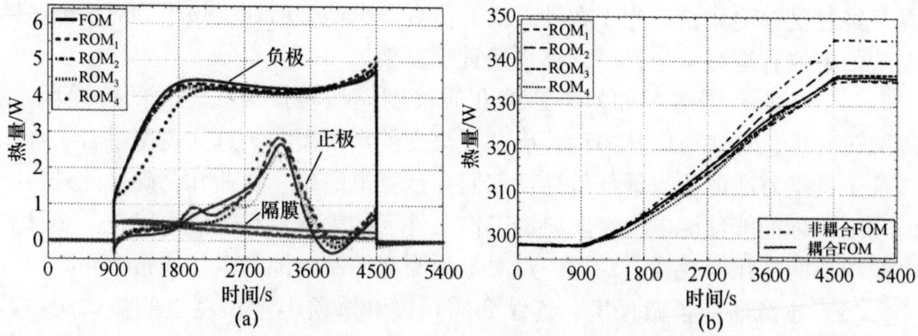

图 7-12　耦合模型在 $h=0$ 、1C 放电条件下的电池平均温度
（a）总生热（耦合）；（b）1C 放电，$h=0$（耦合）。

图 7-12（a）绘制了来自 FOM 和 ROM 的生热预测结果比较，类似的非耦合结果如图 7-8（b）中所示。除了 ROM_4，其余 ROM 都较好地预测了负极生

热，所有 ROM 预测的隔膜生热几乎相等，ROM_1 和 ROM_2 在预测正极生热方面做得最好。

图 7-12（b）绘制了温度随时间的变化，类似的非耦合结果如图 7-10（a）所示。首先，注意由两种不同 FOM 预测的非耦合和耦合“真实”结果之间的显著差异。然后，可以看到 ROM_1 和 ROM_3 对温度变化的预测几乎一样好，ROM_2 和 ROM_4 没有那么好，但对很多应用情形来说已经足够了。

7.11 本章小结及后续工作

现在已经完成本书的电池建模，我们在理解上取得了长足进步!

（1）本章探索了经验的等效电路模型，它们在概念上和计算上都很简单，可以很好地预测单体电池的输入 – 输出行为。它们在与训练模型场景相似的条件下，能够为电池电压提供可靠预测。模型参数的系统辨识，直接使用由标准电池实验室设备收集的，电压 – 电流输入 – 输出数据。

（2）本章推导了基于微观机理的模型，在非常小的长度尺度上描述锂离子电池的内部动力学。这些模型分别适用于模拟均质固体活性材料和均质电解液中的质量守恒和电荷守恒。这些模型的参数，如电导率、扩散率，是通过对构成电池的原材料进行电化学实验室测试得到的。由于需要大量的计算，使用微尺度模型来模拟单体电池是非常困难的。

（3）本章了解了如何由微尺度模型创建体积平均的连续介质尺度模型。这些模型考虑了固体和电解液中，小范围内的锂离子浓度和电势的平均行为，并且经过足够简化，适用于在计算机上仿真全电池。然而，该模型对于嵌入式系统的电池管理系统来说，计算仍然过于复杂。

（4）本章还了解了如何将连续介质尺度模型转换为线性化的传递函数，离散时间优化算法可以从中计算出基于机理的降阶模型。这些模型融合了经验和基于机理方法的所有最佳特性：它们在计算上简单、快速和精确；此外，它们利用机理能够预测电池在非典型工作条件下的表现；它们还可以进一步计算电池内部的电化学变量。最后一点对于预测和控制电池的老化非常有用。

（5）本章研究了微尺度、连续介质尺度和降阶电池尺度上的热效应。基于机理的降阶模型可以计算出预测单体电池内生热和温度变化所需的所有项。这既可以提高开环仿真的逼真度，也可以用于电池管理系统中辅助热管理和热控制。

这些模型现在已经可以使用了。在本系列的第二卷，将讨论电池模型在电池管理和控制问题中的实际应用，重点关注利用等效电路模型的方法。第二卷的概要如下。

（1）介绍电池管理系统及其对硬件和软件的要求。书中有一些关于所需要的电子设备种类的讨论，但该书的重点是软件方法或算法。

（2）从本书中的单体电池模型中归纳出模拟内部单体电池互连电池组的方法。同时还考虑模拟电池组所连接的负载。

（3）该书最主要的章节将讨论如何仅使用单体电池模型和电压－电流－温度测量数据，来估计电池组中所有电池的内部状态。重点介绍几种简单的以及几种基于非线性卡尔曼滤波的荷电状态估计方法。它还解决了实际的稳健性问题和计算复杂性问题。

（4）该书的另一个重要部分讨论电池组中所有电池的健康状态估计。我们将展示为什么估算阻抗是容易的，而估算总容量是困难的。考虑了几种简单的健康状态估计方法，进而给出一种最优的总容量估计方法。

（5）考虑电池均衡：为什么需要它，如何实现它，以及需要多快的均衡速度。

（6）最后，讨论功率限制估计。首先考虑将所有电池维持在规定的电压操作窗口内的功率限制，然后解释如何能大大改善基于电池电化学的功率限制。

7.12　本章部分术语

下面列出本章定义的重要变量的术语。

- c_P[$J \cdot kg^{-1} \cdot K^{-1}$] 是材料的比热容。
- h[$W \cdot m^{-2} \cdot K^{-1}$] 是边界热交换的传热系数。
- H_k[$J \cdot mol^{-1}$] 是材料的偏摩尔焓。
- λ[$W \cdot K^{-1}$] 是材料的热导率。
- Π [$V \cdot K^{-1}$] 是材料的 Peltier 系数。
- q[$W \cdot m^{-3}$] 是生热项。
- ρ[$kg \cdot m^{-3}$] 是材料的密度。
- T_∞[K] 是环境温度。

附录A 超级电容器

A.1 区别与联系

超级电容器，有时也称为双电层电容器，是电化学储能器件，与本书讨论的锂离子电池有一些相同之处。它的能量密度大约是锂离子电池的1/10，但功率密度是锂离子电池的10倍以上。此外，它的充放电循环寿命比大多数电池都要高。因此，超级电容器特别适合长寿命、高功率密度但能量密度不高的应用场景。

超级电容器的结构基本与锂离子电池相同，如图A-1所示，有负极、正极、集流体与隔膜。电极由众多小颗粒组成，颗粒间空隙被电解质溶液填充。

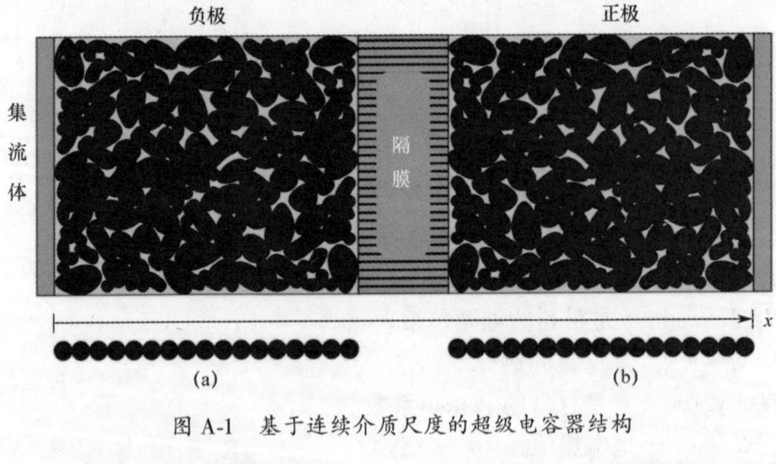

图A-1 基于连续介质尺度的超级电容器结构

由于和锂离子电池的相同之处，我们可以利用用于建立锂离子电池连续介质尺度偏微分方程全阶模型和离散时间降阶模型的数学工具，并将其应用于理解超级电容器。

A.2 电荷存储

电荷通过两种机制存储在超级电容器内。

（1）第一种是非法拉第机制，电荷静态地存储在固液交界面上。固体颗粒形成正电荷或负电荷，相邻电解液中的离子形成相反电荷。在固体颗粒表面没有化学反应发生。

在固体颗粒相邻的电解液区域形成两层有序的电荷，因此该区域叫作双电层。电荷间的距离一般不超过 1nm，远小于传统电容器。这与多孔电极内部颗粒大量表面区域进行混合，使得超级电容器可以达到很高的电容值。

图 A-2 绘制了在空荷电态和满荷电态的某个颗粒与相邻电解液。当空荷电态时，正电荷和负电荷是无序的，没有净存储电荷。当满荷电态时，正（或负）电荷在固体表面形成，与此同时负（或正）电荷立即在固体颗粒周围的电解液中形成。

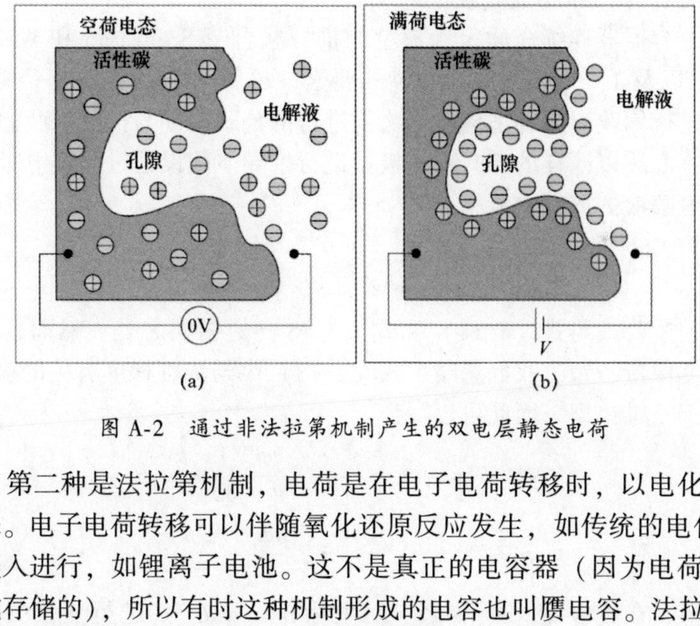

图 A-2　通过非法拉第机制产生的双电层静态电荷

（2）第二种是法拉第机制，电荷是在电子电荷转移时，以电化学的形式储存起来。电子电荷转移可以伴随氧化还原反应发生，如传统的电化学电池，或通过嵌入进行，如锂离子电池。这不是真正的电容器（因为电荷不是以静电荷形式存储的），所以有时这种机制形成的电容也叫赝电容。法拉第超级电容器比非法拉第超级电容器能够存储更多的电荷，但缺点是具有与之相比较低的使用寿命和容量。

当前，在售的大部分超级电容器都是非法拉第电容器，依赖双电层原理进行电荷存储。有一些是赝电容，还有一些是混合型，即一个电极是非法拉第电极，另一个是法拉第电极。总的来说，正、负极可以具有不同的几何尺寸与物质组成，但绝大部分情况正、负极是相同的。最常用的双电层电容器固体颗粒材料是活性碳，赝电容通常至少含有一个电极是由金属氧化物或聚合物导体组成。

A.3 连续介质尺度模型

与前面章节对锂离子电池所做的工作很相似，本章目标是建立用以描述超级电容器内部与外部行为特征的数学表达式。跳过微尺度模型的推导过程，直接进入连续介质尺度模型。通过连续介质尺度模型，可以建立描述超级电容器内部变量的传递函数。然后，利用 DRA 建立离散时间状态空间近似模型。

跟锂离子电池模型一样，超级电容器模型通过公式描述固体颗粒和电解液的电势。但不同的是，超级电容器模型假设电解液中的载流子密度恒定，所以电解液浓度参数 $c_e(x,t)$ 不需要建模。同样地，我们不需要考虑插层，所以固定颗粒浓度 $c_{s,e}(x,t)$ 不需要建模①。

超级电容器器连续介质尺度模型的推导融合了 Srinivasan 和 Weidner 非法拉第方法②以及 Lin 等法拉第方法③的要素，尽管采取的方法路径略有不同，但将符号进行修改以兼容适应本书之前进行的公式推导与描述。我们从推导负极量开始，之后以同样的方式对正极量进行推导。假设通过固体电极的电子电流与通过电解液的离子电流为

$$\varepsilon_s^{neg}\, \boldsymbol{i}_s^{neg}(x,y,z,t) = -\sigma_{eff}^{neg}\, \nabla\phi_s^{neg}(x,y,z,t) \tag{A.1}$$

$$\varepsilon_e^{neg}\, \boldsymbol{i}_e^{neg}(x,y,z,t) = -\kappa_{eff}^{neg}\, \nabla\phi_e^{neg}(x,y,z,t) \tag{A.2}$$

注意上述公式与式（4.14）和式（4.18）的相同之处。然而，由于假设电解液浓度保持一致，我们忽略了式（4.18）中与浓度梯度有关的项。

专注于一维模型，因此可以写为

$$\varepsilon_s^{neg} i_s^{neg}(x,t) = -\sigma_{eff}^{neg} \frac{\partial \phi_s^{neg}(x,t)}{\partial x} \tag{A.3}$$

$$\varepsilon_e^{neg} i_e^{neg}(x,t) = -\kappa_{eff}^{neg} \frac{\partial \phi_e^{neg}(x,t)}{\partial x} \tag{A.4}$$

下一步，在负极定义标准化空间坐标 $z = x/L^{neg}$。进行变量变换，可以得到

---

① 当考虑有插层法拉第机制的赝电容时，第 6 章中的建模技巧可以直接用来建模。

② 参考文献：Srinivasan, V., and Weidner, J. W., "Mathematical Modeling of Electrochemical Capacitors," Journal of the Electrochemical Society, 146 (5), 1999, pp. 1, 650-1, 658.

③ 参考文献：Lin, C., Ritter, J. A., Popov, B. N., and White, R. E., "A Mathematical Model of an Electrochemical Capacitor with Double-Layer and Faradaic Processes," Journal of the Electrochemical Society, 146 (9), 1999, pp. 3, 168-3, 175.

$$\varepsilon_{\mathrm{s}}^{\mathrm{neg}} i_{\mathrm{s}}^{\mathrm{neg}}(z,t) = -\frac{\sigma_{\mathrm{eff}}^{\mathrm{neg}}}{L^{\mathrm{neg}}} \frac{\partial \phi_{\mathrm{s}}^{\mathrm{neg}}(z,t)}{\partial z} \tag{A.5}$$

$$\varepsilon_{\mathrm{e}}^{\mathrm{neg}} i_{\mathrm{e}}^{\mathrm{neg}}(z,t) = -\frac{\kappa_{\mathrm{eff}}^{\mathrm{neg}}}{L^{\mathrm{neg}}} \frac{\partial \phi_{\mathrm{e}}^{\mathrm{neg}}(z,t)}{\partial z} \tag{A.6}$$

在任意 z 位置的总电流为

$$\frac{i_{\mathrm{app}}(t)}{A} = \varepsilon_{\mathrm{s}} i_{\mathrm{s}}(z,t) + \varepsilon_{\mathrm{e}} i_{\mathrm{e}}(z,t) \tag{A.7}$$

固体电极电流公式的边界条件为

$$\left.\frac{\sigma_{\mathrm{eff}}^{\mathrm{neg}}}{L^{\mathrm{neg}}} \frac{\partial \phi_{\mathrm{s}}^{\mathrm{neg}}(z,t)}{\partial z}\right|_{z=0} = \frac{-i_{\mathrm{app}}(t)}{A}, \left.\frac{\partial \phi_{\mathrm{s}}^{\mathrm{neg}}(z,t)}{\partial z}\right|_{z=1} = 0$$

同样的，电解液电流公式的边界条件为

$$\left.\frac{\partial \phi_{\mathrm{e}}^{\mathrm{neg}}(z,t)}{\partial z}\right|_{z=0} = 0, \left.\frac{\kappa_{\mathrm{eff}}^{\mathrm{neg}}}{L^{\mathrm{neg}}} \frac{\partial \phi_{\mathrm{e}}(z,t)}{\partial z}\right|_{z=1} = \frac{i_{\mathrm{app}}(t)}{A}$$

定义固液相电势差为

$$\phi_{\mathrm{s\text{-}e}}(z,t) = \phi_{\mathrm{s}}(z,t) - \phi_{\mathrm{e}}(z,t)$$

其边界条件为

$$\left.\frac{\sigma_{\mathrm{eff}}^{\mathrm{neg}}}{L^{\mathrm{neg}}} \frac{\partial \phi_{\mathrm{s\text{-}e}}^{\mathrm{neg}}(z,t)}{\partial z}\right|_{z=0} = \left.\frac{-\kappa_{\mathrm{eff}}^{\mathrm{neg}}}{L^{\mathrm{neg}}} \frac{\partial \phi_{\mathrm{s\text{-}e}}^{\mathrm{neg}}(z,t)}{\partial z}\right|_{z=1} = \frac{-i_{\mathrm{app}}(t)}{A}$$

从电解液中流出，流入固液交界面的电荷流量表示为 i_n，从而有

$$\nabla\cdot(\varepsilon_{\mathrm{s}} i_{\mathrm{s}}) = -a_{\mathrm{s}} i_{\mathrm{n}} \text{或} \ \varepsilon_{\mathrm{s}} \frac{\partial i_{\mathrm{s}}}{\partial x} = -a_{\mathrm{s}} i_{\mathrm{n}} \tag{A.8}$$

$$\nabla\cdot(\varepsilon_{\mathrm{e}} i_{\mathrm{e}}) = a_{\mathrm{s}} i_{\mathrm{n}} \text{或} \ \varepsilon_{\mathrm{e}} \frac{\partial i_{\mathrm{e}}}{\partial x} = a_{\mathrm{s}} i_{\mathrm{n}} \tag{A.9}$$

式中：i_n 为流入双电层的非法拉第电流密度加上流入界面层发生电化学反应的法拉第电流密度。

利用标准的电容器公式，对双电层进行建模：

$$i_{\mathrm{dl}} = C \frac{\partial \phi_{\mathrm{s\text{-}e}}}{\partial t} \tag{A.10}$$

式中：i_{dl} 为双电层电流密度；C 为活性材料的特定电容。

为对法拉第过程进行建模，从定义流入界面层的法拉第电流密度 i_{f}，和存储在界面层的法拉第电荷 Q_{f} 开始，那么电极的法拉第荷电状态 θ_{f} 可以写为

$$\theta_{\mathrm{f}} = \frac{Q_{\mathrm{f}} - Q_{\mathrm{f},0\%}}{Q_{\mathrm{f},100\%} - Q_{\mathrm{f},0\%}}$$

式中：$Q_{\mathrm{f},0\%}$ 为电极全放电态（完全还原态）的法拉第电荷；$Q_{\mathrm{f},100\%}$ 是电极满

充电态（完全氧化态）的法拉第电荷。电荷根据如下公式变化：

$$\frac{\partial Q_{\mathrm{f}}}{\partial t} = a_{\mathrm{s}} i_{\mathrm{f}}$$

式中：i_{f} 为法拉第电流密度。然后，利用 Butler – Volmer 方程进行 i_{f} 的动力学建模。

$$i_{\mathrm{f}} = i_0 \left[\exp\left(\frac{(1-\alpha)F}{RT}(\phi_{\text{s-e}} - U_{\mathrm{f}}(Q_{\mathrm{f}})) \right) - \exp\left(-\frac{\alpha F}{RT}(\phi_{\text{s-e}} - U_{\mathrm{f}}(Q_{\mathrm{f}})) \right) \right] \tag{A.11}$$

式中：$U_{\mathrm{f}}(Q_{\mathrm{f}})$ 模拟荷电状态与法拉第过程剩余电压的关系。

在上述模型中，如果这里没有非法拉第过程，为式（A.10）中的 $i_{\mathrm{dl}} = 0$，则简单设定 $C = 0$。与此类似，如果这里没有非法拉第过程，为使式（A.11）中的 $i_{\mathrm{f}} = 0$，则简单设定 $i_0 = 0$。

A.4 $\tilde{\phi}_{\text{s-e}}^{\text{neg}}(z,t)$ 的一维模型

我们希望为超级电容器的连续介质偏微分方程模型建立离散时间降阶估计，本节将采用与第 6 章建立锂离子电池降阶模型类似的方法。具体来说，从线性化偏微分方程、推导传递函数开始。

从式（A.11）开始，定义一个线性化设定点 $p^* = \{Q_{\mathrm{f}} = Q_0, \phi_{\text{s-e}} = \phi_{\text{s-e},0}\}$：

$$i_{\mathrm{f}} \approx \underbrace{i_{\mathrm{f}}(p^*)}_{0} + \left.\frac{\partial i_{\mathrm{f}}}{\partial \phi_{\text{s-e}}}\right|_{p^*} (\phi_{\text{s-e}} - \phi_{\text{s-e},0}) + \left.\frac{\partial i_{\mathrm{f}}}{\partial Q_{\mathrm{f}}}\right|_{p^*} (Q_{\mathrm{f}} - Q_0)$$

$$i_{\mathrm{f}} \approx \frac{i_0 F}{RT} \tilde{\phi}_{\text{s-e}} - \frac{i_0 F}{RT} \left[\left.\frac{\partial U_{\mathrm{f}}}{\partial Q_{\mathrm{f}}}\right|_{Q_0} \right] \tilde{Q}_{\mathrm{f}}$$

式中：已经定义了 $\tilde{\phi}_{\text{s-e}} = \phi_{\text{s-e}} - \phi_{\text{s-e},0}$，$\tilde{Q}_{\mathrm{f}} = Q_{\mathrm{f}} - Q_0$。注意初始固液相电势差是双电层电势加上由法拉第存储电荷引起的电势。因此，可以写为 $\phi_{\text{s-e},0} = U_{\mathrm{dl},0} + U_{\mathrm{f}}(Q_0)$，$\tilde{\phi}_{\text{s-e}} = \phi_{\text{s-e}} - U_{\mathrm{dl},0} - U_{\mathrm{f}}(Q_0)$。

整理上式，以便在时域和拉普拉斯域求解 $\tilde{\phi}_{\text{s-e}}$：

$$\tilde{\phi}_{\text{s-e}}(z,t) = \frac{RT}{i_0 F} i_{\mathrm{f}}(z,t) + \left[\left.\frac{\partial U_{\mathrm{f}}}{\partial Q_{\mathrm{f}}}\right|_{Q_0} \right] \tilde{Q}_{\mathrm{f}}(z,t)$$

$$\tilde{\Phi}_{\text{s-e}}(z,s) = \frac{RT}{i_0 F} I_{\mathrm{f}}(z,s) + \left[\left.\frac{\partial U_{\mathrm{f}}}{\partial Q_{\mathrm{f}}}\right|_{Q_0} \right] \tilde{Q}_{\mathrm{f}}(z,s)$$

注意，在时域和拉普拉斯域有

$$\frac{\partial \tilde{Q}_{\mathrm{f}}(z,t)}{\partial t} = a_{\mathrm{s}} i_{\mathrm{f}}(z,t)$$

$$s\tilde{Q}_{\mathrm{f}}(z,s) = a_{\mathrm{s}} I_{\mathrm{f}}(z,s)$$

综合以上结果，可以得到

$$\tilde{\Phi}_{\text{s-e}}(z,s) = \left[\frac{RT}{i_0 F} + \frac{a_{\mathrm{s}}}{s}\left[\left.\frac{\partial U_{\mathrm{f}}}{\partial Q_{\mathrm{f}}}\right|_{Q_0}\right]\right] I_{\mathrm{f}}(z,s) \tag{A.12}$$

在式（A.12）中，可以观察到电荷转移电阻

$$R_{\mathrm{ct}} = \frac{RT}{i_0 F}$$

这与在式（6.3）中看到的相同，总体的法拉第阻抗为①

$$Z_{\mathrm{f}} = \left[\frac{RT}{i_0 F} + \frac{a_{\mathrm{s}}}{s}\left[\left.\frac{\partial U_{\mathrm{f}}}{\partial Q_{\mathrm{f}}}\right|_{Q_0}\right]\right]$$

进入界面层的总电流密度为 $i_n(z,t) = i_{\mathrm{dl}}(z,t) + i_{\mathrm{f}}(z,t)$。利用式（A.10）和式（A.11），可以得到

$$I_n(z,s) = sC\tilde{\Phi}_{\text{s-e}}(z,s) + \frac{1}{\left[\frac{RT}{i_0 F} + \frac{a_{\mathrm{s}}}{s}\left[\left.\frac{\partial U_{\mathrm{f}}}{\partial Q_{\mathrm{f}}}\right|_{Q_0}\right]\right]}\tilde{\Phi}_{\text{s-e}}(z,s) \tag{A.13}$$

注意这是一个电流分流方程。双电层过程的阻抗为 $Z_{\mathrm{dl}} = 1/sC$，法拉第过程的阻抗为 Z_{f}。进入界面层的总电流密度，由于两种工作机制而被分为两部分。

暂时将此结果放到一边，回到式（A.8）和式（A.9）。式（A.9）乘以 σ_{eff} 减去式（A.8）乘以 κ_{eff}，得到

$$a_{\mathrm{s}}(\kappa_{\mathrm{eff}} + \sigma_{\mathrm{eff}}) i_n = -\kappa_{\mathrm{eff}} \varepsilon_{\mathrm{s}} \frac{\partial i_{\mathrm{s}}}{\partial x} + \sigma_{\mathrm{eff}} \varepsilon_{\mathrm{e}} \frac{\partial i_{\mathrm{e}}}{\partial x}$$

然后，根据式（A.3）和式（A.4），可以得到

$$a_{\mathrm{s}}(\kappa_{\mathrm{eff}} + \sigma_{\mathrm{eff}}) i_n = \kappa_{\mathrm{eff}}\sigma_{\mathrm{eff}} \frac{\partial^2 \phi_{\mathrm{s}}}{\partial x^2} - \kappa_{\mathrm{eff}}\sigma_{\mathrm{eff}} \frac{\partial^2 \phi_{\mathrm{e}}}{\partial x^2} = \kappa_{\mathrm{eff}}\sigma_{\mathrm{eff}} \frac{\partial^2 \tilde{\phi}_{\text{s-e}}}{\partial x^2}$$

将 x 坐标体系转换为 z 坐标体系，可以得到

$$a_{\mathrm{s}}(\kappa_{\mathrm{eff}} + \sigma_{\mathrm{eff}}) i_n = \frac{\kappa_{\mathrm{eff}}\sigma_{\mathrm{eff}}}{L^2} \frac{\partial^2 \tilde{\phi}_{\text{s-e}}}{\partial z^2}$$

① 如果这里没有法拉第过程，Z_{f} 将为无穷大。在随后的公式中，通过设置 $i_0 = 0$ 和 $\partial U_{\mathrm{f}}/\partial Q_{\mathrm{f}} = \infty$ 实现。

进行拉普拉斯变换，发现：

$$a_s(\kappa_{\text{eff}}+\sigma_{\text{eff}})I_n(z,s)=\frac{\kappa_{\text{eff}}\sigma_{\text{eff}}}{L^2}\frac{\partial^2\tilde{\Phi}_{\text{s-e}}(z,s)}{\partial z^2} \tag{A.14}$$

综合式（A.13）和式（A.14），可以得到

$$\frac{a_sL^2(\kappa_{\text{eff}}+\sigma_{\text{eff}})}{\kappa_{\text{eff}}\sigma_{\text{eff}}}\left(sC+\left[\frac{RT}{i_0F}+\frac{a_s}{s}\left[\frac{\partial U_f}{\partial Q_f}\bigg|_{Q_0}\right]\right]^{-1}\right)\tilde{\Phi}_{\text{s-e}}(z,s)=\frac{\partial^2\tilde{\Phi}_{\text{s-e}}(z,s)}{\partial z^2}$$

对于负极，定义①：

$$\nu^{\text{neg}}(s)=L^{\text{neg}}\sqrt{\frac{a_s^{\text{neg}}}{\kappa_{\text{eff}}^{\text{neg}}}+\frac{a_s^{\text{neg}}}{\sigma_{\text{eff}}^{\text{neg}}}}\times\sqrt{sC^{\text{neg}}+\left[\frac{RT}{i_0^{\text{neg}}F}+\frac{a_s^{\text{neg}}}{s}\left[\frac{\partial U_f^{\text{neg}}}{\partial Q_f^{\text{neg}}}\bigg|_{Q_0^{\text{neg}}}\right]\right]^{-1}}$$

因此，有

$$\frac{\partial^2\tilde{\Phi}_{\text{s-e}}(z,s)}{\partial z^2}-\nu^2(s)\tilde{\Phi}_{\text{s-e}}(z,s)=0 \tag{A.15}$$

上述偏微分方程的通解为

$$\tilde{\Phi}_{\text{s-e}}(z,s)=k_1\cosh(\nu(s)z)+k_2\sinh(\nu(s)z)$$

其中，选择合适的 k_1 和 k_2 以满足边界条件。由于边界条件是以梯度形式描述的，因此对通解求微分：

$$\frac{\partial\tilde{\Phi}_{\text{s-e}}(z,s)}{\partial z}=k_1\nu(s)\sinh(\nu(s)z)+k_2\nu(s)\cosh(\nu(s)z)$$

根据 $z=0$ 处的边界条件，可以得到

$$\frac{\sigma_{\text{eff}}}{L}\frac{\partial\tilde{\Phi}_{\text{s-e}}(z,s)}{\partial z}\bigg|_{z=0}=\frac{\sigma_{\text{eff}}}{L}k_2\nu(s)=\frac{-I_{\text{app}}(s)}{A}$$

$$k_2=\frac{-I_{\text{app}}(s)L}{A\sigma_{\text{eff}}\nu(s)}$$

根据 $z=1$ 处的边界条件，可以得到

$$\frac{-\kappa_{\text{eff}}}{L}\frac{\partial\tilde{\Phi}_{\text{s-e}}(z,s)}{\partial z}\bigg|_{z=1}=\frac{-\kappa_{\text{eff}}}{L}\left[k_1\nu(s)\sinh(\nu(s))-\frac{I_{\text{app}}(s)L}{A\sigma_{\text{eff}}}\cosh(\nu(s))\right]$$

① 也可以将其定义为 $\nu^2(s)=L^2\left(\frac{a_s}{\kappa_{\text{eff}}}+\frac{a_s}{\sigma_{\text{eff}}}\right)\Big/\left(\frac{1}{Z_{\text{dl}}^{-1}+Z_f^{-1}}\right)$，可以看到分子与电池的 $\nu^2(s)$ 相同，分母是电容器的广义阻抗与法拉第过程的阻抗并联。因此，这里的 $\nu^2(s)$ 有与电池一样的基本解释：它是 x 维电极阻抗与 r 维电极阻抗的比值，在此情况下，r 维电极阻抗代表为双电层/法拉第过程充电的阻抗。

$$\frac{-I_{\text{app}}(s)}{A}=\frac{-\kappa_{\text{eff}}}{L}\left[k_1\nu(s)\sinh(\nu(s))-\frac{I_{\text{app}}(s)L}{A\sigma_{\text{eff}}}\cosh(\nu(s))\right]$$

$$k_1\nu(s)\sinh(\nu(s))=\frac{I_{\text{app}}(s)L}{A\kappa_{\text{eff}}}\left[1+\frac{\kappa_{\text{eff}}}{\sigma_{\text{eff}}}\cosh(\nu(s))\right]$$

$$k_1=\frac{I_{\text{app}}(s)L}{A\nu(s)\sinh(\nu(s))}\left[\frac{1}{\kappa_{\text{eff}}}+\frac{1}{\sigma_{\text{eff}}}\cosh(\nu(s))\right]$$

注意，这与式（6.10）和式（6.11）中对应电池参数的推导一致。

将 k_1 和 k_2 的值代入 $\tilde{\Phi}_{\text{s-e}}(z,s)$，得到

$$\begin{aligned}\tilde{\Phi}_{\text{s-e}}(z,s)&=\frac{I_{\text{app}}(s)L}{A\nu(s)\sinh(\nu(s))}\left[\frac{1}{\kappa_{\text{eff}}}+\frac{1}{\sigma_{\text{eff}}}\cosh(\nu(s))\right]\cosh(\nu(s)z)\\&\quad+\frac{-I_{\text{app}}(s)L}{A\sigma_{\text{eff}}\nu(s)}\sinh(\nu(s)z)\end{aligned}$$

$$\begin{aligned}\frac{\tilde{\Phi}_{\text{s-e}}(z,s)}{I_{\text{app}}(\text{s})}&=\frac{L}{A\nu(s)\sinh(\nu(s))}\left[\frac{1}{\kappa_{\text{eff}}}\cosh(\nu(s)z)\right.\\&\quad\left.+\frac{1}{\sigma_{\text{eff}}}(\cosh(\nu(s))\cosh(\nu(s)z)-\sinh(\nu(s))\sinh(\nu(s)z))\right]\end{aligned}$$

通过一些三角运算，可以得到最终形式：

$$\frac{\tilde{\Phi}^{\text{neg}}_{\text{s-e}}(z,s)}{I_{\text{app}}(\text{s})}=L^{\text{neg}}\frac{\sigma^{\text{neg}}_{\text{eff}}\cosh(\nu^{\text{neg}}(s)z)+\kappa^{\text{neg}}_{\text{eff}}\cosh(\nu^{\text{neg}}(s)(z-1))}{A\sigma^{\text{neg}}_{\text{eff}}\kappa^{\text{neg}}_{\text{eff}}\nu^{\text{neg}}(s)\sinh(\nu^{\text{neg}}(s))}\tag{A.16}$$

这与锂离子电池的式（6.12）形式相同，只是 $\nu(s)$ 的定义有所不同。

A.5　$\tilde{\phi}^{\text{neg}}_{\text{s}}(z,t)$ 的一维模型

为建立 $\phi^{\text{neg}}_{\text{s}}(z,t)$ 的传递函数，首先从寻找 $i^{\text{neg}}_{\text{s}}(z,t)$ 的传递函数开始。将式（A.5）乘以 κ_{eff}，得到

$$\varepsilon_{\text{s}}\kappa_{\text{eff}}i_{\text{s}}(z,t)=-\frac{\kappa_{\text{eff}}\sigma_{\text{eff}}}{L}\frac{\partial\phi_{\text{s}}(z,t)}{\partial z}$$

然后将式（A.7）乘以 σ_{eff}，再减去式（A.6），得到

$$\sigma_{\text{eff}}\frac{i_{\text{app}}(t)}{A}=\varepsilon_{\text{s}}\sigma_{\text{eff}}i_{\text{s}}(z,t)-\frac{\kappa_{\text{eff}}\sigma_{\text{eff}}}{L}\frac{\partial\phi_{\text{e}}(z,t)}{\partial z}$$

将上述两个公式相加，得到

$$\varepsilon_{\text{s}}(\kappa_{\text{eff}}+\sigma_{\text{eff}})i_{\text{s}}(z,t)=\sigma_{\text{eff}}\frac{i_{\text{app}}(t)}{A}+\frac{\kappa_{\text{eff}}\sigma_{\text{eff}}}{L}\frac{\partial\phi_{\text{s-e}}(z,t)}{\partial z}$$

对上式进行拉普拉斯变换：

$$\varepsilon_s I_s(z,s) = \frac{\sigma_{\text{eff}}}{\kappa_{\text{eff}}+\sigma_{\text{eff}}}\frac{I_{\text{app}}(s)}{A}+\frac{1}{L}\left(\frac{\kappa_{\text{eff}}\sigma_{\text{eff}}}{\kappa_{\text{eff}}+\sigma_{\text{eff}}}\right)\frac{\partial\tilde{\Phi}_{\text{s-e}}(z,s)}{\partial z}$$

再将上式减去式（A.16）后，进行符号转换，就可以得到以下传递函数：

$$\varepsilon_s\frac{I_s^{\text{neg}}(z,s)}{I_{\text{app}}(s)} = \frac{\kappa_{\text{eff}}^{\text{neg}}\sinh(\nu^{\text{neg}}(s)(1-z)) - \sigma_{\text{eff}}^{\text{neg}}\sinh(\nu^{\text{neg}}(s)z)}{A(\kappa_{\text{eff}}^{\text{neg}}+\sigma_{\text{eff}}^{\text{neg}})\sinh(\nu^{\text{neg}}(s))} + \frac{\sigma_{\text{eff}}^{\text{neg}}}{A(\kappa_{\text{eff}}^{\text{neg}}+\sigma_{\text{eff}}^{\text{neg}})} \tag{A.17}$$

现在，由式（A.5）开始，可以写为

$$\frac{\partial\phi_s(z,t)}{\partial z} = -\frac{L\varepsilon_s}{\sigma_{\text{eff}}}i_s(z,t)$$

$$\phi_s(z,t)-\phi_s(0,t) = -\frac{L\varepsilon_s}{\sigma_{\text{eff}}}\int_0^z i_s(\zeta,t)\,\mathrm{d}\zeta$$

定义 $\tilde{\phi}_s(z,t)=\phi_s(z,t)-\phi_s(0,t)$。对于负极，$\tilde{\phi}_s(z,t)=\phi_s(z,t)$；对于正极，$\phi_s(z,t)=\tilde{\phi}_s(z,t)+v(t)$。

$$\tilde{\phi}_s(z,t) = -\frac{L\varepsilon_s}{\sigma_{\text{eff}}}\int_0^z i_s(\zeta,t)\,\mathrm{d}\zeta$$

$$\tilde{\Phi}_s(z,s) = -\frac{L\varepsilon_s}{\sigma_{\text{eff}}}\int_0^z I_s(\zeta,s)\,\mathrm{d}\zeta$$

减去式（A.17），并对其进行简化，可以得到

$$\frac{\tilde{\Phi}_s^{\text{neg}}(z,s)}{I_{\text{app}}(s)} = -L^{\text{neg}}\frac{\sigma_{\text{eff}}^{\text{neg}}+\kappa_{\text{eff}}^{\text{neg}}\cosh(\nu^{\text{neg}}(s))+z\nu^{\text{neg}}(s)\sigma_{\text{eff}}^{\text{neg}}\sinh(\nu^{\text{neg}}(s))}{A\sigma_{\text{eff}}^{\text{neg}}(\kappa_{\text{eff}}^{\text{neg}}+\sigma_{\text{eff}}^{\text{neg}})\nu^{\text{neg}}(s)\sinh(\nu^{\text{neg}}(s))} + L^{\text{neg}}\frac{\sigma_{\text{eff}}^{\text{neg}}\cosh(\nu^{\text{neg}}(s)z)+\kappa_{\text{eff}}^{\text{neg}}\cosh(\nu^{\text{neg}}(s)(1-z))}{A\sigma_{\text{eff}}^{\text{neg}}(\kappa_{\text{eff}}^{\text{neg}}+\sigma_{\text{eff}}^{\text{neg}})\nu^{\text{neg}}(s)\sinh(\nu^{\text{neg}}(s))} \tag{A.18}$$

这与锂离子电池的式（6.19）形式相同，只是 $\nu(s)$ 的定义有所不同。

A.6 $\tilde{\phi}_e^{\text{neg}}(z,t)$的一维模型

为建立 $\phi_e^{\text{neg}}(z,t)$ 的传递函数，首先从寻找 $i_e^{\text{neg}}(z,t)$ 的传递函数开始。整理式（A.7）得到

$$\varepsilon_e i_e(z,t) = \frac{i_{\text{app}}(t)}{A}-\varepsilon_s i_s(z,t)$$

则

$$\varepsilon_{\mathrm{e}} \frac{I_{\mathrm{e}}^{\mathrm{neg}}(z,s)}{I_{\mathrm{app}}(s)} = \frac{1}{A} - \varepsilon_{\mathrm{s}} \frac{I_{\mathrm{s}}^{\mathrm{neg}}(z,s)}{I_{\mathrm{app}}(s)}$$

上式减去式（A.17），并对其进行简化，可以得到

$$\varepsilon_{\mathrm{e}} \frac{I_{\mathrm{e}}^{\mathrm{neg}}(z,s)}{I_{\mathrm{app}}(s)} = \frac{\sigma_{\mathrm{eff}}^{\mathrm{neg}}\sinh(\nu^{\mathrm{neg}}(s)z) - \kappa_{\mathrm{eff}}^{\mathrm{neg}}\sinh(\nu^{\mathrm{neg}}(s)(1-z))}{A(\kappa_{\mathrm{eff}}^{\mathrm{neg}} + \sigma_{\mathrm{eff}}^{\mathrm{neg}})\sinh(\nu^{\mathrm{neg}}(s))} + \frac{\kappa_{\mathrm{eff}}^{\mathrm{neg}}}{A(\kappa_{\mathrm{eff}}^{\mathrm{neg}} + \sigma_{\mathrm{eff}}^{\mathrm{neg}})} \tag{A.19}$$

为寻找某一电极中的 $\phi_{\mathrm{e}}(z,t)$，可以写为

$$\begin{aligned}\phi_{\mathrm{e}}(z,t) &= \phi_{\mathrm{s}}(z,t) - \phi_{\mathrm{s\text{-}e}}(z,t) \\ &= \tilde{\phi}_{\mathrm{s}}(z,t) + \phi_{\mathrm{s}}(0,t) - \tilde{\phi}_{\mathrm{s\text{-}e}}(z,t) - U_{\mathrm{dl},0} - U_{\mathrm{f}}(Q_0)\end{aligned}$$

定义

$$\tilde{\phi}_{\mathrm{e}}(z,t) = \phi_{\mathrm{e}}(z,t) - \phi_{\mathrm{s}}(0,t) + U_{\mathrm{dl},0} + U_{\mathrm{f}}(Q_0) \tag{A.20}$$

则

$$\frac{\tilde{\Phi}_{\mathrm{e}}(z,s)}{I_{\mathrm{app}}(s)} = \frac{\tilde{\Phi}_{\mathrm{s}}(z,s)}{I_{\mathrm{app}}(s)} - \frac{\tilde{\Phi}_{\mathrm{s\text{-}e}}(z,s)}{I_{\mathrm{app}}(s)}$$

经过替换与简化，得到

$$\frac{\tilde{\Phi}_{\mathrm{e}}^{\mathrm{neg}}(z,s)}{I_{\mathrm{app}}(s)} = -L^{\mathrm{neg}} \frac{(\kappa_{\mathrm{eff}}^{\mathrm{neg}})^2\cosh(\nu^{\mathrm{neg}}(s)) + (\sigma_{\mathrm{eff}}^{\mathrm{neg}})^2\cosh(\nu^{\mathrm{neg}}(s)z)}{A\sigma_{\mathrm{eff}}^{\mathrm{neg}}\kappa_{\mathrm{eff}}^{\mathrm{neg}}(\kappa_{\mathrm{eff}}^{\mathrm{neg}} + \sigma_{\mathrm{eff}}^{\mathrm{neg}})\nu^{\mathrm{neg}}(s)\sinh(\nu^{\mathrm{neg}}(s))} - L^{\mathrm{neg}} \frac{1 + \cosh(\nu^{\mathrm{neg}}(s)(1-z)) + z\nu^{\mathrm{neg}}(s)\sinh(\nu^{\mathrm{neg}}(s))}{A(\kappa_{\mathrm{eff}}^{\mathrm{neg}} + \sigma_{\mathrm{eff}}^{\mathrm{neg}})\nu^{\mathrm{neg}}(s)\sinh\nu(\nu^{\mathrm{neg}}(s))} \tag{A.21}$$

A.7 正极变量 $\tilde{\phi}_{\mathrm{s\text{-}e}}^{\mathrm{pos}}$、$\tilde{\phi}_{\mathrm{s}}^{\mathrm{pos}}$ 和 $\tilde{\phi}_{\mathrm{e}}^{\mathrm{pos}}$

根据锂离子电池同样的方法，发现所有的正极传递函数与其对应的负极传递函数具有相同的形式，除了以下几种情况。

（1）用 $\nu^{\mathrm{pos}}(s)$ 代替 $\nu^{\mathrm{neg}}(s)$；

（2）分别用 L^{pos}、$a_{\mathrm{s}}^{\mathrm{pos}}$、$\kappa_{\mathrm{eff}}^{\mathrm{pos}}$、$\sigma_{\mathrm{eff}}^{\mathrm{pos}}$ 等，代替 L^{neg}、$a_{\mathrm{s}}^{\mathrm{neg}}$、$\kappa_{\mathrm{eff}}^{\mathrm{neg}}$、$\sigma_{\mathrm{eff}}^{\mathrm{neg}}$ 等；

（3）将传递函数乘以 -1。

因此，对于正极：

$$\nu^{\mathrm{pos}}(s) = L^{\mathrm{pos}}\sqrt{\frac{a_{\mathrm{s}}^{\mathrm{pos}}}{\kappa_{\mathrm{eff}}^{\mathrm{pos}}}+\frac{a_{\mathrm{s}}^{\mathrm{pos}}}{\sigma_{\mathrm{eff}}^{\mathrm{pos}}}} \times \sqrt{sC^{\mathrm{pos}}+\left[\frac{RT}{i_0^{\mathrm{pos}}F}+\frac{a_{\mathrm{s}}^{\mathrm{pos}}}{s}\left[\left.\frac{\partial U_f^{\mathrm{pos}}}{\partial Q_f^{\mathrm{pos}}}\right|_{Q_0^{\mathrm{pos}}}\right]\right]^{-1}}$$

$$\frac{\tilde{\Phi}_{\text{s-e}}^{\mathrm{pos}}(z,s)}{I_{\mathrm{app}}(s)} = -L^{\mathrm{pos}}\frac{\sigma_{\mathrm{eff}}^{\mathrm{pos}}\cosh(\nu^{\mathrm{pos}}(s)z)+\kappa_{\mathrm{eff}}^{\mathrm{pos}}\cosh(\nu^{\mathrm{pos}}(s)(z-1))}{A\sigma_{\mathrm{eff}}^{\mathrm{pos}}\kappa_{\mathrm{eff}}^{\mathrm{pos}}\nu^{\mathrm{pos}}(s)\sinh(\nu^{\mathrm{pos}}(s))} \tag{A.22}$$

$$\begin{aligned}\frac{\tilde{\Phi}_{\mathrm{s}}^{\mathrm{pos}}(z,s)}{I_{\mathrm{app}}(s)} &= L^{\mathrm{pos}}\frac{\sigma_{\mathrm{eff}}^{\mathrm{pos}}+\kappa_{\mathrm{eff}}^{\mathrm{pos}}\cosh(\nu^{\mathrm{pos}}(s))+z\nu^{\mathrm{pos}}(s)\sigma_{\mathrm{eff}}^{\mathrm{pos}}\sinh(\nu^{\mathrm{pos}}(s))}{A\sigma_{\mathrm{eff}}^{\mathrm{pos}}(\kappa_{\mathrm{eff}}^{\mathrm{pos}}+\sigma_{\mathrm{eff}}^{\mathrm{pos}})\nu^{\mathrm{pos}}(s)\sinh(\nu^{\mathrm{pos}}(s))}\\ &\quad -L^{\mathrm{pos}}\frac{\sigma_{\mathrm{eff}}^{\mathrm{pos}}\cosh(\nu^{\mathrm{pos}}(s)z)+\kappa_{\mathrm{eff}}^{\mathrm{pos}}\cosh(\nu^{\mathrm{pos}}(s)(1-z))}{A\sigma_{\mathrm{eff}}^{\mathrm{pos}}(\kappa_{\mathrm{eff}}^{\mathrm{pos}}+\sigma_{\mathrm{eff}}^{\mathrm{pos}})\nu^{\mathrm{pos}}(s)\sinh(\nu^{\mathrm{pos}}(s))}\end{aligned} \tag{A.23}$$

$$\begin{aligned}\frac{\tilde{\Phi}_{\mathrm{e}}^{\mathrm{pos}}(z,s)}{I_{\mathrm{app}}(s)} &= L^{\mathrm{pos}}\frac{(\kappa_{\mathrm{eff}}^{\mathrm{pos}})^2\cosh(\nu^{\mathrm{pos}}(s))+(\sigma_{\mathrm{eff}}^{\mathrm{pos}})^2\cosh(\nu^{\mathrm{pos}}(s)z)}{A\sigma_{\mathrm{eff}}^{\mathrm{pos}}\kappa_{\mathrm{eff}}^{\mathrm{pos}}(\kappa_{\mathrm{eff}}^{\mathrm{pos}}+\sigma_{\mathrm{eff}}^{\mathrm{pos}})\nu^{\mathrm{pos}}(s)\sinh(\nu^{\mathrm{pos}}(s))}\\ &\quad +L^{\mathrm{pos}}\frac{1+\cosh(\nu^{\mathrm{pos}}(s)(1-z))+z\nu^{\mathrm{pos}}(s)\sinh(\nu^{\mathrm{pos}}(s))}{A(\kappa_{\mathrm{eff}}^{\mathrm{pos}}+\sigma_{\mathrm{eff}}^{\mathrm{pos}})\nu^{\mathrm{pos}}(s)\sinh(\nu^{\mathrm{pos}}(s))}\end{aligned} \tag{A.24}$$

A.8 超级电容器电压

超级电容器在恒流充电时的内部电势如图 A-3 所示。该曲线可以让我们更深入地理解如何利用之前建立的公式来计算超级电容器的电压。

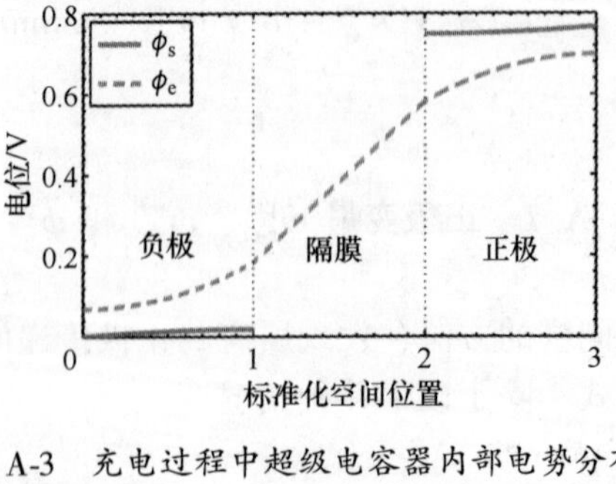

图 A-3 充电过程中超级电容器内部电势分布

超级电容器总电压为各部分电压之和，即

$$\nu(t) = \nu^{\mathrm{neg}}(t)+\nu^{\mathrm{sep}}(t)+\nu^{\mathrm{pos}}(t)$$

代入式（A.20），负极区域可以写成

$$\nu^{\text{neg}}(t)=\phi_{\text{e}}^{\text{neg}}(1,t)-\underbrace{\phi_{\text{s}}^{\text{neg}}(0,t)}_{0}$$

$$=\tilde{\phi}_{\text{e}}^{\text{neg}}(1,t)+\underbrace{\phi_{\text{s}}^{\text{neg}}(0,t)}_{0}-U_{\text{dl},0}^{\text{neg}}-U_{\text{f}}^{\text{neg}}(Q_0^{\text{neg}})$$

同样，正极区域可以写成为

$$\nu^{\text{pos}}(t)=\phi_{\text{s}}^{\text{pos}}(0,t)-\phi_{\text{e}}^{\text{pos}}(1,t)=-\tilde{\phi}_{\text{e}}^{\text{pos}}(1,t)+U_{\text{dl},0}^{\text{pos}}+U_{\text{f}}^{\text{pos}}(Q_0^{\text{pos}})$$

最后：

$$\nu^{\text{sep}}(t)=-i_{\text{app}}(t)\frac{L^{\text{sep}}}{A\kappa_{\text{eff}}^{\text{sep}}}$$

综上：

$$\nu(t)=\tilde{\phi}_{\text{e}}^{\text{neg}}(1,t)-\tilde{\phi}_{\text{e}}^{\text{pos}}(1,t)-i_{\text{app}}(t)\frac{L^{\text{sep}}}{A\kappa_{\text{eff}}^{\text{sep}}}-U_{\text{f}}^{\text{neg}}(Q_0^{\text{neg}})$$

$$+U_{\text{f}}^{\text{pos}}(Q_0^{\text{pos}})-U_{\text{dl},0}^{\text{neg}}+U_{\text{dl},0}^{\text{pos}}$$

如果定义一个去偏电压：

$$\tilde{\nu}(t)=\tilde{\phi}_{\text{e}}^{\text{neg}}(1,t)-\tilde{\phi}_{\text{e}}^{\text{pos}}(1,t)-i_{\text{app}}(t)\frac{L^{\text{sep}}}{A\kappa_{\text{eff}}^{\text{sep}}}$$

则可以得到超级电容器电压的传递函数，即

$$\frac{\tilde{V}(s)}{I_{\text{app}}(s)}=\frac{\tilde{\Phi}_{\text{e}}^{\text{neg}}(1,s)}{I_{\text{app}}(s)}-\frac{\tilde{\Phi}_{\text{e}}^{\text{pos}}(1,s)}{I_{\text{app}}(s)}-\frac{L^{\text{sep}}}{A\kappa_{\text{eff}}^{\text{sep}}}$$

这里再次使用在 $z=1$ 时的传递函数式（A.21）和式（A.24），估算电解液电势。

A.9 全阶模型

根据式（A.1）~式（A.11），可以建立适合 COMSOL 或其他类似工具运算的偏微分方程组。从式（A.8）和式(A.1）开始。

$$\nabla\cdot(\varepsilon_{\text{s}}i_{\text{s}})=-a_{\text{s}}i_n$$

$$\nabla\cdot(\sigma_{\text{eff}}\nabla\phi_{\text{s}})=a_{\text{s}}i_n$$

利用式（A.10）和式（A.11），计算 $i_n=i_{\text{dl}}+i_{\text{f}}$，得到

$$i_n=C\left[\frac{\partial\phi_{\text{s}}}{\partial t}-\frac{\partial\phi_{\text{e}}}{\partial t}\right]+i_0\left[\exp\left(\frac{(1-\alpha)F}{RT}(\phi_{\text{s-e}}-U_{\text{f}}(Q_{\text{f}}))\right)\right.$$

$$\left.-\exp\left(-\frac{\alpha F}{RT}(\phi_{\text{s-e}}-U_{\text{f}}(Q_{\text{f}}))\right)\right]$$

然后，替换 i_n 从而产生总体关系式，即

$$\frac{\partial \phi_{s}}{\partial t}=\frac{\nabla\cdot(\sigma_{\text{eff}}\nabla\phi_{s})}{a_{s}CL^{2}}+\frac{\partial \phi_{e}}{\partial t}-\frac{i_{0}}{C}\left[\exp\left(\frac{(1-\alpha)F}{RT}(\phi_{\text{s-e}}-U_{\text{f}}(Q_{\text{f}}))\right)-\exp\left(-\frac{\alpha F}{RT}(\phi_{\text{s-e}}-U_{\text{f}}(Q_{\text{f}}))\right)\right]$$

这里的散度和梯度算子都标准化为长度 z。

同样的方法为 ϕ_{e} 建立偏微分方程，从式（A.9）和式（A.2）开始：

$$\nabla\cdot(\varepsilon_{s}i_{e})=a_{s}i_{n}$$

$$\nabla\cdot(\kappa_{\text{eff}}\nabla\phi_{e})=-a_{s}i_{n}$$

代入 $i_{n}=i_{\text{dl}}+i_{\text{f}}$，得到总体关系式：

$$\frac{\partial \phi_{e}}{\partial t}=\frac{\nabla\cdot(\kappa_{\text{eff}}\nabla\phi_{e})}{a_{s}CL^{2}}+\frac{\partial \phi_{s}}{\partial t}+\frac{i_{0}}{C}\left[\exp\left(\frac{(1-\alpha)F}{RT}(\phi_{\text{s-e}}-U_{\text{f}}(Q_{\text{f}}))\right)-\exp\left(-\frac{\alpha F}{RT}(\phi_{\text{s-e}}-U_{\text{f}}(Q_{\text{f}}))\right)\right]$$

这里的散度和梯度算子都标准化为长度 z。

对于负极的边界条件，我们知道在集流体上：

$$\frac{i_{\text{app}}(t)}{A}=\varepsilon_{s}^{\text{neg}}i_{s}^{\text{neg}}(0,t)=-\sigma_{\text{eff}}^{\text{neg}}\nabla\phi_{s}^{\text{neg}}(0,t)$$

所以有

$$\left.\frac{\partial \phi_{s}^{\text{neg}}(x,t)}{\partial x}\right|_{x=0}=-\frac{i_{\text{app}}(t)}{\sigma_{\text{eff}}^{\text{neg}}A}\text{ 或 }\left.\frac{\partial \phi_{s}^{\text{neg}}(z,t)}{\partial z}\right|_{z=0}=-\frac{i_{\text{app}}(t)L^{\text{nep}}}{\sigma_{\text{eff}}^{\text{neg}}A}$$

我们还知道：

$$\varepsilon_{e}^{\text{neg}}i_{e}^{\text{neg}}(0,t)=0=-\kappa_{\text{eff}}^{\text{sep}}\nabla\phi_{e}^{\text{neg}}(0,t)$$

所以有

$$\left.\frac{\partial \phi_{e}^{\text{neg}}(x,t)}{\partial x}\right|_{x=0}=\left.\frac{\partial \phi_{e}^{\text{neg}}(z,t)}{\partial z}\right|_{z=0}=0$$

在隔膜边界：

$$\frac{i_{\text{app}}(t)}{A}=\varepsilon_{s}^{\text{neg}}i_{s}^{\text{neg}}(L^{\text{nep}},t)=-\kappa_{\text{eff}}^{\text{sep}}\nabla\phi_{e}^{\text{neg}}(L^{\text{nep}},t)$$

所以有

$$\left.\frac{\partial \phi_{e}^{\text{neg}}(x,t)}{\partial x}\right|_{x=L^{\text{nep}}}=-\frac{i_{\text{app}}(t)}{\kappa_{\text{eff}}^{\text{sep}}A}\text{ 或 }\left.\frac{\partial \phi_{e}^{\text{neg}}(z,t)}{\partial z}\right|_{z=1}=-\frac{i_{\text{app}}(t)L^{\text{nep}}}{\kappa_{\text{eff}}^{\text{sep}}A}$$

我们还知道：

$$\varepsilon_{s}^{\text{neg}}i_{s}^{\text{neg}}(L^{\text{nep}},t)=0=-\sigma_{\text{eff}}^{\text{neg}}\nabla\phi_{s}^{\text{neg}}(L^{\text{nep}},t)$$

所以有

$$\left.\frac{\partial \phi_s^{neg}(x,t)}{\partial x}\right|_{x=L^{nep}} = \left.\frac{\partial \phi_s^{neg}(z,t)}{\partial z}\right|_{z=1} = 0$$

在正极，边界条件要乘以 -1，并将负极参数替代为正极对应参数。

最终，设置：

$$\phi_s^{neg}(0,t) = 0, \phi_s^{pos}(z=0,t) = \nu(t)$$

A.10 降阶模型

超级电容器内部任何位置的传递函数都可以通过 DRA 进行降阶处理，与锂离子电池相比并无特殊之处。

A.11 仿真结果

为证明超级电容器降阶模型的有效性，本节将展示法拉第超级电容器和非法拉第超级电容器的仿真结果。非法拉第超级电容器的参数①如表 A-1 所列，法拉第超级电容器的参数②如表 A-2 所列。降阶模型有 4 个动力学状态加 1 个积分器状态。

表 A-1 非法拉第超级电容器仿真参数（$A = 1\ m^2$）

参数	单位	电极	隔膜
a_s	$m^2 \cdot m^{-3}$	3×10^8	—
C	$F \cdot m^{-2}$	0.3	—
L	μm	150	100
ε_e	—	0.25	0.7
ε_s	—	0.75	—
κ_{eff}	$S \cdot m^{-1}$	8.4	39.2
σ_{eff}	$S \cdot m^{-1}$	10^7	—

① 参考文献：Srinivasan, V., "Mathematical Modeling of Electrochemical Capacitors", Journal of the Electrochemical Society, 146 (5), 1999, pp. 1650-1658.

② 参考文献：Lin, C., Ritter, J. A., Popov, B. N., and White, R. E., "A Mathematical Model of an Electrochemical Capacitor with Double-Layer and Faradaic Processes," Journal of the Electrochemical Society, 146 (9), 1999, pp. 3168-3175.

表 A-2　法拉第超级电容器仿真参数（$A=1\ m^2$）

参数	单位	电极	隔膜	参数	单位	电极	隔膜
a_s	$m^2\cdot m^{-3}$	4.5×10^8	—	i_0	$A\cdot m^{-2}$	0.1	—
C	$F\cdot m^{-2}$	0.2	—	$Q_{f,0\%}$	$C\cdot m^{-3}$	0	—
L	μm	50	25	$Q_{f,100\%}$	$C\cdot m^{-3}$	4.51×10^6	—
ε_e	—	0.25	0.25	α	—	0.5	—
ε_s	—	0.7	—	$U_f^{neg}(\theta_f)$	V	$0.5\theta_f$	—
κ_{eff}	$S\cdot m^{-1}$	10	47	$U_f^{pos}(\theta_f)$	V	$0.5(1+\theta_f)$	—
σ_{eff}	$S\cdot m^{-1}$	10^7	—				

两种仿真情况下，初始超级电容器电压设置为 0.5V。非法拉第超级电容器初始设置还包括 $U_{dl}^{neg}=-0.25V$，$U_{dl}^{pos}=0.25V$。法拉第超级电容器初始设置还包括 $U_{dl}^{neg}=U_{dl}^{pos}=0V$，$\theta_{f,0}^{neg}=0.5$，$\theta_{f,0}^{pos}=0.5$。超级电容器初始状态为静置。仿真过程为 1000A 脉冲充电之后，短时静置，之后再进行 1000A 脉冲放电。

非法拉第超级电容器仿真结果如图 A-4 所示，法拉第超级电容器仿真结果如图 A-5 所示。在这两组仿真中，ROM 与 FOM 结果几乎完全重合。放大曲线后发现，在电流间断处出现一些误差，这是因为 ROM 具有有限数量的时间常

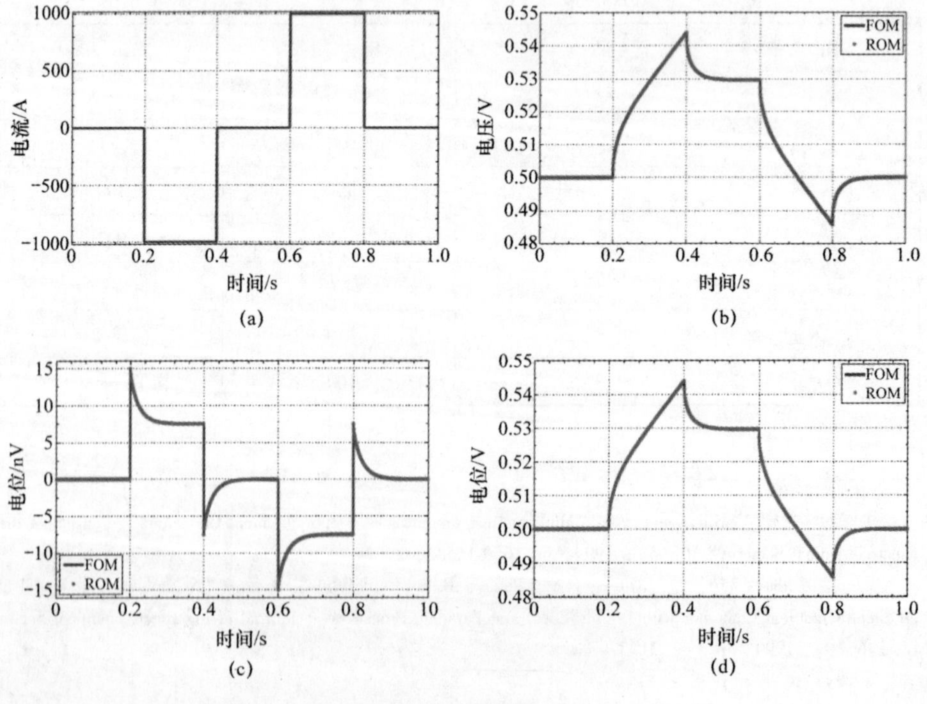

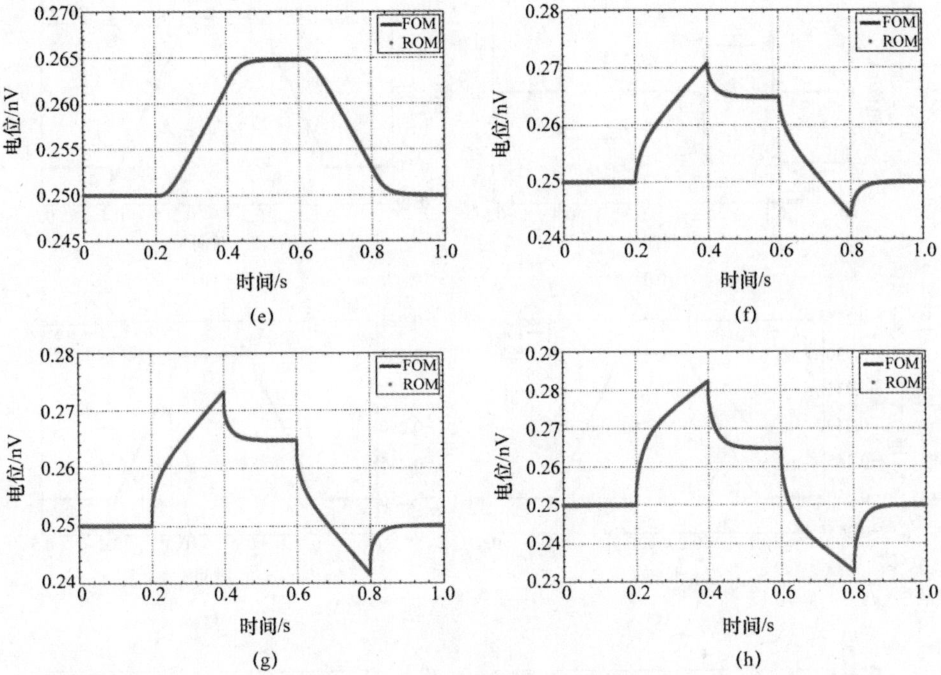

图 A-4 非法拉第结果（见彩图）

（a）超级电容器电流；（b）超级电容器电压；（c）负极 - 隔膜边界的 ϕ_s；（d）正极 - 隔膜边界的 ϕ_s；（e）负极集流体的 ϕ_e；（f）负极 - 隔膜边界的 ϕ_e；（g）正极 - 隔膜边界的 ϕ_e；（h）正极集流体的 ϕ_e。

数，而 FOM 具有无限数量的时间常数。可以通过添加 ROM 的状态数量改进上述结果。

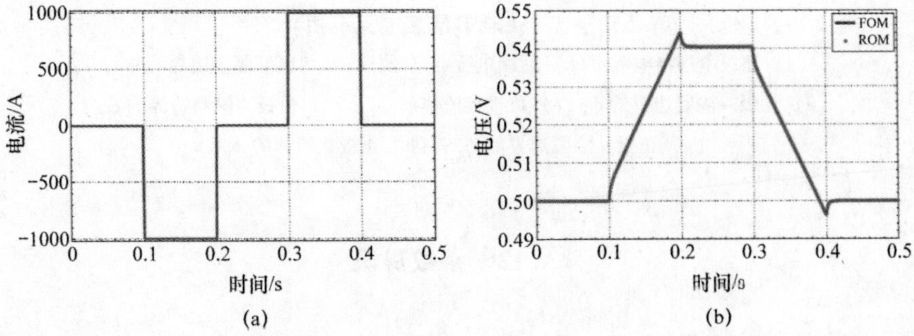

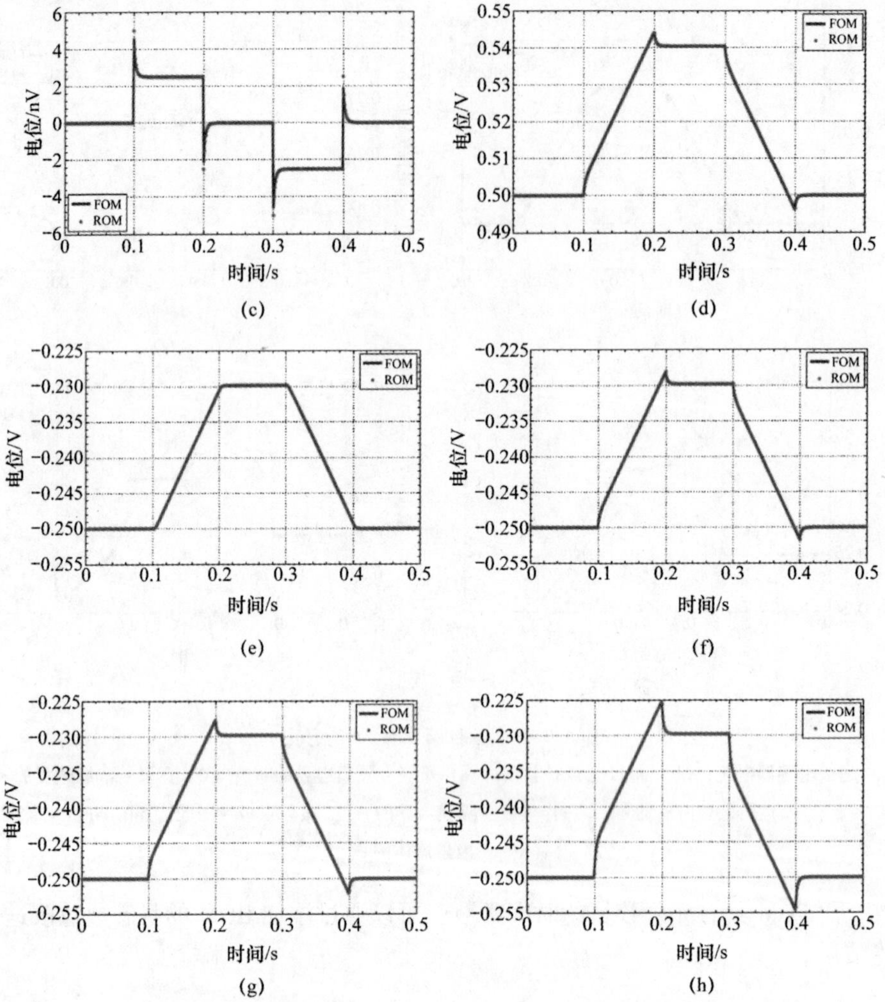

图 A-5 法拉第结果（见彩图）

（a）超级电容器电流；（b）超级电容器电压；（c）负极－隔膜边界的 ϕ_s；（d）正极－隔膜边界的 ϕ_s（e）负极集流体的 ϕ_e；（f）负极－隔膜边界的 ϕ_e；（g）正极－隔膜边界的 ϕ_e；（h）正极集流体的 ϕ_e。

A.12 参数辨识

在本章结束前，我们将能仅从超级电容器的电压－电流数据中辨识所有模型参数。例如，辨识非法拉第超级电容器如表 A-1 所列的参数，法拉第超级电容器如表 A-2 所列的参数。在这里，我们介绍一种参数辨识方法，虽然它不能辨识所有的参数，但足以估算本文附录中传递函数所需的所有参数。

为了简化，只考虑非法拉第类型，正极与负极完全相同。超级电容器电压可以写为

$$\frac{\tilde{V}(s)}{I_{app}(s)} = 2\frac{\tilde{\Phi}_e^{neg}(1,s)}{I_{app}(s)} - \frac{L^{nep}}{A\kappa_{eff}^{sep}}$$

定义如下常量：

$$R^{sep} = \frac{L^{sep}}{A\kappa_{eff}^{seg}}, R_0 = \frac{2L^{nep}}{A(\kappa_{eff}^{neg} + \sigma_{eff}^{neg})} + R^{sep}$$

$$R_{ss} = \frac{2L^{nep}(\kappa_{eff}^{neg} + \sigma_{eff}^{neg})}{3A(\kappa_{eff}^{neg}\sigma_{eff}^{neg})} + R^{sep}, C_{tot} = a_s^{neg}AC^{nep}L^{nep}$$

这些常量对应于隔膜的欧姆电阻，以及可以通过阶跃响应进行测量的项，如图 A-6 所示。可以看到，电阻 R_0 描述阶跃输入引起的电压瞬时变化，电阻 R_{ss} 描述理想电容阶跃响应（点画线）与实际电容阶跃响应之间的电压稳态差异，电容 C_{tot} 是超级电容器内部一个电极的总电容。根据以上变量，$\nu^{neg}(s)$ 可以写为

$$\nu^{neg}(s) = L^{neg}\sqrt{sC^{neg}\left(\frac{a_s^{neg}}{\kappa_{eff}^{neg}} + \frac{a_s^{neg}}{\sigma_{eff}^{neg}}\right)}$$

$$= \sqrt{\frac{3s}{2}C_{tot}(R_{ss} - R^{sep})}$$

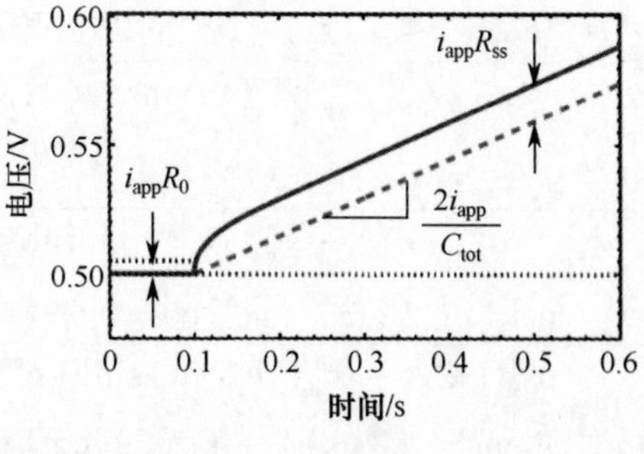

图 A-6　基于阶跃响应的超级电容器参数辨识

进一步变换可以得到

$$\frac{\tilde{\Phi}_e^{neg}(1,s)}{I_{app}(s)} = \left(R_0 - \frac{3}{2}R_{ss} + \frac{1}{2}R^{sep}\right)\frac{\coth(\nu^{neg}(s))}{\nu^{neg}(s)}$$

$$-\frac{1}{2}(R_0-R^{\text{sep}})\left(1+\frac{2}{\nu^{\text{neg}}(s)\sinh(\nu^{\text{neg}})}\right)$$

因此，电容电压可以用变量 R^{sep}、R_0、R_{ss} 和 C_{tot} 表示：

$$\frac{\tilde{V}(s)}{I_{\text{app}}(s)}=(2R_0-3R_{\text{ss}}+R^{\text{sep}})\frac{\coth(\nu^{\text{neg}}(s))}{\nu^{\text{neg}}(s)}-(R_0-R^{\text{sep}})\left(1+\frac{2}{\nu^{\text{neg}}(s)\sinh(\nu^{\text{neg}})}\right)-\frac{L^{\text{sep}}}{A\kappa_{\text{eff}}^{\text{sep}}} \quad (A.25)$$

此时存在一个问题，表 A-1 列出包括 A 在内的 11 种用以描述超级电容器动力特性的独立参数。然而，我们最多只能通过电压－电流测量数据计算其中的 4 种参数。阶跃响应本身可以提供 3 种参数，R_{ss} 可以用式（A. 25）拟合频率响应进行计算。

不过，这里存在一个解决方案。如果考虑所有参数组，可以通过 4 个可辨识参数重写所有的传递函数。首先，定义

$$\kappa_{\text{tot}}^{\text{neg}}=\frac{A}{L^{\text{neg}}}\kappa_{\text{eff}}^{\text{neg}},\kappa_{\text{tot}}^{\text{sep}}=\frac{A}{L^{\text{sep}}}\kappa_{\text{eff}}^{\text{sep}},\sigma_{\text{tot}}^{\text{neg}}=\frac{A}{L^{\text{neg}}}\sigma_{\text{eff}}^{\text{neg}}$$

然后，重写 R_0、R_{ss}，即

$$R_0=\frac{2}{\kappa_{\text{tot}}^{\text{neg}}+\sigma_{\text{tot}}^{\text{neg}}}+R^{\text{sep}} \quad (A.26)$$

$$R_{\text{ss}}=\frac{2(\kappa_{\text{tot}}^{\text{neg}}+\sigma_{\text{tot}}^{\text{neg}})}{3(\kappa_{\text{tot}}^{\text{neg}}\sigma_{\text{tot}}^{\text{neg}})}+R^{\text{sep}} \quad (A.27)$$

本章的传递函数都可以用新的变量进行重写。如对于负极，有

$$\frac{\tilde{\Phi}_{\text{s-e}}^{\text{neg}}(z,s)}{I_{\text{app}}(s)}=\frac{\sigma_{\text{tot}}^{\text{neg}}\cosh(\nu^{\text{neg}}(s)z)+\kappa_{\text{tot}}^{\text{neg}}\cosh(\nu^{\text{neg}}(s)(z-1))}{\sigma_{\text{tot}}^{\text{neg}}\kappa_{\text{tot}}^{\text{neg}}\nu^{\text{neg}}(s)\sinh(\nu^{\text{neg}}(s))} \quad (A.28)$$

$$\frac{\tilde{\Phi}_{\text{s}}^{\text{neg}}(z,s)}{I_{\text{app}}(s)}=-\frac{\sigma_{\text{tot}}^{\text{neg}}+\kappa_{\text{tot}}^{\text{neg}}\cosh(\nu^{\text{neg}}(s))+z\nu^{\text{neg}}(s)\sigma_{\text{tot}}^{\text{neg}}\sinh(\nu^{\text{neg}}(s))}{\sigma_{\text{tot}}^{\text{neg}}(\kappa_{\text{tot}}^{\text{neg}}+\sigma_{\text{tot}}^{\text{neg}})\nu^{\text{neg}}(s)\sinh(\nu^{\text{neg}}(s))}+\frac{\sigma_{\text{tot}}^{\text{neg}}\cosh(\nu^{\text{neg}}(s)z)+\kappa_{\text{tot}}^{\text{neg}}\cosh(\nu^{\text{neg}}(s)(1-z))}{\sigma_{\text{tot}}^{\text{neg}}(\kappa_{\text{tot}}^{\text{neg}}+\sigma_{\text{tot}}^{\text{neg}})\nu^{\text{neg}}(s)\sinh(\nu^{\text{neg}}(s))} \quad (A.29)$$

$$\frac{\Phi_{\text{e}}^{\text{neg}}(z,s)}{I_{\text{app}}(s)}=\frac{-(\kappa_{\text{tot}}^{\text{neg}})^2\cosh(\nu^{\text{neg}}(s))+(\sigma_{\text{tot}}^{\text{neg}})^2\cosh(\nu^{\text{neg}}(s)z)}{\sigma_{\text{tot}}^{\text{neg}}\kappa_{\text{tot}}^{\text{neg}}(\kappa_{\text{tot}}^{\text{neg}}+\sigma_{\text{tot}}^{\text{neg}})\nu^{\text{neg}}(s)\sinh(\nu^{\text{neg}}(s))}-\frac{1+\cosh(\nu^{\text{neg}}(s)(1-z))+z\nu^{\text{neg}}(s)\sinh(\nu^{\text{neg}}(s))}{(\kappa_{\text{tot}}^{\text{neg}}+\sigma_{\text{tot}}^{\text{neg}})\nu^{\text{neg}}(s)\sinh(\nu^{\text{neg}}(s))} \quad (A.30)$$

因此，如果可以从 4 个已知的变量中推导出 $\kappa_{\text{tot}}^{\text{neg}}$ 和 $\sigma_{\text{tot}}^{\text{neg}}$，则所有传递函数都可以计算。整理式（A. 26）和式（A. 27），有

$$\frac{1}{\kappa_{\text{tot}}^{\text{neg}}}+\frac{1}{\sigma_{\text{tot}}^{\text{neg}}}=\frac{3}{2}(R_{\text{ss}}-R^{\text{sep}})$$

$$\frac{1}{\kappa_{\text{tot}}^{\text{neg}}+\sigma_{\text{tot}}^{\text{neg}}}=\frac{1}{2}(R_0-R^{\text{sep}})$$

合并公式，有

$$(\kappa_{\text{tot}}^{\text{neg}})^2-c_1\kappa_{\text{tot}}^{\text{neg}}+c_2=0$$

$$(\sigma_{\text{tot}}^{\text{neg}})^2-c_1\sigma_{\text{tot}}^{\text{neg}}+c_2=0$$

$$c_1=\frac{2}{R_0-R^{\text{sep}}},c_2=\frac{2c_1}{3(R_{\text{ss}}-R^{\text{sep}})}$$

因为描述 $\kappa_{\text{tot}}^{\text{neg}}$ 和 $\sigma_{\text{tot}}^{\text{neg}}$ 的公式是相同的，所以必须借助边界信息来求解这两个变量的二次方程。对于很多实际使用的超级电容器来说，电子的电导率远高于离子的电导率。

因此，虽然我们并不能从电池测试数据中辨识出表 A-1 中列出的所有参数，但已经辨识出了足够多的量，足以计算我们感兴趣的变量。表 A-3 列出真实参数值，以及使用阶跃响应进行初始估计、使用无噪声频率响应进行参数优化的参数估计值。参数估计值与真实值在多个有效数字上匹配。如果需要表中任何特定的非集总参数值，则必须打开超级电容器，并对其内部进行独立的电化学实验室测量，以补全缺失的信息。

表 A-3 参数估计结果

参数	真实值	估计值
C_{tot}	1.350000×10^{4}	1.350000×10^{4}
R_{sep}	2.548462×10^{-6}	2.548462×10^{-6}
R_{ss}	1.448877×10^{-5}	1.448877×10^{-5}
R_0-R_{sep}	2.999997×10^{-11}	2.999992×10^{-11}
$\kappa_{\text{sep}}^{\text{tot}}$	3.923936×10^{5}	3.923936×10^{5}
$\kappa_{\text{neg}}^{\text{tot}}$	5.583333×10^{4}	5.583333×10^{4}
$\sigma_{\text{neg}}^{\text{tot}}$	6.666667×10^{10}	6.666679×10^{10}

在结束之前，基于式（A.26）做出最后评论。在实践中，$\sigma_{\text{tot}}^{\text{neg}}$ 往往是一个非常大的值，使得在小数点很多位上，$R_0\approx R^{\text{sep}}$。因此，用于区分这两个值的频率响应数据必须非常准确。

A.13 附录部分术语

下面列出附录定义的重要变量的术语。注意，所有变量至少都是时间和空间的潜在函数。

- C[F · m^{-2}] 是双电层电容值。
- C_{tot}[F] 是电极的总电容。
- i_{dl}[A · m^{-2}] 是双电层电流密度。
- i_f[A · m^{-2}] 是法拉第电流密度。
- Q_f[C · m^{-3}] 是法拉第电荷密度。
- R_0[Ω] 是电容器的串联电阻。
- R_{sep}[Ω] 是隔膜的电阻。
- R_{ss}[Ω] 是电容器对阶梯状输入的静态电阻。
- θ_f[u/l] 是电极的法拉第荷电状态。对于对称电池，$\theta_f^{neg} = 1 - \theta_f^{pos}$。

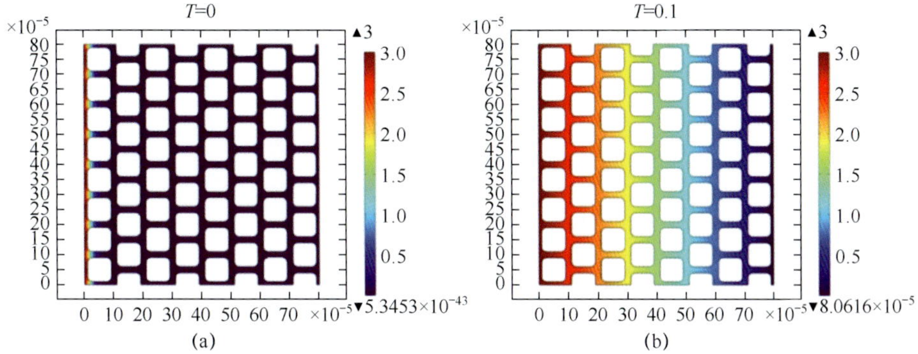

图 4-10　多孔介质扩散的微观模拟

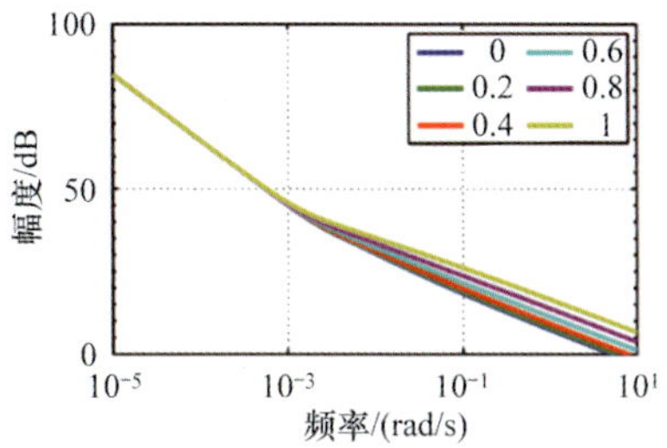

图 6-3　$\tilde{C}_{s,e}^{neg}(z,s)/I_{app}(s)$ 在负极不同 z 位置的幅频响应

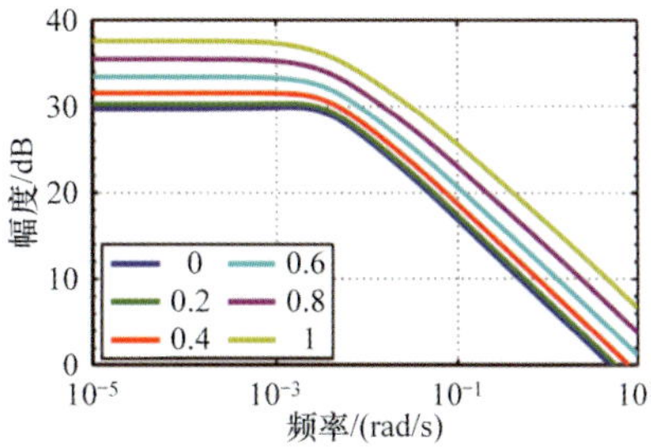

图 6-4　$[\tilde{C}_{s,e}^{neg}(z,s)]^*/I_{app}(s)$ 在负极不同 z 位置的幅频响应

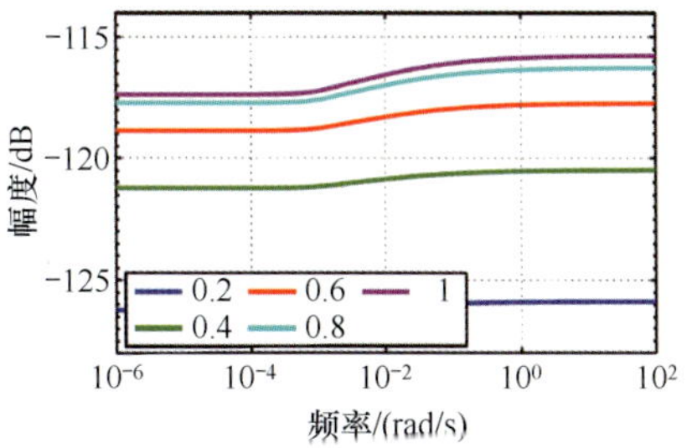

图 6-5　$\tilde{\Phi}_{s}^{neg}(z,s)/I_{app}(s)$ 在负极不同 z 位置的幅频响应

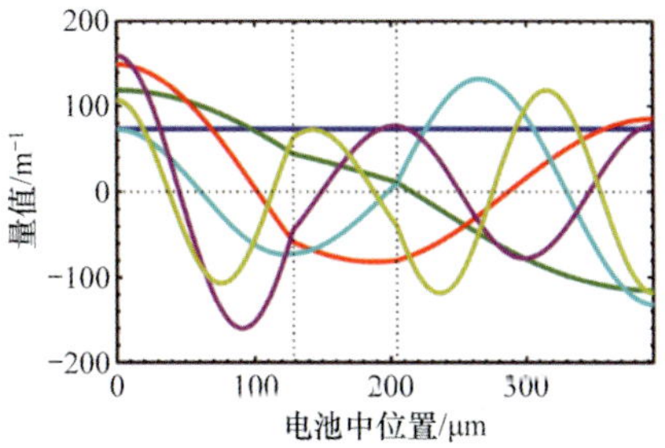

图 6-7　特征函数示例

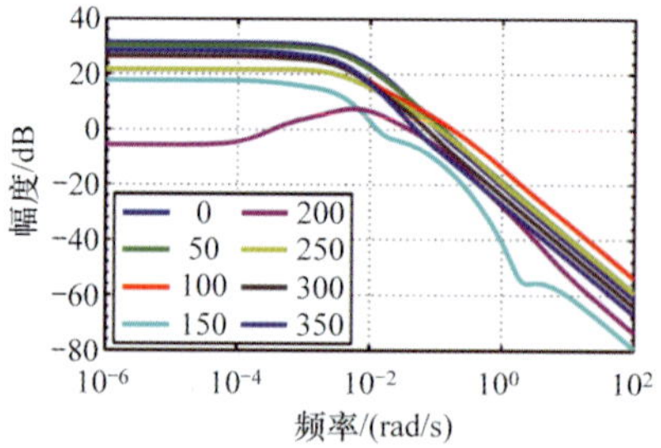

图 6-9　$\tilde{C}_{e}(x,s)/I_{app}(s)$ 的幅频响应图

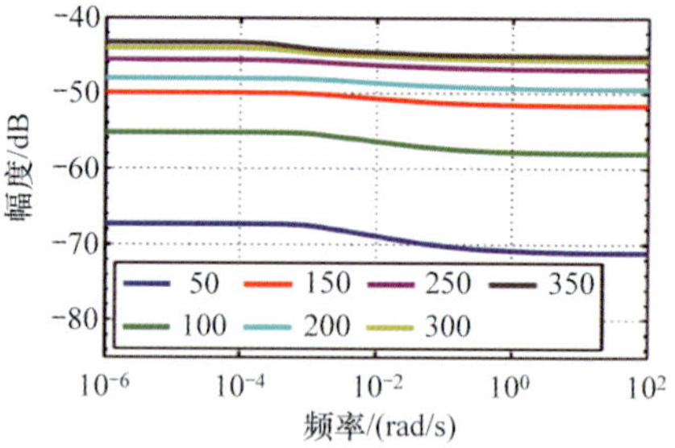

图 6-10　$[\tilde{\Phi}_{e}(x,s)]_{1}/I_{app}(s)$ 的幅频响应图

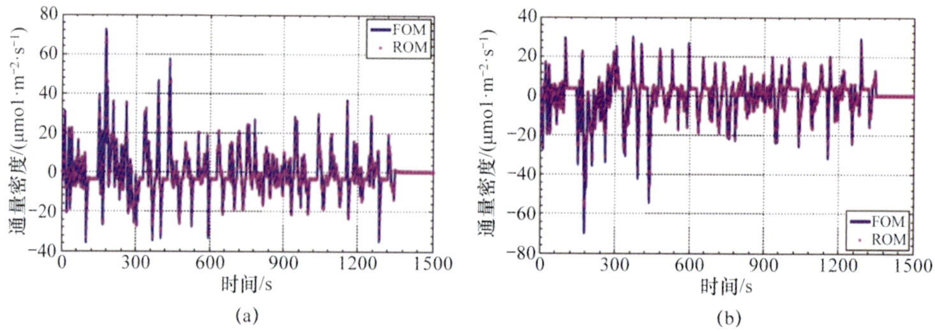

图 6-17　电极 – 隔膜边界处的 Butler-Volmer 通量

（a）负极 – 隔膜界面 j；（b）正极 – 隔膜界面 j。

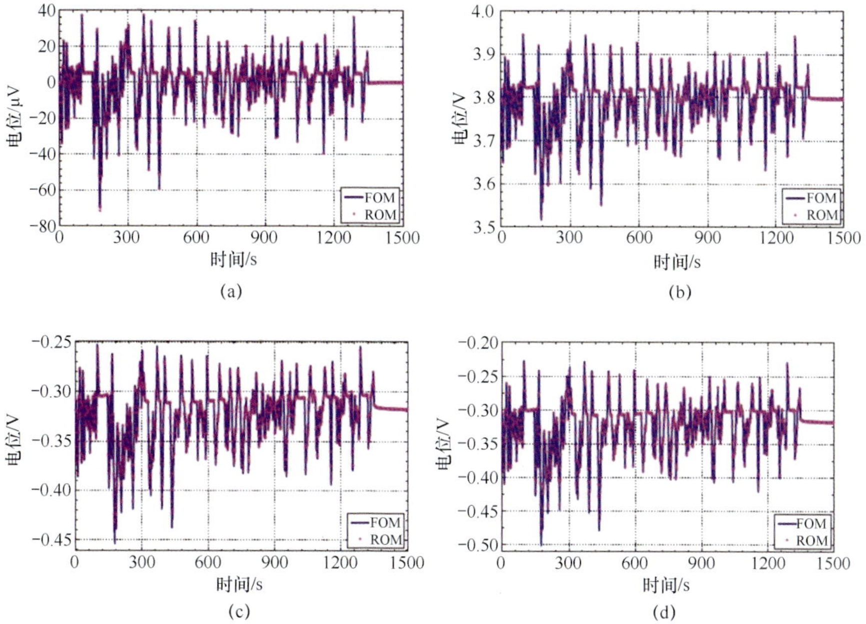

图 6-18　固相和电解液中电位

（a）负极－隔膜界面 ϕ_s；（b）正极－隔膜界面 ϕ_s；（c）负极－隔膜界面 ϕ_e；（d）正极－隔膜界面 ϕ_e。

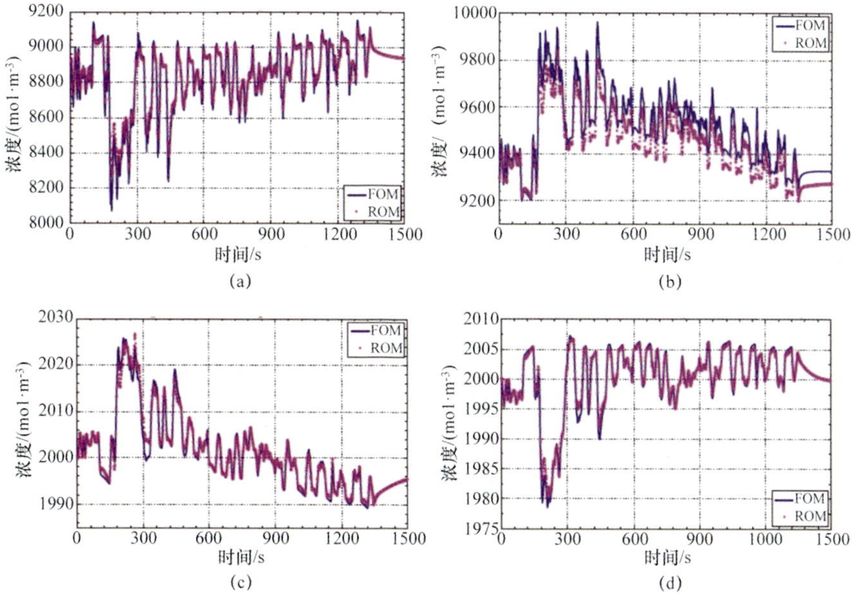

图 6-19　固体表面和电解液相锂浓度

（a）负极－隔膜界面 $c_{s,e}$；（b）正极－隔膜界面 $c_{s,e}$；

（c）负极－隔膜界面 c_e；（d）正极－隔膜界面 c_e。

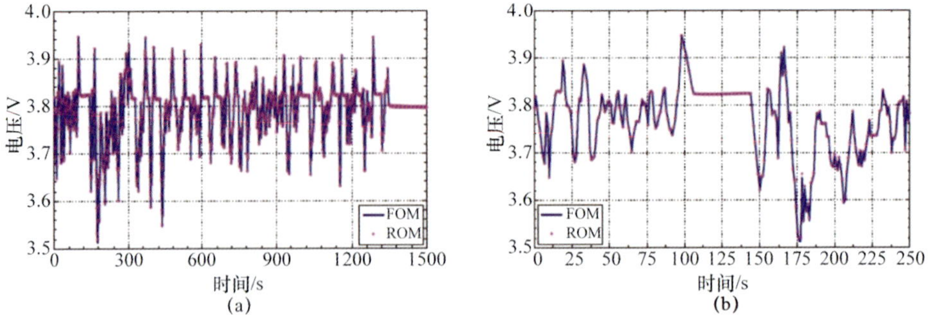

图 6-20　UDDS 测试的电池电压

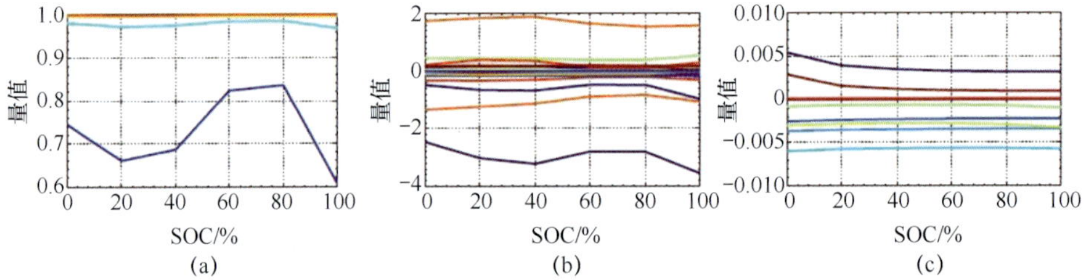

图 6-23　依赖于 SOC 的模型值

（a）矩阵 $\hat{\boldsymbol{A}}$ 的极点位置；（b）矩阵 $\hat{\boldsymbol{C}}$ 的值；（c）矩阵 $\hat{\boldsymbol{D}}$ 的值。

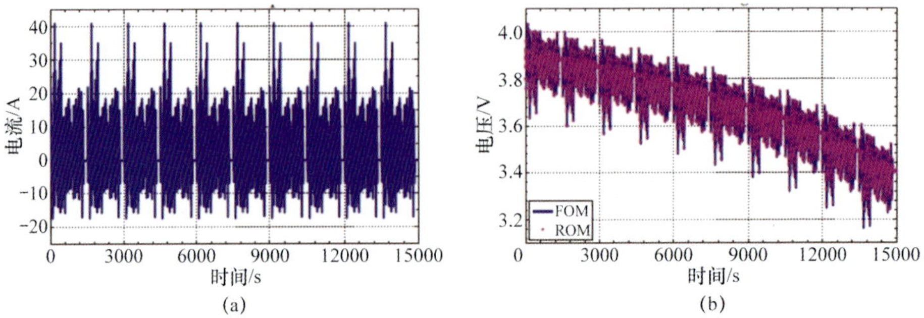

图 6-24　UDDS 测试的电池电压

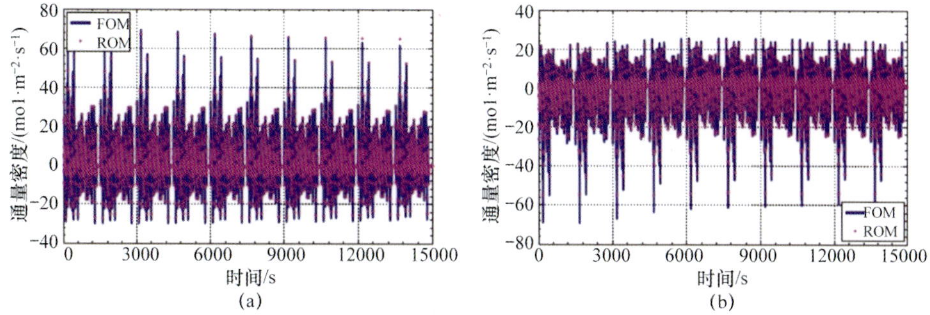

图 6-25　电极－隔膜界面的 Butler-Volmer 通量密度

（a）负极－隔膜界面 j；（b）正极－隔膜界面 j。

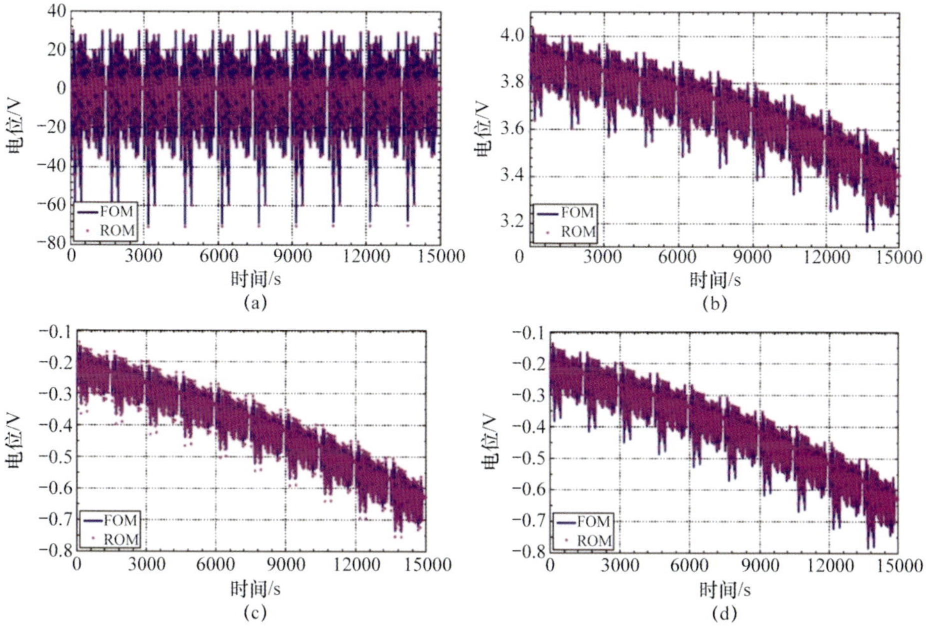

图 6-26　固相和电解液相电位

（a）负极－隔膜界面 ϕ_s；（b）正极－隔膜界面 ϕ_s；

（c）负极－隔膜界面 ϕ_e；（d）正极－隔膜界面 ϕ_e。

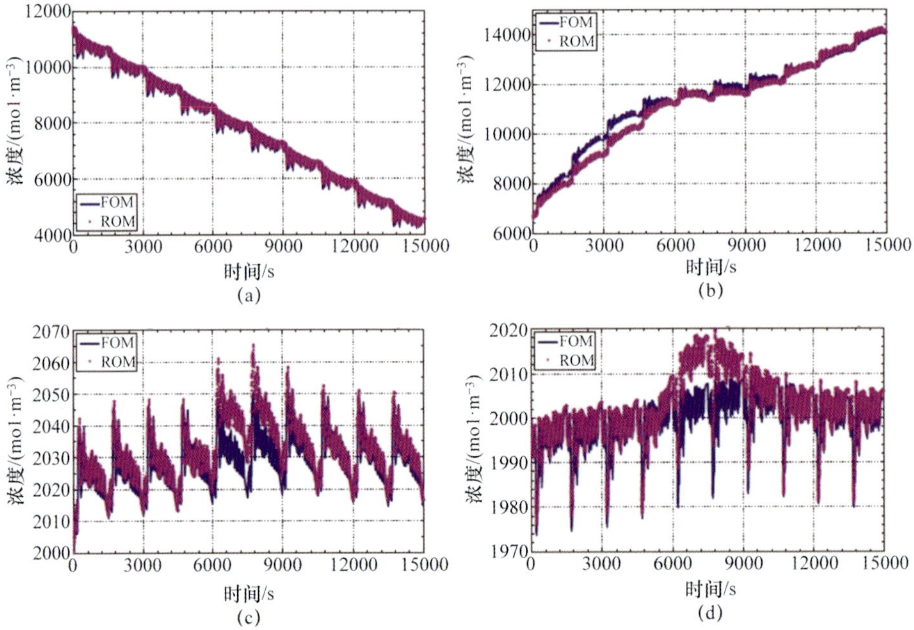

图 6-27　固体表面和电解液相锂浓度

（a）负极－隔膜界面 $c_{s,e}$；（b）正极－隔膜界面 $c_{s,e}$；

（c）负极－隔膜界面 c_e；（d）正极－隔膜界面 c_e。

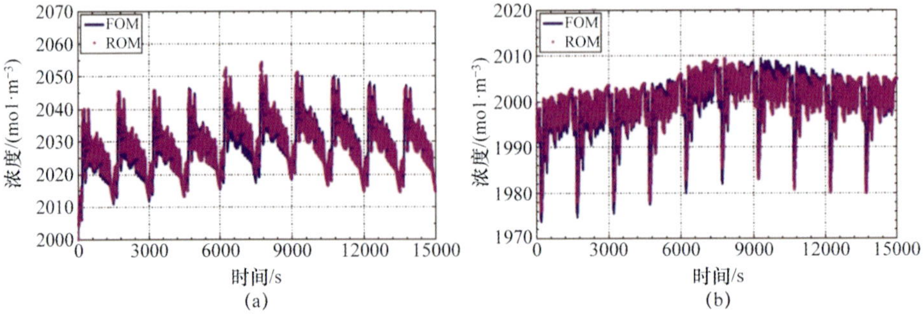

图 6-28　10 状态 ROM 的电解液相锂浓度

（a）负极－隔膜界面 c_e；（b）正极－隔膜界面 c_e。

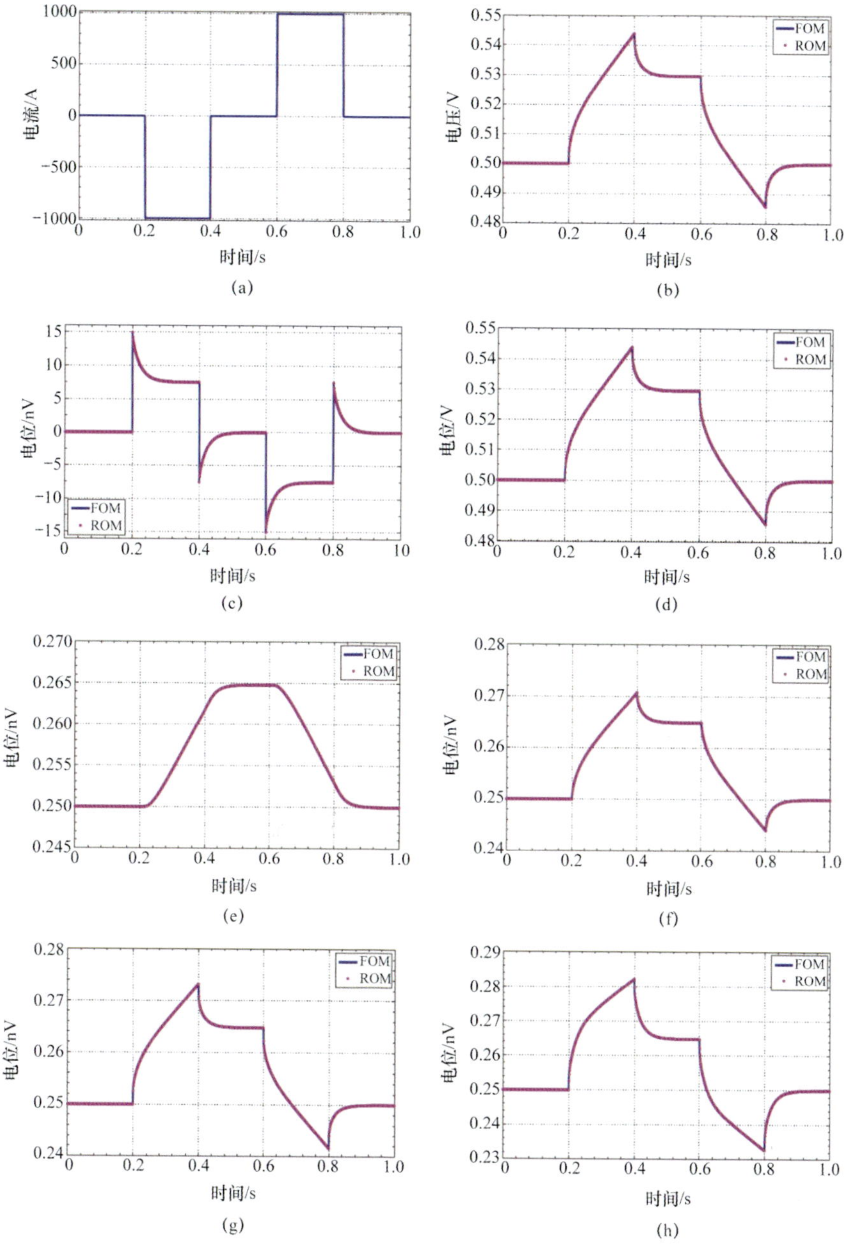

图 A-4 非法拉第结果

(a) 超级电容器电流；(b) 超级电容器电压；(c) 负极－隔膜边界的 ϕ_s；(d) 正极 隔膜边界的 ϕ_s；(e) 负极集流体的 ϕ_e；(f) 负极－隔膜边界的 ϕ_e；(g) 正极－隔膜边界的 ϕ_e；(h) 正极集流体的 ϕ_e。

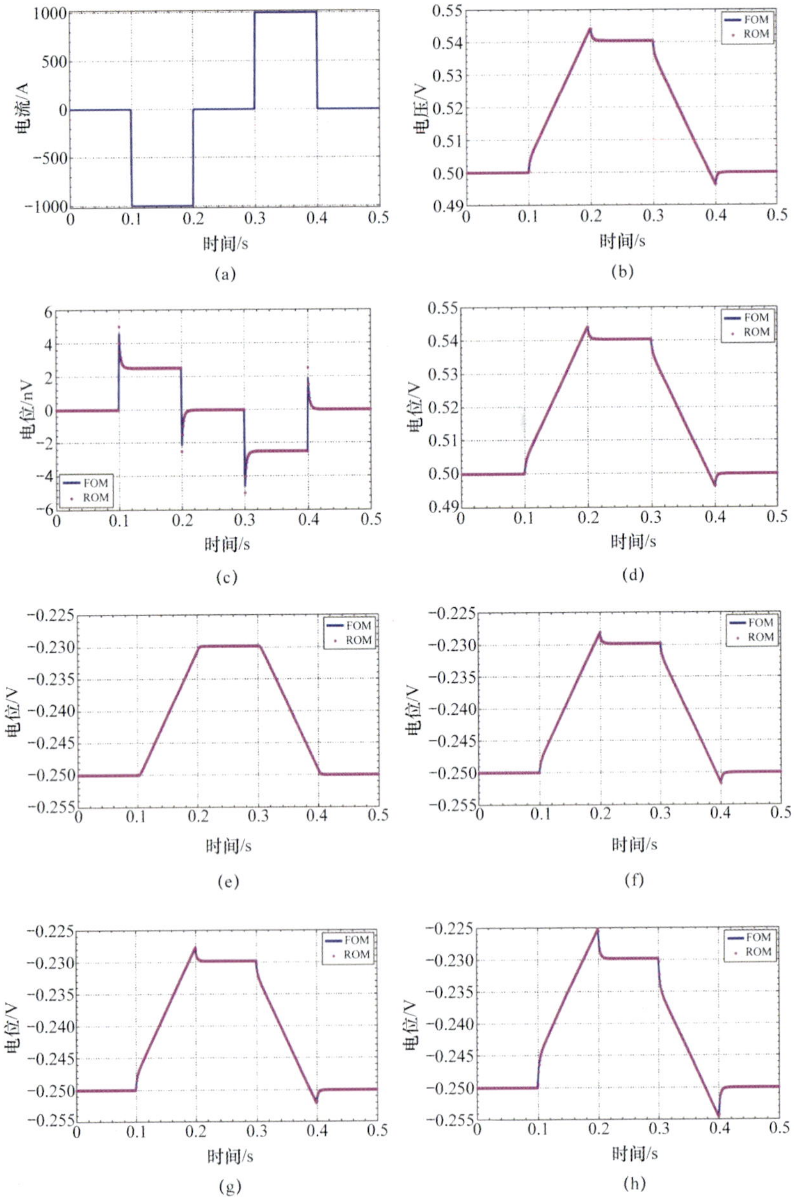

图 A-5 法拉第结果

(a) 超级电容器电流；(b) 超级电容器电压；(c) 负极－隔膜边界的 ϕ_s；(d) 正极－隔膜边界的 ϕ_s；(e) 负极集流体的 ϕ_e；(f) 负极－隔膜边界的 ϕ_e；(g) 正极－隔膜边界的 ϕ_e；(h) 正极集流体的 ϕ_e